黑河流域生态-水文过程集成研究

黑河流域模型集成

程国栋　李　新等　著

科学出版社

北京

内 容 简 介

本书系统介绍黑河流域生态水文集成建模的总体设计思路、建模的方法，以及在陆面过程、上游寒区水文模型集成、中游干旱区地表地下水耦合建模及生态水文模型集成、整个流域内自然与人文过程耦合模型、流域决策支持系统和水资源管理等方面取得的研究成果。

本书可作为水文水资源相关专业教材，也是干旱区内陆河流域水资源管理工作者和科技工作者的参考书。

图书在版编目（CIP）数据

黑河流域模型集成/程国栋等著. —北京：科学出版社, 2019.11

（黑河流域生态-水文过程集成研究）

ISBN 978-7-03-063047-6

Ⅰ. ①黑…　Ⅱ. ①程…　Ⅲ. ①黑河-流域模型-研究　Ⅳ. ①P344.24

中国版本图书馆 CIP 数据核字(2019)第 238501 号

责任编辑：杨帅英　李　静 / 责任校对：何艳萍

责任印制：肖　兴 / 封面设计：黄华斌

科学出版社 出版

北京东黄城根北街 16 号

邮政编码: 100717

http://www.sciencep.com

三河市春园印刷有限公司 印刷

科学出版社发行　各地新华书店经销

*

2019 年 11 月第　一　版　开本：787×1092　1/16

2019 年 11 月第一次印刷　印张：16 1/4　插页：2

字数：365 000

定价：168.00 元

《黑河流域生态-水文过程集成研究》编委会

《黑河流域模型集成》作者名单

全书编著

程国栋，中国科学院寒区旱区环境与工程研究所，中国，兰州
上海师范大学城市发展研究院，中国，上海

李　新，中国科学院青藏高原研究所，中国，北京
中国科学院青藏高原地球科学卓越创新中心，中国，北京

各章节作者（按作者姓氏汉语拼音排序）

盖迎春，中国科学院寒区旱区环境与工程研究所，中国，兰州

胡晓利，中国科学院寒区旱区环境与工程研究所，中国，兰州

蒋晓辉，西北大学，中国，西安

李弘毅，中国科学院寒区旱区环境与工程研究所，中国，兰州

李慧林，中国科学院寒区旱区环境与工程研究所，中国，兰州

南卓铜，南京师范大学，中国，南京

潘小多，中国科学院青藏高原研究所，中国，北京

田　伟，兰州大学，中国，兰州

王旭峰，中国科学院寒区旱区环境与工程研究所，中国，兰州

王旭升，中国地质大学，中国，北京

吴　锋，中国科学院地理科学与资源研究所，中国，北京

张艳林，湖南科技大学，中国，湘潭

赵彦博，中国科学院寒区旱区环境与工程研究所，中国，兰州

钟方雷，兰州大学，中国，兰州

周　剑，中国科学院寒区旱区环境与工程研究所，中国，兰州

技术编辑

魏彦强，中国科学院寒区旱区环境与工程研究所，中国，兰州

总　序

20世纪后半叶以来，陆地表层系统研究成为地球系统中重要的研究领域。流域是自然界的基本单元，又具有陆地表层系统所有的复杂性，是适合开展陆地表层地球系统科学实践的绝佳单元，流域科学是流域尺度上的地球系统科学。流域内，水是主线。水资源短缺所引发的生产、生活和生态等问题引起国际社会的高度重视；与此同时，以流域为研究对象的流域科学也日益受到关注，研究的重点逐渐转向以流域为单元的生态-水文过程集成研究。

我国的内陆河流域占全国陆地面积1/3，集中分布在西北干旱区。水资源短缺、生态环境恶化问题日益严峻，引起政府和学术界的极大关注。十几年来，国家先后投入巨资进行生态环境治理，缓解经济社会发展的水资源需求与生态环境保护间日益激化的矛盾。水资源是联系经济发展和生态环境建设的纽带，理解水资源问题是解决水与生态之间矛盾的核心。面对区域发展对科学的需求和学科自身发展的需要，开展内陆河流域生态-水文过程集成研究，旨在从水-生态-经济的角度为管好水、用好水提供科学依据。

国家自然科学基金重大研究计划，是为了利于集成不同学科背景、不同学术思想和不同层次的项目，形成具有统一目标的项目群，给予相对长期的资助；重大研究计划坚持在顶层设计下自由申请，针对核心科学问题，以提高我国基础研究在具有重要科学意义的研究方向上的自主创新、源头创新能力。流域生态-水文过程集成研究面临认识复杂系统、实现尺度转换和模拟人-自然系统协同演进等困难，这些困难的核心是方法论的困难。为了解决这些困难，更好地理解和预测流域复杂系统的行为，同时服务于流域可持续发展，国家自然科学基金2010年度重大研究计划“黑河流域生态-水文过程集成研究”（以下简称黑河计划）启动，执行期为2011～2018年。

该重大研究计划以我国黑河流域为典型研究区，从系统论思维角度出发，探讨我国干旱区内陆河流域生态-水-经济的相互联系。通过黑河计划集成研究，建立我国内陆河流域科学观测-试验、数据-模拟研究平台，认识内陆河流域生态系统与水文系统相互作用的过程和机理，提高内陆河流域水-生态-经济系统演变的综合分析与预测预报能力，为国家内陆河流域水安全、生态安全以及经济的可持续发展提供基础理论和科技支撑，形成干旱区内陆河流域研究的方法、技术体系，使我国流域生态水文研究进入国际先进行列。

为实现上述科学目标，黑河计划集中多学科的队伍和研究手段，建立了联结观测、试验、模拟、情景分析以及决策支持等科学研究各个环节的“以水为中心的过程模拟集成研究平台”。该平台以流域为单元，以生态-水文过程的分布式模拟为核心，重视生态、大气、水文及人文等过程特征尺度的数据转换和同化以及不确定性问题的处理。按模型驱动数据集、参数数据集及验证数据集建设的要求，布设野外地面观测和遥感观测，开展典型流域的地空同步实验。依托该平台，围绕以下四个方面的核心科学问题开展交叉研究：①干旱环境下植物水分利用效率及其对水分胁迫的适应机制；②地表-地下水相互作用机理及其生态水文效应；③不同尺度生态-水文过程机理与尺度转换方法；④气候变化和人类活动影响下流域生态-水文过程的响应机制。

黑河计划强化顶层设计，突出集成特点。在充分发挥指导专家组作用的基础上特邀项目跟踪专家，实施过程管理；建立数据平台，推动数据共享；对有创新苗头的项目和关键项目给予延续资助，培养新的生长点；重视学术交流，开展“国际集成”。完成的项目，涵盖了地球科学的地理学、地质学、地球化学、大气科学以及生命科学的植物学、生态学、微生物学、分子生物学等学科与研究领域，充分体现了重大研究计划多学科、交叉与融合的协同攻关特色。

经过连续八年的攻关，黑河计划在生态水文观测科学数据、流域生态－水文过程耦合机理、地表水-地下水耦合模型、植物对水分胁迫的适应机制、绿洲系统的水资源利用效率、荒漠植被的生态需水及气候变化和人类活动对水资源演变的影响机制等方面，都取得了突破性的进展，正在搭起整体和还原方法之间的桥梁，构建起一个兼顾硬集成和软集成，既考虑自然系统又考虑人文系统，并在实践上可操作的研究方法体系，同时产出了一批国际瞩目的研究成果，在国际同行中产生了较大的影响。

该系列丛书就是在这些成果的基础上，进一步集成、凝练、提升形成的。

作为地学领域中第一个内陆河方面的国家自然科学基金重大研究计划，黑河计划不仅培育了一支致力于中国内陆河流域环境和生态科学研究队伍，取得了丰硕的科研成果，也探索出了与这一新型科研组织形式相适应的管理模式。这要感谢黑河计划各项目组、科学指导与评估专家组及为此付出辛勤劳动的管理团队。在此，谨向他们表示诚挚的谢意！

2018 年 9 月

前　言

黑河流域是我国第二大内陆河流域，面积共计约 $14.3\times10^4km^2$，从流域的上游到下游，以水为纽带形成了“冰雪／冻土－森林－草原－河流－湖泊－绿洲－沙漠－戈壁”的多元自然景观，流域内寒区和干旱区并存，山区冰冻圈和极端干旱的河流尾闾地区形成了鲜明对比。同时，黑河流域开发历史悠久，人类活动显著地影响了流域的水文环境，2000 多年来，这一地区的农业开发，屯田垦殖，多种文化的碰撞交流、此消彼长，无不与生态、水文深刻地联系在一起。自然和人文过程交汇在一起，使黑河流域成为开展流域综合集成研究的一个十分理想的试验流域。

与我国西北内陆河流域其他地区一样，黑河上游的山区有较多的降水和冰雪融水，是流域水资源的形成区；中下游的盆地内则降水稀少，是水资源的耗散区。水出山后流入盆地，“有水是绿洲，无水成荒漠，水多则盐碱化”，水是控制黑河流域生态状况的决定因素。过去几十年，西北干旱区不同的内陆河流域都在讲述着同样的故事：随着上中游人口持续增加，经济不断增长，耗水日益增多，越来越多地挤占下游的生态用水，最终导致下游尾闾湖干涸，沙尘暴迭起，胡杨林成批死亡，酿成严重的生态灾难。这些都毫无例外地涉及水、生态和经济。问题的实质在于如何用有限的水资源，既保证经济发展，又维系生态系统的健康。

20 世纪末，黑河下游生态明显恶化，国家实施生态调水，拯救下游生态取得了成功。并由此引发了对黑河流域水、土、气、生、人等要素的大量研究。这些研究对内陆河流域的可持续发展具有重要的指导意义。黑河的生态研究已经走出了就生态论生态的小圈子，正在走向探索“以流域为单元，以水为主线”协调水-生态-经济系统中的各种关系的新阶段。近 30 年来，黑河流域已成为我国内陆河研究的基地，具有较为完善的观测网络和各种科学研究与实验积累下来的大量资料。同时，它也是近年来开展内陆河综合治理的典型案例，是建设节水型社会的基地。

从以上两方面看，黑河流域既是一个陆地表层系统科学集成研究（integrated study）的试验流域，也是实践流域水资源综合管理（integrated management）的基地。集成研究必须打好观测、模型、数据基础，必须建立一个 3M［观测（monitoring）、模型（modeling）、数据分析处理（manipulating）］一体化平台。为此，我们自 2000 年始，以数据、观测、模型为三个阶段性重点，开展了建立 3M 平台的不懈努力，已完成了数据平台（数字黑河）和观测平台（黑河遥感试验及黑河流域观测系统）的建设，也在集成模型发展——特别是在水文、生态、经济模型两两耦合方面取得了长足进步。

本书系统地反映了 2004～2018 年，中国科学院寒区旱区环境与工程研究所（简称“寒旱所”）流域模型集成研究团队在流域集成模型方面的进展。其中，2004～2010 年主要是准备阶段，寒旱所启动了“黑河流域交叉集成研究的模型开发和模拟环境建设”，初步建立了刻画黑河流域上游冰冻圈水文过程和中下游地表-地下水相互作用的水文模型，开发了建模环境，大大提升了流域模型集成研究的能力，锻造了一支从事模型集成研究的队伍。2010 年，国家自然科学基金委员会启动了“黑河流域生态-水文过程集成研究”重大研究计划（简称“黑河计划”）。“黑河计划”是将我国流域科学研究推进到国际先进行列的重大举措，也是一次陆地表层系统科学研究方法的全面实践。随着“黑河计划”的启动，黑河流域模型集成进入快车道，国内精英力量汇聚一堂，系统地开展了黑河流域生态-水文-经济集成建模研究。期间，寒旱所的建模人员也作为骨干，或主持、或参加了有关项目，特别是对研发山区冰冻圈生态水文模型、中下游地表-地下水耦合模型、建模环境、决策支持系统作出较大贡献。这些研究人员也都是本书的主要作者。

书中系统地介绍了黑河流域生态-水文-经济集成建模的总体思路、建模方法，以及在上游寒区生态水文模型集成、中游干旱区地表地下水耦合建模及生态水文模型集成、整个流域经济模型、流域水资源管理决策支持系统等方面取得的研究成果。其中：

第 1 章总体介绍了黑河流域模型集成研究的目标，并且详细综述了黑河流域模型集成研究的进展。阐述了黑河流域模型集成的总体目标是发展两种类型的集成模型，其中第一种回应科学目标，是地球系统模型在流域尺度上的具体体现，目标是建成流域生态-水文-经济系统模型；第二种集成模型回应流域管理目标，目标是建成以流域系统模型为骨架的流域可持续发展决策支持系统。

第 2 章总结了黑河流域集成建模环境的构建。首先对比和总结了国际上常用的集成建模环境；接下来重点介绍了黑河流域集成建模环境的总体结构、模块组件化表示、数据传递方案、过程控制及模块连接、重用和跨平台等集成建模方法。

第 3 章围绕陆面过程模型的集成展开。首先简介了常用的区域尺度大气模型和陆面过程模型，然后讨论黑河流域大气-陆面耦合集成研究方面的进展及应用范例，特别是利用中尺度大气模型耦合陆面过程模型，制备黑河流域近地表大气状态数据集的研究进展。

第 4 章集中于黑河上游高寒山区的积雪、冰川、冻土水文模型的集成建模。分别就积雪、冰川、冻土水文过程模型的原理，模型构建、检验和应用做了详细介绍。这三个模型都已作为独立模块，被耦合到黑河流域山区分布式生态-水文-冰冻圈模型中。

第 5 章的内容是将地下水模型和陆面过程模型进行耦合，来提高黑河中游水文过程模拟能力。作者选择地下水动力学模型 AquiferFlow 和陆面过程模型 SiB2 进行耦合。其中，AquiferFlow 模型是一个利用三维有限差分法对饱和-非饱和含水层地下水流问题进行动力学数值模拟的模型。在二者的基础上建立了地表-地下水耦合模型 GWSiB，利用黑河中游观测数据对模型进行了验证，并对黑河中游的水资源消耗进行了分析。

第 6 章介绍黑河流域中游生态水文模型集成建模。作者根据黑河中游地区自然环境特点，利用 WOFOST 作物生长模型和 HYDRUS-1D 水文模型、地下水循环模型 MODFLOW 等构建了一个作物生长-水文循环耦合的生态-水文集成模型，来模拟不同环境条件下和不同水资源管理策略下的作物生长及水循环、水量平衡过程。本章也探讨了遥感信息与作物生长-水文循环集成模型的结合方式，应用遥感观测提取的叶面积指数，实现了基于集合卡尔曼滤波算法的玉米产量估算。

第 7 章介绍了黑河中游水-经济可计算一般均衡模型的构建。针对人文因素与自然因素的集成模拟，采用一般均衡分析作为系统整体分析框架。将经济系统整体作为分析对象，通过扩展自然因素，将水资源作为投入要素包含在模型结构体系中。介绍了从基本的数据收集调查开始，通过构建投入产出表、社会核算矩阵和嵌套常替代弹性函数的生产结构，将水资源作为一种生产要素纳入模型中，建立了区域尺度上的内生水资源的一般均衡模型，评价了水价改革对国民经济各行业生产和用水的影响。

第 8 章介绍了黑河流域水资源管理决策支持系统的建立。首先在回顾了水资源管理决策支持系统发展的基础上，详细介绍了黑河流域水资源管理决策支持系统的总体框架、开发原则、模型构建、功能组件及接口设计、开发及运行环境，接下来介绍了系统在水资源管理和灌溉管理上的实际应用，模拟了流域灌区内水资源分配，并利用设定的情景探讨了未来不同气候和人类活动情景下的黑河流域中游水资源配置。

第 9 章展望了对黑河流域模型集成研究工作。包括：完善自然过程模型、实现自然过程和社会过程的深度耦合、紧跟科学进步及地球观测技术和信息技术的进步、加强模型预测研究和决策支持应用、重视模型推广工作，以及多学科的研究人员协同建模。

我们希望藉此书，向同行全面介绍黑河模型集成的阶段性成果，并在此基础上，拓清继续努力的方向。本书与“黑河流域生态-水文重大研究计划”系列专著中，杨大文教授等完成的《高寒山区生态水文过程与耦合模拟》，郑春苗教授等完成的《黑河流域中下游生态水文过程集成研究》，互相配合，互为补充，展现了在黑河流域生态-水文-经济集成模型方面的全方位探索。

本书共分 9 章，各章主要执笔人：第 1 章，李新、程国栋；第 2 章，南卓铜、赵彦博、周剑、李新；第 3 章，潘小多；第 4 章，李弘毅、李慧林、张艳林；第 5 章，田伟、王旭升；第 6 章，周剑、李新；第 7 章，钟方雷；第 8 章，盖迎春、李新；第 9 章，程国栋。全书由程国栋、李新统稿，由魏彦强担任技术编辑，负责校稿及全书的出版事宜。

本书的出版得到了国家自然基金委员会重大研究计划“黑河流域生态-水文过程集成研究”集成项目“黑河流域水-生态-经济系统的集成模拟与预测”（91425303）及中国科学院战略性先导科技专项（A 类）“泛第三极环境变化与绿色丝绸之路建设”课题“祁连山山水林田湖草系统优化调配”（XDA20100104）的资助。

2019 年 4 月

目　录

第1章　黑河流域模型集成的目标与研究进展*

李　新　程国栋

流域科学研究中的模型集成可概括为“水－土－气－生－人”集成模型的发展。黑河流域作为流域科学研究的一个试验流域，开展了大量地表水、地下水、水资源、陆面过程、生态、土地利用、社会经济与生态经济建模工作。本章回顾了黑河流域模型集成的总体目标，并且详细综述了黑河流域模型集成研究的进展。黑河流域模型集成的总体目标是发展两种类型的集成模型，其中第一种回应科学目标，是地球系统模型在流域尺度上的具体体现，目标是建立能够综合反映流域水文和生态过程的集成模型，在此基础上进一步耦合社会经济模型，形成具有综合模拟能力的流域生态-水文-经济系统模型；第二种集成模型回应流域管理目标，目标是建成以流域系统模型为基本骨架的流域水资源和其他自然及社会经济资源可持续利用的空间决策支持系统。国家自然科学基金重大研究计划“黑河流域生态-水文过程集成研究”启动以来，黑河流域模型集成研究在山区分布式生态-水文-冰冻圈模型，以及干旱区地表-地下水-生态耦合建模方面取得了突破性进展。

1.1　引　　言

数值模拟是地球系统科学的基本研究方法，它在地球系统科学研究中的作用被誉为第二次哥白尼革命（Schellnhuber，1999）。模型既是我们对地球系统科学认识的形式化知识的集大成者；同时，模型也能够重演过去、预测未来并根据真实和假设的情景对未来可能的变化未雨绸缪地提出应对策略。对于无限复杂的地球巨系统，数值模拟几乎是再现其各个圈层的内部过程及其相互作用的唯一手段，只有通过数值模拟，才能把定性的概念模型上升为定量模型。地球系统模型的发展，在过去几十年中已经取得了很大的进展。

流域科学研究中的集成模型的建立可借鉴地球系统模型的发展思路，从其中汲取养料。但是，由于流域研究的尺度与整个地球系统有很大不同，其建模思路和重点也有所不同，可概括为“水－土－气－生－人”集成模型的发展（程国栋，2009；李新和程国栋，2008；Cheng et al.，2014；程国栋和李新，2015；Li et al.，2018）。它一般应包括地表水、地下水、水质、能量平衡、植被动态/作物生长、碳氮等生物地球化学循环、土壤侵蚀等模块，有些模型也实现了和大气模型的单向（大气模型作为驱动）或双向耦合，并进一步耦合土地利用、水资源及社会经济模型。国际上较为知名的流域集成模型包括：美国农业部（USDA）的SWAT（soil and water assessment tool）（Arnold and Fohrer，2005）

---

* 其他贡献者：李弘毅　田　伟　王旭峰　吴　锋　胡晓利　盖迎春　蒋晓辉

及在此基础上发展出的多种集成模型、美国环保署（EPA）的 BASINS（EPA，2001）、美国地质调查局（USGS）在 MODFLOW（modular three-dimensional finite-difference ground-water flow model）基础上发展的地表地下水耦合模型 GSFLOW（Markstrom et al.，2008）、丹麦水文研究所（DHI）的 MIKE SHE 和 MIKE BASIN 等系列软件（DHI，2003；Graham and Butts，2005），以及近年来发展起来的 ParFlow（Kollet and Maxwell，2006）和 HydroGeoSphere（Brunner and Simmons，2012）等。可以看出，这些模型或软件工具多以分布式水文模型或地下水模型为骨架，进一步耦合区域气候模型、陆面过程模型和动态植被/作物生长模型。

黑河流域作为流域科学研究的一个试验流域（Cheng et al.，2014；Cheng and Li，2015），是在流域尺度上开展建模研究最丰富的地区，在水文、地下水、水资源、陆面过程、生态、土地利用、水-经济和生态-经济建模领域已经发展和应用了大量模型。本章将回顾黑河流域模型集成的总体目标，并且详细综述黑河流域模型集成研究的进展。

1.2 黑河流域模型集成的目标

回答黑河流域研究中所面临的各种挑战及复杂的水资源管理问题，单单依靠以前的单学科研究积累是远远不够的，需要从“水－土－气－生－人”复杂系统集成的角度出发，运用集成的流域模拟模型和管理模型，利用大量地面和遥感（remote sensing，RS）观测数据，把流域作为生态－水－经济整体研究，才能既定量地描述流域过程机理，又回答宏观层面的战略决策问题。这就要求我们科学目标和流域管理目标并重，发展两种类型的集成模型。

第一种集成模型更多地回应科学目标，主要通过对水文和生态过程的模拟促进对流域水循环和生态过程的深入理解。重点是以区域大气模型为驱动，以分布式水文模型以为骨架，耦合地下水模型、冰冻圈过程（冰川、冻土、积雪）模型、水资源模型、土地利用模型、作物生长模型和自然植被生长模型，建立能够综合反映流域水文和生态过程的集成模型；在此基础上进一步尝试耦合社会经济模型，形成具有综合模拟能力的流域系统模型。

第二种集成模型回应流域管理目标，目标是建成以流域系统模型为基本骨架的流域水资源和其他自然及社会经济资源可持续利用空间决策支持系统。

两类集成模型的关系及建模思路如图 1-1 所示。流域系统模型往往有着太过复杂的模型结构和很高的计算成本，管理人员和利益相关者很难使用该类集成模型，他们通常也对隐藏于集成模型后面的复杂物理过程不感兴趣。因此，必须在模型的可预测性和适用性之间达成某种妥协，来构建基于成熟的科学模型基础之上的可持续发展管理模型。如何实现这个目标呢？我们提出了建立以流域系统模型为基本骨架的可持续发展决策支持系统的框架，其关键要点是：①在计算方面大力简化，依靠科学模型计算得到的高分辨率数据，以离线方式支持决策分析，或者使用代理建模技术发展元模型（Razavi et al.，2012），使得决策支持系统的计算成本大大降低；②依据特定的区域/流域特征，将气候变化、土地利用变化、管理规划、社会经济发展规划定制为不同的情景，依靠情景驱动模型，并借此实现和管理者及决策者的交互；③利用数据同化和其他模型数据融合方法将多源观测数据融入模型的动态变化中，以减少和控制模型不确定性。这种方式，可以在增加模型预测能力的同时，减少模拟的不确定性并增加模型的易用性，更好地兼顾科学模型强有力的预测能力和管理模型简单、实用、健壮、易交互的特性。

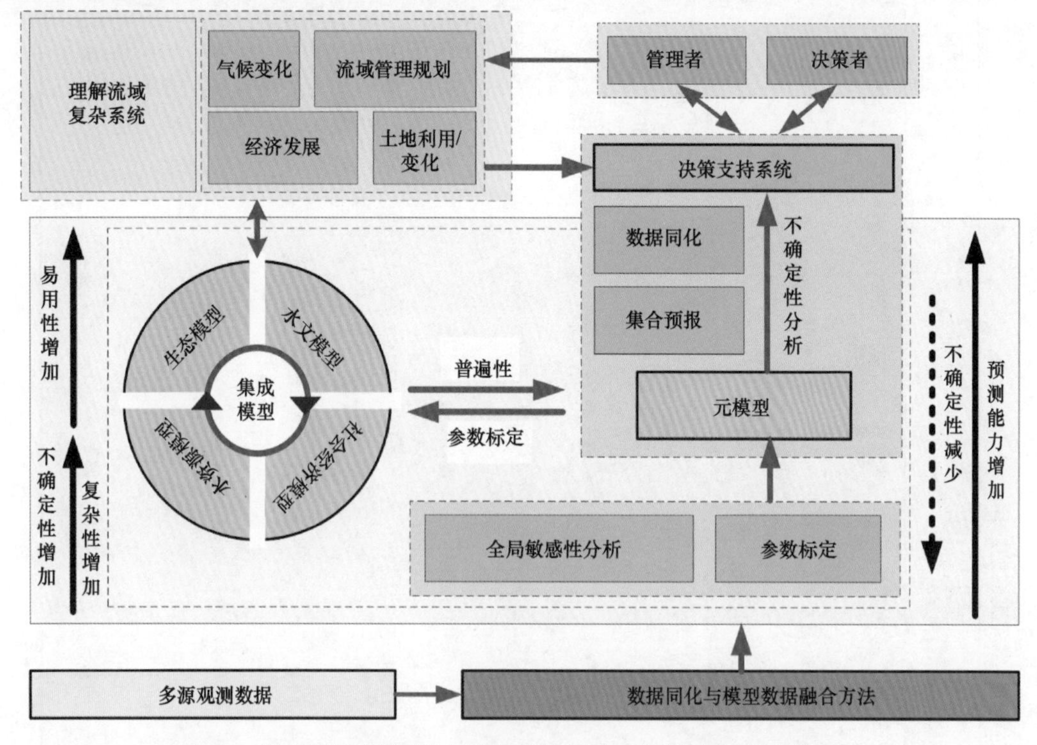

图 1-1　以流域集成模型为基本骨架的流域可持续发展决策支持系统

1.3　黑河流域水文、生态与社会经济建模研究进展

黑河流域是在流域尺度上开展水文、地下水、生态、社会经济建模研究最丰富的地区。国家自然科学基金重大研究计划“黑河流域生态-水文过程集成研究”（简称黑河计划）启动以来，更是迅速推进了国内自主知识产权的生态-水文模型、中尺度气候模型、水-经济模型和流域集成模型的研发。表 1-1～表 1-7 总结了多种水文、地下水、水资源、陆面过程、生态、土地利用、社会经济与生态经济模型在黑河流域的应用情况。

1.3.1　水文模型

黑河流域历来是开展水文模拟的热点区域，特别是近年来，随着黑河计划（程国栋等，2014）的实施与推进而倍受广泛的关注。黑河流域水文模拟研究可以分为几类，即概念性水文模拟、分布式（半分布式）水文模型应用、自主分布式水文模型研发，以及耦合模型研发和应用（表 1-1）。

概念性水文模拟，一般使用一些经验性的参数或公式来参数化一些重要的水文过程，对水文过程的物理概念有较大的简化。在黑河流域，康尔泗等（2002）基于 HBV

表 1-1　水文模型在黑河流域的应用

模型分类	模型名称	模型设置及模拟区域	模拟量	主要输入（不包括初始条件）	主要参数	模型作者 / 应用者及参考文献
概念性水文模型	HBV	流域为单元；月步长；上游	山区流域的蒸散发和出山径流量	月气温和降水量	降水和气温的海拔梯度、固态降水分离阈值、度日因子等	康尔泗等（1999，2002）
	TOPMODEL	1500m 网格；日或月步长；干流山区	径流	DEM、降水量、蒸散发量	与水力传导、截留、土壤水分亏缺有关的 5 个参数	陈仁升等（2003a）
	SRM	高程分带；日步长；干流山区	径流	DEM、气象数据、雪盖面积（从遥感获取）	径流系数、度日因子、气温递减率、衰退系数	Wang 等（2010）
	新安江模型	流域为单元；日步长；黑河干流西支子流域	径流、蒸散发	日降水量和流域内日水面蒸发	流域蒸散发能力与实测水面蒸发之比、流域内不透水面积占全流域面积之比、蓄水容量曲线的方次、土壤蓄水容量、土壤的蒸散发系数、入渗率、退水系数、汇流参数	王书功（2006）
	WASMOD	流域为单元；月步长；上游	径流、实际蒸散发、基流、土壤含水量、积雪量	流域降水量、潜在蒸散发和气温	温度参数、蒸散发参数	李占玲和徐宗学（2010）
	Sacramento	日步长；流域为单元；上游	径流、蒸散发、基流	流域降水量、气温	温度参数、蒸散发参数	何思为等（2012）
分布式（半分布式）水文模型应用	SWAT	403 个水文响应单元；日步长；干流山区	流域水循环各分量、产沙、输沙、土壤养分流失、生物量等	DEM、土地覆盖、土壤、气象	一系列与土壤和土地覆盖类型相关的参数、融雪径流参数、地下水参数	程国栋等（2008）
	SWAT	157 个水文响应单元；日步长；干流山区	径流等水循环各分量	同上	同上	黄清华和张万昌（2004）
	SWAT	36 个水文响应单元；日步长；干流山区	径流（本书注重于参数标定）	同上	同上	李占玲和徐宗学（2010）
	SWAT	4 个子流域；日步长；干流山区	径流	同上	同上	王中根等（2003）
	SWAT	干流山区	径流	同上	同上	Yin 等（2014）；Zhang 等（2016）

续表

模型分类	模型名称	模型设置及模拟区域	模拟量	主要输入（不包括初始条件）	主要参数	模型作者 / 应用者及参考文献
分布式（半分布式）水文模型应用	VIC	1/64 度网格；日步长；干流山区	径流、土壤蒸发、植被蒸腾、截留水蒸发、蒸散发总量、土壤含水量、感热、潜热、土壤热通量	DEM、土地覆盖、植被、土壤、气象	一系列与土壤和植被类型相关的参数、汇流参数	Zhao 和 Zhang（2005）
	VIC	干流山区	土壤温度、土壤水分、蒸散发、积雪厚度、径流	DEM、土地覆盖、植被、土壤、气象	一系列与土壤和植被类型相关的参数、汇流参数	何思为（2013）
	VIC	干流山区	截留、径流、蒸腾、蒸发	DEM、土地覆盖、植被、土壤、气象	一系列与土壤和植被类型相关的参数、汇流参数	Qin 等（2013）
	PRMS	61 个水文单元；逐时；干流山区	径流、蒸发、基流、壤中流等水文变量	DEM、土地覆盖、植被、土壤、气象	一系列与土壤和植被类型相关的参数、潜在蒸散发的气温校正系数等参数	周剑等（2008）
	DLBRM	2km 网格；日步长；上中游地区	径流、蒸散发、层间流、地下水动态、雪水当量等水循环分量	DEM、土地覆盖、土壤、气象	一系列与土壤和土地覆盖类型相关的参数、汇流参数	He 等（2009）
	DHSVM	300m 网格；3h 步长；干流山区	径流与蒸散发	DEM、土地覆盖、土壤、气象	一系列与土壤和植被类型相关的参数、流域气象特征参数	张凌（2017）
	CRHM	1 个水文单元；上游地区冰沟流域	径流、积雪升华、风吹雪	DEM、土地覆盖、土壤、气象	一系列与土壤和植被类型相关的参数、汇流参数及模型调节参数	Zhou 等（2014）
	TOPKAPI	1km 网格；日步长；上游地区	径流	水文气象、DEM、土壤类型、土地利用	一系列与土壤和植被类型相关的参数、流域气象特征参数、汇流参数	刘玉环等（2016）
自主分布式水文模型研发	WEP-Heihe	1km 网格；日步长；上中游地区	蒸发蒸腾、入渗与径流、地下水运动、地下水流出和地下水溢出、坡面汇流与河道汇流、人工侧支循环等	DEM、土地利用、土壤、气象、灌区用水资料、生活用水、人口	一系列与土壤和植被类型相关的参数、地下水含水层参数、汇流参数、融雪参数	贾仰文等（2006a，2006b，2009）
	DTVGM	500m 网格；日步长；干流山区	径流	DEM、土地覆盖、水文和气象数据	固态降水分离阈值、融雪临界气温、气温递减率、产流参数、土壤水出流系数	夏军等（2003，2005）

续表

模型分类	模型名称	模型设置及模拟区域	模拟量	主要输入（不包括初始条件）	主要参数	模型作者 / 应用者及参考文献
自主分布式水文模型研发	DWHC	1km 网格；日步长；干流山区	各层土壤的温度、液态含水量、固态含水量、感热、潜热、水势梯度、水分入渗、毛细上升量	DEM、植被、土壤、气象	一系列与土壤和植被类型相关的参数、固态降水分离阈值、度日因子、土壤蒸发统一调整参数、植被蒸腾统一调整系数、汇流参数等	陈仁升等（2006a，2006b，2006c）
	GISMOD	1km 网格；黑河中上游；逐日步长	径流、蒸散发、下渗、蓄水、每一层土壤水含量，潜在蒸散发、实际蒸散发	气象、DEM、土壤、地质	一系列与土壤和土地覆盖类型相关的参数	Li 等（2016，2017b）
耦合模型	MM5+DHSVM	3km 网格；10s 时间步长；上中游地区	径流等水文变量；地表能量平衡	DEM、土地覆盖、土壤、植被覆盖率、NECP 再分析资料	一系列与土壤和土地覆盖类型相关的参数	高艳红和吕世华（2004）
	WEB-DHM（SiB2+GBHM+冻土参数化）	水文响应单元；逐时；上游冰沟小流域	径流、土壤水分、土壤含冰量等水循环变量；能量平衡各分量；碳循环	DEM、土地覆盖、土壤、遥感、气象	一系列与土壤和土地覆盖类型相关的参数、从遥感提取的叶面积和光合作用有效能量比率	Wang 等（2009，2010）
	RIEMS+SWAT	3km 网格；黑河流域上游	径流、蒸散发等水文变量	DEM、土地覆盖、土壤、气象	一系列与土壤和土地覆盖类型相关的参数、融雪径流参数、地下水参数	Zou 等（2016）
	GBEHM	1km 网格；逐时步长；干流山区	各项地表能量通量；冰川、积雪以及土壤的温湿度廓线；径流及各分量；蒸散发；植被生长	DEM、植被、土壤、气象	一系列与冰川、积雪、土壤和植被类型相关的参数、汇流参数	Yang 等（2015）；Gao 等（2016，2017）；Qin 等（2016）

水文模型原理构建了西北干旱区内陆河出山径流概念性水文模型，对黑河山区流域不同丰水和枯水年份的产汇流过程进行了模拟。该模型使用降水和气温的海拔梯度、固态降水分离阈值、度日因子等经验参数来近似降水和气温的空间分布及融雪等过程。陈仁升等（2003a）将参数分布式概念性水文模型 TOPMODEL 引入黑河流域干流出山口径流模拟中，使用与水力传导、截留、土壤水分亏缺有关的多个经验参数来概化流域水文过程。借助于径流系数、度日因子、气温递减率等参数化因子，王建和李硕（2005）应用融雪径流模型 SRM 模拟了融雪径流对气候变化的响应。同样地，Wang 等（2010）使用 SRM 模型分析了黑河流域上游近 50 年以来的融雪径流变化。其他在黑河流域使用的概念性水文模型还包括新安江模型（王书功，2006）及其他模型。概念性水文模型为“灰箱”模型，使用区域化特征明显的水文参数来近似某些重要的物理过程，过程描述较为粗糙；但由于模型结构相对简单，概念性水文模型都具有较好的适用性（何思为等，2012），甚至在经过区域参数标定后，可达到和分布式水文模型相同的模拟精度。例如，李占玲和徐宗学（2010）比较了集总式水文模型（WASMOD）和半分布式水文模型（SWAT）在黑河流域上游山区径流模拟方面的适用性，结果表明两个模型展现出同等的模拟精度。一方面，概念性模型在黑河流域取得了较好的应用成果；另一方面，由于对物理过程的经验性刻画，概念性模型在理解寒旱区水文过程机理方面有很大局限性。

分布式（半分布式）水文模型相对于概念性模型最大的特点是模型过程和驱动具有空间分布的特征，一般采用网格或水文响应单元的概念来模拟具有空间异质性的物理过程。有大量的分布式或半分布式水文模型在黑河流域得到使用，代表性的研究如王中根等（2003）、黄清华和张万昌（2004）先后较早地尝试了将半分布式水文模型 SWAT 应用到黑河干流山区流域。SWAT 模型是在黑河流域应用最为广泛的分布式水文模型之一（程国栋等，2008），它采用多个水文响应单元或子流域来表现水文过程的空间异质性，考虑分布式的土地覆盖、土壤、气象等一系列与土壤和土地覆盖类型相关的参数，模拟流域水循环各分量、产沙、输沙、土壤养分流失、生物量等。SWAT 模型在黑河流域广泛应用的同时，也进行了多项改进，如余文君等（2012）后来修正了 SWAT 模型的流域平均坡长的计算方法，并将具有物理机制的融雪径流计算方法 FASST 模型集成到 SWAT 模型中。其他应用分布式水文模型的工作也较多，如 Zhao 和 Zhang（2005）、Qin 等（2013）和何思为（2013）先后利用大尺度分布式水文模型 VIC 对黑河流域上游的水文过程进行了模拟；刘玉环等（2016）采用分布式水文模型 TOPKAPI 对黑河流域上游的日径流和月径流过程进行了模拟；He 等（2009）利用分布式大流域径流模型（DLBRM）模拟了黑河流域水文过程，对区域冰川和积雪融水、地下水、地表水、蒸散发等要素进行了分析；Zhou 等将寒区水文模型（CRHM）成果应用于黑河山区积雪和冻土水文模拟（Zhou et al.，2014）。分布式水文模型为“白箱”模型，具有与现实世界相似的逻辑结构，相对于经验性和概念性水文模型具有明显的优势。然而，在黑河流域使用的分布式水文模型，部分仍采用较强的经验参数，如 SWAT 模型使用度日因子等融雪参数及地下水参数来概化关键的物理过程。引进的分布式水文模型，对黑河流域寒旱区共存的复杂过程特别是冰冻圈过程考虑不够充分。

将不同物理过程的模型耦合起来，回答更深刻的流域科学问题，是模型发展的重要方向，是实现对地球表层科学深入理解的重要途径（Cheng and Li，2015）。针对黑河流域特殊的寒区旱区共存的特点，研究者们也开发或耦合了多种类型的分布式水文模型，先后在黑河流域取得了较好的应用效果，如夏军等（2003）提出了分布式时变增益水文循环模型（DTVGM），使用固态降水分离阈值、融雪临界气温、气温递减率、产流参数、土壤水出流系数等参数，并将其应用到黑河干流山区。周剑等考虑了冻土和积雪及超渗产流的影响，对 PRMS 模型进行了改进（周剑等，2008a）。高艳红和吕世华（2004）通过耦合 DHSVM 模型和中尺度大气模型（MM5）对黑河流域上游的洪水过程进行了模拟。Li 等（2016，2017a）发展了一个基于格网的地表地下水交换模型（GISMOD），并用于评估黑河中上游的灌溉需水。在这些模型中，集成度较高也更有创新性的模型是 WEP-Heihe（贾仰文等，2006a，2006b，2009）、DWHC（陈仁升，2006a，2006b，2006c，2008）、WEB-DHM（water and energy budget-based distributed hydrological model）（王磊等，2014）等。其中，WEP-Heihe 初步考虑了地表地下水相互作用和人工侧支循环；DWHC 加入了较为细致的一维冻融过程模拟，并预留了与中尺度大气模型 MM5 的嵌套接口；WEB-DHM 则兼备陆面过程模型的特点，耦合了 SiB2、GBHM 模型及冻土参数化方案，能够完整地表达包括土壤冻融过程的地表能量平衡与水分循环，并能够模拟陆地碳循环。可以看出，这些自主研发的模型针对黑河流域的特点进行了较好的考虑，都或多或少地考虑了黑河流域寒区环境的特征，但部分模型仍然采用经验化的参数，对黑河上游山坡水文过程刻画不充分，生态过程在这些模型中大多没有得到很好的体现。

考虑到现有分布式水文模型对黑河流域寒区过程、山坡水文特征，以及生态过程考虑不足的特点，在基于坡面尺度的分布式水文模型 GBHM 的基础上，Yang 等（2015）系统地发展了耦合山区冰冻圈水文过程和生态过程的分布式水文模型 GBEHM，提出了基于 1km 网格离散和 Horton-Strahler 河网分级的分布式流域模型结构框架；依据能量与物质平衡原理，耦合了冰川消融、积雪、融雪及土壤冻融等过程；基于水分-能量-碳的交换，刻画了植被生理生态过程；利用土壤水运动方程和非恒定水流运动方程，描述了山坡产流及河网汇流过程。模型的核心模拟能力体现在：对冰冻圈过程有着完整详细的刻画，将基于能量平衡方法的冻土-积雪水热过程模型与生态过程模型进行耦合，从而实现生态过程与水文过程互动的完整链条。例如，Zhang 等（2013，2017，2018）进一步在 GBHM 的框架内耦合了显式包含冻土水文过程的 SHAW 模型，以对寒区流域的冻土及融雪径流过程进行合理的模拟。使用耦合了冰冻圈过程与生态过程的 GBEHM 模型，不仅给出了出山径流的变化过程，还全面输出了流域下垫面水文以及生态等变量的时空变化过程（Gao et al.，2016），为理解气候-生态-水文相互作用机理与规律提供了可靠的工具。借助该模型，分析了过去 50 年来黑河流域上游生态水文过程，包括植被类型、降水、蒸散发、径流和土壤水分等的空间分布格局和高程变化，季节性冻土的年最大冻结深度和多年冻土的活动层厚度及面积变化，以及冻土退化的流域生态水文过程影响（Gao et al.，2017）。在黑河流域上游，GBEHM 模型是迄今为止考虑冰冻圈水文过程、生态过程及坡面水文特征最为系统最为完善的基于物理过程的分布式水文模型。

总的来看，黑河流域的水文模拟已不仅局限于使用已有模型，而是针对寒旱区流域的特征进行了自主的优化、耦合和开发，形成了以 GBEHM 等模型为代表的集成模型平台，为进一步的寒旱区生态水文过程机理的理解和预测奠定了基础。

1.3.2 地下水模型

内陆河流域水循环的一个重要特征是地表水和地下水频繁而复杂的相互作用。有别于上游的产汇流过程，黑河中下游水文过程以分散和消耗为主，除自然河网外，人工渠系是地表水流的主要路径。黑河中下游的模型集成侧重于解决地表水、地下水、生态模型的耦合（表 1-2）。因此，发展流域地下水-地表水耦合模型，并进一步耦合生态模型，成为黑河流域模型集成研究的首要任务之一。黑河地下水建模工作可以分为几个阶段。

1. 单纯的地下水模型

随着地下水系统建模理论的成熟，对黑河流域地下水过程的模拟应首先从单纯的地下水模型开展起来。黑河地下水系统模型的历史最早见于周兴智等（1990）提出的甘肃二水模型。至 2000 年以后，针对黑河地下水系统的建模逐渐丰富起来（表 1-2）。从众多的黑河地下水模型研究特点来看，相关的研究可分为两类：一类以黑河流域地下水的运动过程为研究目标，通常利用国际上成熟的地下水建模软件如 MODFLOW、FEFLOW 等开展研究，如 Wen 等（2007）、李守波等（2009）、周剑等（2009）、Li 等（2017a）的工作。另一类则以完善地下水过程建模为最终目标，通常通过自建或改进已有的地下水模型，以黑河流域典型的干旱区地下水系统为实例，开展地下水模型构建及黑河地下水过程分析研究，如武选民等（2003）、张光辉等（2004）、胡立堂等（2005，2007）、胡立堂（2008）、武强等（2005）和王旭升（2007）的工作。在黑河地下水模型的研究工作中，对黑河水文地质系统的概化也由单层（张光辉等，2004）逐渐过渡到多层系统，对黑河地下水系统的模拟也由饱和带地下水系统逐渐过渡到“饱和-非饱和地下水系统”（胡立堂等，2005；王旭升，2007；Wang et al.，2010）。

2. 地表-地下水耦合模型

随着黑河流域地下水模型工作的开展，研究者们认识到利用单纯的地下水模型很难准确模拟存在地表地下水频繁交互的黑河水循环系统，故尝试在单纯地下水模型的基础上，耦合地表水过程，发展地表-地下水耦合模型。Tian 等（2012）进一步实现了陆面过程模型 SiB2 和 AquiferFlow 的耦合，显著增强了对地表-地下水相互作用和蒸散发的模拟能力，利用该模型系统地模拟了黑河流域中游的水文循环（田伟等，2012）。周剑将地下水模型 MODFLOW、土壤水模型 Hydrus-1D 和作物生长模型 WOFOST 耦合（Zhou et al.，2011），并进一步加入陆面过程模块和气孔-光合作用模块（Li et al.，2013），从而建立了一个真正的农田生态-水文模型。该模型用于模拟作物在生长过程中的蒸腾和蒸发耗水量，以及作物在不同灌溉制度、不同的环境和气候条件下的产量；同时，该模型具有一定的预报和决策支持能力，如利用该模型优化的灌溉制度比现有的灌溉制度可节约灌溉用水 27.27%，说明耦合模型能够分析生态系统和水文循环的相互作用，并指导农业节水。Yao 等（2015a）建立了覆盖整个黑河中下游的三维地下水模型，作为生态-水文耦合模型的核心部件。朱金峰等（2015）利用概念性水资源评价与规划模型 WEAP 和分布式地下水模型 MODFLOW，建立需求驱动的黑河流域中下游全境地表-地下水耦合模型，并利用地表水文站点和地下水观测点数据进行模型率定。Hu 等（2016）以黑河中游为研究区，通过利用河流和渠道系统模拟地表水过程，并将地表水过程和三

表 1-2　地下水模型在黑河流域的应用

模型分类	模型名称	模型设置及模拟区域	模拟量	主要输入（不包括初始条件）	主要参数	模型作者/应用者及参考文献
应用商业软件	FEFLOW	三角网格（35760 个），含水层厚度 200～500m；月步长；中游盆地（5024.4km^2）	地下水水位	水文地质	水力传导系数等水文地质参数	Wen 等（2007）
	FEFLOW	有限元；月步长；下游额济纳三角洲（11545km^2）	地下水水位	DEM、水文地质、气象、灌溉、地下水补给和开采量	水力传导系数等水文地质参数	李守波等（2009）
	FEFLOW/MIKE11	有限元网格（66073 个有限元）；日步长；中游盆地	地下水水位、地下水和河流的补给与排泄关系	DEM、土地覆盖、植被、土壤、水文地质、水系、气象、灌区灌溉资料、河道引水、地下水开采量	一系列与土壤和土地覆盖类型相关的参数、地下水参数	周剑等（2009）
	FEFLOW	水平二维；有限元；月步长；中游张掖绿洲（6736km^2）	地下水水位；通过松散耦合非饱和带模型，模拟不同下垫面蒸散发	土地覆被、土壤质地、灌溉计划、作物类型、地下水开采量	水力传导系数、灌溉渠道渗漏系数等水文地质参数	Li 等（2017a）
自发展模型	黑河中游地下水模型	三角网有限单元，1421 个单元，单层；月步长；中游	地下水水位	水文地质条件、边界条件、源汇项	水力传导系数等水文地质参数	张光辉等（2004）
	黑河下游地下水模型	不规则多边形网格，双层；月步长；下游额济纳盆地（33987.5km^2）	地下水水位	水文地质条件、边界条件、源汇项	水力传导系数等水文地质参数、非饱和土壤水分运动参数	武选民等（2003）
	地表河网–地下水流耦合模型	地表河流采用一维剖分，地下水含水层选用三角形网格；月步长；下游金塔–鼎新盆地和额济纳盆地（32900km^2）	地下水水位、河水水位、河流断面流量	水文地质条件、灌溉水入渗补给量、水库入渗补给量、地下水开采量等	水力传导系数等水文地质参数、河流参数	武强等（2005）
	干旱区地表–地下水集成模型，基于 PGMS	多边形有限差分，垂向上共分 8 个模拟层，每层 3755 个单元，总单元数为 30040；月步长；黑河干流中游地区（8716km^2）	地下水水位、地下水与河流和井的补给与排泄关系、泉水流量	水文地质、气象、泉水、用水情况	水力传导系数等水文地质参数、曼宁粗糙系数等河流参数	胡立堂等（2007），胡立堂（2008）
	地表、包气带和地下水相互作用的三水源模型	有限元；月步长；中游张掖甘州区	地下水动态、河流渗漏、地下水与河流和井的补给与排泄关系	水文地质、泉水、用水情况	水文地质参数	王旭升等（2007，2010）

续表

模型分类	模型名称	模型设置及模拟区域	模拟量	主要输入（不包括初始条件）	主要参数	模型作者/应用者及参考文献
地表-地下水耦合模型	GWSiB（SiB2 耦合 AquiferFlow）	矩形网格，垂向上分为 8 层，20224 个单元；小时步长；黑河中游（12825km^2）	地下水水位、非饱和带土壤水分、蒸散发、感热通量等	气象驱动数据、地表覆被数据、土壤数据、LAI 数据、地表地下水数据	水力传导系数、植被光合作用参数、植被形态参数、下垫面反照率参数等	Tian 等（2012）
	FEFLOW 耦合 MAKE11 及 GIS	三角形网格，垂向上分为 7 层，总共 66073 个网格；天步长；黑河中游区域（12000km^2）	地下水水位、地下水补排水量	土地利用、地下水开采量、灌溉水量、遥感蒸散发量、水文地质情况	水力传导系数等水文地质参数	Zhou 等（2011）
	Hydrus 耦合 WOFOST	单点（黑河中游农业试验站），灌溉型春小麦和玉米）；实验期从 2007 年 3 月 21 日至 7 月 24 日	植物组织储存量、地表总生物量、土壤水分、LAI、实际蒸散发	土壤质地数据、作物物候数据、地下水位、植被根系相关数据	土壤水力学参数、作物生长参数等	Zhou 等（2012）；Li 等（2014）
	MODFLOW 和 Arc Hydro Groundwater	垂向上共分 5 个模拟层，每层包括 548 行，404 列单元；模拟区为黑河中下游大部分区域，以及巴丹吉林沙漠的西部区域（90589km^2）	地下水水位、地下水与河流和井的补给与排泄关系、河流水量	水文地质、地表地下水交互资料、用水情况、环境同位素数据	水力传导系数等水文地质参数、河流入渗率等	Yao 等（2015a）
	WEAP 耦合 MODFLOW	总共 13791 个矩形网格；整个黑河流域（66200km^2）	地下水开采量、入渗量、河流水位、地下水位、含水层侧向流量、地表地下水交互量	灌区面积、种植结构、灌溉制度、DEM、水文地质数据	水文地质参数、用水结构参数等	朱金峰等（2015）
完整的地表-地下水-生态模型	改进的 GSFLOW	二维地表水三维地下水，1km 空间分辨率，地下含水层垂向上分 5 层，每层包括 90589 个网格；天步长；模拟区为黑河中下游大部分区域及巴丹吉林沙漠的西部区域（90589km^2）	地下水水位、地表径流、蒸散发、区域水量平衡	DEM、土地利用、土壤类型、NDVI、河网数据、灌溉渠系数据、地表地下水边界条件	水力传导系数、地表水入渗率等参数	Tian 等（2015a）
	GSFLOW 耦合 SWMM	1km 空间分辨率，9106 个网格，地下含水层垂向上分为 5 层；天步长；总共 9106 个网格，张掖盆地（9106km^2）	地表水位、地下水水位，土壤含水量、地表地下水蓄变量、蒸散发、地表地下水交换量	上游径流量、降水量、地下水侧向流入量等	水力传导系数、地表水入渗率、渠系水输水效率等参数	Tian 等（2015b）
	HEIFLOW	1km 空间分辨率，90589 个网格，地下含水层垂向上分为 5 层；天步长；模拟区为黑河中下游大部分区域及巴丹吉林沙漠的西部区域（90589km^2）	河道流量、地下水水位、蒸散发通量、LAI、地表地下水蓄变量、地表地下水交换量	气象数据、DEM、土地利用、土壤、渠系、河网数据、农业灌溉引水抽水数据	水文地质参数、渠系水利用系数、渠道面积比例、农作物生理参数	

维地下水模型进行耦合，构建了黑河中游地表地下水耦合模型。

3. 完整的中游地表-地下水-生态模型

在地表-地下水耦合模型的基础上，研究者们尝试将生态系统与地表地下水之间的相互影响在模拟中考虑进来，进而构建较完整的中游地表-地下水-生态模型。Tian 等（2015a）以 USGS 开发的地表地下水整体模型（GSFLOW）为基础，建立黑河流域的地表地下水耦合模型，并研究了黑河流域水文、生态和人类活动之间的相互关系，结果表明黑河下游的生态健康和黑河中游的经济社会可持续发展需折中考虑。此后，Tian 等（2015b）进一步尝试将 SWMM 模型和 GSFLOW 耦合，研究了张掖地区农业灌溉过程对黑河中游水循环的影响，结果表明现状水资源管理策略下，灌溉用水的增加必然加速地下水的超采，从而引发该区域的生态问题。Tian 等（2016）又为黑河地表-地下水-生态模型构建了一个三维可视化工具，该可视化工具能够提高黑河模型的理解，并有助于建立真实的黑河水循环系统和模型系统之间的联系。Wu 等（2016）以黑河中游模型地表地下水耦合模型为基础，建立代理模型，并应用代理模型进行黑河中游水资源优化配置分析。结果指出，因为黑河中游和下游生态系统之间的矛盾，会造成现状的黑河分水制度不能持续发展。在这些工作基础上，通过耦合各类生态系统模型，建立了完整的生态过程-地表水-地下水耦合模型 HEIFLOW。HEIFLOW 模型中主要利用 PRMS 和 MODFLOW2005 对黑河流域地表-地下水系统模拟，利用农作物生态水文模型 CropSPAC、荒漠生态水文模型 DVSim、胡杨生态水文模型 Populus，以及通用生态水文模型 GEHM 对黑河流域不同生态系统的生态水文过程进行模拟，从而实现了对黑河流域地表-地下水及生态系统的完整描述。

1.3.3 水资源模型

黑河流域水资源短缺，经济社会生态矛盾突出，水资源调配是实现流域生态环境保护和社会经济发展两大系统之间，以及两大系统内部用水的协调关系的重要手段，因此，水资源合理调配已经成为确保黑河流域经济社会发展和生态安全的重大关键技术问题，也是黑河流域“水－土－气－生－人”集成研究的重要内容之一。特别要指出的是，灌区是中游水资源管理的基本单元，加强对灌区水平衡的模拟，对于理解人工绿洲的水循环，优化农田水资源管理具有重要意义。

目前，一些学者已经构建了不同类型的黑河流域水资源调配模型（表 1-3），对该流域水资源合理调配作出了重要贡献，如赵勇等（2006）和裴源生等（2006）建立了嵌套调度期、预报调度和自适应控制等方式相结合的黑河流域水资源实时调度系统；李福生等（2008）建立了耦合地下水动态模拟模型的黑河中游灌区水资源配置模拟模型；张永永等（2010）根据“以水量调度为主，梯级水库联合调度为辅”的原则建立了黑河上游梯级水库联合调度模型；Li 等（2015）结合多维临界方法建立了用于黑河流域水资源优化分配的非精确随机规划模型。但是，现有的黑河流域水资源调配模型多是围绕流域局部对象（上游梯级水库或中游灌区）和单目标（发电量最大或缺水量最小）建立起来的，限制了模型自身的实践应用。因此，建立全流域、多对象、多目标且考虑实际应用条件的黑河流域水资源调配模型仍有很大难度。

表 1-3 水资源模型在黑河流域的应用

模型分类	模型名称	模型设置及模拟区域	模拟量（限于文中所模拟量）	主要输入（不包括初始条件）	主要参数	模型作者/应用者及参考文献
已有模型与自主发展模型的组合	灌区水平衡模型	逐日；中游灌区	田间尺度：作物蒸腾、蒸发、田间排水、蓄水量变化；灌区尺度：灌区用水和耗水、到达田间的水量、渠系输水损失、水库水平衡	灌区、渠系、水库、灌溉、作物、土壤、气象	渠系水有效利用系数、不同生长阶段的作物参数、土壤参数	加孜拉·阿布都拉扎克（2006）
集成已有模型	水资源实时调度模型系统	黑河流域	水资源配置	降水、径流、地下水、水质、土壤墒情、种植结构、引水、工程运行状态	水文地质参数、径流预报方程系数、水库特征参数、河道几何参数、渠道过流能力、引提水能力	赵勇等（2006）；裴源生等（2006）
应用已有模型	地表水、地下水转化及水资源配置模型	黑河中游	水资源配置	降水、径流、地下水、引水	水文地质参数、水库经济技术参数、河道几何参数、渠道过流能力、引提水能力	李福生等（2008）
应用已有模型	梯级水库联合调度模型	黑河上游	水资源配置	径流	水库特征参数、水电站经济技术参数	张永永等（2010）
修正已有模型	非精确随机规划模型	黑河中游	水资源配置	径流、需水	河道几何参数、渠道过流能力、引提水能力	Li 等（2015）
发展新模型	全线闭口时间水权实时调度混合整数优化模	日尺度；黑河中游；中下游分界点	最优的全线闭口的时间段及各次起止日期	径流系列、需水系列、分水目标	气候变化情景、需水水平情景	Wang 等（2015）
发展新模型	基于水库群调度的黑河水资源配置模型	旬尺度；黑河东部水系	河道渗漏、泉水出溢、潜水蒸发、渠系田间入渗等，水资源配置，闭口优化	径流、需水、降水、气温、地下水位、分水目标	水库特征参数、电站经济技术参数、河道基本形态参数、渠道过流能力、引提水能力、需水水平情景	Zhao 等（2018）

在“黑河计划”的框架下，王忠静等在简化的水文-生态-经济耦合模型基础上，建立了黑河干流全线闭口调度混合整数优化模型。利用该模型，基于提高输水系数、上游修建黄藏寺水库、干流统一调度、“全线闭口、集中下泄”、调整分水曲线等情景，同时优化了时间水权和水量水权，据此提出了进一步调整黑河水权的可行方案（Wang et al.，2015）。蒋晓辉等（2019）发展了更为完善的黑河流域水资源调配模型。该模型采用流域与区域相结合、模拟与优化相结合的方法，模型包括黑河上游水电站水库群调度模块、梨园河灌区水资源调配模块、黑河中游水资源配置模块、黑河中游灌区地下水模块、黑河下游水资源配置模块、宏观经济预测及需水模块等。各个模块都由水资源储存、转移和发挥效益过程中的初始条件、边界约束、平衡方程、运动方程和相关物理量计算式等组成，能够体现黑河干流水资源时空配置过程、转化特点，并能概化反映河道渗漏、泉水出溢、潜水蒸发、渠系田间入渗等平衡要素，实现对不同来水和用水情景下的水量平衡计算（Zhao et al.，2018）。

1.3.4 陆面过程模型

黑河流域的陆面过程模拟具有悠久的历史，开始于 HEIFE 试验时对各种下垫面能量平衡特征的模拟（胡隐樵等，1994；牛国跃和王介民，1992），并在之后的 20 多年，围绕内陆河流域陆面过程的特点，在深度和广度方面不断拓展。突出的进展是对冻融过程的模拟与参数化方案的改进（康尔泗等，2004；Wang et al.，2010），对干旱区水平衡的最主要分量——蒸散发的估算方案的不断改进（吉喜斌等，2006；Xin and Liu，2010），以及陆面过程模型、地下水模型、根区提水模型耦合的尝试（周剑等，2008；Zhu et al.，2009；Tian et al.，2012）。这些改进，都为进一步的集成模型提供了很好的元素（表 1-4）。

黑河计划启动以来，陆面过程模型的改进和应用进入了一个新阶段。谢正辉（2015）以模拟生态水文过程为主题，在陆面过程模型 CLM 的框架内引入了河流输水、地下水侧向流动及其人类取用水活动的参数化方案，模拟结果表明河道侧向输水增加深层土壤含水量，提高河道两岸植被的总初级生产力和增强呼吸作用，地表、地下水取水灌溉显著影响并导致了流域尺度上的能水循环的重新分配（Zeng et al.，2016a，2016b）。

此外，陆面过程模型被作为流域尺度陆面/水文数据同化系统的骨架，在流域数据同化方法的开发和系统研发中起到了关键作用。研究者们基于先进的数据同化方法，将黑河流域丰富的多源数据，如通量观测矩阵、传感器网络、宇宙射线土壤水分观测、各类高分辨率遥感产品同化到 CLM、SiB2 等陆面过程模型中，在不同尺度上开展了陆面数据同化试验，提高了对地表生态水文变量和通量的估计精度，并最终发展了覆盖黑河全流域的流域尺度陆面/水文数据同化系统（Han et al.，2015；Chu et al.，2015；Huang et al.，2016）。

1.3.5 生态模型

黑河流域的生态模拟近年来得到了大力加强。突出的特点：一是这些模型都是空间显式的，在结构上与水文模型相似，因此有利于和水文模型的耦合；二是在模型中都广泛应用了遥感数据，甚至以遥感数据为主要信息源，这将为在全流域尺度上广泛使用可信的遥感数据产品，开展生态-水文耦合模拟打下重要的基础（表 1-5）。

表 1-4 陆面过程模型在黑河流域的应用

模型分类	模型名称	模型设置及模拟区域	模拟量	主要输入（不包括初始条件）	主要参数	模型作者/应用者及参考文献
应用已有模型	简易一维陆面过程模型（基于 SiB）	土壤层（细分为 15 层）、植被层和大气参考层；10 分钟步长；HEIFE 试验区	水平衡各分量、能量平衡各分量	气象、土壤属性、作物类型	一系列与土壤和作物类型相关的参数、叶面积	牛国跃和王介民（1992）
	SHAW	植被层、残留层、土壤层；日步长；上游草地和云杉林观测站	土壤水分、蒸散发等水循环分量；长波辐射、短波辐射、感热和潜热等能量平衡各分量	气象、站点信息	一系列与土壤和植被类型相关的参数、粗糙度参数、雪参数、残留物参数	康尔泗等（2004）
	改进的 Shuttleworth-Wallace 蒸散模型	双层冠层；逐日；中游临泽站	蒸散发	气象、土壤属性、叶面积	空气动力阻力、冠层叶片边界层阻力、地表与冠层间湍流交换阻力、土壤阻力、冠层尺度的气孔阻力	吉喜斌等（2004）
	SiB2+包气带入渗模型	逐时；中游临泽站	水平衡各分量、地下水位	气象、灌溉、土壤质地	一系列与土壤和植被类型相关的参数	周剑等（2008）
	NCAR/LSM	逐时；下游额济纳观测站	地表温度、土壤含水量、能量平衡各分量	气象、站点信息、植被类型、土壤类型	一系列与土壤和植被类型相关的参数、空气动力参数	冯起等（2008）
	HYDRUS-1D	日步长；下游（胡杨）	根区提水（植被和地下水的相互作用）	气象、植物生长状况及结构	与土壤类型有关的水力参数、根分布	Zhu 等（2009）
	CLM4.5，改进了河流与地下水（包括地下水侧流）相互作用模块、人类用水模块	每半小时；～1km，河流沿线加密为 60m；黑河全流域	水平衡各分量、能量平衡各分量、生物地球化学循环分量、地下水埋深和河流水位等河流-地下水相互作用变量、灌溉用水和地下水抽取量等	中国陆面数据同化系统输出的大气驱动数据；黑河流域高分辨率植被功能型图、DEM；中国土壤特性数据	从植被功能型图和土壤图派生出一系列与土壤和植被类型相关的参数；空气动力学等其他参数采用 CLM 默认参数	Zeng 等（2016a，2016b）
自发展模型	灌溉农田春小麦生长条件下的土壤水分运移模型	春小麦生长模型为日步长，土壤水分模型可变步长（1～60min）；中游临泽站	每日作物生长状态变量、各土层根系吸水剖面分布、各土层土壤含水率剖面分布，以及田间水分平衡收入和支出各项	气象、土壤属性、作物特性、叶面积	土壤水力参数、作物参数、根系参数	吉喜斌等（2006）

续表

模型分类	模型名称	模型设置及模拟区域	模拟量	主要输入（不包括初始条件）	主要参数	模型作者/应用者及参考文献
	灌溉农田水平衡模型	前一模型的扩展；中游临泽站	土壤含水量、根区提水、蒸发、植被蒸腾	气象、土壤属性	土壤参数、气孔导度等植被参数、根分布	Ji 等（2007）
	TSEBPS	中游绿洲（盈科站）	感热与潜热通量	气象、热红外遥感、叶面积	土壤参数、空气动力参数	Xin 和 Liu（2010）
	WEB-DHM	见表 1-1				Wang 等（2010）
	GWSiB（SiB2 耦合 AquiferFlow）	见表 1-2				Tian 等（2012）
陆面数据同化应用	CLM，CoLM，SiB2	单点、小流域/灌区、全流域	水平衡各分量、能量平衡各分量、生物地球化学循环分量	大气近地表驱动数据、多源观测（如通量观测、传感器网络、宇宙射线土壤水分观测、各类高分辨率遥感产品）	一系列与土壤和植被类型相关的参数、粗糙度参数	Han 等（2015）；Chu 等（2015）；Huang 等（2016）

表 1-5　生态模型在黑河流域的应用

模型分类	模型名称	模型设置及模拟区域	模拟量（限于文中所模拟量）	主要输入（不包括初始条件）	主要参数	模型应用者/作者及参考文献
应用已有模型	C-Fix	1km 网格；日步长；全流域	NPP	SPOT/VEGETATION 遥感数据、全球格网化气象再分析资料、土地利用	光能利用率、光合作用有效辐射能占太阳入射辐射总量的比例等参数	卢玲等（2005）；Lu 等（2009）
	CASA	1km 网格；月步长；全流域	NPP	SPOT/VEGETATION 遥感数据；逐日气温、降水和辐射资料、土地覆盖、土壤	光能利用率、土壤质地和容重等参数	陈正华等（2008）
	TESim	4km 网格；日步长；全流域	NPP、NEP、异养呼吸、植被碳和氮含量、土壤碳、叶面积、蒸散发、营养元素	DEM、植被、土地利用、土壤、气象	植被光合参数、土壤参数、地形参数等	彭红春（2007）
	LPJ-DGVM	日步长；上游、中游观测站点	GPP、NPP、NEP、植被碳库、土壤碳库、凋落物碳库、叶面积、蒸散发、土壤温度和水分	气象、土壤、网格经纬度	光合、呼吸等植被相关的参数、土壤参数	王旭峰和马明国（2009）
	Biome-BGC 及其和 SHAW 的耦合模型	1km 网格；日步长；全流域	GPP、NPP、NEP、植被碳库、土壤碳库、凋落物碳库、叶面积、蒸散发、土壤温度和水分	气象、土壤、植被分布图、网格经纬度	光合、呼吸等植被相关的参数、土壤参数	Wang 等（2014a）；Peng 等（2016）
	VPM	日步长；中游、上游和下游观测站点	GPP	MODIS 遥感数据、气象数据	光能利用率、光合作用有效辐射能占太阳入射辐射总量的比例等参数	Wang 等（2012）
	MODIS GPP 模型	1km 网格；日步长；全流域	GPP	MODIS 遥感数据、气象数据、土地利用	光能利用率、光合作用有效辐射能占太阳入射辐射总量的比例等参数	Wang 等（2013b）
	IBIS	日步长；上游观测站点	GPP、NPP、NEP、植被碳库、土壤碳库、凋落物碳库、叶面积、蒸散发、土壤温度和水分	气象、土壤、网格经纬度	光合、呼吸等植被相关的参数、土壤参数	Wang 等（2013a）
	Farquhar 光合模型	小时步长；观测站点	GPP	气象	光合参数	Zhu 等(2009)；Wang 等（2016）；Wang 等（2014a）
	VPRM	小时步长；观测站点	GPP	气象、遥感数据	光能利用率、FPAR 等参数	Ran 等（2016）
	WOFOST 及其与 HYDRUS-1D 耦合	逐日步长；观测站点	GPP、产量、叶面积等			Wang 等（2013a）；Wang 等（2013b）；Li 等（2014）
	黑河上游生态水文集成模型 GBEDM	1km 网格；日步长；黑河上游	径流、ET、GPP、NPP、LAI	气象、地形	植被的光合、呼吸等参数、土壤参数	Gao 等（2016）

黑河流域生态模型的发展主要有三个阶段。第一阶段是黑河流域生态模型应用的起步阶段。这一阶段主要以直接应用一些成熟的生态模型为主，这些模型大多都是一些形式较为简单的光能利用率模型，如 C-Fix 模型（卢玲等，2005；Lu et al.，2009）、CASA 模型（陈正华等，2008）、VPM 模型（Wang et al.，2012），并初步尝试应用一些生态过程模型，如 TESim（彭红春，2007）。第二阶段是过程模型的应用，以及针对黑河流域寒旱区的特点所开展的模型参数化。在这一阶段大量的生态过程模型在黑河流域得以应用，并开展了较为系统的模型的参数敏感性研究、模型参数估计及数据同化研究。典型的工作包括：动态植被模型 LPJ-DGVM（王旭峰和马明国，2009）、IBIS（Wang et al.，2013a）、Biome-BGC 模型（Wang，2012）等在黑河流域的应用；基于生物化学过程的光合模型（Farquhar 光合模型）参数估计（Zhu et al.，2010；Wang et al.，2016）；光能利用率模型在黑河流域的参数估计，如 VPRM 模型（Ran et al.，2016）、MODIS 的 GPP 算法（Wang，2013）；作物生长模型（WOFOST）在黑河流域开展的敏感性分析、参数估计（Wang，2013a）；通过同化多源数据提高作物生长模型在黑河流域的产量预报精度（Wang et al.，2013b）。通过这一阶段的发展，获得了大量的适合黑河流域的模型参数，深入地认识了生态过程模型的构成和组织，在模型的应用方面取得巨大的进步，并且遥感数据、地面观测数据与模型进行了有效的融合。第三阶段是针对黑河流域的特点将现有的模型进行改进和完善。这一阶段比较典型的工作是黑河上游构建的生态水文模型 GBEHM（Gao et al.，2016），GBEHM 针对黑河上游的特点将植被生长过程与水文模型耦合，在模型中实现了生态过程和水文过程的相互作用。目前黑河流域生态模型正处在这个阶段。这一阶段的目标是提炼黑河流域生态过程的特点，将这些特点进行参数化后集成到比较成熟的一些生态过程模型中。通过这些年黑河流域生态模型的不断发展，在黑河流域生态系统认知、生态模型的结构和基本原理、生态模型标定和验证等方面都取得了显著进展，也使得黑河流域生态建模进入了一个新的阶段。

1.3.6 土地利用模型

黑河流域土地利用变化与水资源利用、区域社会经济发展，以及生态环境变化密切相关。近代以来，由于人口的增加和大规模的土地开发，导致该地区生态环境一度严重退化，人地矛盾突出，严重制约着该地区的社会经济和生态环境可持续发展。因此，黑河流域土地利用变化建模也是黑河流域“水—土—气—生—人”集成建模的重要内容之一。

目前，黑河流域土地利用模型研究较少，并且多是应用已有的模型或修正已有模型针对单一问题进行研究（表 1-6），如张华等（2007）将 CLUE-S 模型成功应用于黑河中游地区的不同水资源情景下的土地利用变化模拟中。梁友嘉等（2011）开发了一种集成系统动力学模型与 CLUE-S 模型的建模方法，并将其应用于黑河中游甘州区不同社会经济情景下的土地利用变化模拟中。戴声佩和张勃（2013）在 CLUE-S 模型中引入了空间自相关的逻辑回归模型（autologistic），并模拟了黑河中游甘州区的土地利用变化情景。Hu 等（2017）发展了两个以元胞自动机（CA）模型为核心的多状态土地利用/覆被动态变化集成模型，并以黑河中游甘州区为例，对这两个模型的性能进行了分析和评价。总体上，黑河流域的土地利用建模研究还比较薄弱。进一步发展多尺度、多层次、空间显式的土地利用综合模型依然是一个挑战。

表 1-6　土地利用模型在黑河流域的应用

模型分类	模型名称	模型设置及模拟区域	模拟量（限于文中所模拟量）	主要输入	主要参数	模型应用者/作者及参考文献
应用已有模型	CLUE-S	张掖市（黑河中上游）	土地利用	土地利用现状、DEM、气象、人口密度、劳动力、文化程度、收入或GDP、灌溉面积、种植指数、水资源总量、生态需水量	与城市的距离、与河流的距离、与道路的距离、人口密度、海拔、坡度、坡向	张华等（2007）
修正已有模型	CLUE-S 与引入了空间自相关的逻辑回归模型	张掖市甘州区（黑河中游）	土地利用	土地利用现状、DEM、人口密度、收入或GDP、水资源量、生态需水量	与乡镇最近距离、与农村居民点最近距离、与公路最近距离、与干支渠最近距离、人口密度、高程、坡度、坡向、空间自相关因子	戴声佩和张勃（2013）
集成已有模型	CLUE-S 与 SD	张掖市甘州区（黑河中游）	土地利用	土地利用现状、DEM、人口、GDP、城市化、粮食自给率、粮食单产增长率	人口密度、土壤类型、高程、坡度、坡向、道路可达性、地下水量、地下水质	梁友嘉等（2011）
	马尔可夫、逻辑回归与元胞自动机；马尔可夫、人工神经网络与元胞自动机	张掖市甘州区（黑河中游）	土地利用	土地利用、DEM、人口密度、城镇、道路、河流、渠系	与城镇距离、与道路距离、与河流距离、与渠系距离、高程、坡度、坡向、人口密度	Hu 等（2015）

1.3.7 社会经济与生态经济模型

该类模型强调的重点是水-生态-经济的协调发展，进一步发展分布式的、空间显式的生态经济模型，是将经济模型与水文、生态等自然过程模型耦合起来的基础（表 1-7）。

表 1-7 社会经济与生态经济模型在黑河流域的应用

模型名称	模型设置及模拟区域	模拟量	主要输入	主要参数	模型应用者/作者及参考文献
黑河流域水-生态-经济发展耦合模型	系统动力学模型；全流域	水-生态-经济协调发展的三种方案：未来生态、生产和生活需水量；土地利用变化；GDP 和产业结构等	人口、GDP、农民人均收入等经济统计数据；单方水效益；用水量；分水方案等	人口自然增长系数、用水结构转换系数、投资结构转换系数等 10 个参数	方创琳等（2004）
黑河流域水资源承载力模型	6 个模块：宏观经济、人口、土地资源约束、水资源模拟转化与开发利用、水环境、水利工程投资；中游	灌溉面积、GDP、水资源利用量、人均生化需氧量、生态保护面积、人均粮食占有量	经济、人口、土地利用面积、分水情景、水资源利用状况、水环境指标、水利工程	渠系利用系数、节水速度、低压管道和滴灌节水指标、工业节水指标、引地下水渠系利用	徐中民（1999，2003）
环境经济综合模型	以绿色 GDP 为核算指标；张掖市	水资源、环境污染物排放、GDP 等经济指标	经济、人口、各部门耗水状况、人口用水定额	宏观经济参数、污染物排放系数等	陈东景（2006）
水资源优化配置模型	兼顾经济、生态和生活用水的多目标均衡；全流域	经济、生态和生活用水的供给和需求量；各区域的边际收入	人口、生活用水、生态用水、工业用水、GDP、初始的边际收入	生活用水定额、生态用水配额、生产用水定额	Wang 等（2008）
水-经济系统模型	水资源管理制度宏观经济影响、社会经济发展情景下的行业需水；黑河流域 11 区（县）	水与土资源、GDP、行业产值等经济指标；流域区县的经济传导机制；水价、水资源量变动的社会经济影响	行业部门生产投入的水、土资源及其他要素信息、产品分配贸易流通信息	48 行业部门的投入产出表、行业用水及行业	Deng 等（2014a，2014b）；Wu 等（2015）

其中，水-经济系统模型（WESM）是模拟分析水资源约束的空间经济学模型。模型以产业经济学与实证经济学为理论依据，以微观调查数据、投入产出系数、行业用水普查信息等为参数，模拟社会经济系统需水总量及结构、评估水资源调控措施的绩效及经济影响，分析灌区、县域及流域三个尺度的水量平衡关系，揭示水-经济系统诸要素的时空动态过程及效应。模型通过建立用水单元的拓扑网络，实现各节点水资源供需估算及行业内部优化配置。模型从上游节点推演，对县域、灌区内三生用水动态演变进行时间动态模拟仿真，从下游节点反推，对区段、功能地块的水供需估计进行空间显性回溯验证，进而输出时空尺度统一、供需分析动态的水资源优化配置的决策方案。因而，模型既实现了基于流域、县域及灌区的水资源约束限制条件自上而下的传导，又实现了灌区、行政区及流域的经济主体优化行为自下而上的参数集成，从而实现了流域内水-经济系统的动态耦合。研究基于价值核算的产业部门水、土资源的存量与流量信息，编制了嵌入水、土资源要素的县域投入产出表，为空间经济学模型提供了核心输入参数，通过模型刻画水、土资源的多宜性与异质性特征，改变了传统经济学模型单一性、匀质性假设。WESM 刻画了不同空间尺度下各经济主体在水资源供需平衡约束下的优化行为，参数化了不同尺度的空间信息，实现了数据-参数-模型间的无缝接口，系统模拟了

干旱区的产业转型、城镇化、生态工程建设背景下产业结构、土地利用格局与水资源区域动态的时空联系，拓展了水资源与社会经济系统互馈并时空动态演进的情景分析（scenario analysis，SA）功能，动态模拟流域水资源禀赋与社会经济发展的不同路径，科学预测水资源约束下区域发展的可行方案及水资源承载情景，提供了水资源在生产、生活与生态合理分配的决策依据。

1.4 小 结

流域研究中集成建模思路和重点可概括为“水－土－气－生－人”集成模型的发展。流域模型集成应该兼顾科学模型强有力的预测能力和管理模型简单、实用、健壮、易交互的特性，要将流域综合管理模型建立在成熟的科学模型之上。黑河流域模型集成贯彻了这种思路，即科学目标和流域管理目标并重，同时发展流域尺度上的地球系统模型和流域水资源综合管理模型。

黑河流域是在流域尺度上开展建模研究最丰富的地区，在地表水、地下水、水资源、陆面过程、生态、土地利用、社会经济及生态经济建模领域，应用和改进了大量已有模型并发展了一些新的模型。特别是“黑河计划”启动以来，在山区分布式生态-水文-冰冻圈模型，以及干旱区地表-地下水-生态耦合建模方面取得了突破性进展。

其中，在黑河流域上游山区，研制了耦合冰冻圈过程和生态过程的分布式生态水文模型 GBEHM（Yang et al.，2015），该模型在 GBHM 模型的基础上，耦合了冰川消融、积雪、融雪及土壤冻融等过程；基于水分-能量-碳的交换，刻画了植被生理生态过程，可以对冻土区的土壤冻融过程、积雪与融雪过程及冰川变化进行更准确的模拟（Gao et al.，2017；Zhang et al.，2017，2018）。GBEHM 模型已经应用于青藏高原主要河流源区黑河上游与黄河源区，可以较好地模拟河流源区较大空间、较长时间内大气-植被-土壤-冻土-积雪-冰川系统复杂的相互作用和时空变化。

在中下游的平原区，成功开发出刻画地表水-地下水-生态过程-水资源利用耦合的三维分布式生态水文模型 HEIFLOW。该模型以 GSFLOW 为骨架，成功耦合了水资源模型，增加了可变土地利用动态输入、土地利用变化模拟、通用生态水文模块、干旱区农田生态水文模块、荒漠植被生态水文模块、胡杨分布和生长模拟（Yao et al.，2015；Tian et al.，2018）。验证结果表明，HEIFLOW 模型在功能的完备性、模型性能、模拟和预测能力方面均领先于现有模型。

至此，黑河流域的模型集成研究工作，已初步实现了建立流域生态-水文-经济系统模型的目标，特别针对内陆河流域的特征进行了自主的优化、耦合和开发，形成了以 GBEHM 和 HELFLOW 模型为代表的集成模型平台，为进一步以集成模型为工具，深入理解内陆河生态-水文-社会经济相互作用机理及开展预测和决策奠定了基础。

参考文献

陈东景. 2006. 环境经济综合模型的构建及应用研究——以黑河流域张掖市为例. 兰州大学学报(自然科学版), 42(2): 6-11.

陈仁升, 刘时银, 康尔泗, 韩海东, 卿文武, 王建. 2008. 冰川流域径流估算方法探索——以科其喀尔巴西冰川为例. 地球科学进展, 09: 942-951.
陈仁升, 吕世华, 康尔泗, 等. 2006a. 内陆河高寒山区流域分布式水热耦合模型(I): 模型原理. 地球科学进展, 21(8): 806-818.
陈仁升, 康尔泗, 吕世华, 吉喜斌, 阳勇, 张济世. 2006b. 内陆河高寒山区流域分布式水热耦合模型(Ⅱ): 地面资料驱动结果. 地球科学进展, 21(08): 819-829.
陈仁升, 高艳红, 康尔泗, 吕世华, 吉喜斌, 阳勇. 2006c. 内陆河高寒山区流域分布式水热耦合模型(Ⅲ): MM5 嵌套结果. 地球科学进展, 21(08): 830-837.
陈仁升, 康尔泗, 杨建平, 张济世, 王书功. 2003a. Topmodel 模型在黑河干流出山径流模拟中的应用. 中国沙漠, 23(4): 428-434.
陈仁升, 康尔泗, 杨建平, 张济世, 王书功. 2003b. Topmodel 模型在黑河干流出山径流模拟中的应用. 中国沙漠, 23(04): 94-100.
陈仁升, 康尔泗, 杨建平, 张济世. 2002. 黑河出山径流的非线性特征分析. 冰川冻土, 24(03): 292-298.
陈正华, 麻清源, 王建, 祁元, 李净, 黄春林, 马明国, 杨国靖. 2008. 利用 CASA 模型估算黑河流域净第一性生产力. 自然资源学报, 23(2): 263-273.
程国栋. 2009. 黑河流域水-生态-经济系统综合管理研究. 北京: 科学出版社, 581.
程国栋, 李新. 2015. 流域科学及其集成研究方法. 中国科学 (地球科学), 45(6): 811-819.
程国栋, 李新, 康尔泗, 徐中民, 南卓铜, 张耀南, 王旭升, 陈仁升, 吴立宗, 吉喜斌, 王书功, 高艳红, 马明国, 卢玲, 彭红春, 周剑, 宋克超, 祁元, 张勃, 张智慧, 李硕, 冉有华, 黄春林, 赵传燕, 韩旭军. 2008. 黑河流域交叉集成研究的模型开发和模拟环境建设结题报告. 兰州: 中国科学院寒区旱区环境与工程研究所, 352.
程国栋, 肖洪浪, 傅伯杰, 肖笃宁, 郑春苗, 康绍忠, 延晓冬, 王毅, 安黎哲, 李秀彬, 陈宜瑜, 冷疏影, 王彦辉, 杨大文, 李小雁, 张甘霖, 郑元润, 柳钦火, 邹松兵. 2014. 黑河流域生态-水文过程集成研究进展. 地球科学进展, 29(04): 431-437.
戴声佩, 张勃. 2013. 基于 CLUE-S 模型的黑河中游土地利用情景模拟研究——以张掖市甘州区为例. 自然资源学报, 28(2): 336-348.
方创琳, 鲍超. 2004. 黑河流域水-生态-经济发展耦合模型及应用. 地理学报, 59(5): 781-790.
冯起, 张艳武, 司建华, 席海洋. 2008. 黑河下游典型植被下垫面与大气间能量传输模拟研究. 中国沙漠, 28(6): 1145-1150.
高艳红, 吕世华. 2004. 黑河上游环境要素场对降雨汇流过程的响应. 高原气象, 23(2): 184-191.
何思为. 2013. 黑河流域上游气象数据精度评判及水热过程模拟研究. 四川大学硕士学位论文.
何思为, 南卓铜, 王书功, 丁永建. 2012. 四个概念性水文模型在黑河流域上游的应用与比较分析. 水文, 32(03): 13-18.
胡立堂. 2008. 干旱内陆河地区地表水和地下水集成模型及应用. 水利学报, 39(4): 410-418.
胡立堂, 陈崇希, 钱云平. 2005. 黑河中游盆地地下水流建模的若干问题. 人民黄河, 27(5): 11-13.
胡立堂, 王忠静, 赵建世, 马义华. 2007. 地表水和地下水相互作用及集成模型研究.水利学报, (01):54-59.
胡隐樵, 高由禧, 王介民, 等. 1994. 黑河实验(HEIFE)的一些研究成果. 高原气象, 13(3): 225-236.
黄清华, 张万昌. 2004. SWAT 分布式水文模型在黑河干流山区流域的改进及应用. 南京林业大学学报(自然科学版), 28(2): 22-26.
吉喜斌, 康尔泗, 赵文智, 陈仁升, 张小由, 张智慧. 2006. 内陆绿洲灌溉农田 SPAC 系统土壤水分动态模拟研究. 中国沙漠, 26(2): 194-201.
吉喜斌, 康尔泗, 赵文智, 陈仁升, 金博文, 张智慧. 2004. 黑河流域山前绿洲灌溉农田蒸散发模拟研究. 冰川冻土, 26(6): 713-719.
加孜拉·阿布都拉扎克. 2006. 黑河流域中游灌区水平衡模型研究. 河海大学硕士学位论文.

贾仰文，王浩，彭辉. 2009. 水文学及水资源学科发展动态. 中国水利水电科学研究院学报, 7(02): 241-248.

贾仰文，王浩，严登华. 2006a. 黑河流域水循环系统的分布式模拟(I): 模型开发与验证. 水利学报, 37(5): 534-542.

贾仰文，王浩，严登华. 2006b. 黑河流域水循环系统的分布式模拟(II): 模型应用. 水利学报, 37(6): 655-661.

蒋晓辉，夏军,黄强，龙爱华，董国涛，宋进喜. 2019. 黑河“97”分水方案适应性分析. 地理学报, 74(01): 103-116.

康尔泗，程国栋，宋克超，金博文，刘贤德，王金叶. 2004. 河西走廊黑河山区土壤-植被-大气系统能水平衡模拟研究. Science in China, Series D, 34(6): 544-551.

康尔泗，程国栋，蓝永超，陈仁升，张济世. 2002. 概念性水文模型在出山径流预报中的应用. 地球科学进展, 17(01): 18-26.

康尔泗，程国栋，蓝永超，金会军. 1999. 西北干旱区内陆河流域出山径流变化趋势对气候变化响应模型. 中国科学, 29(增刊 1): 47-54.

李福生，侯红雨，谢越韬. 2008. 黑河中游地表水、地下水转化及水资源配置模型. 人民黄河, 30(8): 64-66.

李守波，赵传燕，冯兆东. 2009. 黑河下游地下水波动带地下水时空分布模拟研究——FEFLLOW 模型应用. 干旱区地理, 32(3): 391-396.

李希萌. 2014. 黑河中游地下水数值模拟模型. 清华大学硕士学位论文.

李新，程国栋. 2008. 流域科学研究中的观测和模型系统建设. 地球科学进展, 23(7): 756-764.

李新，吴立宗，马明国，盖迎春，冉有华，王亮绪，南卓铜. 2010a. 数字黑河的思考与实践 2: 数据集成. 地球科学进展, 25(3): 306-316.

李新，程国栋，吴立宗. 2010b. 数字黑河的思考与实践 1: 为流域科学服务的数字流域. 地球科学进展, 25(3): 297-305.

李占玲，徐宗学. 2010. 黑河流域上游山区径流模拟及模型评估. 北京师范大学学报(自然科学版), 46(03): 344-349.

梁友嘉，徐中民，钟方雷. 2011. 基于SD和CLUE-S模型的张掖市甘州区土地利用情景分析. 地理研究, 30(3): 564-576.

刘玉环，刘志雨，李致家，黄鹏年. 2016. 基于 TOPKAPI 模型的黑河上游径流模拟研究. 水力发电, 42(12): 20-23.

卢玲，李新, Veroustraete F. 2005. 黑河流域植被净初级生产力的遥感估算. 中国沙漠, 25(6): 823-830.

孟现勇，师春香，刘时银，王浩，雷晓辉，刘志辉，吉晓楠，蔡思宇，赵求东. 2016. CMADS 数据集及其在流域水文模型中的驱动作用——以黑河流域为例. 人民珠江, 37(07): 1-19.

牛国跃，王介民. 1992. 简易一维陆面过程的数值模拟. 高原气象, 11(4): 411-422.

裴源生，赵勇，王建华. 2006. 流域水资源实时调度研究——以黑河流域为例. 水科学进展, 17(3): 395-401.

彭红春. 2007. 黑河流域生态系统动态模拟研究. 中国科学院研究生院, 136.

沈媛媛. 2006. 黑河流域地下水数值模拟模型及在水量调度管理中的应用研究.吉林大学硕士学位论文.

苏建平. 2004. 黑河中游张掖盆地地下水模拟及水资源可持续利用. 中国科学院研究生院博士学位论文.

唐锡晋. 2001. 模型集成. 系统工程学报, 16(5): 322-329.

田伟，李新，程国栋，王旭升，胡晓农. 2012. 基于地下水-陆面过程耦合模型的黑河干流中游耗水分析. 冰川冻土, 34(3): 668-679.

涂亮，宋汉周. 2009. 基于 Visual Modflow 的黑河中游地下水流数值模拟. 勘察科学技术, 19-23.

王海波. 2013. 高寒草甸生态系统碳水通量模拟与优化研究. 中国科学院研究生院博士学位论文.

王建，李硕. 2005. 气候变化对中国内陆干旱区山区融雪径流的影响. 中国科学 D 辑: 地球科学, 35(7): 664-670.

王磊，李秀萍，周璟，刘文彬，阳坤. 2014. 青藏高原水文模拟的现状及未来. 地球科学进展, (6): 674-682.

王书功. 2006. 水文模型参数估计方法及参数估计不确定性研究. 中国科学院研究生院博士学位论文.

王旭峰. 2012. 黑河流域陆地生态系统生产力模拟研究. 中国科学院研究生院博士学位论文.

王旭峰，马明国. 2009. 基于LPJ模型的制种玉米碳水通量模拟研究. 地球科学进展, 24(7): 734-740.

王旭升. 2007. AquiferFlow含水层变饱和度地下水流的三维有限差分模型. 北京：中国地质大学(北京)水资源与环境学院博士学位论文.

王旭升，周剑. 2009. 黑河流域地下水流数值模拟的研究进展. 工程勘察, (9): 35-38.

王旭升，王广才，董建楠. 2010. 八宝山断裂带浅部岩体水力耦合模型. 地学前缘, 17(06):141-146.

王中根，刘昌明，黄友波. 2003. SWAT模型的原理、结构及应用研究. 地理科学进展, 22(1): 79-86.

武强，徐军祥，张自忠，马振民. 2005. 地表河网-地下水流系统耦合模拟II：应用实例. 水利学报, 36(6): 754-758.

武选民，陈崇希，史生胜，黎志恒. 2003. 西北黑河额济纳盆地水资源管理研究——三维地下水流数值模拟. 地球科学－中国地质大学学报, 28(5): 527-532.

夏军，叶爱中，王纲胜. 2005. 黄河流域时变增益分布式水文模型(Ⅰ)——模型的原理与结构. 武汉大学学报(工学版), (06): 10-15.

夏军，王纲胜，谈戈，叶爱中，黄国和. 2004. 水文非线性系统与分布式时变增益模型. 中国科学 D辑：地球科学, 34(11): 1062-1071.

夏军，王纲胜，吕爱锋，谈戈. 2003. 分布式时变增益流域水循环模拟. 地理学报, 58(5): 789-796.

谢正辉. 2015. 考虑地下水侧向流动与人类取水用水影响的陆面过程模型及应用. 中国气象学会. 第32届中国气象学会年会S7 水文气象预报最新理论方法及应用研究.

徐中民. 1999. 情景基础的水资源承载力多目标分析理论及应用. 冰川冻土, 21(2): 99-106.

徐中民，张志强，程国栋. 2003. 生态经济学理论方法与应用. 郑州：黄河水利出版社, 306.

尹振良，肖洪浪，邹松兵，陆志翔，王蔚华. 2013. 祁连山黑河干流山区水文模拟研究进展. 冰川冻土, 35(02): 438-446.

余文君，南卓铜，李硕，李呈罡. 2012. 黑河山区流域平均坡长的计算与径流模拟. 地球信息科学学报, 14(1): 41-48.

张光辉，刘少玉，谢悦波，等. 2004. 西北内陆黑河流域水循环与地下水形成演化模式. 北京：地质出版社, 398.

张华，张勃, Verburg P. 2007. 不同水资源情景下干旱区未来土地利用/覆盖变化模拟——以黑河中上游张掖市为例. 冰川冻土, 29(3): 397-405.

张华，张勃，孟宝，丁文晖. 2004. 张掖市土地利用/覆盖变化模拟. 遥感技术与应用, 19(5): 359-363.

张凌. 2017. 基于DHSVM和SWAT模型的黑河流域上游水文模拟与情景分析. 中国科学院大学博士学位论文.

张永永，黄强，张洪波，等. 2010. 黑河上游梯级水库联合调度研究. 水力发电学报, 29(4): 52-57.

赵勇，裴源生，于福亮. 2006. 黑河流域水资源实时调度系统. 水利学报, 37(1): 82-88.

周剑，程国栋，王根绪，李新，胡晓农，韩旭军. 2009. 综合遥感和地下水数值模拟分析黑河中游三水转化及其对土地利用的响应. 自然科学进展, 19(12): 1343-1354.

周剑，李新，王根绪，胡宏昌，钞振华, Leavesley G, Markstrom S, Viger R. 2008a.一种基于MMS的改进降水径流模型在中国西北地区黑河上游流域的应用. 自然资源学报, 23(4): 724-736.

周剑，李新，王根绪，潘小多. 2008b. 陆面过程模式SIB2与包气带入渗模型的耦合及其应用. 地球科学进展, 23(6): 570-579.

周兴智，赵剑东，王志广. 1990. 甘肃省黑河干流中游地区地下水资源及其合理开发利用勘察研究. 甘肃省地矿局第二水文地质工程地质队.

朱金峰，王忠静，郑航，鲁学纲，齐桂花. 2015. 黑河流域中下游全境地表-地下水耦合模型与应用. 中国环境科学, 35(09): 2820-2826.

Argent R M. 2004. An overview of model integration for environmental application-components, frameworks and semantics. Environmental Modelling & Software, 19(3): 219-234.

Argent R M, Houghton B. 2001. Land and water resources model integration: software engineering and beyond. Advances in Environmental Research, 5(4): 351-359.

Argent R M, Perraud J M, Rahman J M, Grayson R B, Podger G M. 2009. A new approach to water quality modelling and environmental decision support systems. Environmental Modelling & Software, 24(7): 809-818.

Arnold J G, Fohrer N. 2005. SWAT2000: current capabilities and research opportunities in applied watershed modeling. Hydrological Processes, 19(3): 563-572.

Brunner P, Simmons C T. 2012. HydroGeoSphere: a fully integrated, physically based hydrological model. Groundwater, 50(2): 170-176.

Castronova A M, Goodall J L. 2013. Simulating watersheds using loosely integrated model components: evaluation of computational scaling using OpenMI. Environmental Modelling & Software, 39: 304-313.

Chen R S, Lu S H, Kang E S, Ji X B, Zhang Z, Yang Y, Qing WW. 2008. A distributed water-heat coupled model for mountainous watershed of an inland river basin of Northwest China(I)model structure and equations. Environmental Geology, 53(6): 1299-1309.

Cheng G D, Li X. 2015. Integrated research methods in watershed science. Science China Earth Sciences, 58(7): 1159-1168.

Cheng G D, Li X, Zhao W Z, Xu Z M, Feng Q, Xiao S C, Xiao H L. 2014. Integrated study of the water-ecosystem-economy in the Heihe River Basin. National Science Review, 1(3): 413-428.

Chu N, Huang C L, Li X, Du P J. 2015. Simultaneous estimation of surface soil moisture and soil properties with a dual ensemble Kalman smoother. Science China Earth Sciences, 58(12): 2327-2339, 10.1007/s11430-015-5175-6.

Consortium of Universities for the Advancement of Hydrologic Science. 2007. Hydrology of a Dynamic Earth. Consortium of Universities for the Advancement of Hydrologic Science, Inc.

David O, Ascough Ii J C, Lloyd W, Green T R, Rojas K W, Leavesley G H, Ahuja L R. 2013. A software engineering perspective on environmental modeling framework design: the Object Modeling System. Environmental Modelling & Software, 39: 201-213.

David O, Markstrom S L, Rojas K W, Ahuja L R, 2002. Schneider I W. 2002. The Object Modeling System Agricultural System Models in Field Research and Technology Transfer.CRC Press, 317-330.

Deng X Z, Wang Y, Wu F, Zhang T, Li Z H. 2014a. The Integrated CGE Model Construction. In Integrated River Basin Management. Springer, 57-78.

Deng X Z, Zhang F, Wang Z, et al. 2014b. An extended input output table compiled for analyzing water demand and consumption at county level in China. Sustainability, 6(6): 3301-3320.

DHI Water and Environment. 2003. MIKE BASIN. A Versatile Decision Support Tool for Integrated Water Resources Management Planning. Hϕrshelm Demark. 34.

Dolk D R. 1993. An introduction to model integration and integrated modeling environments. Decision Support Systems, 10(3): 249-254.

Dolk D R, Kottemann J E. 1993. Model integration and a theory of models. Decision Support Systems, 9(1): 51-63.

EPA. 2001. Better Assessment Science Integrating Point and Nonpoint Sources: basins Version 3.0 EPA, 337.

Famiglietti J. 2008. Community modeling in hydrologic science. EOS, 89(32), doi: 10.1029/2008EO320005.

Future Earth. 2013. Future Earth Initial Design: report of the Transition Team. Paris: International Council for Science(ICSU).

Gao B, Yang D W, Qin Y, Wang Y H, Li H Y, Zhang Y L, Zhang T J. 2017. Change in frozen doils and its effect on regional hydrology in the upper heihe basin, the Northeast Qinghai-Tibetan Plateau. The Cryosphere Discussion.

Gao B, Qin Y, Wang Y H, Yang D W, Zheng Y R. 2016. Modeling ecohydrological processes and spatial patterns in the upper heihe basin in China. Forest, 7(10): 1-21.

Gao Y H, Lu S H, Cheng G D. 2004. Simulation of rainfall-runoff and watershed convergence process in the upper reaches of Heihe River Basin, July 2002. Science in China Series D-earth Sciences, 47(Special Issue): 1-8.

Gassman P W, Reyes, Green C H, et al. 2007. The soil and water assessment tool: hstorical development, applications, and future research directions. Transaction of the ASABE, 50(4): 1211-1250.

Graham D N, Butts M B. 2005. Flexible, integrated watershed modelling with MIKE SHE. In: Singh V P, Frevert D K. Watershed Models. CRC Press, 245-272.

Granell C, Schade S, Ostländer N. 2013. Seeing the forest through the trees: a review of integrated environmental modelling tools. Computers, Environment and Urban Systems, 41: 136-150.

Gregersen J, Gijsbers P, Westen S. 2007. Open MI: open modelling interface. Journal of Hydroinformatics, 9(3): 175-191.

Griggs D, Stafford-Smith M, Gaffney O, Rockström J, Öhman M C, Shyamsundar P, Steffen W, Glaser G, Kanie N, Noble I. 2013.Sustainable development goals for people and planet. Nature, 495(7441): 305-307.

Han X J, Franssen H H, Rosolem R, Jin R, Li X, Vereecken H. 2015. Correction of systematic model forcing bias of CLM using assimilation of Cosmic-Ray neutrons and land surface temperature: a study in the Heihe Catchment, China. Hydrology and Earth System Sciences, 19: 615-629, 10.5194/hess-19-615-2015.

He C S, De Marchi C, Croley T E, Feng Q, Hunter T. 2009. Hydrologic modeling of the Heihe Watershed by DLBRM in Northwest China. Journal of Glaciology and Geocryology, 31(3): 410-421.

Hill C, DeLuca C, Suarez M, da Silva A. 2004. The architecture of the earth system modeling framework. Computing in Science & Engineering, 6(1): 18-28.

Hu X L, Li X, Lu L. 2017. Modeling the land use/cover change in an arid region oasis city constrained by water resource and environmental policy change using cellular automata model. Journal of Geophysical Research-Atmospheres. (Submitted)

Hu L T, Chen C X, Jiao J J, Wang Z J. 2007. Simulated groundwater interaction with rivers and springs in the Heihe river basin. Hydrological Processes, 21(20): 2794-2806.

Hu X, Lu L, Li X, Wang J, Guo M. 2015. Land use/cover change in the middle reaches of the Heihe River Basin over 2000-2011 and its implications for sustainable water resource management. PLOS ONE, 10(6): e0128960.

Hu L T, Xu Z X, Huang W D. 2016. Development of a river-groundwater interaction model and its application to a catchment in Northwestern China. Journal of Hydrology, 543: 483-500.

Huang C L, Chen W J, Li Y, Shen H F, Li X. 2016. Assimilating multi-source data into land surface model to simultaneously improve estimations of soil moisture, soil temperature, and surface turbulent fluxes in irrigated fields. Agricultural and Forest Meteorology, 230-231: 142-156, 10.1016/j.agrformet. 03.013.

Jakeman A J, Barreteau O, Borsuk M E, ElSawah S, Hamilton S H, Henriksen H J, Kuikka S, Maier H R, Rizzoli A E, van Delden H. 2013. Selecting among five common modelling approaches for integrated environmental assessment and management. Environmental Modelling & Software, 47: 159-181.

Ji X B, Kang E S, Chen R S, Zhao W Z, Zhang Z H, Jin B W, AF Ji XB, Kang E S , Chen R S, Zhao W Z, Zhang Z H, Jin B W. 2007. A mathematical model for simulating water balances in cropped sandy soil with conventional flood irrigation applied. Agricultural Water Management, 87(3): 337-346.

Jia Y W, Ding X, Qin C, Wang H. 2009. Distributed modeling of landsurface water and energy budgets in the inland Heihe river basin of China. Hydrology and Earth System Sciences, 13(10): 1849-1866.

Knapen R, Janssen S, Roosenschoon O, Verweij P, De Winter W, Uiterwijk M, Wien J-E. 2013. Evaluating OpenMI as a model integration platform across disciplines. Environmental Modelling & Software, 39: 274-282.

Kollet S J, Maxwell R M. 2006. Integrated surface-groundwater flow modeling: a free-surface overland flow boundary condition in a parallel groundwater flow model. Advances in Water Resources, 29(7): 945-958.

Leavesley G H, Restrepo P J, Markstrom S L, et al. 1996. The modular modeling system(MMS)--User's manual. Report 96-151, U.S. Geological Survey, 142.

Li X, Cheng G D, Lin H, Cai X M, Fang M, Ge Y C, Hu X L, Chen M, Li W Y. 2018. Watershed system model: the essentials to model complex human-nature system at the river basin scale. Journal of Geophysical Research: Atmospheres, 123(6): 3019-3034, 10.1002/2017JD028154.

Li J, Mao X, Li M. 2017a. Modeling hydrological processes in oasis of Heihe River Basin by landscape unit-based conceptual models integrated with FEFLOW and GIS. Agricultural Water Management, 179: 338-351.

Li L, Xu Z X, Zhao J, Su L Q. 2017b. A distributed hydrological model in the Heihe River basin and its potential for estimating the required irrigation water. Hydrology Research, 48(1): 191-213.

Li L, Xu Z X, Zuo D P, Zhao J. 2016. A grid-based integrated surface–groundwater model(GISMOD). Journal of Water and Climate Change, 7(2): 296-320.

Li M, Guo P, Zhang L, et al. 2015. Multi-dimensional critical regulation control modes and water optimal allocation for irrigation system in the middle reaches of Heihe River basin, China. Ecological Engineering, 76: 166-177.

Li Y, Zhou Q G, Zhou J, Zhang G F, Chen C, Wang J. 2014. Assimilating remote sensing information into a coupled hydrology-crop growth model to estimate regional maize yield in arid regions. Ecological Modelling, 291: 15-27.

Li X, Cheng G, Liu S, Xiao Q, Ma M, Jin R, Che T, Liu Q, Wang W, Qi Y, Wen J, Li H, Zhu G, Guo J, Ran Y, Wang S, Zhu Z, Zhou J, Hu X, Xu Z. 2013. Heihe watershed allied telemetry experimental research (HiWATER): scientific objectives and experimental design. Bulletin of the American Meteorological Society, 94(8): 1145-1160.

Li Z L, Xu Z X , Shao Q X, Yang J. 2009. Parameter estimation and uncertainty analysis of SWAT model in upper reaches of the Heihe river basin. Hydrological Processes, 23(19): 2744-2753.

Lu L, Li X, Veroustraete F, Kang E S, Wang J H. 2009. Analyzing the forcing mechanisms for net primary productivity changes in the Heihe River Basin, northwest China. International Journal of Remote Sensing, 30(3): 793-816.

Markstrom S L, Niswonger R G, Regan R S, Prudic D E, Barlow P M. 2008. GSFLOW-Coupled Ground-water and Surface-water FLOW Model based on the Integration of the Precipitation-Runoff Modeling System (PRMS) and the Modular Ground-Water Flow Model(MODFLOW-2005). U.S. Geological Survey, 240.

Maxwell T. 2002. The Spatial Modeling Environment Users Guide. http://www.uvm.edu/giee/SME3/. 2015-6-22.

Peng S Z, Chen Y M, Cao Y. 2016. Simulating water-use efficiency of piceacrassi folia forest under representative concentration pathway scenarios in the qilian mountains of Northwest China. Forest, 7(7): 140.

Price A, Lenton T, Cox C, Valdes P, Shepherd J. 2005. GENIE: grid enabled integrated earth system model. ERCIM News, 61: 15-16.

Qin J, Ding Y J, Wu J K, Gao M J, Yi S H, Zhao C C, Ye B S, Li M, Wang S X. 2013. Understanding the impact of mountain landscapes on water balance in the upper Heihe River watershed in northwestern China. Journal of Arid Land, 5(3): 366-384.

Qin Y, Lei H, Yang D, Gao B, Wang Y, Cong Z et al. 2016. Long-term change in the depth of seasonally frozen ground and its ecohydrological impacts in the Qilian Mountains, northeastern Tibetan Plateau. Journal of Hydrology, 542: 204-221.

Ran Y H, Li X, Sun R, Kljun N, Zhang L, Wang X F, Zhu G F. 2016. Spatial representativeness and uncertainty of eddy covariance carbon flux measurements for upscaling net ecosystem productivity to the grid scale. Agricultural and Forest Meteorology, 230-231: 114-127.

Razavi S, Tolson B A, Burn D H. 2012. Review of surrogate modeling in water resources. Water Resources Research, 48, W07401, doi: 10.1029/2011WR011527.

Reid W V, Chen D, Goldfarb L, Hackmann H, Lee Y T, Mokhele K, Ostrom E, Raivio K, Rockström J, Schellnhuber H J, Whyte A. 2010. Earth system science for global sustainability: grand challenges. Science, 330(6006): 916-917.

Savenije H H G. 2009. HESS Opinions “The art of hydrology”. Hydrology and Earth System Sciences, 13(2): 157-161.

Schellnhuber H J. 1999. “Earth system” analysis and the second copernican revolution. Nature, 402(SUPP): C19-C23.

Seyfried M S, Wilcox B P. 1995. Scale and the nature of spatial variability: field examples having implications for hydrological modeling. Water Resources Research, 31(1): 173-184.

Surridge B, Harris B, AF Ben S, Harris B. 2007. Science-driven integrated river basin management: a mirage. Interdisciplinary Science Reviews, 32(3): 298-312.

Tian Y, Zheng Y, Han F, Zheng C, Li X. 2018. A comprehensive graphical modeling platform designed for integrated hydrological simulation. Environmental Modelling & Software, 108: 154-173.

Tian Y, Zheng Y, Zheng C. 2016. Development of a visualization tool for integrated surface water–groundwater modeling. Computers & Geosciences, 86(Supplement C): 1-14.

Tian Y, Zheng Y, Wu B, Wu X, Liu J, Zheng C. 2015a. Modeling surface water-groundwater interaction in arid and semi-arid regions with intensive agriculture. Environmental Modelling & Software, 63: 170-184.

Tian Y, Zheng Y, Zheng C, Xiao H, Fan W, Zou S, Wu B, Yao Y, Zhang A, Liu J. 2015b. Exploring scale-dependent ecohydrological responses in a large endorheic river basin through integrated surface water-groundwater modeling. Water Resources Research, 51(6): 4065-4085.

Tian W, Li X, Cheng G D, Wang X S, Hu B X. 2012. Coupling a groundwater model with a land surface model to improve the water and energy cycle simulation. Hydrology and Earth System Sciences, 16(12): 4707-4723.

Wang X F, Ma M G, Song Y, Tan J L, Wang H B. 2014a. Coupling of a biogeochemical model with a simultaneous heat and water model and its evaluation at an alpine meadow site. Environmental Earth Science, 72: 4085-4096.

Wang H B, Ma M G, Xie Y M, Wang X F, Wang J. 2014b. Parameter inversion estimation in photosynthetic models: impact of different simulation methods. Photosynthetica, 52(2): 233-246.

Wang X F, Cheng G D, Li X, Lu L, Ma M G, Su P X, Zhu G F, Tan J L. 2016. A comparison of two photosynthesis parameterization schemes for an alpine meadow site on the Qinghai-Tibetan Plateau. Theoretical Applied Climatology, 126: 751-764.

Wang Z J, Zhu J F, Zheng H. 2015. Improvement of duration-based water rights management with optimal water intake on/off events. Water Resources Management, 29(8): 2927-2945.

Wang X F, Ma M G, Huang G, Veroustraete F, Zhang Z H, Song Y, Tan J L. 2012. Vegetation primary production estimation at maize and alpine meadow over the Heihe River Basin, China. International Journal of Applied Earth Observation and Geoinformation, 17: 94-101.

Wang H B, Ma M G, Wang X F, Yuan W P, Song Y, Tan J L, Huang G H. 2013a. Seasonal variation of vegetation productivity over an alpine meadow in the Qinghai-Tibet Plateau in China: modeling the interactions of vegetation productivity, phenology, and the soil freeze-thaw process. Ecological Research, 28(2): 271-282.

Wang J, Li X, Lu L, Fang F. 2013b. Parameter sensitivity analysis of crop growth models based on the extended Fourier Amplitude Sensitivity Test method. Environmental Modelling & Software, 48: 171-182.

Wang J, Li X, Lu L, Fang F. 2013c. Estimating near future regional corn yields by integrating multi-source observations into a crop growth model. European Journal of Agronomy, 49: 126-140.

Wang X , Ma M G, Li X, Song Y, Tan J L, Huang G H, Zhang Z H, Zhao T B, Feng J M, Ma Z G, Wei W, Bai Y F. 2013d. Validation of MODIS-GPP product at 10 flux sites in northern China. International Journal of Remote Sensing, 34(2): 587-599.

Wang L, Koike T, Yang K, Jin R, Li H. 2010a. Frozen soil parameterization in a distributed biosphere hydrological model. Hydrology and Earth System Sciences, 14(3): 557-571.

Wang X S, Ma M G, Li X, Zhao J, Dong P, Zhou J. 2010b. Groundwater response to leakage of surface water through a thick vadose zone in the middle reaches area of Heihe River Basin, in China. Hydrology and Earth System Sciences, 14(4): 639-650.

Wang L, Koike T, Yang K, Hackson Thomas J, Bindlish R, Yang D. 2009. Development of a distributed biosphere hydrological model and its evaluation with the Southern Great Plains Experiments (SGP97

and SGP99). Journal of Geophysical Research: Atmospheres, 114: D080107.
Wang J F, Cheng G D, Gao Y G, Long A H, Xu Z M, Li X, Chen H Y, Barker T. 2008. Optimal water resource allocation in arid and semi-arid areas. Water Resources Management, 22(2): 239-258.
Wang J, Li H Y, Hao X H. 1979-1987. Responses of snowmelt runoff to climatic change in an inland river basin, Northwestern China, over the past 50 years, Hydrology and Earth System Sciences, 14, doi: 10.5194/hess-14-1979-2010, 2010.
Wen X H, Wu Y Q, Lee L, Su J P, Wu J, Wen XH, Wu Y Q, Lee L J E, Su J P, Wu J. 2007. Groundwater flow modeling in the zhangye basin, northwestern china. Environmental Geology, 53(1): 77-84.
Westervelt J. 2004. Simulated Modeling for Watershed Management(流域管理的模拟建模). 程国栋, 李新, 王书功译. 郑州: 黄河水利出版社, 131.
Wu X, Zheng Y, Wu B, Tian Y, Han F, Zheng C. 2016. Optimizing conjunctive use of surface water and groundwater for 2006 irrigation to address human-nature water conflicts: a surrogate modeling approach. Agricultural Water Management, 163: 380-392.
Wu B, Zheng Y, Wu X, Tian Y, Han F, Liu J, Zheng C. 2015a. Optimizing water resources management in large river basins with integrated surface water-groundwater modeling: a surrogate-based approach. Water Resources Research, 51(4): 2153-2173.
Wu F, Zhan J Y, Güneralp I. 2015b. Present and future of urban water balance in the rapidly urbanizing Heihe River basin, northwest China. Ecological Modelling, 318: 254-264.
Xin X, Liu Q H. 2010. The two-layer surface energy balance parameterization scheme(TSEBPS)for estimation of land surface heat fluxes. Hydrology and Earth System Sciences, 14(3): 491-504.
Yang D W, Gao B, Jiao Y, Lei H M, Zhang Y L, Yang H B, Cong Z T. 2015. A distributed scheme developed for eco-hydrological modeling in the upper Heihe River. Science China Earth Sciences, 58(1): 36-45.
Yao Y, Zheng C, Liu J, Cao G, Xiao H, Li H, Li W. 2015a. Conceptual and numerical models for groundwater flow in an arid inland river basin. Hydrological Processes, 29(6): 1480-1492.
Yao Y Y, Zheng C M, Tian Y, Liu J, Zheng Y. 2015b. Numerical modeling of regional groundwater flow in the Heihe River Basin, China: advances and new insights. Science China Earth Sciences, 58(1): 3-15.
Yin Z L, Xiao H, Zou S, Zhu R, Lu Z, Lan Y, Shen Y. 2014. Simulation of hydrological processes of mountainous watersheds in inland river basins: taking the Heihe Mainstream River as an example. Journal of Arid Land, 6(1): 16-26.
Zeng Y, Xie Z, Yu Y, Liu S, Wang L, Jia B, Qin P, Chen Y. 2016a. Ecohydrological effects of stream–aquifer water interaction: a case study of the Heihe River basin, northwestern China. Hydrology and Earth System Sciences, 20(6): 2333-2352.
Zeng Y, Xie Z, Yu Y, Liu S, Wang L, Zou J, Qin P, Jia B. 2016b. Effects of anthropogenic water regulation and groundwater lateral flow on land processes. Journal of Advances in Modeling Earth Systems, 8(3): 1106-1131.
Zhang Y L, Li X, Cheng G D, Jin H J, Yang D W, Flerchinger G N, Chang X L, Wang X, Liang J. 2018. Influences of topographic shadows on the thermal and hydrological processes in a cold region mountainous watershed in northwest China. Journal of Advances in Modeling Earth Systems, 10: 1439-1457.
Zhang Y L, Cheng G D, Li X, Jin H J, Yang D W, Flerchinger G N, Chang X L, Bense V F, Han X J, Liang J. 2017. Influences of frozen ground and climate change on the hydrological processes in an alpine watershed: a case study in the upstream area of the Hei'he River, Northwest China. Permafrost and Periglacial Processes, 28(2): 420-432.
Zhang L, Nan Z T, Xu Y, Li S. 2016. Hydrological impacts of land use change and climate variability in the headwater region of the Heihe River Basin, Northwest China. P O, 11(6): e0158394.
Zhang Y L, Cheng G D, Li X, Han X J, Wang L, Li H Y, Chang X L, Flerchinger G N. 2013. Coupling of a simultaneous heat and water model with a distributed hydrological model and evaluation of the combined model in a cold region watershed. Hydrological Processes, 27(25): 3762-3776.
Zhao D, Zhang W. 2005. Rainfall-runoff simulation using the VIC-3L model over the Heihe River mountainous basin, China: geoscience and remote sensing symposium, IGARSS'05. Proceedings. 2005

IEEE International.

Zhao J S, Cai X M, Wang Z J. 2013a. Comparing administered and market-based water allocation systems through a consistent agent-based modeling framework. Journal of Environmental Management, 123: 120-130.

Zhao M L, Jiang X H, Huang Q, Dong G T. 2013b. Adaptability research of the Heihe River '97' water diversion scheme under changing environment. Water Technology and Sciences, 10 (8), Mexico.

Zhou S, Huang Y, Yu B, Wang G. 2015. Effects of human activities on the eco-environment in the middle Heihe River Basin based on an extended environmental Kuznets curve model. Ecological Engineering, 76: 14-26.

Zhou J, Pomeroy J W, Zhang W, Cheng G D, Wang G X, Chen C. 2014. Simulating cold regions hydrological processes using a modular model in the west of China. Journal of Hydrology, 509: 13-24.

Zhou J, Hu B X, Cheng G, Wang G, Li X. 2011. Development of a three-dimensional watershed modelling system for water cycle in the middle part of the Heihe rivershed, in the west of China. Hydrological Processes, 25(12): 1964-1978.

Zhu G, Li X, Su Y H, Lu L, Huang C L. 2011. Seasonal fluctuations and temperature dependence in photosynthetic parameters and stomatal conductance at the leaf scale of Populus euphratica Oliv. Tree Physiology, 31(2): 178-195.

Zhu G F, Li X, Su Y H, Huang C L. 2010. Parameterization of the coupling CO_2 and H_2O gas exchange model at the leaf scale of Populus euphratica tree. Hydrol. Earth Syst Sci, 14: 419-431.

Zhu G F, Li X, Su Y, Huang C L. 2009a. Parameterization of the coupling CO_2 and H_2O gas exchange model at the leaf scale of Populus euphratica tree. Hydrology & Earth System Sciences, 6(5): p6503.

Zhu Y H, Ren L L, Skaggs T H, Lu H S, Yu Z B, Wu Y Q, Fang X Q. 2009b. Simulation of Populus euphratica root uptake of groundwater in an arid woodland of the Ejina Basin, China. Hydrological Processes, 23(17): 2460-2469.

Zou S, Ruan H, Lu Z, Yang D, Xiong Z, Yin Z. 2016. Runoff simulation in the upper reaches of heihe river basin based on the RIEMS–SWAT model. Water, 8: 455.

第2章 集成建模环境

南卓铜 赵彦博 周 剑 李 新

20世纪上半叶，自然科学基础理论的诸多发现、新技术，以及经验推动了更多科学领域的量化研究，水文学和水资源也随着这场潮流一起发展。国内外已经发展了许多水文、生态和陆面过程模型，用于回答环境和水问题，但这些模型建立之初往往有其特定的学科背景，针对研究区当时的数据条件和流域特点，回答当时关心的科学问题。例如，水文模型通常侧重模拟水循环系统中的一个或几个物理过程，而其他过程被适当地简化。环境和水问题本质上是多学科交叉的复杂问题。当面临一个不同类型的流域或者更综合的流域问题时，现有模型往往不能全面和准确地进行模拟。

不同研究领域的专家开发了模拟能力各有侧重的水文、气象、农业等模型。这些模型建立在严格的物理机理上，物理过程相似，某些物理过程甚至是采用同样的算法进行模拟，但是整体的模型独立运行，在数据、尺度、方法、文件格式甚至计算机硬件、软件方面都有很大差别。一些大型模型的开发投入大量人力、物力，因为技术更新，无法被重用。同时在建模时没有考虑与其他模型兼容的接口进行数据的输入输出，当需要这些模型进行集成时，在修改、扩展方面存在极大的困难（Moore and Tindall，2005）。

当前流域水文水资源管理包括以水资源合理利用为核心的流域管理的方方面面。在具体应用中，当我们选择一个在已有流域中有较好应用的模型，在新流域中模拟效果不理想，这有各方面的原因，从物理机理上可能是一些关键过程的模拟能力不足或者缺失。传统的方法是在某个模型代码的基础上进行修改增强，把更好的参数化方案和物理过程算法实现进来。这个工作对建模人员有极高的挑战：既需要精通计算机编程技术又要对模型有深入认识，事实上极大妨碍了建模工作的开展。但同时，我们经常发现某个模型模拟不足的过程往往在别的模型中已经有很好的实现。新的集成建模方法试图建立一种新系统灵活使用已有模型资源，依照新问题的需求来快速建立、改进和集成模型，支持模型模拟的整个流程。当前的集成建模环境（integrated modeling environment，IME）是利用组件技术，模型物理过程和方法均表达为组件，根据模型背后的物理机理（如能量守恒和物质平衡）或者数据流将组件组合到一起，形成完整的模型。利用组件标准化接口达到物理过程可重用和可替换的目的。集成建模环境通过对已有模型的拆分和模块组合，实现新的模型，加快模型的集成过程。模型集成不是模型之间的简单堆积和叠加，而是按照明确的研究目标，按照知识与规则进行组合，解决那些单个模型所不能解决的复杂科学问题。

近年来通过集成多个模型解决复杂地学问题的研究方法得到广泛应用，如Oxley等集成自然、经济和社会有关的10个模型用于地中海区域土地退化决策支持（Oxley et al.，2004）；Twarakavi等连接土壤水模型Hydrus和地下水模型MODFLOW以改善地下水模拟能力（Twarakavi et al.，2008）；Zhang 和 Xia（2009）耦合水文和生态过程更好地实现汉江流域的可持续水资源管理。目前如火如荼的地球系统模式本质上就是集成表达各圈层的子模型实现对整个地球系统的模拟。为了解决黑河流域日益严峻的生态环境和水资源危机，李新等建议在黑河流域形成水—土—气—生—人集成模型（李新等，2010）。Zhao 等回顾了 20 世纪 50 年代开始的黑河流域水文生态模拟和模型集成的工作（Zhao et al.，2013）。

尽管建模环境的研究在国际上受到关注并进行了近 30 年的探索，但其发展尚且停留在实验室原型阶段。最近几年，一些大型实用建模环境开始获得资助，并应用于气候、海洋、水文水资源等领域。

2.1 常用的集成建模框架

2.1.1 MMS

MMS（modular modeling system）是模块化建模集成系统，支持模型物理过程算法的开发、检测和评价，使用户选择的算法方便地集成到框架，通过将模型模块化，应用图形化界面将模块重新组织起来，编译形成新的模型（Leavesley et al.，1996）。MMS 提供一个通用的框架，在这个框架下不同学科的科学家可在各自的研究领域开发和测试模型组件。

MMS 包括前处理、图形化建模和后处理。前处理组件开发的目标是利用大量已有的数据预处理和分析工具，提供添加新工具的能力。模型组件是系统的核心，包括从模型库中选择性连接过程模块以创建一个模型，并与这个模型交互完成各种模拟和分析任务的工具。当执行模型时，用户和模型通过 GUI 交互。后处理模块提供若干工具显示和分析模型结果，并且传递结果给管理模型或其他软件。地理信息系统（geographical information system，GIS）接口为 MMS 的前处理、模型和后处理模块的空间数据分析和操作提供工具。前处理和后处理接口被开发成通用的接口以支持多种已有的 GIS 包。

MMS 基于 Unix 开发，图形界面（GUI）利用 X 窗口系统 和 Motif，提供一个交互环境以存取模型组件特征、应用选择的选项、以图形展示模拟和分析结果。

2.1.2 OMS

OMS（open modeling system）软件架构是一个灵活的环境，提供了一个底层通信机制，通过标准化接口、数据结构、通信协议和文件格式，实现已有模型间的同步和数据交换（David et al.，2013）。OMS 依赖于标准输入输出库，接口规范采用 GEOLEM。

OMS 的核心部分是 OMS 软件架构（OSA）。OSA 提供一个将 OMS 组件合并成应用程序的框架。OMS 设计了巧妙的数据通信策略，即每个组件不需要知道数据来源，当所需数据全部满足时，该组件被执行。组件数据来源包括从外部 HDF（层级数据格式）文件或数据库中读取、直接与另一组件通信，以及从与另一组件共享的内存中读取。每个组件的输入有类似的机制，即将输出放到所谓的数据空间，被其他组件获取，从而避免了组件直接数据通信，提高了组件灵活性。OSA 定义了数据通信的结构，并提供了函数实现通过数据空间的交换。OMS 环境的所有部分几乎都被定义为组件，所有的组件要求保证灵活性和可维护性。

2.1.3 SME

SME（spatial modeling environment）设计起源于支持全球尺度协同生态/经济模型开发的需要，系统在前端开发环境和后端并行计算环境都支持多种平台，允许用户创建和共享模块、重用模型组件（Argent et al.，2006）。

SME 基于模型库-视图-驱动器架构。在这个架构中，视图组件用于图形构建、校准和检测生物/生态模型。视图图形接口用图标描述模型变量和函数关系，以图形化方式创建模型结构。支持 STELLA、EXTEND、SimuLab 、Vensim 等图形建模工具作为 SME 的视图组件。模型构造器将视图组件模块转换成用模块建模语言（MML）定义的模块对象，最后转换成 C++对象结构。驱动器是一个分布式的面向对象模拟环境，合并代码模块，转换成通过消息传递连接的分布式对象。其中的代码生成器生成于特定平台的原生代码，使用目标平台的编译器编译和链接生成可执行代码，从而实现模型模拟。

2.1.4 OpenMI

OpenMI（open modeling interface）定义了一系列的标准接口，实现了这些接口的现有模型能够并行运行并共享信息。这是在操作级别使模型集成可行的关键。OpenMI 接口能使 OpenMI 组件在运行时交换数据，它的标准化定义部分被定义为一个软件接口规范，不受特定的平台限制，实现不同类型、不同学科和不同领域模型之间的连接。它提供一个完备的元数据结构来描述数据，使得这些数据能够按照语义学、单位、维数、空间时间分辨率和数据操作进行交换（Gijsbers and Gregersen，2005）。

OpenMI 环境由一套软件工具组成，这些工具支持操作和生成兼容 OpenMI 接口的代码，并实现兼容 OpenMI 接口的组件的集成。OpenMI 可执行系统包括用户接口和引擎。用户通过用户接口提供信息，然后被转换成引擎识别的输入数据。引擎完成过程模拟和计算；引擎读取输入数据，执行计算流程并输出结果，完成整个模型模拟流程。

2.1.5 CSDMS

CSDMS（community surface dynamics modelling system）是一个分布式地表过程建模系统（Peckham et al.，2013），能够提供水文、陆面过程、海洋、气候等领域的 260 多个开源模型和建模工具。CSDMS 中的模块遵循通用组件架构（common component architecture，CCA）标准，能够较好地支持高性能科学计算。为实现模块的“即插即用”，CSDMS 实现了“两层”包装接口，即基础接口（basic model interface，BMI）和模块接口（component model interface，CMI）。BMI 由模块开发者负责实现，包括几个模块访问接口，这些模块可以在基于组件架构的建模环境（如 OpenMI、OMS 等）中重复使用；CMI 由系统自动负责解释，包括了模块和模块、模块和运行环境之间的交互接口。针对模块集成时存在的问题，CSDMS 使用变量命名规范来消除变量语义的差异，实现模块运行时空尺度的自动切换，实现常用编程语言（C/C++、Java、Python、Fortran 等）间的混合编程。CSDMS 建立了详细的模块元数据结构，除了常规描述性信息和输入输出变量信息外，还包括了模型本身所做的假设和适用地理对象等信息，为检查模块的兼容性提供了更为详尽的信息。

2.1.6 OpenFLUID

OpenFLUID 是开源环境建模和模拟项目（Fabre et al.，2010）。该平台从多学科模拟建模的实际需求出发，提出一种新的基于地理实体对象的区域（landscape）离散方法。该方法由用户根据建模需求和空间拓扑关系将不规则的、线状或者面状的地理实体连接成树形结构，地理实体表示为不同类别的节点，节点间的拓扑关系用箭头表示。区别于基于格网、等高线或不规则三角网等的传统方案，该方法显式考虑了人工地理实体（如沟渠）在环境模拟中的作用，离散方法也更为灵活。平台的核心是 OpenFLUID 模拟引擎，负责数据管理、模块代码管理、数据一致性检验、模拟监测、输入/输出管理等功能。OpenFLUID 提供了模块开发编译平台和完备的 C++开发包。用户通过图形化建模界面完成新建项目、区域离散、模拟配置、输入/输出设置、运行监测等建模流程。

表 2-1 对当前较有影响力的一些建模环境的基本信息进行对比，内容包括框架名称、架构、语言、操作系统、支持领域等。可以看出，目前集成建模环境主要采用面向对象和基于组件的现代软件工程方法，而每个框架所采用的开发语言、操作系统也各不相同，多数框架只适用于单个操作系统平台。

已有集成建模方法大致可以归纳为三种不同思路，各自优缺点归纳见表 2-2。

表 2-1　集成建模环境比较

框架名称	架构	语言	操作系统	支持领域
CME（Kin et al.，2000）	面向对象	C++、TCL/TK、Java	Sun Solaris、Linux	生态
CSDMS（Peckham et al.，2013）	基于组件	C++、Java、Python	Unix、Linux、Mac OS X、Windows	多学科
DIAS（Argent et al.，2004）	面向对象	C++、SmallTalk 等	Unix、Sun Solaris	几乎所有领域
GF（Kin et al.，2000）	基于组件	Delphi	Windows	水文
ICMS（Reed et al.，1999）	面向对象	Delphi、MickL	Windows	水文
IDLAMS（Sydelko et al.，2002）	面向对象	C	Unix	土地利用管理
LIANA（Hofman，2005）	面向对象	VC++	Windows	环境
MIMS（Argent et al.，2004）	面向对象	Java	Unix、Windows	环境
MMS（Leavesley et al.，1996）	面向数据库	Fortran、C	Unix、Windows	水文
OMS（David et al.，2013）	基于组件	Fortran、C++	Windows、Unix	水文
OpenFLUID（Fabre et al.，2010）	面向对象	C++	Unix、Linux、Mac OS X、Windows	地表过程
OpenMI（Gijsbers and Gregersen，2005）	基于组件	C/C++、C#、Java 等	Windows、Unix、Linux	水文
SME（Argent et al.，2006）	面向对象	C++、Java	Unix、Linux、Mac OS X	生态、社会经济
Tarsier（Watson and Rahman，2004）	基于数据对象	Borland C++	Windows	水文气候、经济
TIME（Rahman et al.，2003）	面向对象	C#等	Windows	水文

第一类，建立一个明确的建模系统软件。为用户提供模型的开发、数据输入输出、模型运行、参数化以及结果分析功能，将模型或者组件使用这个软件框架来管理，如 MMS、OMS、Tarsier 等都属于此类项目。这种思路的优点在于：

（1）快速学习，用户只需要简单的学习，了解建模环境的功能即可开始操作；用户不需要进行复杂的计算机语言、编程接口等的学习过程。开发者为方便新用户学习还提供了一个或几个模型组装示例。

表 2-2　三类建模环境优缺点比较

	优点	缺点	代表性工作
第一类 软件框架型	良好的可视化操作界面，易用易学； 提供多种现成的模型或者功能模块，供连接生成新模型	较低的再开发灵活性，仅提供有限的低层接口； 可移植性差，模块无法被第三方使用，软件运行于特定操作系统； 运行效率较低； 分析功能有限	MMS（Leavesley et al.，1996），OMS（David et al.，2013），Tarsier（Watson and Rahman，2004），SME（Argent et al.，2006）
第二类 开发类库型	开发灵活性强； 计算效率高，应用于地球系统建模时优势明显； 可移植性强，在类库级别上容易被共享	学习过程长，对计算机编程能力和模型熟悉度要求高； 易用性差，往往没有提供用户界面或者用户界面仅有很少功能	OpenMI（Gijsbers and Gregersen，2005），ESMF（Hill et al.，2004）
第三类 工具箱型	易用性强，有统一用户界面； 分析功能强，往往集成地理信息系统水文分析功能	没有或只提供简单的模型连接功能； 很少底层编程接口，无法添加新模型； 不是真正意义上的建模环境	WMS（Ogden et al.，2001）

（2）直观、易操作性，软件框架通常为用户提供一个图形化的建模界面（GUI）。图形界面中提供文件操作、模型/模块注册、模型组装、参数查看修改、模型运行、结果分析等功能。建模过程通常是“拖放”式操作。用户操作只关注需要的模块即可，无须了解模块的计算过程、接口定义等。

（3）为用户提供了示例模型模块，在此基础上方便快速地学习和定制。例如，在 MMS 中包括组成 PRMS（precipitation-runoff modeling system）模型的全部模块。OMS 中包括 Thornthwaite 等模块，目前模块库中包括上百个来自第三方的模块。

但是基于这一思路的项目也有其局限性：

（1）较低的灵活性，模型/模块的开发必须遵守该建模环境中对于数据格式、数据输入输出方式和过程控制的定义方式；模型拆分成模块时也需要考虑该环境对于模块拆分粒度的支持。

（2）可移植性差，部分建模环境中的计算模块的输入输出，以及计算过程有特定的要求或格式，这些要求和格式不能被其他的建模环境所使用，限制了这些模块的可移植性。

（3）扩展受限，建模环境已经提供了部分数据分析、参数分析的功能，但此类功能相对简单，且不具扩展性，用户需要更多此类功能时，需要在建模环境之外进行分析。例如，对大量数据进行统计分析时，用户通常需要将数据在 Matlab、Origin 等外部软件中再分析。

第二类，提供基础公共类或开发库的方式。为模型的开发和集成提供具有一定通用性的、用以数据定义、数据处理、模型/模块间数据传递、计算过程控制等的公共类/库。用户可以直接通过这些基本的类来实现一个具体模型的创建，如 OpenMI、ICMS（integrated catchment modeling system）、TIME（the integrated modeling environment）等都是基于这种思路。这种方式的优点：

（1）灵活性强，用户可以直接通过公共类来开发任意类型，任意计算过程的模型/模块，相互间的数据传递则可以直接使用其中的数据交换接口。

（2）运算效率高，此类建模环境都由原始代码库来组装，拥有较高的执行效率。尤其是应用于地球系统大型系统建模时有更大的优势，通过耦合器将不同模型耦合起来，提供并行计算甚至是云计算支持。

（3）可移植性强，在此类建模环境中开发的模型/模块都可以进行较少的修改而被其他建模环境、模型耦合来利用，同样也可以直接移植到建模环境以外独立运行。

（4）很强的专业性，此类建模环境针对学科中一些典型模块和重要物理过程都有完整的求解算法，专注于某学科的建模环境对于该学科的模拟能力很强，如IDAS/IDLAMS（dynamic information architeture system/integrated dynamic landscape modeling and analysis system）（Costanza et al.，2002）在生态和景观方面的模拟能力很强，有大量的生态和景观模型，但是在流域问题等方面无法模拟。

同时这样思路也有其缺点：

（1）需要漫长的学习过程，用户在使用这样的集成建模方法时，需要对该方法的体系结构、类组织方式、命名方式等花费较长时间学习，也需要大量阅读说明手册。

（2）对用户的计算机能力要求高，模块或组件都被定义为独立的类/库，用户建立模型时需要有较强的计算机编程能力来实现具体的过程，而且对模块或组件间的数据流、步长控制等要有很清晰的认识。

（3）不够直观，往往没有一个用户界面，建模的操作都是基于对文件和类的访问机制。

第三类，模型工具箱的方式。为用户提供一个拥有多个模型的环境，如WMS（watershed modeling system）（Ogden et al.，2001）。通常这类建模环境有很强的易用性，并提供强大的GIS功能，但是从本质上讲只是个简单的模型存储工具集，不提供模型之间的相互连接和集成工具，功能较单一。

国内在集成建模环境的相关研究还较少。冯克庭等形成了黑河流域建模环境原型（HIME），在图形界面支持下模块化了新安江模型和TOPMODEL模型（冯克庭等，2008）；刘昌明等开发了模块化的水文水资源模拟系统（HIMS），包含了流域水循环主要过程，并使用黄河流域和澳大利亚数据进行了验证（刘昌明等，2008）；南京师范大学提倡的虚拟地理环境则是建立在分布式环境下的建模环境（闾国年，2011）；南卓铜等建立了陆面过程建模环境原型，并在黑河流域做了初步试验（南卓铜等，2011）。Long等将GBHM水文模型在黑河集成建模环境里进行了重实现（Long et al.，2016）。

2.2 黑河集成建模环境

建模环境面向具备专业知识的建模人员，通过建模环境的软件平台支持，快速实现功能模块的连接组合，创建能够应对当前复杂科学问题的集成模型。Argent认为集成建模环境应当具备以下基本功能：①具备一系列可用的表示不同物理过程的模块；②组织和管理模块和模型；③通过连接不同模块，形成模型；④运行模型；⑤分析模型运行结果（Argent et al.，2006）。

2.2.1 总体结构

黑河集成建模环境（HIME）在广泛吸取国内外集成建模环境经验的基础上，采用模块化建模的基本思路，以第一类思路为指导，融合第二类思路，重点通过良好的结构设计和软件实现，提高模块重用性，实现高效建模和模型模拟支持。系统的整体框架如图 2-1 所示。

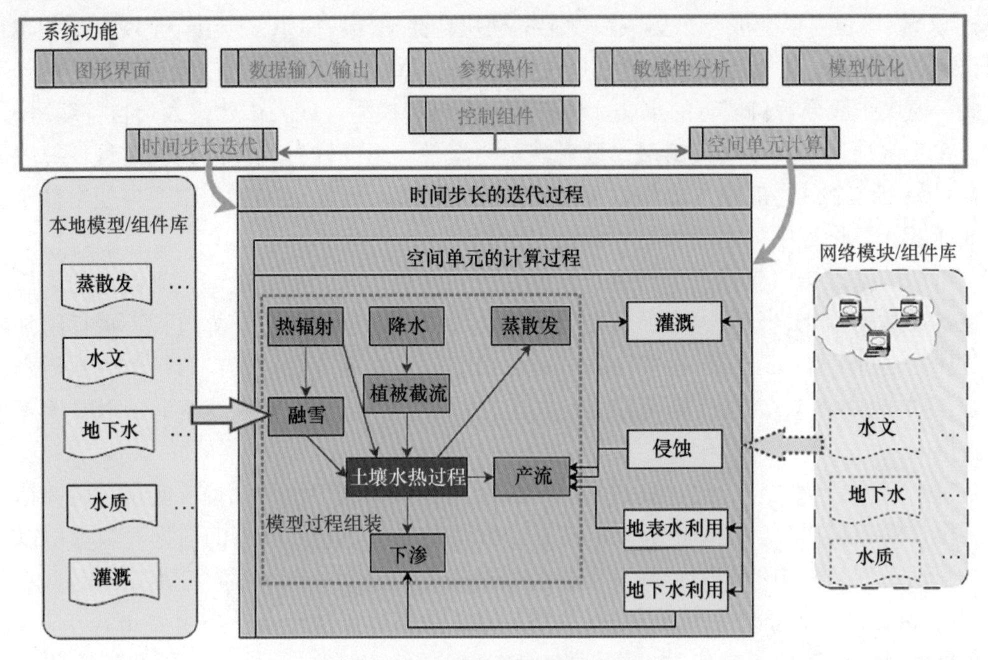

图 2-1　集成建模环境整体框架

HIME 包括本地和网络模块/组件库。一个模块通常对应于一个物理子过程，具有独立的计算过程，在软件层次上被实现为一个组件。模块通常由成熟的水文、陆面过程或者生态模型分解得到，模块有不同的粒度，一个完整的模型也可作为一个模块。模块/组件库组织和管理模块，模块按类型进行归类，每个模块有详细的元信息说明，以表明模块来源、运行的时间和空间尺度、输入输出等。模块可以存放在任意可访问的网络结点上，通过网络服务（web services）被建模环境访问。

本地或者网络上的模块在图形化建模工具支持下进行连接和组装。模块的执行次序通过控制组件进行协调，控制组件包括时间步长上的迭代和空间单元上的计算过程控制。连接后的多个模块形成一个新模型，用户需要指定模块间的数据交换，并提供必要的驱动数据、参数和模型控制参数，在建模环境中运行并分析结果。借助于丰富的模块库，模型的创建和模型中物理子过程的替代就变得十分简单。

HIME 被设计为支持整个建模过程，包括参数的敏感性分析、参数率定、模拟运行、模型验证。建模环境提供了建模的技术支持，自动完成很多复杂但通用的模块连接、组合、通信等技术问题，使建模人员专注于模型背后的科学问题，然而建模过程仍需要大量的专家知识，如如何选择满足研究目标、时空尺度合适的符合假设前提的模块，如何根据能量守恒和物质平衡将模块连接和集成起来，以及参数操作、模型运行和分析，都需要专家知识的输入。集成建模环境与专家知识系统连接从而形成智能化的建模环境，是未来的重要发展方向。

2.2.2 模块组件化表示

建模环境里的模块通常对应于一个物理子过程。基本物理子过程，如蒸发，是一个模块；几个模块也可以形成一个更大粒度上的模块存储在模块库中；甚至一个现有模型也可以作为一个模块。建模环境中，模型是建模过程的最终产物，模块则是建模过程中的计算单元。模块一般分解自现有的水文、生态和陆面过程模型，或者由建模人员自行编写。

在实现层次上：模块被封装，进而表示为组件。组件针对具体的物理过程计算代码进行封装。这个过程的输入输出值都尽可能为可测量，可验证的物理值，方便组件单独验证或者计算过程中的中间值进行验证和分析。

组件的基础接口包括三个：第一个函数为资源初始化，如 init ()，为组件的计算过程准备参数初始化、分配内存、文件句柄等资源；第二个函数为计算过程，执行组件的业务计算功能，如 run ()，这些计算过程由模型的开发者事先定义；第三个函数为资源清理，如 finalise ()，在计算函数运行完毕，释放组件所占用的系统资源，以及清理内存占用。

每个组件只负责自己的计算过程，与外面的交互通过“组件属性”实现。属性指组件所操作的数据对象。HIME 事先定义了一个属性类型列表，所有的数据对象都可以定义为属性类型列表中的其中一种。支持的数据类型为整型（int)、浮点型（float)、双精度型（double)、字符型（char）基本类型，对于批量数据操作支持数组（array）类型，当有更大批量的数据集操作时，可以直接定义为文件（file）类型，使用 ACSII 码文本文件格式，通用性强。

组件属性类型由组件内部来定义，并且组件定义了对属性的操作类别：读入、写出或者“读+写”。读属性提供了该组件的输入；写属性提供了该组件的输出。HIME 支持属性的自定义，即在图形化建模时，用户可以自定义属性，在模块连接时尤其有用，如组件 *A* 输出单位是米，但下游组件 *B* 要求输入是千米。这时组件 *A* 可以添加自定义属性，将米转换为千米。

每个组件应该包括自身的初始化，但在现有建模环境中往往做得不好，如 OMS 里有专门的模块读取输入数据，对后续模块统一进行初始化，极大地妨碍了模块的独立性。为解决这种不足，HIME 设计了专门的初始化策略。明确各类变量的作用域是此策略的重要内容。总体上应该遵循以下原则：物理模块负责自身相关变量的初始化；控制模块负责初始化控制变量（循环变量、条件变量）和循环上的累积变量。有的变量可能是其他变量在时间或空间上的累积，这类变量在控制组件中完成计算并输出，则其初始化应该在控制组件中进行。通过组件自行负责变量初始化的方案，消除专门的初始化模块的需求，减少模块冗余，长期来讲为并行计算奠定了基础。

从现有模型中提取模块，需要少量的技术工作，包括按三个功能接口对已有代码进行封装，以及将模块的输入输出按属性封装。当有模型的源代码时，创建一个类（class)，包括组件描述、作者、来源、参考文献、状态、版本、关键词、标签等模块描述信息，每个属性的读写类型、单位、阈值等属性描述信息，以及指定 init、run、finalise 接口对应的具体函数，目前通过 Qt/C++的 Q_CLASSINFO 宏实现反射机制。当我们只有模型的二进制代码时，HIME 系统支持通过一个 XML 对二进制代码进行解释，XML 文件里包括该模块对应的链接库名及库内的函数名。图 2-2 示例了通过 XML 文件封装了一个来自 Noah 陆面过程模型链接库（simpledriver.dll，源码是基于 Fortran，通过 GFortran 编译得到）的独立于时间步长设定的计算陆面水和能量平衡的模块。鉴于不同平台上对链接库的物理表示不一致，基于 XML 解释的方法目前只支持 GNU（如 GNU C++、GFortran）编译的链接库。

```xml
<?xml version="1.0" encoding="UTF-8"?>
<library name="simpledriver.dll"      description="" author="" bibliography="Natural" status=""
versionInfo="3.1" sourceInfo="simpledriver v3.1" keywords="Noah" label="Noah">
    <module name="module_sf_noahlsm">
        <function name="NoahSFLX">
            <argument name="ffrozp"      intent="IN"     type="double"      unit="" range=""
arrayBound=""      description="Fraction of precip which is frozen (0.0 - 1.0)."/>
            <argument name="ice"         intent="IN"     type="int"         unit="" range=""
arrayBound=""      description="Flag for sea-ice (1) or land (0)."/>
            <!-- More auguments here -->
            <result name="" type="" unit="" range="" arrayBound=""      description=""/>
        </function>
    </module>
</library>
```

图 2-2　一个简化的 XML 文件，用于解释二进制代码形成被 HIME 识别的模块

2.2.3　数据传递方案

多数建模环境如 Tarsier 采用统一数据模型进行模块间的数据传递。统一数据模型在建模环境里构建一个通用的数据模型，每个模块通过将需求的数据格式转换为此数据模型从而实现模块间的数据通信。考虑到模块对数据格式需求的多样性，统一数据模型很难真正做到通用，或者变得很复杂。HIME 里采用与 OMS 类似的灵活的数据传递方案，即通过组件的属性来实现。此方案的优势在于避免了构建复杂的统一数据模型，而在变量层次上需要交换的数据类型就相应简单（图 2-3）。

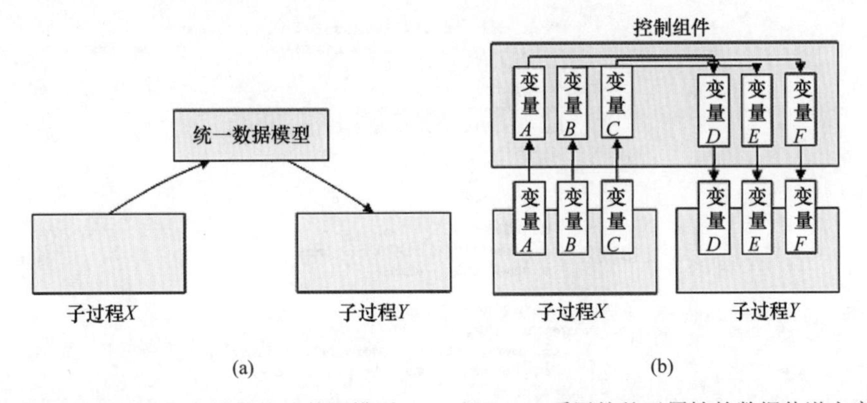

图 2-3　用于模型间数据交换的统一数据模型（a）和 HIME 采用的基于属性的数据传递方案（b）

每个组件的输入（通过“读”类型的属性实现）有几种来源：来自上层组件，如控制组件，或者根节点；或者来自外部输入。模块间的数据传递通过模块间的属性连接实现。HIME 限定了连接的属性须是同一属性类型。

模块间的数据交换发生在上一级控制组件（或者模型根节点），而不是直接在前后模块间发生交换，确保了模块的独立性，每个模块无须关心与之相连的模块的输出输入需求。在一个复杂的实际应用中，需要交换数据的模块可能位于不同的位置，如一个位

于时间循环内的模块 *A* 需要读取时间循环体外的模块 *B* 的输出，这时，模块 *A* 的上级时间循环控制组件除了包括来自循环体内的全部模块的属性列表，也复制了更上一级控制组件的属性列表。通过这种级联机制保证了一个新组件可以与此前任一位置的组件进行数据通信。

HIME 系统将同名同类型的属性进行自动连接。但 HIME 也提供人工建立属性连接关系的机制，即可以通过人工的方式建立组件间的数据传递关系。这样做法的好处在于，当不同的开发者在开发模型过程中定义属性项名称时，只需要定义一个可以表达其实质含义的名称即可，而不再需要反复考虑哪一个词更专业或更通用的问题，在建模时用户通过查看属性名称、组件算法等可以判定属性实际的含义，然后建立连接关系。

网络模块利用网络服务与本地或者其他网络模块进行关联，采用本地模块一致的属性交换方案，区别是数据通过网络在本地和网络模块所在的远程机器进行数据交换。

类似的机制也用在建立面向模块的外部输入方案中。每种学科模型都有其特定的输入文件格式。外部数据文件格式上的千差万别无法适用于具有统一标准和规范的集成建模环境，这也是传统建模环境使用专用输入输出模块（这些模块不具有可重用性）进行处理的原因之一。我们初步的方案是将输入分解到模块。通过建立模块级别的统一输入格式（如 XML），组合为模型整体的输入（图 2-4），从而消除不同模型对专用外部格式的需求，以及可重用度低的输入输出模块。

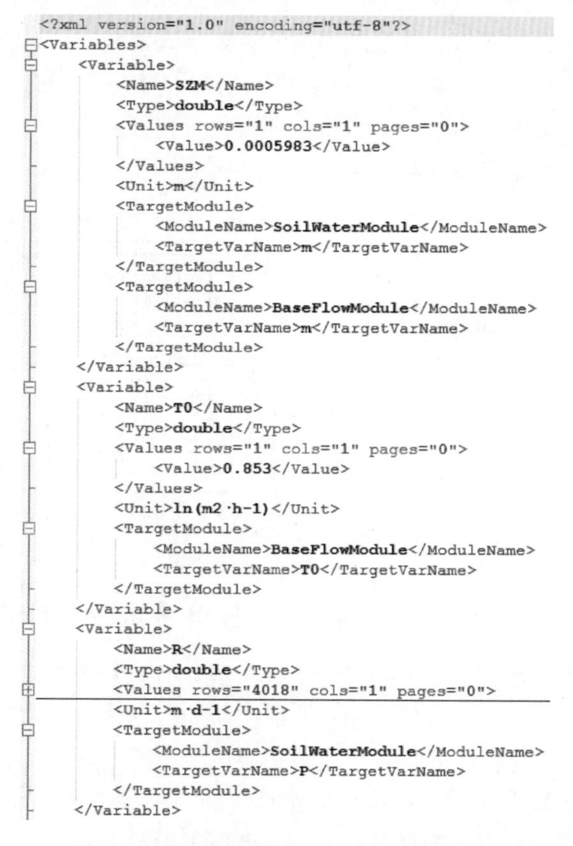

```xml
<?xml version="1.0" encoding="utf-8"?>
<Variables>
    <Variable>
        <Name>SZM</Name>
        <Type>double</Type>
        <Values rows="1" cols="1" pages="0">
            <Value>0.0005983</Value>
        </Values>
        <Unit>m</Unit>
        <TargetModule>
            <ModuleName>SoilWaterModule</ModuleName>
            <TargetVarName>m</TargetVarName>
        </TargetModule>
        <TargetModule>
            <ModuleName>BaseFlowModule</ModuleName>
            <TargetVarName>m</TargetVarName>
        </TargetModule>
    </Variable>
    <Variable>
        <Name>T0</Name>
        <Type>double</Type>
        <Values rows="1" cols="1" pages="0">
            <Value>0.853</Value>
        </Values>
        <Unit>ln(m2·h-1)</Unit>
        <TargetModule>
            <ModuleName>BaseFlowModule</ModuleName>
            <TargetVarName>T0</TargetVarName>
        </TargetModule>
    </Variable>
    <Variable>
        <Name>R</Name>
        <Type>double</Type>
        <Values rows="4018" cols="1" pages="0">
        <Unit>m·d-1</Unit>
        <TargetModule>
            <ModuleName>SoilWaterModule</ModuleName>
            <TargetVarName>P</TargetVarName>
        </TargetModule>
    </Variable>
```

图 2-4　模型外部数据 XML 文件（部分）

2.2.4 过程控制

分析现有水文和陆面过程模型，子过程的执行模式，无非是时间空间上的不同嵌套方式。例如，多数模型在每一空间计算单元（可能是网格、水文响应单元或者子流域等）进行逐个计算，每个计算过程中再行考虑时间上的迭代，每个时间单元上包括具体的物理计算过程。对于用于实时预报模型，往往又采用相反的时间空间嵌套方式，即在一个时间步长内，计算不同网格内的过程。建模环境需要提供灵活的时间空间嵌套方式以满足不同的需求。传统建模环境将时间和空间迭代放在模块体内，使得模块不能被应用于不同时间步长或者不同的空间离散方法的模型里。这种考虑基本上是正确的，很多模块有其自身的时空尺度的限制。然后这种底层框架上的限制，也使得一些原本适用于更灵活的时间和空间尺度上基本的物理过程，也不能被直接使用，同时也使得建模环境不能满足建立变时空步长模型的需求。HIME 建立了专门的过程控制组件，用以控制物理过程模块的时间迭代和空间单元的计算，从而将计算逻辑与时间空间迭代分离表示。模块的时空尺度限制则通过模块元信息进行说明。过程控制支持以下三种执行顺序。

（1）顺序执行：依次执行各个组件。

（2）条件执行：满足条件时依次执行条件内部各组件，条件不满足时，跳过执行。

（3）循环执行：包括时间迭代过程中的时间条件控制和空间计算过程中的空间单元条件控制。HIME 支持基于格网和基于水文响应单元两种空间划分。

控制组件具有一般模块的接口和属性，同时具有特殊的性质，如条件控制组件可以设定判定条件，循环执行设定是否满足继续循环。控制组件拥有其下组件的全部属性（包括组件的自定义属性）。每个模型的根节点也被默认为顺序控制组件。

2.2.5 模块连接、重用和跨平台

模块在建模环境图形界面上表示为图标，模块间关系表示为连线，通过拖拉图标的方式形成新模型。要创建一个新模型，首先从本地和网络模块库中选择合适的表示不同物理过程的模块，在图形化建模环境中组织模块，指定模块间的属性连接。组成模型的模块、模块间的连接关系、模型的初始输入存储在一个 XML（扩展标记语言）文件，称为模型配置文件。

图 2-5 示例了一个简单的模型配置文件，通过状态参数初始化、时间循环控制组件、状态参数更新、陆面过程计算、输出等几个模块，连接为一个完整的 Noah 陆面过程模型。HIME 系统解析模型配置、组件配置、动态生成组件类，合并生成模型工程文件，调用编译器进行编译生成新模型。解析和生成模型的过程是自动完成的，无须用户的参与。最后，在用户指定模型运行所需的驱动数据和参数后，运行、查看和分析模型结果。

HIME 支持从源代码和二进制代码级别上的模块重用。国内外已经有很多优秀的基于物理过程的水文和地表过程模型，这些模型经过诸多的测试和应用，在实现上一般都十分复杂，重用现有模型和模型里的物理子过程便显得十分重要。多数建模环境支持具备模型源代码情况下的封装重用，HIME 经过少量的技术工作实现代码重用。此外，区别于多数建模环境，由于 HIME 通过 GNU C++编译，在二进制级别上兼容于 GNU 编译标准的任何代码，从而实现了不同编程语言的混合调用。对于一些闭源的科学模型，二

```xml
<?xml version="1.0" encoding="UTF-8"?>
<LSMS>
    <control type="base">
        <component name="NoahParamsInit" source="../noah/noahparamsinit/bin/libnoahparamsinit.a" underlaidobj=
"simpledriver"/>
        <control type="loop" operator="&lt;" leftComp="NoahParamsUpdate" leftAttr="nowdate" rightComp=
"NoahParamsInit" rightAttr="enddate">
            <component name="NoahParamsUpdate" source="../noah/noahparamsupdate/bin/libnoahparamsupdate.a"
underlaidobj="simpledriver" />
            <component name="NoahSFLX" source="noahsflx.xml" underlaidobj="simpledriver" />
            <component name="NoahOutput" source="../noah/noahoutput/bin/libnoahoutput.a" underlaidobj="simpledriver"
 />
        </control>
    </control>
    <connection componentA="NoahParamsInit" attributeA="" componentB="NoahParamsUpdate" attributeB=""/>
    <connection componentA="NoahParamsUpdate" attributeA="" componentB="NoahSFLX" attributeB=""/>
    <connection componentA="NoahParamsInit" attributeA="" componentB="NoahSFLX" attributeB=""/>
    <connection componentA="NoahSFLX" attributeA="" componentB="NoahParamsUpdate" attributeB=""/>
    <connection componentA="NoahParamsInit" attributeA="" componentB="NoahOutput" attributeB=""/>
    <connection componentA="NoahParamsUpdate" attributeA="" componentB="NoahOutput" attributeB=""/>
    <connection componentA="NoahSFLX" attributeA="" componentB="NoahOutput" attributeB=""/>
    <initialization component="NoahParamsInit" attribute="forcing_filename" value="bondville.dat" />
    <initialization component="NoahParamsInit" attribute="iunit" value="10" />
</LSMS>
```

图 2-5　基于 HIME 的 Noah 陆面过程模型的模型配置文件

进制级别的重用是十分必要的。HIME 对模块重用的支持也体现在 HIME 与当前流行的建模环境 OMS、ESMF 采用类似的 XML 方式，通过建立 XML 元素间的对应关系，使得不同建模环境的模块重用成为可能。

模块解构和重组实践表明，从现有模型中重用模块的主要耗时在于对模型的理解和物理过程逻辑关系的分解上，技术上的封装往往只占整个解构过程 10%～20%的时间。因此，在进行多模型集成时，HIME 推荐建模技术人员应当与模型专家进行紧密的合作，可以极大地加速建模进程。

考虑到科学模型开发和应用通常在不同操作系统平台上开展，建模环境和模块的实现采用开源跨平台的 Qt/C++。Qt 是一个标准 C++的应用程序开发库，可以在目前主要的操作系统包括 Windows、Mac OS X、Linux 和 Unix 等进行编译运行而无需修改源代码。建模环境辅助功能，如 GIS 由基于 Qt 的 QGIS 实现，绘图功能由同样基于 Qt 的 QtiPlot 实现，或者采用第三方开源标准 C++代码。对于如 Fortran 语言开发的水文、陆面过程模型，在二进制级别上实现跨语言调用。所有这些努力，使得 HIME 以一种开源免费方式运行于不同的操作系统中。

2.3　小　　结

集成建模环境能够在一定程度从技术层面支持快速建模和模型集成，但不同学科建立的建模环境仍然有不足之处，这也是各个学科仍然在发展自己的专用建模工具的原因。目前集成建模环境的现状仍然不足以覆盖从现实抽象到建模模拟的整个流程。就科学研究和科学认识方面我们将建模工作的各个步骤总结成图 2-6。

整个建模流程是从我们对现实世界的认识需求开始，根据对现实世界表象的表达，研究者抽象出了其中若干物理过程，如云层降水、植被截流等，结合专家知识形成概念模型。这时人们对于世界的认识已经由表象深入到其基本的物理过程上，开始运用数学工具对这些物理过程进行数学表达。对于这些基本的物理过程，各学科的研究者开发出了与很多物理过程相对应的数据计算方法。目前的建模环境在各环节上发挥作用，将

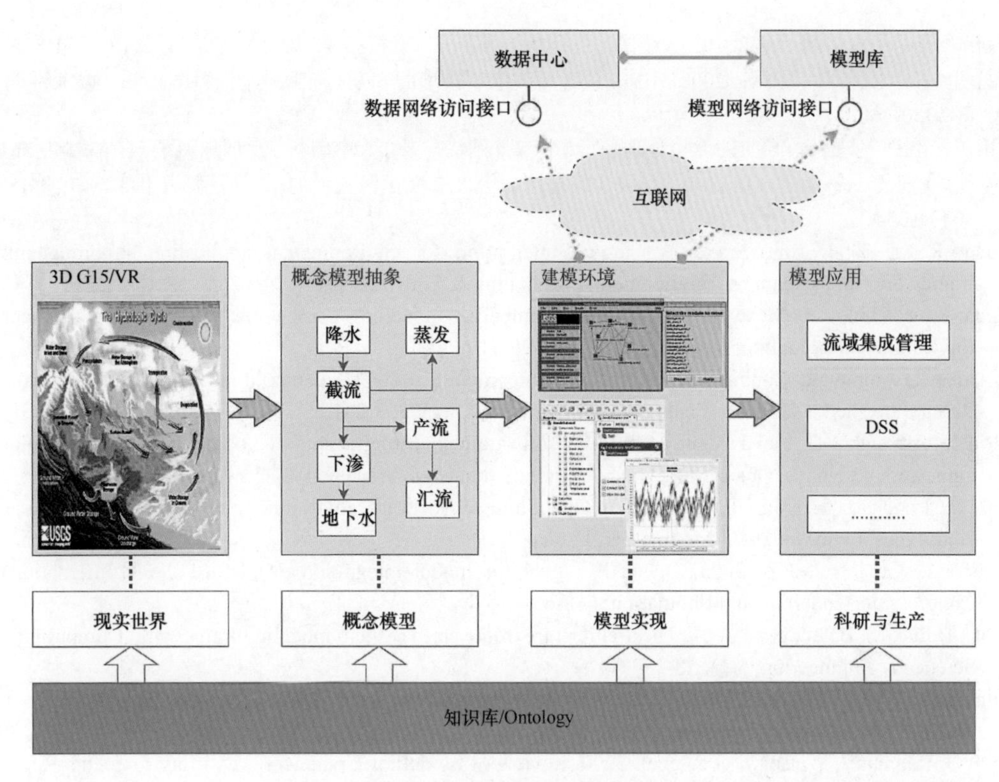

图 2-6 未来建模环境的愿景

这些物理过程对应的模块快速集成起来，形成具有更强模拟能力的新模型。科学模型在生产实践中得以应用，最终起到辅助决策（DSS）的作用。

广义的建模环境应该涵盖上述各个环节，即包括现实抽象、概念模型、数学建模、代码实现、应用与决策。从技术上讲，还应该包括更多的技术，如三维地理信息系统（3D GIS）和虚拟现实技术（VR）实现对现实的模拟仿真、思维导图技术引导概念模型的生成、专家系统辅助建模智能化、各种模型运行和分析需要的支撑工具，以及综合流域管理工具和决策支持系统（DSS）。

模型需要的驱动数据和参数存放在互联网（internet）的任意一个可访问的数据中心（data center）之上，通过数据网络访问接口（data web service API）获取远程数据。这些远程数据被下载到模型运行环境和本地数据一起参与模型模拟，计算结果返回用户或者存储在远程数据中心。模型/组件等同样可以保存在网络节点之上，根据具体模型的需求，通过模型网络访问接口（model web service API）下载对应模块到模型运行环境里，从而运行模拟，对结果进行分析和可视化表达。建模环境拓展为涵盖建模整个流程，生成的模型通过模型部署工具部署到运行环境。未来的建模环境适应单机、并行和高性能计算环境、分布式环境等各种运行环境，在形式上可以是图形建模，也可以是代码脚本。整个框架下，保存各类元信息和专业知识的知识库，是实现智能化建模的关键。

参 考 文 献

冯克庭, 南卓铜, 赵彦博, 等. 2008. 基于插件的集成建模环境原型开发研究. 遥感技术与应用, 23(5): 587-591.

李新, 程国栋, 康尔泗, 等. 2010. 数字黑河的思考与实践 3: 模型集成. 地球科学进展, 25(8): 851-865.
刘昌明, 王中根, 郑红星, 等. 2008. HIMS系统及其定制模型的开发与应用. 中国科学(E辑: 技术科学), (3): 350-360.
闾国年. 2011. 地理分析导向的虚拟地理环境: 框架、结构与功能. 中国科学: 地球科学, 41(4): 549-561.
南卓铜, 舒乐乐, 赵彦博, 等. 2011. 集成建模环境研究及其在黑河流域的初步应用. 中国科学 E, 41(8): 1043-1054.
Argent R M. 2004. An overview of model integration for environmental application - components, frameworks and semantics. Environmental Modelling & Software, 19(3): 219-234.
Argent R M, Voinov A, Maxwell T, et al. 2006. Comparing modelling frameworks - A workshop approach. Environmental Modelling & Software, 21(7): 895-910.
Costanza R, Voinov A, Boumans R, et al. 2002. Integrated ecological economic modeling of the Patuxent River watershed, Maryland. Ecological Monographs, 72(2): 203-231.
David O, Ascough J C, Lloyd W, et al. 2013. A software engineering perspective on environmental modeling framework design: the Object Modeling System. Environmental Modelling & Software, 39(SI): 201-213.
Fabre J, Louchart X, Colin F, et al. 2010.OpenFluid: a software environment for modelling fluxes in landscapes. LandMod2010. Montpellier, France.
Gijsbers P, Gregersen J B. 2005. OpenMI: a glue for model integration. MODSIM 2005: International Congress on Modelling and Simulation, 648-654.
Hill C, Deluca C, Balaji, et al. 2004. The architecture of the earth System modeling framework. Computing in Science & Engineering, 6(1): 18-28.
Hofman D. 2005. LIANA model integration system-architecture, user interface design and application in MOIRA DSS. Advances in Geosciences, (4): 9-16.
Kin P G, Rahman J, Watson F G R, et al. 2000. Review of Modelling Frameworks and Environments-Report for Project Task B2, 1-48.
Leavesley G H, Markstrom S L, Brewer M S, et al. 1996. The modular modeling system (MMS)-the physical process modeling component of a database-centered decision support system for water and power management. Water, Air, and Soil Pollution, 90(1-2): 303-311.
Long Y, Zhang Y, Yang D, et al. 2016. Implementation and application of a distributed hydrological model using a component-based approach. Environmental Modelling & Software, 80: 245-258.
Moore R V, Tindall C I. 2005. An overview of the open modelling interface and environment (the OpenMI). Environmental Science & Policy, 8(3): 279-286.
Ogden F L, Garbrecht J, Debarry P A, et al. 2001. GIS and distributed watershed models. II: modules, interfaces and models. Journal of Hydrologic Engineering, 6(6): 515-523.
Oxley T, Mcintosh B S, Winder N, et al. 2004. Integrated modelling and decision-support tools: a Mediterranean example. Environmental Modelling & Software, 19(11): 999-1010.
Peckham S D, Hutton E W H, Norris B. 2013. A component-based approach to integrated modeling in the geosciences: the design of CSDMS. Computers & Geosciences, 53: 3-12.
Rahman J M, Seaton S P, Perraud J M, et al. 2003. It's TIME for a new environmental modelling framework. MODSIM 2003: International Congress on Modelling and Simulation, 1727-1732.
Reed M, Cuddy S M, Rizzoli A E. 1999. A framework for modelling multiple resource management issues - an open modelling approach. Environmental Modelling & Software, 14(6): 503-509.
Sydelko P J, Dolph J E, Christiansen J H. 2002. A flexible object-oriented software framework for developing complex multimedia simulations Brownfield Sites: Assessment, Rehabilitation and Development, 363-372.
Twarakavi N, Simunek J, Seo S. 2008. Evaluating interactions between groundwater and vadose zone using the HYDRUS-based flow package for MODFLOW. Vadose Zone Journal, 7(2): 757-768.
Watson F, Rahman J M. 2004. Tarsier: a practical software framework for model development, testing and deployment. Environmental Modelling & Software, 19(3): 245-260.
Zhang X, Xia J. 2009. Coupling the hydrological and ecological process to implement the sustainable water resources management in Hanjiang River Basin. Sciences in Cold and Arid Regions, 52(11): 3240-3248.
Zhao Y, Nan Z, Chen H, et al. 2013. Integrated hydrologic modeling in the typical inland Heihe river basin, Northwest China. Sciences in Cold and Arid Regions, 5(1): 35-50.

第3章　大气与陆面过程耦合集成

潘小多

由构成多样、性质复杂、分布又很不均匀的下垫面所组成的陆地表面是整个气候系统中一个重要又复杂的分量；陆面与大气及其他圈层之间进行的各种时空尺度的相互作用，以及动量、能量、多种物质成分（水汽、CO_2 等）的交换和辐射传输对于大气环流及气候状况产生极大的影响，在某些局部或某个时段内甚至还起着关键性的作用。这种交换的通量强度既与下垫面本身的物理化学性质及其动态变化的状况有关，也与变化的大气状况及太阳辐射的强度有关，十分复杂。

气候和水资源是制约中国西北干旱半干旱区生态环境和社会经济可持续发展的重要因素。我国西北干旱区内陆河流域地表类型复杂，其中，黑河流域是一个体现水文、土壤、生态、大气和人类活动相互作用的典型区域，具有全球独特的随海拔依次分布的冰雪-冻土-河流-绿洲-沙漠多元自然景观带，成为陆气相互作用研究的理想场所。对黑河流域的陆面和大气过程模型耦合研究有助于理解内陆河流域陆地表面不同下垫面与大气之间的相互作用，更深刻地描述干旱区陆气间进行的水热交换过程，改善干旱区陆面模式参数化方案，改进区域大气模式的模拟能力，提高区域气候模拟的准确率。本章首先介绍天气模型和陆面过程模型，然后讨论黑河流域大气陆面耦合集成研究方面的进展及应用范例研究。

3.1　天气模型介绍

3.1.1　MM5 模型介绍

MM5（mesoscale model 5；Grell et al.，1994）中尺度气象模型为美国国家大气研究中心（National Center for Atmospheric Research，NCAR）和美国宾夕法尼亚州立大学（Pennsylvania State University，PSU）从 20 世纪 80 年代以来共同开发的第 5 代区域中尺度数值模型。在原有的流体静力模型 MM4 基础上发展的新一代中尺度非流体静力模型，具有多层嵌套能力、非静力动力模型及四维同化的能力。

MM5 模型的控制方程为大气非静力平衡原始方程，垂直结构为地形伴随的σ坐标，水平方向采用 Arakawa B 网格分布其物理变量，即水平速度 u、v 分量定义在半格点上，其他变量如 T、q、p、w 等定义在整格点；采用分裂时间积分方案。物理过程包括大气与垂直涡动扩散、积云对流参数化及显示水汽方案、行星边界层方案、太阳短波辐射及大气长波辐射方案等。

MM5 模型结构可分为前处理模块（TERRAIN、REGRID、INTERPF、LITTLE-R），

主模块，后处理及绘图显示等辅助模块（包括 RIP、GRAPH、GrADS、Vis5D）。其中前处理中包括资料预处理、质量控制、客观分析及初始化，它为 MM5 模型运行准备输入资料；主模块是模型所研究气象过程的主控程序；后处理及绘图显示模块则对模型运行后的输出结果进行分析处理，包括诊断和图形输出、解释和检验等。

TERRAIN 模块将规则经纬度上的地形高度和植被（地表分类资料）等地面静态数据插值到指定的中尺度区域上。REGRID 模块用来读取存档的格点气象分析数据，在等压面上进行预报，并把这些分析数据从原始网格、地图投影下插值到 MM5 模型规定的水平网格和地图投影上。RAWINS/LITTLE_R 模块主要利用表面的客观分析方法和上层大气观测法来改进中尺度网格上的分析数据（第一猜测场）。INTERPF 模块处理从分析模块气压坐标到中尺度模型 Sigma 坐标的数据转换，主要是垂直插值、诊断计算、数据重定格式。MM5 模块是主体模块，用于广泛的理论和实时研究，包括对季风、飓风、旋风预测模拟和四维同化应用。NESTDOWN 模块主要是把 Sigma 坐标的数据从粗糙网格插值到精细网格上，INTERPB 模块主要处理从中尺度模型 Sigma 坐标到气压坐标的数据转换，包括垂直插值和一些诊断分析。GRAPH 模块对一些标准等压面上的气象变量进行简单的诊断分析和绘图。

3.1.2 WRF 模型介绍

WRF（weather research and forecasting model；MMD/NCAR，2009）模型被誉为 21 世纪的中尺度天气预报模型。由美国环境预测中心（National Centers for Environmental Prediction，NCEP）、美国国家大气研究中心（NCAR）等美国的科研机构着手开发的气象模型，于 2000 年面世。同时，为使研究成果能够迅速地应用到现实的天气预报中去，WRF 模型分为 WRF-ARW（the advanced research）研究用和 WRF-NMM（the nonhydrostatic mesoscale model）业务用两种形式，分别由 NCEP 和 NCAR 管理（图 3-1）。

WRF 模型为完全可压缩及非静力模型，采用 F90 语言编写。水平方向采用 Arakawa C 网格点，垂直方向则采用地形跟随质量坐标，即地面为 1，模型顶为 0。在时间积分方案上，WRF 使用 Rung-Kutta 的 3 阶方案。ARW 模型系统在过去数年中的发展，具有可易移植性、易读性、扩展性、可维护性、运行结构性和互用性等特点，并且有效地应用于各种操作系统。ARW 适用于从米到成千上万千米尺度的各种天气系统的模拟，它的功能包括：①理想化模拟（如 LES、对流、斜压波）；②参数化研究；③数据同化研究；④预报研究；⑤实时数值天气预报；⑥耦合模型应用。

1. WRF 模型组成

研究型 WRF 模型的组成包括模型的预处理系统（WPS）、WRF-ARW 主模块和 WRF 模型的后处理系统（ARW post），以及 WRF-Var 同化模块，后两个模块是用户可选的。

1）WPS 模块

这个程序主要用于实时数值模拟。其中包括：①定义模拟区域；②插值地形数据（如地势、土地类型、土壤类型）到模拟区域；③从其他模型结果中细致网格及插值气象数据到此模拟区域。

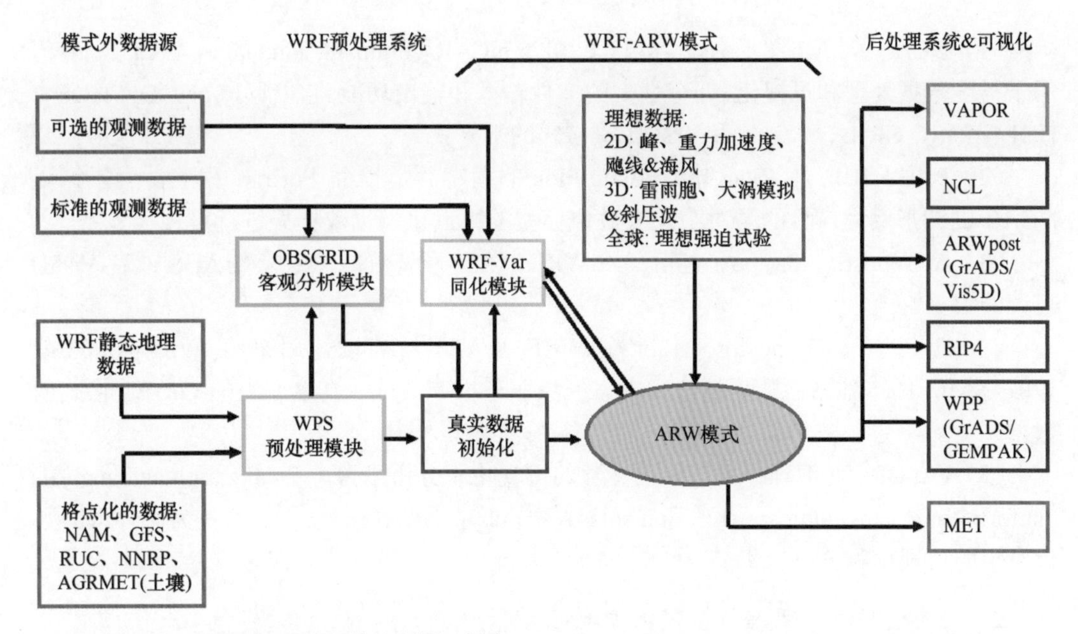

图 3-1　WRF-ARW 的工作流程图（译自 ARW Version 3 Modeling System User's Guide）

2）WRF-Var 模块

该程序是可选择的，但可用于将观测数据融入 WPS 所产生的插值分析中。它还可以在 WRF 模型处在循环模型运行时，用于更新 WRF 模型的初始条件。它的主要特点如下：①基于增量变分数据同化技术上而产生出来的；②在分析控制变量空间，用共轭梯度法最小化成本函数；③可以输入 ASCII 或者“PREPEUFR”格式的常规观测数据；④复合雷达数据（反射率与雷达速度）以 ASCII 格式输入；⑤背景场（初估计场）的水平分量误差通过递归滤波器（区域范围）或能量谱（全球范围）表现，垂直分量则通过气候学的平均特征向量及其对应的特征值反映；⑥水平与垂直背景场误差是不可分割的，每个特征向量都有各自的水平气候学尺度。

3）ARW Solver 模块

这是模型系统的关键组成部分，它由几个理想化，实时同化及数值积分的初始化程序组成，它还包括了一个单向嵌套的程序。WRF 模型的关键特征有：①完整的科氏力及曲率的条件；②带有多重嵌套和嵌套层次的双向嵌套、单向嵌套和移动嵌套；③地形跟随质量坐标、垂直格点大小随高度变化而变化；④Runge-Kutta 二阶三阶时间积分；⑤标量保守通量预测变量；⑥单调传输及正定平流选项的水汽、标量和 TKE；⑦辐散阻尼选项和垂直时间；⑧上边界吸收及瑞利 Rayleigh 阻尼；⑨侧边界条件；⑩完整的物理选项，陆面、行星边界层、大气与表面辐射、微物理与积云对流；⑪使用上层空气与地表数据及观测数据格点分析；⑫光谱分析；⑬初始化数字滤波器；⑭重力波拖拽；⑮数个理想化例子。

4）WRF 的后处理系统

该部分包括：NCL、RIP4、ARWpost、WPP 和 VAPOR。

（1）NCL：NCAR 图形命令语言（CISL's NCAR command language，NCL），专门用于科学数据处理和可视化，拥有强大的文件输入和输出功能。它能读取 netCDF、HDF4、HDF4-EOS、GRIB、二进制和 ASCII 等格式的数据。

（2）PIP4：RIP 是 Read/Interpolate/Plot 的缩写，是一个 Fortran 程序，用于调用 NCAR 的图形例程，目的是对中尺度数值模型的格点化大气数据集进行可视化显示。

（3）ARWpost：ARWpost 包括读入 WRF_ARW 模型数据，生成 GrADS 或者 Vis5D 可读的数据。

（4）WPP（WRF postprocessor）：WRF 后处理器被设计用来将 WRF-ARW 或 WRF-NMM 的本地网格数据插值成国家气象服务标准气压（高度）上的 GRIB1 格式的数据。

（5）VAPOR：是海洋、大气和天文学的可视化和分析平台（visualization and analysis platform for ocean，atmosphere，and solar research），NCAR 开发，目的是为流体动力数值模拟的可视化和分析提供交互。

2. 大气模型的物理过程参数化方案

MM5 模型和 WRF 模型的物理过程有很多相同的参数化方案，随着大气模型的发展和更新，WRF 模型相比 MM5 模型包含了更多的物理过程参数化方案。下面以 WRF 模型的第三版本（WRFV3）为例（具体资料请参考 Skamarock et al.，2008）。进行阐述大气模型的一些主要物理过程参数化方案。

1）微物理过程参数化

A. Kessler 暖云方案

来自于 COMMAS 模型（Wicker and Wilhelmson，1995），是一个简单的暖云降水方案，考虑的微物理过程包括：雨水的产生、降落、蒸发、云水的增长，以及由凝结产生云水的过程，微物理过程中显式预报水汽、云水和雨水，无冰相过程。

B. Purdue Lin 方案

微物理过程中包括了对水汽、云水、雨、云冰、雪和霰的预报，在结冰点以下，云水处理为云冰，雨水处理为雪。所有的参数化项都是在 Lin 等（1983）以及 Rutledge 和 Hobbs（1984）的参数化方案的基础上得到的，某些地方稍有修改，饱和修正方案采用 Tao 和 Simpson（1993）的方法。这个方案是 WRF 模型中相对比较成熟的方案，更适合于理论研究。

C. Eta Ferrier 方案

此方案预报模型平流项中水汽和总凝结降水的变化。程序中，用一个局域数组变量来保存初始猜测场信息，然后从中分解出云水、雨水、云冰，以及降冰的变化的密度（冰的形式包括雪、霰或冰雹）。降冰密度是根据存有冰的增长信息的局域数组来估计，其中，冰的增长与水汽凝结和液态水增长有关。沉降过程的处理是将降水时间平均通量分离成格点单元的立体块。这种处理方法，伴随对快速微物理过程处理方法的一些修改，使得方案在大时间步长时计算结果稳定。根据 Ryan（1996）的观测结果，冰的平均半径假定为温度函数。冰水混合相仅在温度高于–10℃时考虑，而冰面饱和状态则假定云体低于–10℃。

D. WRF Single_Moment_3_class（WSM3）方案

该方案来自于旧的 NCEP3 方案的修正，包括冰的沉降和冰相的参数化（Dudhia，1989；Hong et al.，2004；Hong and Lim，2006）。和其他方案不同的是诊断关系所使用冰的数浓度是基于冰的质量含量而非温度。方案包括三类水物质：水汽、云水或云冰、雨水或雪。在这种被称为是简单的冰方案里面，云水和云冰被作为同一类来计算。它们的区别在于温度，也就是说当温度低于或等于凝结点时冰云存在，否则水云存在，雨水和雪也是这样考虑的。该方案对于业务模型来说已足够有效。

E. WSM5 方案

与 WSM3 类似的对 NCEP5 方案进行了修正，它代替了 NCEP5 版本。

F. WSM6 方案

该方案扩充了 WSM5 方案，还包括有霰和与它关联的一些过程。这些过程的参数化大多数和 Lin 等（1983）的方案相似，在计算增长和其他参数上有些差别。为了增加垂直廓线的精度，在下降过程中会考虑凝结/融化过程。过程的顺序会最优化选择，是为了减少方案对模型时间步长的敏感性。和 WSM3、WSM5 一样，饱和度调节按照 Dudhia（1989）和 Hong 等（2004）的方案分开处理冰和水的饱和过程。

G. Thompson 方案

该方案改进了较早的 Reisner 等（1998），作了广泛的测试，还被用来做理想试验研究和中纬度冬季观测资料的比较，用来提高冻雨天气情况下航天安全保障预报的精确度。

H. GCE（Goddard cumulus ensemble model）方案

Goddard 微物理方案是在 Lin 等（1983）的基础上，由 NASA 的 Goddard 空间飞行中心 GCEM 模型组融合 Tao 和 Simpson（1993）的饱和调整技术，结合了冰、雪和霰的预报方程，适用于高分辨率模拟。

I. Morrison 等 2-Moment 方案

该方案包括六类水凝物蒸汽、云滴、云冰、雨、雪和霰冰雹。该方案用户可以自己指定是否包括霰或冰雹。预报变量包括云冰、雨、雪和霰冰雹的混合比和数浓度，以及云滴和水蒸气共 6 个变量混合比例。

2）辐射过程参数化

A. RRTM 长波辐射方案

它是利用一个预先处理的对照表来表示由于水汽、臭氧、二化碳和其他气体，以及云的光学厚度引起的长波过程。

B. Dudhia 短波辐射方案

它是简单地累加由于干净空气散射、水汽吸收、云反射和吸收所引起的太阳辐射通量，采用了 Stephens 的云对照表。

C. Goddard 短波辐射方案

它是由 Chou 和 Suarez 发展的一个复杂光学方案。包括了霰的影响，适用于云分辨模型。

D. GFDL（eta geophysical fluid dynamics laboratory）长波辐射方案

这个辐射方案来自于 GFDL。它将 Fels 和 Schwarzkopf（1975）的两个方案简单的结合起来，计算二氧化碳、水汽、臭氧的光谱波段。

E. GFDL （eta geophysical fluid dynamics laboratory）短波辐射方案

这个短波辐射方案是Lacis 和 Hansen（1974）参数化的 GFDL 版本。用 Lacis 和 Hansen 的方案计算大气水汽、臭氧的作用。用 Sasamori 等（1972）的方案计算二氧化碳的作用。

F. CAM Longwave

这个方案是在NCAR的Community Atmosphere Model（CAM 3.0，Collins et al.，2004）气候模型中使用的光谱波段方案，具有处理一些痕量气体的潜力。

G. CAM shortwave

这个方案是在 NCAR 的 Community Atmosphere Model（CAM 3.0）气候模型中使用的光谱波段方案，能够处理气溶胶和痕量气体的光学性质。这个方案尤其适用于有臭氧分布的区域气候模拟。

3）边界层参数化方案

A. MM5 相似理论近地面层方案

这个方案用了 Paulson（1970）、Dyer 和 Hicks（1970）和 Webb（1970）稳定性函数来计算地面热量、湿度、动力的交换系数。

B. ETA 相似理论近地面层方案

基于 Monin-Obukhov 理论（Monin and Obukhov，1954），在水面上黏性下层显式参数化，在陆地近地面层上黏性下层则考虑了变化的位势高度对温度和湿度的作用，近地面通量通过迭代途径进行计算，并用 Beljaars 修正法来避免在不稳定表面层和无风时出现的奇异性。常与 ETAM-Y-J TKE 边界层方案联合使用。

C. Eta Mellor-Yamada-Janjic TKE 边界层方案

此方案用边界层和自由大气中的湍流参数化过程代替 Mellor 和 Yamada（1982）的 2. 5 阶湍流闭合模型。这是将用于 Eta 模型中的 Mellor-Yamada-Janjic 方案引入该模型的一种边界层方案，它预报湍流动能，并有局地垂直混合。该方案调用 SLAB（薄层）模型来计算地面的温度；在 SLAB 之前，用相似理论计算交换系数，在 SLAB 之后，用隐式扩散方案计算垂直通量。

D. MRF（medium range forecast model）边界层方案

该方案在不稳定状态下使用反梯度通量来处理热量和水汽。在行星边界层中使用增强的垂直通量系数，行星边界层高度由临界 Richardson 数决定。它利用一个基于局地自由大气 Ri 的隐式局地方案来处理垂直扩散项。

E. YSU（Yonsei University）边界层方案

YSU 是 MRF 边界层方案的第二代。对于 MRF 增加了处理边界层顶部夹卷层的方法。

4）积云对流参数化

A. 浅对流 Eta Kain-Fritsch 方案

此方案是在 Eta 模型中对 Kain-Fritsch 方案（Kain and Fritsch 1990，1993；Kain，

2004）进行调整，利用一个简单的云模型伴随水汽的上升和下沉，同时包括了卷入和卷出，描述相对粗糙的微物理过程的作用。

B. Betts-Miller-Janjic 方案

此方案是对 Betts-Miller 方案（Betts and Miller，1986；Janjic，1994，2000）进行调整和改进，在一给定的时段，对热力廓线进行张弛调整，在张弛时间内，对流的质量通量可消耗一定的有效浮力。此方案为对流调整方案，浅对流调整是该方案的重要部分。

C. Kain-Frisch 方案

此方案是 KF 方案的修正方案。与老的 KF 方案一样，此方案也用了一个简单的包含水汽抬升和下沉运动的云模型，包括卷出、卷吸、气流上升和气流下沉现象。

D. Grell-Devenyi 集合方案

该方案（Grell and Devenyi，2002）是质量通量类型，用不同的上升、下沉、卷入、卷出的参数和降水率。静态控制的不同结合了动态控制的不同，这是决定云质量通量的方法。

5）陆面过程参数化

A. 热量扩散方案

基于 MM5 的 5 层土壤温度模型，分别是 1cm、2cm、4cm、8cm 和 16cm，在这些层下温度固定为日平均值。能量计算包括辐射、感热和潜热通量，同时也允许雪盖效应。

B. Noah 方案

Noah 陆面过程参数化是 OSU 的后继版（Chen and Dudhia，2001），与原先的相比，可以预报土壤结冰、积雪影响，提高了处理城市地面的能力，并考虑了地面发射体的性质，这些是 OSU 所没有的。

C. Rapid Update Cycle（RUC）方案

这个方案（Smirnova et al.，1997，2000）有六个土壤层和两个雪层。它考虑了土壤结冰过程、不均匀雪地、雪的温度和密度差异，以及植被效应和冠层水。

D. Pleim-Xiu LSM

Pleim-Xiu 模型是基于 ISBA 模型（Noilhan and Planton，1989）发展而来，包含双层强迫-恢复土壤温度和湿度模型。

E. 城市冠层模型

由 Kusaka 等（2001）首先提出，并由 Kusaka 和 Kimura（2004）和 Chen 等（2006）修改。城市冠层模型通过屋顶、墙和道路表面来估算地表温度和热通量，它也能计算城市地表陆面和大气瞬时交换。

3.2 陆面过程模型介绍

3.2.1 NOAH 陆面模型

NOAH 陆面模型（Mitchell，2002）是 20 世纪 80 年代由 Mahrt 和 Pan（1984）开发的 OSU-LSM（Oregen State University/land surface model）模型发展而来，Mahrt 和 Pan

在 1984 年提出多层土壤模型，Pan 和 Mahrt 于 1987 年提出原始植被模型，随后他们发展了 OSU-LSM 模型，Chen 于 1996 年在模型中增加了适当复杂的植被阻抗，2000 年 NOAH 陆面模型被正式命名，用来描述土壤湿度、土壤温度、地表温度、雪深、雪水当量、冠层水含量，以及地球表面能量和水分通量，先后被纳入陆面过程参数化方案比较计划（project for intercomparison of land surface parameterization，PILPS）、全球土壤湿度计划（global soil wetness project，GSWP）和分布式模型比较计划（distributed model intercomparison project，DMIP）。

1. NOAH 模型物理和统计模型

土壤热力学方法、土壤水动力学方法、径流和蒸发是 NOAH 模型的关键。土壤热力学方法采用普遍使用的土壤温度热扩散方程：

$$C(\Theta)\frac{\partial T}{\partial t}=\frac{\partial}{\partial z}\left(K_t,(\Theta)\frac{\partial T}{\partial z}\right) \tag{3-1}$$

式中，C 为容积热容量（J/（$\mathrm{m}^3\cdot\mathrm{K}$））；$K_t$ 为导热率（W/（$\mathrm{m}\cdot\mathrm{K}$）），两者都是土壤容积含水量 Θ 的函数；T 为陆地表面的温度，采用 Mahrt 和 Ek（1984）提出一个简单线性的陆面能量平衡公式，其中地面和植被被看成一个整体来对待；t 和 z 分别为时间和土壤深度，z 为被积分到 4 个土壤层进行计算，分别为表层至 10cm、30cm、60cm 和 1m 的深度。

土壤水动力方法采用广泛使用的 Richard 公式，源自 Darcy 定律，假设了一个各向同性、均匀和垂直一维方向流动的土壤水，因此 NOAH 模型是没有考虑水分侧向流动的一个一维陆面模型。土壤水动力方程如下：

$$\frac{\partial\Theta}{\partial t}=\frac{\partial}{\partial z}\left(D\frac{\partial\Theta}{\partial z}\right)+\frac{\partial K}{\partial z}+F_{\phi} \tag{3-2}$$

式中，D 为土壤水扩散率；K 为导水率，两者都为土壤容积含水量 Θ 的函数；F_{ϕ} 为土壤水的源和汇（如降水、蒸发和径流）。

径流采用简单水平衡公式：

$$R=P_{\mathrm{d}}-I_{\max} \tag{3-3}$$

式中，R 为径流；P_{d} 为到达地面的降水；$I_{\max}$ 为最大渗透。

总蒸发（E）由三部分组成，分别是土壤表层的直接蒸发（E_{s}）、植被截留的蒸发（E_{c}）和植被及其根系的蒸腾（E_{v}）。

$$E=E_{\mathrm{s}}+E_{\mathrm{c}}+E_{\mathrm{v}} \tag{3-4}$$

直接蒸发被认为与潜在蒸发间存在较好的线性关系，潜在蒸发（E_{p}）通过经典的 Penman-base 的能量平衡计算得到。植被及根系的蒸腾采用传统的阻抗法获得。

$$E_{\mathrm{s}}=(1-f)\beta E_{\mathrm{p}} \tag{3-5}$$

$$\beta=\frac{\Theta_I-\Theta_{\mathrm{w}}}{\Theta_{\mathrm{ref}}-\Theta_{\mathrm{w}}} \tag{3-6}$$

$$E_c = fE_p\left(\frac{W_c}{S}\right)^n, \frac{\partial W_c}{\partial t}=fP-D-E_c \tag{3-7}$$

$$E_v = fE_pB_c\left(1-\left(\frac{W_c}{S}\right)^n\right) \tag{3-8}$$

式中，f 为地表覆盖率；β 为相对土壤水分含量；Θ_I、Θ_{ref}、Θ_w 分别为第 I 层土壤容积含水量、土壤容量和萎蔫点；W_c 为植被截留的水量；P 为总降水量；D 为到达地面的降水量；S 为最大的植被截水量；B_c 为植被阻抗的相关函数。

$$B_c = \frac{1+\dfrac{\Delta}{R_r}}{1+R_cC_h+\dfrac{\Delta}{R_r}} \tag{3-9}$$

式中，C_h 为地面热量和水汽的交换系数；Δ 取决于饱和湿度曲线的斜率；R_r 为陆面气温、陆面气压和 C_h 的函数；R_c 为植被阻抗（具体方程请参照 Jacquemin and Noilhan，1990）。

2. NOAH 模型关键输入输出变量

NOAH 模型运算所需的气象强迫数据和地表参数数据及模型的输出见表 3-1。

表 3-1 NOAH 陆面模型关键输入输出变量

气象强迫数据		地表要素		输出要素
空气温度	各土壤层液体水体积含水量	最大土壤体积含水量	地表粗糙度	潜在蒸发
空气湿度	各土壤层温度	土壤水分胁迫植被蒸腾阈值	最小气孔阻力	各层土壤水分
地表气压	陆表温度	凋萎系数	叶面积指数辐射胁迫参数	各层土壤温度 地表径流
风速	冠层水分含量	土壤水分胁迫土壤蒸发阈值	雪覆盖时的雪水当量	植被蒸腾
向下长波辐射	雪深	饱和土壤导水率		土壤蒸发
向下短波辐射	雪水当量	饱和土壤基质势		净辐射
辐射		导水系数		地表显热通量
降雨		饱和土壤水分扩散率		净短波辐射
		石英含量		净长波辐射
				土壤热通量
				地表反照率

3. NOAH 模型改进

高艳红等（2006）为了克服 NOAH 模型没有考虑水分的侧向流动缺陷，并更好地体现黑河流域陡峭地形条件下独特的水分循环特征，在 NOAH 模型和 MM5 模型耦合之前，对 NOAH 模型的地表直接蒸发，以及地表径流和次表面径流部分进行了改进。

1）地表积水处理

A. 地表积水蒸发

地面蒸发部分增加了两个变量：超渗水量和积水深度。于是地表的蒸发计算变为地表蒸发量（EDIR）与积水蒸发量之和（ETPND）。改进之前的地表蒸发计算如下：

$$\mathrm{EDIR} = (1.0 - \mathrm{SHDFAC})\mathrm{ETP1} \tag{3-10}$$

式中，SHDFAC 为植被覆盖；ETP1 为潜在蒸发。

改进方案中引入了一个临时变量 ETPTMP，由于有积水存在，地面蒸发需要减去地表积水蒸发。由于积水表面参与了蒸发，积水深度会有相应变化，需要减去蒸发量。剩下的积水（如果有剩余的话）将被传递到下渗及土壤水平衡计算模块。最终的 ETPTMP 用于计算裸土蒸发：

$$\mathrm{EDIR} = \mathrm{ETPTMP} \times \mathrm{FX} \tag{3-11}$$

$$\mathrm{ETA} = \mathrm{EDIR} + \mathrm{EC} + \mathrm{ETT} + \mathrm{ETPND} \tag{3-12}$$

式中，FX 为可用于蒸发的土壤湿度标度；EC 为植被截留蒸发；ETT 为植被蒸腾。

B. 地表积水下渗

土壤水下渗过程计算在蒸发计算之后。在原始的 NOAH 模型中，地表径流是指超过最大下渗能力的有效降水，每个时间步长都计算径流的累积量，不参与以后的水量平衡计算。改进方案中，在计算下渗之前，地表积水与有效降水合称为地表水。

2）次表面径流

次表面径流在一维能量、水量平衡计算之后，在整个流域范围内格点执行。次表面径流计算先于表面径流，因为超饱和土壤的反渗会改变超渗水量，改变地表积水深度，最终影响地表径流计算。

使用 Dupuit-Forcheimer 假定，t 时刻的饱和次表面流计算如下：

$$q_{i,j} = \begin{cases} -T_{i,j}\tan\left(\beta_{i,j}\right)w_{i,j} & \beta_{i,j} < 0 \\ 0 & \beta_{i,j} \geqslant 0 \end{cases} \tag{3-13}$$

$$T_{i,j} = \begin{cases} \dfrac{K_{\mathrm{sat}(i,j)}D_{i,j}}{n_{i,j}}\left[1 - \dfrac{Z_{i,j}}{D_{i,j}}\right] & Z_{i,j} \leqslant D_{i,j} \\ 0 & Z_{i,j} > D_{i,j} \end{cases} \tag{3-14}$$

$$q_{x(i,j)} = Y_{x(i,j)}h_{i,j} \qquad \beta_{x(i,j)} < 0 \tag{3-15}$$

$$Y_{x(i,j)} = -\left(\frac{w_{i,j}K_{\mathrm{sat}(i,j)}D_{i,j}}{n_{i,j}}\right)\tan(\beta_{x(i,j)}) \tag{3-16}$$

$$h_{i,j} = \left(1 - \frac{Z_{i,j}}{D_{i,j}}\right)^{n_{i,j}} \tag{3-17}$$

$$Q_{\mathrm{net}(i,j)} = h_{i,j}\sum_{x}Y_{x(i,j)} + h_{i,j}\sum_{y}Y_{y(i,j)} \tag{3-18}$$

$$\Delta Z = \frac{1}{\phi_{(i,j)}}\left(\frac{Q_{\mathrm{net}(i,j)}}{A} - R_{(i,j)}\right)\Delta t \tag{3-19}$$

$$\beta = S_{OX(i,j)} - \mathrm{dzd}x + e^{-30} \tag{3-20}$$

$$\mathrm{dzd}x = \frac{\left(Z_{i+1,j} - Z_{i,j}\right)}{g_{\mathrm{size}}} \tag{3-21}$$

$$hh = \left(1 - \frac{Z}{\mathrm{SOLDEP}}\right)^n \tag{3-22}$$

式中，$q_{i,j}$ 为格点（i，j）的出流速率；$T_{i,j}$ 为该点的水力学扩散系数；$\beta_{i,j}$ 为指相邻两个格点的水位深度差除以格距，即水位梯度；$w_{i,j}$ 为格点宽度；$K_{\mathrm{sat}(i,j)}$ 为饱和水力学导水率；$D_{i,j}$ 为土壤厚度；$Z_{i,j}$ 为水位高度；$n_{i,j}$ 为局地幂指数因子，是一个反映饱和导水率随深度衰减的可调参数；$q_{x(i,j)}$ 为 X 方向的出流速率；$Q_{\mathrm{net}(i,j)}$ 为饱和次表面土壤湿度净出流速率；ϕ 为土壤孔隙度；R 为由于下渗或深层水分注入等导致的土壤水分补给率；A 为格点面积；S_{OX} 为 X 方向地形坡度；dzd$x$ 为水位坡度；g_{size} 为模型格点。

3）坡面流

采用完全不稳定显式 2 维有限差分扩散波方程，考虑了水波的停滞及回退，扩散波方程是圣维南方程的简化：

$$\frac{\partial h}{\partial t} = \frac{\partial q_x}{\partial x} + \frac{\partial q_y}{\partial y} = i_{\mathrm{e}} \tag{3-23}$$

式中，h 为表面水流深度；i_{e} 为地表径流；q_x、q_y 分别为 x,y 方向单位流量，采用 Manning's 方程来计算 q_x 和 q_y（这里只列出 x 方向的方程，y 方向雷同）：

$$q_x = \mathrm{a}_x h^{\beta} \tag{3-24}$$

$$\mathrm{a}_x = \frac{S_{fx}^{1/2}}{n_{\mathrm{OV}}}; \beta = 5/3 \tag{3-25}$$

$$S_{fx} = S_{OX} - \frac{\partial h}{\partial x} \tag{3-26}$$

式中，S_{fx} 为 x 方向能量梯度线坡度；S_{OX} 为 x 方向地形坡度；$\frac{\partial h}{\partial x}$ 为 x 方向地表积水深度变化；n_{OV} 为地表粗糙系数；β 为单位调整系数。

3.2.2 DWHC 模型及其基本原理

陈仁升等（2006a，2006b）以黑河干流山区流域为例，构建了一个内陆河高寒山区流域分布式水热耦合模型 DWHC，该模型基于土壤水热连续性方程将流域产流、入渗和蒸散发过程融合起来，在植被截留、入渗、产流和蒸散发计算方面进行改进和创新。

DWHC 主要由气象因子模型、植被截留模型、冰川和积雪融化模型、冻土水热耦合模型、蒸散发模型、产流模型、入渗模型和汇流模型等 8 个子模型组成。各个模块间的关系见图 3-2。

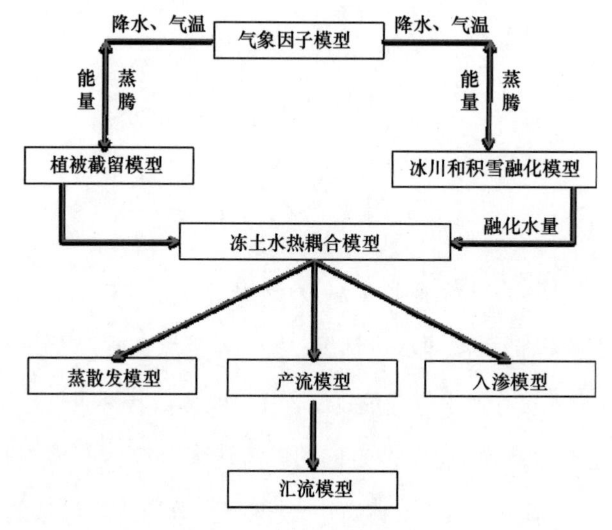

图 3-2 DWHC 模型结构

1. 固液态降水分离及降水观测误差校正

固液态降水分离采用两套方案：①常用的临界气温法；②格局降水的热量状态分离。

$$Q_p=\begin{cases}\min\left(1,\left(1-f_{\text{liq max}}\right)+f_{\text{liq max}}\dfrac{T_1-T}{T_1-T_s}\right) & T<T_l\\ 0 & T\geqslant T_1\\ P_1=P\left(1-Q_p\right) & \end{cases}\tag{3-27}$$

式中，P_1 为日液态降水量（mm）；P 为日降水量（mm）；T 为日平均气温（℃）；T_s 为固态降水的临界气温（℃）；Q_p 为降水的热量状态；f_{liqmax} 为降雪中最大液态水分含量。

2. 植被截留模型

参照 SWAT 模型的植被截留模型，设计了如下截留模型：

$$V_{P^0}=V_{P^{\max}}\frac{\text{LAI}}{\text{LAI}_{\max}}\tag{3-28}$$

式中，V_{P^0} 为植被截留容量（mmH_2O）；$V_{P^{\max}}$ 为植被饱和截留容量（mmH_2O）；LAI 为植被叶面积指数；$\text{LAI}_{\max}$ 为植被最大叶面积指数。

实际冠层储存总截留量为

$$V_{P,\text{total}}=\begin{cases}V_{P^0} & P\geqslant V_{P^0}\\ V_{P^0} & P<V_{P^0}\cap P+V_{\text{sto}}\geqslant V_{P^0}\\ P+V_{\text{sto}} & P<V_{P^0}\cap P+V_{\text{sto}}<V_{P^0}\end{cases}\tag{3-29}$$

$$V_{\text{sto}}=\begin{cases}V_{P,\text{total}}-E_0 & V_{P,\text{total}}\geqslant E_0\\ 0 & V_{P,\text{total}}<E_0\end{cases}\tag{3-30}$$

式中，$V_{P,\text{total}}$ 为植被冠层实际总截留量（mm）；P 为日降水量（mm）；V_{sto} 为植被叶面前期储存量（mm）；E_0 为蒸发量（mm）或潜在蒸发量。

实际截留量 V_P 如下计算：

$$V_P = \begin{cases} P & V_{P^0} - V_{\text{sto}} \geqslant P \\ V_{P^0} - V_{\text{sto}} & V_{P^0} - V_{\text{sto}} < P \end{cases} \tag{3-31}$$

从而可以计算到达单元格地面的净水量：

$$P_{\text{ground}} = P\left(1 - V_{\text{cov}}\right) + V_{\text{cov}}\left(P - V_{\text{P}}\right) \tag{3-32}$$

式中，P_{ground} 为到达单元格地面的净水量（mm）；V_{cov} 为植被盖度。

3. 季节性积雪和冰川融化模型

季节性积雪的融化一般采用度日因子法、能量平衡法和温度指标法等，DWHC 模型中采用度日因子法。冰川区季节性积雪作为冰川物质累积量处理，考虑到中国西北山区冰川为大陆性冰川，模型仅考虑冰川自上而下的融化过程。

4. 冻土水热耦合模型

该模型包含土壤水热连续性方程、基于土壤冻结状态的简单数值解法。

1）土壤水热连续性方程

经典的土壤水热耦合方程中，土壤内的热量传输包括热量传导和对流：

$$q_{\text{h}} = -k_{\text{hs}} \frac{\partial T_{\text{s}}}{\partial z} + C_{\text{w}} T_{\text{s}} q_{\text{w}} + L_{\text{v}} q_{\text{v}} \tag{3-33}$$

式中，q_{h} 为土壤内的热量传输（W/m^2）；q_{v} 为水汽通量；q_{w} 为液态水通量；C_{w} 为水的比热；k_{hs} 为土壤热量传导系数（$\text{J/(m}\cdot\text{s}\cdot{}^\circ\text{C)}$）；$T_{\text{s}}$ 为低温（°C）；z 为土壤深度（m）；L_{v} 为蒸发潜热（常温为 $2465\times10^3\ \text{J/kg}$）。

将能量守恒方程加入：

$$\frac{\partial\left(CT_{\text{s}}\right)}{\partial t} - L_{\text{f}}\rho_{\text{s}}\frac{\partial\theta_{\text{i}}}{\partial t} = \frac{\partial}{\partial z}\left(-q_{\text{h}}\right) - s_{\text{h}} \tag{3-34}$$

或

$$\frac{\partial\left(CT_{\text{s}}\right)}{\partial t} - L_{\text{f}}\rho_{\text{s}}\frac{\partial\theta_{\text{i}}}{\partial t} = \frac{\partial}{\partial z}\left(k_{\text{hs}}\frac{\partial T_{\text{s}}}{\partial z} - C_{\text{w}}T_{\text{s}}\frac{\partial q_{\text{w}}}{\partial z} - L_{\text{v}}\frac{\partial q_{v}}{\partial z}\right) - s_{\text{h}} \tag{3-35}$$

式中，L_{f} 为冻融潜热（$344\times10^3\ \text{J/kg}$）；$\theta_{\text{i}}$ 为土壤固态体积含水量；ρ_{s} 为土壤密度；s_{h} 为源汇项；C 为土壤热容量。等式左边两项表征土壤感热和潜热随时间的变化。

2）基于土壤冻结状态的简单数值解法

A. 土壤冻结状态

土壤冻结状态可分为 3 种，即完全冻结、未冻结和部分冻结。土壤温度大于 0 °C 时，一般认为土壤没有冻结，土壤含水量为液态。当土壤低于一临界温度阈值 T_{f}，可认为土壤完全冻结。根据黑河祁连山区西水和野牛沟两套综合环境系统观测资料，模型取 T_f 为 $-8℃$。当地温介于 0℃和 T_f 之间时，土壤部分冻结（半冻结状态）。

B. 不同冻结状态的水力传导率

（1）饱和导水率：不同土壤类型的土壤饱和导水率 k_0 是模型的输入参数。在土壤不同冻结状态下，土壤饱和导水率不同，需要进行地温校正：

$$k_0' = \begin{cases} k_0 & T_s > 0 \\ k_0\left(0.54 + 0.023T_s\right) & T_f \leqslant T_s \leqslant 0 \\ 0 & T_s < T_f \end{cases} \tag{3-36}$$

式中，k_0' 为经地温校正以后的饱和导水率（cm/d）。

（2）非饱和水力传导率：是土壤水势（对应液态含水量）的函数，同时还受土壤结构和土壤饱和导水率的影响。当土壤含水量 θ 小于含水量阈值 θ_m 时：

$$k_w^* = k_{mat}\left(\frac{\varphi_a}{\varphi}\right)^{2+(2+n)\lambda} \tag{3-37}$$

式中，k_{mat} 为饱和基质势传导率；n 为有关空隙校正和径流路径扭曲的参数；λ 为土壤粒度分布指数；φ 为水势（cmH_2O）；φ_a 为进气压力（cmH_2O）。

当土壤接近饱和时的传导率为

$$k_w^* = 10^{\left(\log\left(k_w^*(\theta_s-\theta_m)\right)+\frac{\theta-\theta_s+\theta_m}{\theta_m}\log\left(\frac{k_{sat}}{k_w^*(\theta_s-\theta_m)}\right)\right)} \tag{3-38}$$

式中，k_{sat} 为总饱和水力传导率；$k_w^*\left(\theta_s-\theta_m\right)$ 为当土壤含水量低于 θ_m 时的导水率计算的结果。

C. 土壤热容量和导热系数

土壤热容量 C，可用如下公式计算：

$$C = f_{solid}C_{solid} + \theta_{water}C_{water} + \theta_{ice}C_{ice} \tag{3-39}$$

式中，solid，water 和 ice 分别为干燥土壤固体颗粒、水和冰；$f_{solid}=1-\theta_s$ 为土壤内矿物与有机质固体含量；θ_s 为孔隙度。在三种不同土壤冻结状态时，C 的计算公式可以为

$$C = \begin{cases} C_{ice}\rho_i\left(\theta_{total}-\theta_r\right) + C_{water}\rho_w\theta_r + C_{solid}\rho_s\left(1-\theta_s\right), T_s < T_f \\ C_{ice}\rho_i\theta_{ice} + C_{water}\rho_w\theta_{water} + C_{solid}\rho_s\left(1-\theta_s\right), T_f \leqslant T_s \leqslant 0 \\ C_{water}\rho_w\theta_{total} + C_{solid}\rho_s\left(1-\theta_s\right), T_s > 0 \end{cases} \tag{3-40}$$

式中，θ_{total} 为土壤总含水量；θ_r 为残余液态水；ρ_s 为土壤比重；ρ_w 为水的密度；ρ_i 为冰密度。

土壤导热系数，分为三种不同冻结状态下的有机质层和矿物质层。

a. 土壤未冻结下的有机质层土壤导热系数

$$k_{ho} = h_1 + h_2\theta \tag{3-41}$$

式中，k_{ho} 为有机质层未冻结导热系数（$J/(m\cdot s\cdot °C)$）；θ 为土壤总体积含水量（%）；h_1 和 h_2 为系数，分别为 0.06 和 0.01。

土壤未冻结下的矿物土壤导热系数：

$$k_{\text{hm}} = 0.343\left(a_1 \log\left(\frac{\theta}{\rho_{\text{d}}}\right) + a_2\right)10^{a_3\rho_{\text{d}}} \tag{3-42}$$

式中，a_1、a_2 和 a_3 为经验系数（黏土：0.13，–0.129 和 0.6245；砂土：0.1、0.058 和 0.6245）；ρ_{d} 为土壤干密度。

b. 土壤完全冻结下的有机质层土壤导热系数

$$k_{\text{hqi}} = \left(1 + h_3 Q\left(\frac{\theta}{100}\right)^2 k_{\text{ho}}\right) \tag{3-43}$$

式中，k_{ho} 为未冻结残留层导热系数（$\text{W}/(\text{m}\cdot℃)$）；$\theta$ 为土壤含水量（%）；Q 为土壤热量比；h_3 为系数，取值 2.0。

土壤完全冻结下的矿物质土壤导热系数：

$$k_{\text{hm,i}} = b_1 10^{b_2\rho_{\text{d}}} + b_3\left(\frac{\theta}{\rho_{\text{d}}}\right)10^{b_4\rho_{\text{d}}} \tag{3-44}$$

式中，$b_1 \sim b_4$ 为系数，黏土分别为 0.00144、1.32、0.0036 和 0.8743，砂土分别为 0.00158、1.336、0.00375 和 0.9118。

表层冻土的导热系数需做一修正，即乘以一个衰减系数：

$$R_{\text{f}} = e^{c_{\text{f}} T_{\text{s}}} C_{\text{md}} + \left(1 - C_{\text{md}}\right) \tag{3-45}$$

式中，T_{s} 为表层冻土温度；c_{f} 和 C_{md} 为系数（0.2 和 0）。

c. 土壤部分冻结

$$k_{\text{h}} = Q k_{\text{h,i}} + \left(1 - Q\right) k_{\text{h,s}} \tag{3-46}$$

式中，k_{h} 为部分冻结土壤的导热系数；$k_{\text{h,s}}$ 为未冻结土壤的导热系数；$k_{\text{h,i}}$ 为完全冻结土壤的导热系数。

d. 土壤总能量

5. 入渗模型

首先根据经典的土壤水分特征曲线计算水势，不同土壤的水分特征曲线为模型输入变量。当土壤体积含水量 θ 小于 θ_x 时，土壤含水量-水势张力关系可假定为对数-线性关系：

$$\frac{\log\left(\frac{\varphi}{\varphi_x}\right)}{\log\left(\frac{\varphi_{\text{wilt}}}{\varphi_x}\right)} = \frac{\theta_x - \theta}{\theta_x - \theta_{\text{wilt}}} \qquad \varphi_x < \varphi < \varphi_{\text{wilt}} \tag{3-47}$$

式中，φ_x 为水势拐点（cmH_2O）；φ 为实际水势（cmH_2O）；θ 为实际体积含水量；θ_{wilt} 为枯萎含水量（%），即水势 $\varphi_{\text{wilt}} = 15000$（$\text{cmH}_2\text{O}$）时的含水量。

当土壤体积含水量 θ 大于 θ_x 且小于 θ_{m} 时，应用 Brook&Corey 公式：

$$\left(\frac{\varphi}{\varphi_a}\right)^{-\lambda} = \frac{\theta - \theta_r}{\theta_s - \theta_r} \quad \varphi_{mat} < \varphi < \varphi_x \tag{3-48}$$

式中，φ_a 为进气张力（cmH_2O）；λ 为土壤粒度分布指数；θ_s 为孔隙度；θ_r 为残余水分含量（%）；$\theta_m = \theta_s - 4$ 。

当土壤体积含水量 θ 大于 θ_m 时：

$$\varphi' = \varphi + 200\frac{\theta_{solid}}{\theta_{solid} + \theta_s - \theta_{total}} zg \tag{3-49}$$

式中，φ' 为经温度校正后的实际水势（cmH_2O）；θ_{solid} 为土壤固态水分体积含量（%）；θ_{total} 为土壤总体积含水量（%）；z 为土壤深度（m）；g 为重力加速度（$9.8\,m/s^2$ ）。

土壤液态水分由水势张力小的土壤层流向水势张力大的土壤层。在实际计算中，首先根据地温判断上下层土壤的冻结状态，选择合适的水力传导率计算公式，然后再根据 Darcy 定律计算液态水分流量。

若第一层土壤水势张力小于第二层土壤水势张力，土壤水下降量 $INF_{1,2}$：

$$INF_{1,2} = \begin{cases} 0, \theta_{l,1} \leqslant \theta_{c,1} - \theta_{solid,1} \\ \max\left(-k_{w,1}^*\left(\frac{\varphi_1 - \varphi_2}{z_2} - 1\right), \left(\theta_{l,1} - \left(\theta_{c,1} - \theta_{solid,1}\right)\right) z_1\right), \theta_{l,1} \leqslant \theta_{c,1} - \theta_{solid,1} \end{cases} \tag{3-50}$$

式中，$k_{w,1}^*$ 为实际导水率；θ 为含水量；φ 为水势；solid 为固态；l 为液态；c 为田间持水量；1 和 2 分别为第一层土壤和第二层土壤。

若第一层土壤水势大于第三层土壤水势，则土壤毛细水分上升，此时，上升量为

$$INF_{1,2} = \min\left(-k_{w,1}^*\left(\frac{\varphi_1 - \varphi_2}{z_2} - 1\right), \left(\theta_{l,2} - \theta_{wilt,2}\right) z_2\right) \tag{3-51}$$

式中，$\theta_{wilt,2}$ 为第二层土壤枯萎含水量。

6. 蒸散发模型

在一个计算单元内，首先计算土壤（裸地）和植被的分布面积，然后单独计算土壤蒸发 E_s 和植被蒸腾 E_v 。

$$E_s' = aE_0\left(\theta_l - \theta_r\right) \tag{3-52}$$

$$E_s = \min\left(E_s', \max\left(0, \left(\theta_l - \theta_r\right) z_1\right)\right) \tag{3-53}$$

$$E_v' = b\left(E_0 - VE\right)\left(\theta_l - \theta_{wilt}\right) LAI \tag{3-54}$$

$$E_v = \min\left(E_v', \max\left(0, \left(\theta_l - \theta_{wilt}\right) z_1\right)\right) \tag{3-55}$$

7. 产流模型及土壤水热耦合流程

产流、入渗和蒸散发是流域地表过程中相互关联不可分割的 3 个重要的水文过程。地表产流：判断到达地表面的液态净水量（包含固态降水融化量，扣除植被截留液态水量），是否大于地表面的饱和导水率，若大于，则产流，否则不产流：

$$R_{\text{surface}} = \max\left(0, P_{\text{ground}} + R_{\text{snow}} + R_{\text{glacier}} - k_0'\right) \tag{3-56}$$

式中，R_{surface}为地表产流量；P_{ground}为到达地表的液态净水量；R_{snow}为季节性积雪融化量；R_{glacier}为冰川融化量；k_0'为经温度校正以后的饱和导水率。

8. 汇流模型

在日或更小的时间尺度上，汇流过程是分布式模型中极为重要的一个过程。DWHC模型中，以每个计算单元中心点为起点，计算该单元格水流流向下一个单元格中心点的回流时间：

$$t_{i,j} = \frac{l_i}{\alpha \tan\left(\beta_i\right)^b} + \frac{l_j}{\alpha \tan\left(\beta_j\right)^b} \tag{3-57}$$

式中，$t_{i,j}$为自第i个单元中心点到第j个单元格中心点的回流时间；l为单元格内的河道长度；β为单元格的坡度；α和b为可调汇流参数，在整个流域内容易土壤层采用统一的汇流参数。

3.3 陆气模型耦合集成进展

在黑河流域，高艳红等（2006）将 NOAH 陆面模型进行改进，增加了地表积水和积水蒸发、坡面回流方案、次表面流方案，并且将 Routing 模块通过次网格过程与 MM5 大气模型耦合，发展了高分辨率大气-水文耦合模型；陈仁升等（2006a，b）以黑河干流山区流域为例，构建了一个内陆河高寒山区流域分布式水热耦合模型 DWHC，该模型基于土壤水热连续性方程将流域产流、入渗和蒸散发过程融合起来，在植被截留、入渗、产流和蒸散发计算方面有所改进和创新，并将该模型和 MM5 模型耦合起来模拟流域径流。Pan 和 Li（2011）耦合 WRF 模型和 NOAH 模型，利用陆面过程模型模拟的陆面状态来反馈给大气模型，以提高大气模型在水和能量等通量方面的模拟能力。

3.3.1 MM5 + NOAH

高艳红等（2006）对 Noah 陆面过程模型进行了改进，增加了地表积水和积水蒸发、坡面汇流方案、次表面流方案，并且将 Routing 模块通过次网格过程与大气中尺度模型 MM5 耦合，发展了高分辨率大气-水文耦合模型，不仅可以考虑地面状况对天气变化的响应，尤其可以研究地面水文过程对天气过程的影响。进而运用发展的高分辨陆面水文-大气耦合模型，在西北干旱区黑河流上游山区进行初步应用，研究内陆河流域水循环过程对大气过程的影响。研究结果表明加入了陆面水循环过程以后，引起了大气场的一系列变化，首先影响了土壤湿度及蒸发量的变化，进而对局地大气稳定度发生影响，进一步对云结构有很大影响，热量分布发生变化，对降水分布及降水量也产生了一定的影响。

3.3.2 MM5 + DWHC

陈仁升等（2006a，2006b）利用中尺度气候模型 MM5 计算黑河山区流域及其周边地区的水汽通量，空间分辨率为 3km，并将其输出的日降水量、2m 高度的日平均气温和潜热，利用最近距离法插值到 1km×1km 个点上，从而嵌套到内陆河高寒山区流域分布式水热耦合模型（DWHC）中，所计算的黑河干流出山口日平均径流量。MM5-DWHC 嵌套模型的建立，解决了地面气象观测站点稀少的问题，真正实现了将分布式模型移植到无资料地区的径流模、反演和预报中去的研究思路。

3.3.3 WRF + NOAH

朱庆亮等（2013）选用 WRF 模型和 3 种陆面过程参数化方案：Noah、RUC 和 5-layer 等在黑河流域进行一次降水过程的参数化敏感性分析，不同试验发现，Ferrier 微物理参数化方案和 YSU 边界层参数化方案，结合 Noah 陆面方案试验的误差均小于采用其他陆面方案。Pan 和 Li（2011）利用 WRF 模型和 Noah 模型耦合生成 2000～2015 年近地表气象资料和陆面状态资料。

3.4 陆气模型耦合集成应用

利用 WRF 模型和 NOAH 陆面过程模型耦合集成模型，采用表 3-2 的配置，制备了黑河流域 2000～2015 年逐时 0.05°的近地表驱动数据。利用分别于 2008 年开展的黑河综合遥感联合试验（the watershed allied telemetry experimental research，WATER；Li et al.，2009），以及 2012 年开展的“黑河流域生态-水文过程综合遥感观测联合试验”（Heihe watershed allied telemetry experimental research，HiWATER）（Li et al.，2013）和中国气象观测站（CMA）等逐时逐日的观测资料对该套数据进行验证。

表 3-2　黑河流域近地表大气驱动数据的 WRF 模型配置

参数及参数化方案	第一重嵌套（0.25°）	第二重嵌套（0.05°）
水平格点数	44 × 56	120 × 130
时间间隔/s	150	30
微物理过程	Kessler	Kessler
积云方案	Kain-Fritsch	Kain-Fritsch
行星边界层方案	MYJ	MYJ
短波辐射方案	Dudhia	Dudhia
长波辐射方案	RRTM	RRTM
陆面过程模型	Noah LSM	Noah LSM
投影方式	Lat-lon	Lat-lon
初始边界场	NCE/FNL	第一层嵌套

下面以 WRF+Noah 陆气过程耦合集成模型所模拟的降水为例，与观测资料进行对比，并分析降水在黑河流域的时空分布模态和变化趋势。降水作为一个水分通量连接着大气过程与地表过程，具有重要的气象学、气候学和水文学意义，是影响陆气之间水分和热量交换最重要的变量之一，降水的时间和空间分布结构，极大地影响了陆面水文通量和状态（Fekete et al.，2003；Gottschalck et al.，2005；Tian et al.，2007）。

3.4.1 误差分析

图 3-3(a)、(b）是 2000～2013 年 WRF 模型模拟的降水资料和所有站点（CMA 和 HiWATER）降水观测资料在年尺度和月尺度上的散点图。图 3-3（c）、(d）是 2000～2013 年 WRF 模型模拟的降水资料和站点降水观测资料在日尺度和时尺度上的误差频率柱状图，为了直观，剔除掉降水为 0 值，模拟与观测同时为 0 吻合度较高，如果都考虑进去的话，会导致误差为（–0.01，0.01）mm 的频次过高，无法查看其他不误差的频次。负的误差范围说明 WRF 模型模拟的降水小于观测值，正的误差范围情况正好相反，正误差范围的频次要远远高于负的误差频次，但主要是分布在日尺度（0.01，1）mm/d 和时尺度（0.01，0.1）mm/h，意味着 WRF 模型模拟的降水量大部分都高于观测资料，但是高出的范围却不大。相关系数由年尺度的 0.94 降至时尺度的 0.34，均方根误差则在年、月、日和时尺度上分别是 73.78mm、51.05mm、2.49mm 和 0.49 mm。相对偏差在年、月

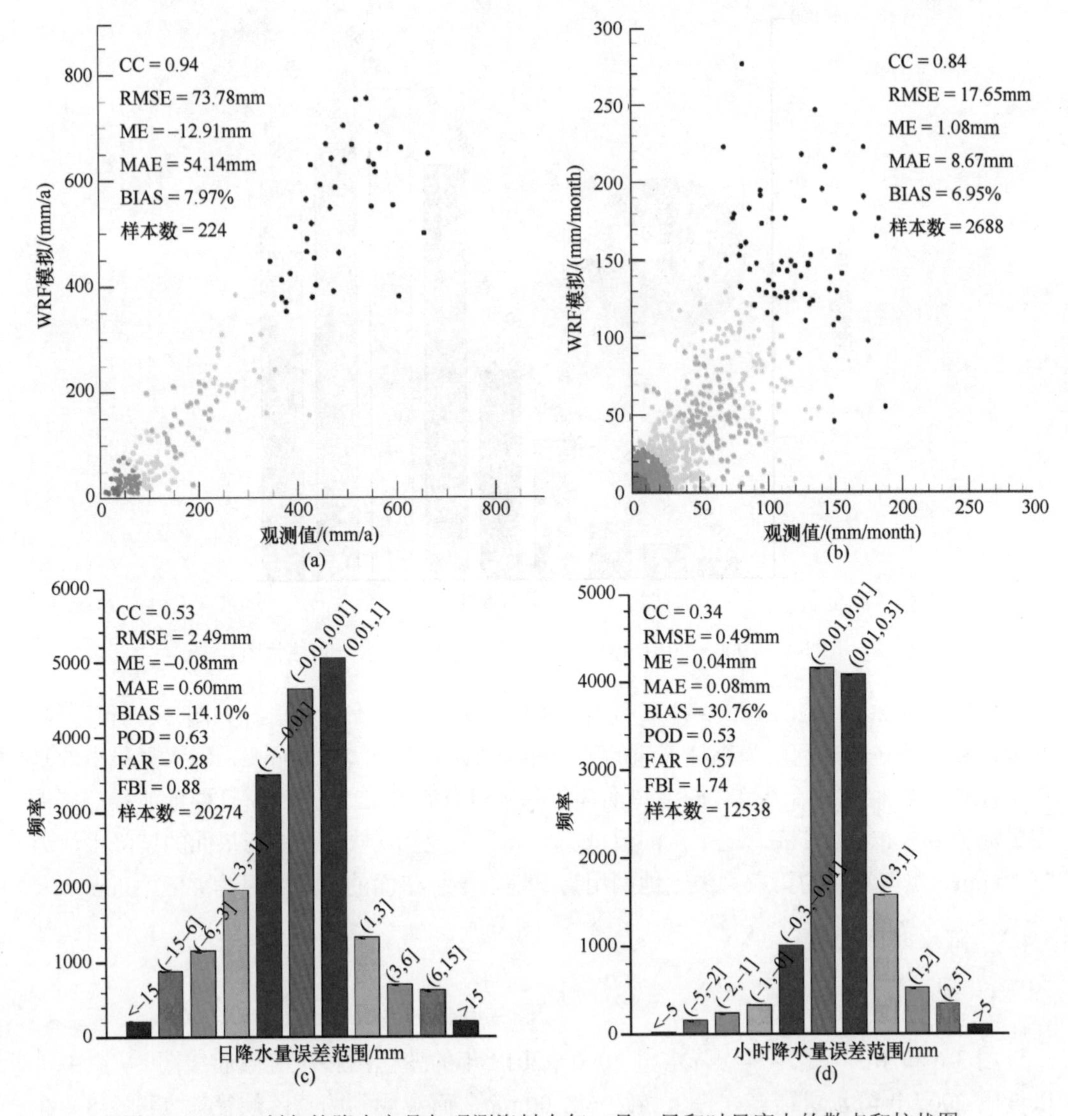

图 3-3 WRF 制备的降水产品与观测资料在年、月、日和时尺度上的散点和柱状图

和日尺度上较低，在时尺度上达到30.76%。日成功预报率（POD）高于时尺度上的POD，同时虚报比例相反。日频率偏离指数接近1，时尺度上远离1。

3.4.2 降水空间模态

黑河流域WRF模型模拟的2000～2013年累积降水在全流域、上游、中游和下游分别是80mm、580mm、185mm和40mm。第二个嵌套的研究区域高程被分成9个组（图3-4），其中3500～4000m高度上降水量最高。年平均降水随着海拔增高而增加，到3500～4000m达最高（701.05mm）。黑河流域的大部分海拔在1000～1500m，此高程区的降水量为48.51mm。在1000～4000m，降水与高程的系数：25mm/100m（$R^2=0.93$，$p=0.25h-283.96$，4000m以上，降水与高程的系数：−15mm/100m（$R^2=0.99$，$p=-0.15h+1264.40$）。

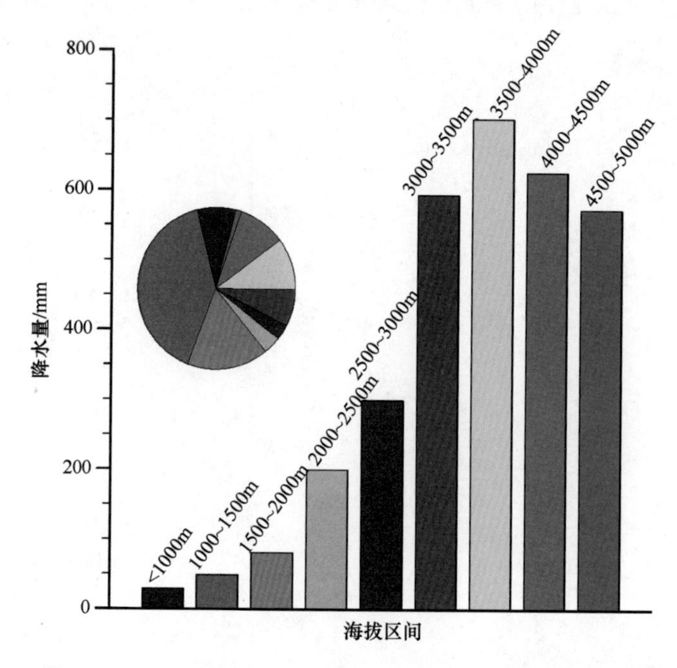

图3-4　2000～2013年黑河流域不同海拔的降水分布柱状图

黑河流域2000～2013年9种不同土地利用下垫面的降水分布情况如图3-5所示：降水量最高的是在土地利用为森林苔原的下垫面，年降水量达738.60mm，降水量最少的是在土地利用为裸地或稀疏植被的下垫面，年降水量只有42.27mm，而且裸地或稀疏植被在黑河流域分布甚广。灌木地是黑河流域第二大类土地利用类型，该下垫面的年降水量为75.30mm。黑河流域的第三大类土地利用为草地，该下垫面的年降水量为436.01mm。

3.4.3 降水时间模态

1. 年降水

图3-6和图3-7是年累积降水量2000～2013年的变化图和子流域曲线图。从图中可以看出2007年降水量最多，在上游达681.00mm，而观测到的莺落峡径流（图3-8）在过去的14年里的变化趋势，其中2007年降水量也达到最大（$21\times10^8\mathrm{m}^3$）。2000～2013

年在黑河流域的上、中游有明显的增长趋势，年增长率分别为12.9mm和5.7mm。我们选用莺落峡观测的年径流量与WRF模型模拟的黑河上游年降水量进行2000～2013年曲线对比，是因为莺落峡的径流是源于具有复杂下垫面的流域上游，这两者之间有很强的相关性，如果两者曲线一致，也能用径流量来间接证明WRF模型模拟的降水量的可靠性。

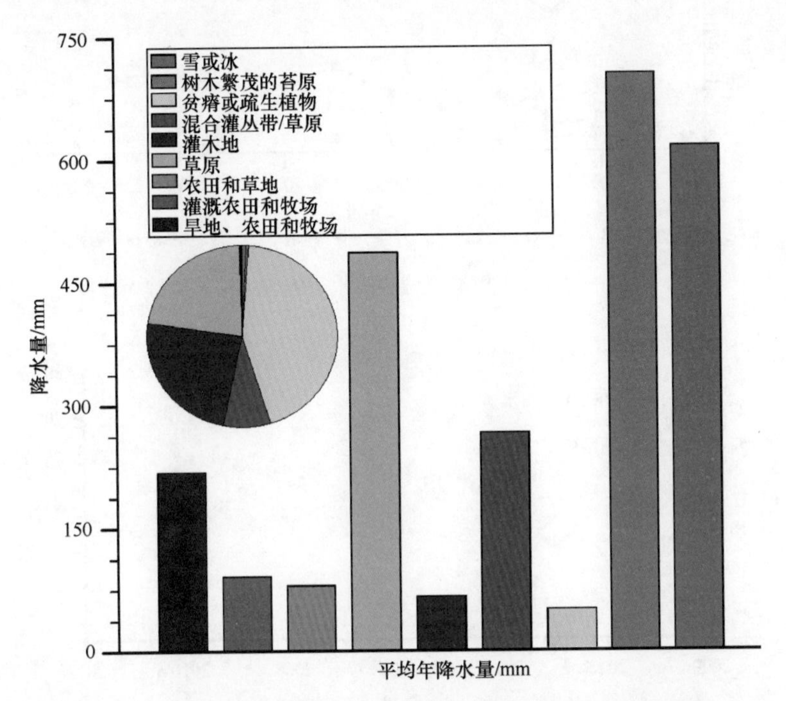

图3-5　2000～2013年黑河流域不同下垫面的降水分布柱状图

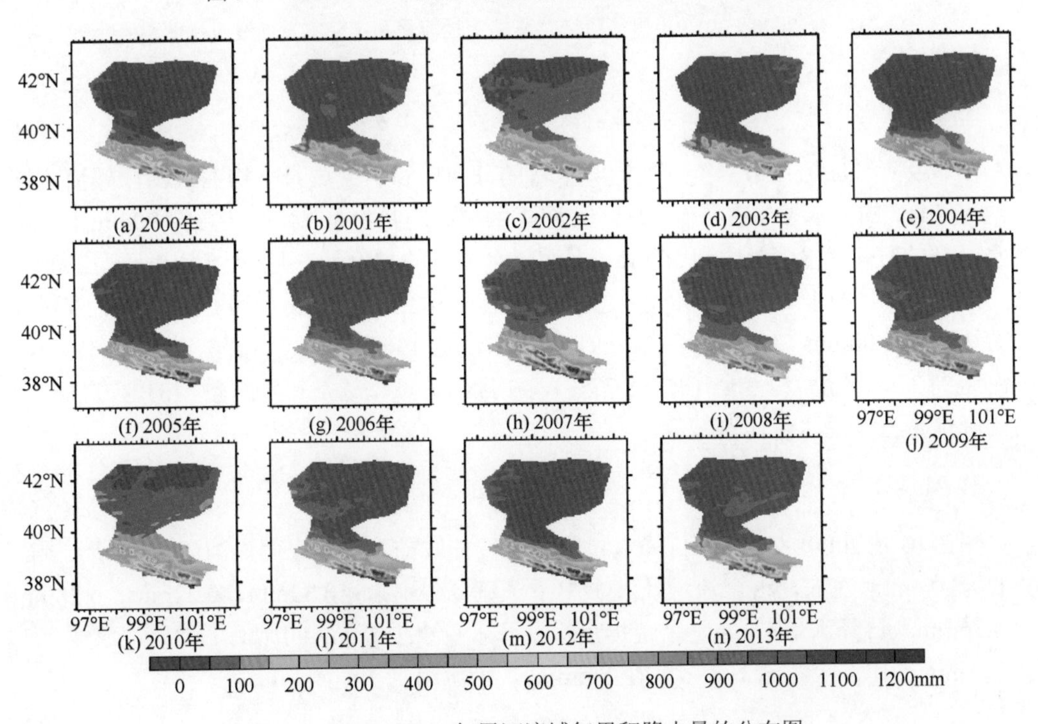

图3-6　2000～2013年黑河流域年累积降水量的分布图

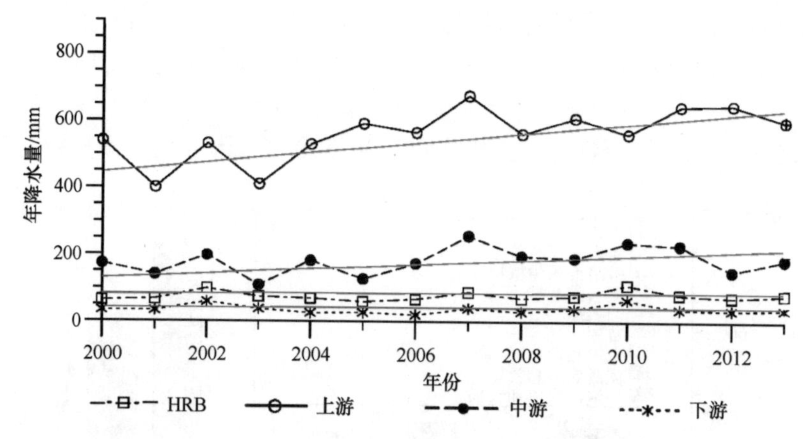

图 3-7　2000～2013 年黑河流域年降水量的各子流域曲线对比图

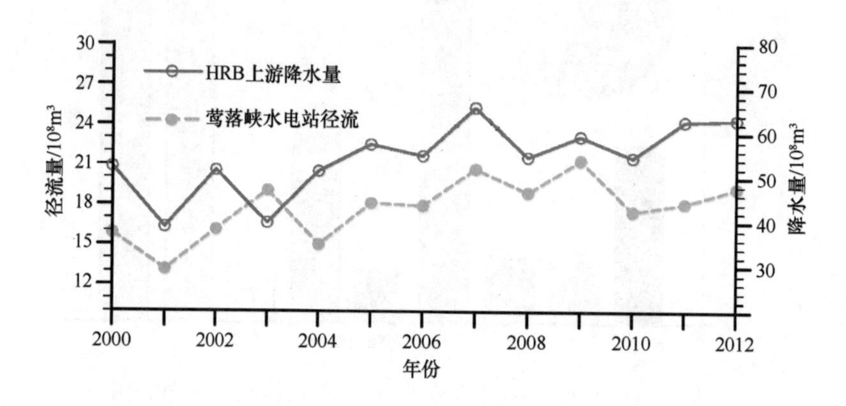

图 3-8　2000～2013 年黑河流域莺落峡年径流量和年降水量曲线对比图

2. 月降水

图 3-9 是 2000～2013 年月平均降水量的分布图和子流域月平均曲线图。黑河流域大约有 94% 的降水发生在 5～9 月，上游降水最高的月份是 7 月，达到 190mm，中游降水最高的月份是 8 月，达到 55mm，下游降水最高的月份是 6 月，达到 19mm。2000～2013 年 6～8 月的平均累积降水量在整个黑河流域达到 61.65mm（约占全年的 77.36%），上游达到 390.00mm（约占全年的 66.91%），中游达 136.69mm（约占全年的 73.57%），下游达到 32.91mm（约占全年的 88.77%），在黑河流域，越是年降水量少的地方，6～8 月的降水量占年降水量比例越高。

3. 日降水

图 3-10 是 2000～2013 年日降水量区间比例曲线图，该图表明黑河流域日降水量最高的为 0.5mm 左右，占全流域及其上中下子流域分别为：0.32mm、0.22mm、0.28mm 和 0.36mm。日降水量 1mm 是个转折点，日降水量小于 1mm 的比例下游比上游要多，大于 1mm 的比例上游比下游多，在 8mm 处，上游第二次达到高峰。

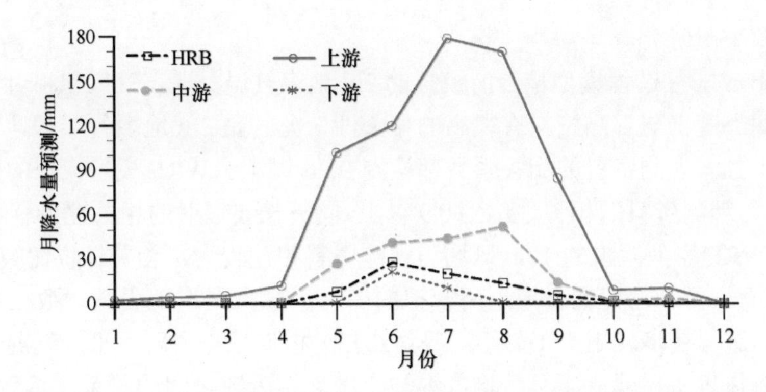

图 3-9　2000～2013 年黑河流域子流域及子流域的月平均降水量曲线图

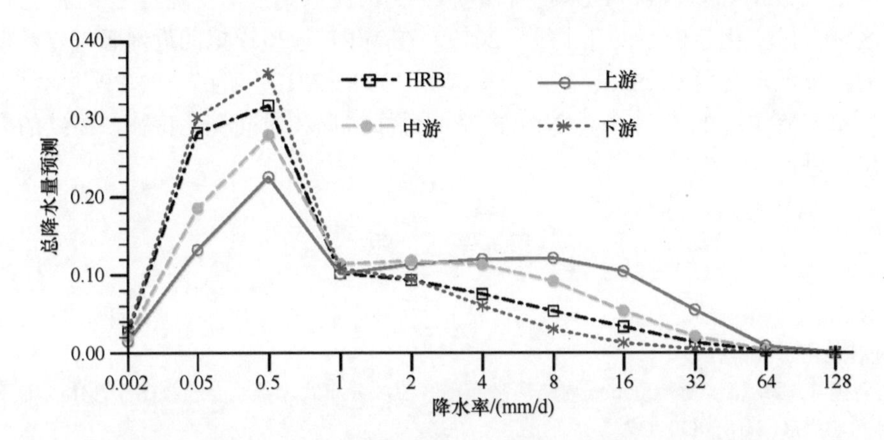

图 3-10　2000～2013 年黑河流域及子流域的日降水量比例曲线图

通过国家气象站 CMA 站点和 HiWATER 试验站点的降水观测资料在年、月、日和时尺度上进行 CC、RMSE、ME、BIAS、POD、FAR 和 FBI 多种检验指标的验证，同时在空间模态分布、子流域分布、9 种不同高程范围和 9 种不同土地利用下垫面上的分布，得出以下结论：

（1）从 2000 年开始，黑河流域的年累积降水量逐步增加，尤其是在上游和中游；

（2）大部分的降水发生在夏季，受季风影响的黑河流域上游东部地区降水量高，冬季降雪量更多地发生在高海拔的上游西部地区；

（3）在黑河流域，随着海拔的增高，降水量逐步增加，在 3500～4000m 海拔达到最大，祁连山的北坡降水量高于南坡降水量；

（4）黑河流域下游，降水量少而不稳定。

3.5　小　　结

应用 WRF+Noah 陆气过程模型耦合所模拟的黑河流域 2000～2013 年高时空分辨率降水产品，结果与观测资料在年、月、日和时尺度上吻合得很好，与观测资料在年和月尺度上的相关系数高达 0.94 和 0.84，在日尺度上相关系数达到 0.53，表明 WRF 模型能够在地形复杂而干旱的黑河流域进行降尺度分析，所模拟的资料能够满足流域尺度水文建模和水资源平衡研究。

WRF+Noah 陆气过程模型耦合所模拟的 2m 地表气温、地表气压和相对湿度在逐时或逐日的时间尺度上与观测资料有很高的相关性，尤其是 2m 地表气温和地表气压，平均误差都很小且与观测资料的相关系数都达到 0.96 以上。WRF 模型模拟的向下短波辐射也比较好，与观测资料的相关性达到 0.9 以上，向下长波辐射的相关性也有 0.6（Pan and Li，2011）。WRF 模型模拟的 10m 风场与观测资料相差较大，相关性也比较弱。

WRF+Noah 陆气过程耦合模型所模拟的黑河流域大气近地表驱动数据已经在冻土和生态等方面进行初步应用：①彭小清等（2013）根据站点资料月平均气温、逐日土壤温度和站点海拔等资料建立了月平均气温与土壤冻结天数之间的关系，然后采用 WRF 模拟的网格化 2m 气温资料和 DEM 资料编制了黑河流域高分辨率逐月季节冻土分布图，并进行区域气候变化分析；②郑中等（2013）在 WRF 模型模拟的近地表气象数据和遥感影像的基础上，利用 CASA 模型对青海流域 2000～2010 年的草地 NPP 进行了估算，分析了青海湖流域近 11 年来草地 NPP 的空间分布格局和时间变化特征，后续的应用成果正逐步推进。

参 考 文 献

陈仁升, 高艳红, 康尔泗, 等. 2006a. 内陆河高寒山区流域分布式水热耦合模型(I): 模型原理. 地球科学进展, 21(8): 806-818.

陈仁升, 高艳红, 康尔泗, 等. 2006b. 内陆河高寒山区流域分布式水热耦合模型(III): MM5 嵌套结果. 地球科学进展, 21(8): 830-837.

高艳红, 程国栋, 崔文瑞, 等. 2006. 陆面水文过程与大气模式的耦合及其在黑河流域的应用. 地球科学进展, 21(12): 1283-1292.

彭小清, 张廷军, 潘小多, 等. 2013. 祁连山区黑河流域季节东突时空变化研究. 地球科学进展, 28(4): 497-508.

郑中, 祈元, 潘小多, 等. 2013. 基于 WRF 模式数据和 CASA 模型的青海湖流域草地 NPP 估算研究. 冰川冻土, 35(2): 465-474.

朱庆亮, 江灏, 王可丽, 等. 2013. WRF 模式物理过程参数化方案对黑河流域降水模拟的影响. 干旱区研究, 30(3): 462-469.

Betts A K, Miller M J. 1986. A new convective adjustment scheme. Part II: single column tests using GATE wave, BOMEX, and arctic air-mass data sets. Quart J Roy Meteor Soc, 112: 693-709.

Chen F, Dudhia J. 2001. Coupling an advanced land-surface/ hydrology model with the Penn State/ NCAR MM5 modeling system. Part I: Model description and implementation. Mon Wea Rev, 129: 569-585.

Chen F, Tewari M, Kusaka H, Warner T T. 2006. Current status of urban modeling in the community weather research and forecast (WRF) model. Joint with Sixth Symposium on the Urban Environment and AMS Forum: Managing our Physical and Natural Resources: Successes and Challenges, Atlanta, GA, USA, Amer. Meteor. Soc.

Collins W D, Rasch P J, Boville B A, et al. 2004. Description of the NCAR Community Atmosphere Model (CAM 3.0), NCAR Technical Note, NCAR/TN-464+STR, 226.

Dudhia J. 1989. Numerical study of convection observed during the winter monsoon experiment using a mesoscale two-dimensional model. J Atmos Sci, 46: 3077-3107.

Dyer A J, Hicks B B. 1970. Flux-gradient relationships in the constant flux layer. Quart J Roy Meteor Soc, 96: 715-721.

Fekete B M, Vorosmarty C J, Roads J O, Willmott C J. 2003. Uncertainties in precipitation and their impact on runoff estimates. Journal of Climate, 17: 294-304.

Fels S B, Schwarzkopf M D. 1975. The simplified exchange approximation: a new method for radiative transfer calculations. J Atmos Sci, 32: 1475-1488.

Gottschalck J, Meng J, Rodell M, Houser P. 2005. Analysis of multiple precipitation products and preliminary assessment of their impact on global land data assimilation system land surface states. J Hydrometeor, 6: 573-598.

Grell G A, Devenyi D. 2002. A generalized approach to parameterizing convection combining ensemble and data assimilation techniques. Geophys Res Lett, 29(14): 1693.

Grell G A, Dudhia J, Stauffer D R. 1994. A description of the fifth generation Penn State/NCAR mesoscale model(MM5). NCAR Tech Notes NCAR/TN-398+STR, 138.

Hong S-Y, Lim J-O J. 2006. The WRF single-moment 6-class microphysics scheme (WSM6). J Korean Meteor Soc, 42: 129-151.

Hong S-Y, Dudhia J, Chen S-H. 2004. A revised approach to ice microphysical processes for the bulk parameterization of clouds and precipitation. Mon Wea Rev, 132: 103-120.

Jacquemin B, Noilhan J. 1990. Sensitivity study and validation of a land surface parameterization using the HAPEX-MOBILHY data set. Boundary-Layer Meteorology, 52(1): 93-134.

Janjic Z I. 2000. Comments on "development and evaluation of a convection scheme for use in climate models". J Atmos Sci, 57: 3686.

Janjic Z I. 1994. The step-mountain eta coordinate model: further developments of the convection, viscous sublayer and turbulence closure schemes. Mon Wea Rev, 122: 927-945.

Kain J S. 2004. The Kain-Fritsch convective parameterization: an update. J Appl Meteor, 43: 170-181.

Kain J S, Fritsch J M. 1993. Convective parameterization for mesoscale models: the Kain-Fritcsh scheme, the representation of cumulus convection in numerical models. In: Emanuel K A, Raymond D J. Amer Meteor Soc, 246.

Kain J S, Fritsch J M. 1990. A one-dimensional entraining/ detraining plume model and its application in convective parameterization. J Atmos Sci, 47: 2784-2802.

Kusaka H, Kimura F. 2004. Coupling a single-layer urban canopy model with a simple atmospheric model: impact on urban heat island simulation for an idealized case. J Meteor Soc Japan, 82: 67-80.

Kusaka H, Kondo H, Kikegawa Y, Kimura F. 2001. A simple single-layer urban canopy model for atmospheric models: comparison with multi-layer and slab models. Bound-Layer Meteor, 101: 329-358.

Lacis A A, Hansen J E. 1974. A parameterization for the absorption of solar radiation in the earth's atmosphere. J Atmos Sci, 31: 118-133.

Li X, Cheng G D, Liu S M, Xiao Q, Ma M G, Jin R, Che T, Liu Q H, Wang W Z, Qi Y, et al. 2013. Heihe watershed allied telemetry experimental research (HiWATER): scientific objectives and experimental design. Bull Amer Meteor Soc, 9: 1145-1160.

Li X, Li X, Li Z, Ma M, Wang J, Xiao Q, Liu Q, Che T, Chen E, Yan G, Hu Z, Zhang L, Chu R, Su P, Liu Q, Liu S, Wang J, Niu Z, Chen Y, Jin R, Wang W, Ran Y, Xin X, Ren H. 2009. Watershed allied telemetry experimental research. J Geophys Res Atmos, 114: D22103.

Lin Y-L, Farley R D, Orville H D. 1983. Bulk parameterization of the snow field in a cloud model. J Climate Appl Meteor, 22: 1065-1092.

Mahrt L, Ek M. 1984. The Influence of Atmospheric Stability on Potential Evaporation. Journal of Climate and Applied Meteorology, 23(2): 222-234.

Mellor G L, Yamada T. 1982. Development of a turbulence closure model for geophysical fluid problems. Rev Geophys Space Phys, 20: 851-875.

Mesoscale & Microscale Meteorology Division & National Center for Atmospheric Research. 2009. Weather Research & Forecasting ARW Version 3 Modeling Systems User's Guide. http: // www. mmm. ucar. edu/ wrf/ users/ docs/ arw_v3. pdf. 2012-8-23.

Mitchell K, Collaborators. 2002. The Community NOAH and Surface Model User's Guide. ftp: //ftp. emc. ncep. noaa. gov/ mmb/qcp/ldas/noahlsm/ver, 2.5.2/2002.

Monin A S, Obukhov A M. 1954. Basic laws of turbulent mixing in the surface layer of the atmosphere. Contrib Geophys Inst Acad Sci, USSR, 151: 163-187 (in Russian).

Noilhan J, Planton S. 1989. A simple parameterization of land surface processes for meteorological models.

Mon Wea Rev, 117: 536-549.
Pan X D, Li X. 2011. Validation of WRF model on simulating forcing data for Heihe River Basin. Sciences in Cold and Arid Regions, 3(4): 344-357.
Pan X D, Li X, Cheng G D, Li H Y, He X B. 2015. Development and evaluation of a river-basin-scale high spatio-temporal precipitation data set using the WRF model: a case study of the Heihe River Basin. Remote Sensing, 7: 9230-9252.
Paulson C A. 1970. The mathematical representation of wind speed and temperature profiles in the unstable atmospheric surface layer. J Appl Meteor, 9: 857-861.
Reisner J R, Rasmussen R M, Bruintjes R T. 1998. Explicit forecasting of supercooled liquid water in in winter storms using the MM5 mesoscale model. Quart J Roy Meteor Soc, 124: 1071-1107.
Rutledge S A, Hobbs P V. 1984. The mesoscale and microscale structure and organization of clouds and precipitation in midlatitude cyclones. XII: a diagnostic modeling study of precipitation development in narrow cloud-frontal rainbands. J Atmos Sci, 20: 2949-2972.
Ryan B F. 1996. On the global variation of precipitating layer clouds. Bull Amer Meteor Soc, 77: 53-70.
Sasamori T, London J, Hoyt D V. 1972. Radiation budget of the southern hemisphere. Meteor Monogr, 13: 9-23.
Skamarock W C, Klemp J B, Dudhia J D, Gill D O. Barker D M, Duda M G, Huang X Y, Wang W, Powers J G. 2008. A description of the Advanced Research WRF version 3. NCAR Technical Note, 475.
Smirnova T G, Brown J M, Benjamin S G, Kim D. 2000. Parameterization of cold season processes in the MAPS land-surface scheme. J Geophys Res, 105(D3): 4077-4086.
Smirnova T G, Brown J M, Benjamin S G. 1997. Performance of different soil model configurations in simulating ground surface temperature and surface fluxes. Mon Wea Rev, 125: 1870-1884.
Tao W K, Simpson J. 1993. The Goddard cumulus ensemble model. Part I: model description. Terr Atmos Oceanic Sci, 4: 35-72.
Tian Y, Peter-Lidard C D, Choudhury B J, Garcia M. 2007. Multitemporal analysis of TRMM-based satellite precipitation products for land data assimilation applications. J Hydrometeor, 8: 1165-1183.
Webb E K. 1970. Profile relationships: the log-linear range, and extension to strong stability. Quart J Roy Meteor Soc, 96: 67-90.
Wicker L J, Wilhelmson R B. 1995. Simulation and analysis of rornado development and decay within a three-dimensional supercell thunderstorm. Journal of the Atmospheric Sciences, 52(15): 2675-2703.

第 4 章　高寒山区水文模型集成

李弘毅　李慧林　张艳林

积雪、冰川和冻土是高寒山区普遍存在的自然景观，它们独特的水热特性及对流域径流形成的影响，是寒区水文过程研究的核心环节，同时在这些区域的气候变化研究、资源开发、工程设计及环境保护等方面占重要地位。分布式水文模型作为日趋重要的研究工具和手段，在定量分析和评价各种因素对水文过程的影响方面具有潜在优势。但传统的分布式水文模型多针对温带地区设计，直接用于冻土分布广泛的寒区时，模型机理会失效，模拟能力和应用效果也明显变差（Pitman et al.，1999；Luo et al.，2003；李栋梁等，2003；Finney et al.，2012；Gouttevin et al.，2012）。集成积雪、冰川和冻土的积累和消融过程（土壤冻融过程），综合考虑它们对寒区流域水文循环的影响，设计和开发适用于寒区的水文模型，这种理念在近几十年来越来越被重视（Woo and Young，2004）。目前，国内外已经涌现了一批针对寒区流域的模型，如 DWHC（Chen et al.，2008）、CRHM（Pomeroy et al.，2007）、Web-DHM（Wang et al.，2010）、Geotop（Rigon et al.，2006）和 VIC（variable infiltration capacity model）（Liang et al.，1994）。这些模型或简单或复杂，但是多数都只是针对一部分寒区水文过程进行了细化，依然没有完全包含积雪、冰川和冻土水文过程的水文模型。

本章首先简要地介绍一下黑河流域计划生态水文过程模型集成的总体设想，并且详细介绍了目前正对寒区水文过程模型集成开展的一些工作。

4.1　黑河生态水文模型集成总体设计

地形是影响流域水文循环最重要的因素之一，它对产汇流过程有重要的控制作用。对于面积较大的流域，GBHM 模型将流域划分为子流域，再将子流域划分为流带，流带内又划分为分辨率较粗的模型计算网格。模型网格内的地形复杂，可能存在河网或者沟谷地形，GBHM 通过分辨率更高的 DEM 将模型网格内的地形抽象成一系列几何对称的坡面单元，构成 GBHM 模拟的基本水文单元。模型在坡面单元上模拟一系列水文过程如降雪融雪、植被截留、蒸散发、产流、壤中流及地下水流等，之后利用河网根据 St Venant 方程将这些坡面的各种产流进行汇集，模拟流域出口点的径流量。GBHM 是以坡面单元作为基本水文响应单元的基于物理过程的分布式水文模型，同时具有 TOPMODEL 和 SHE 的优点。相对于 TOPMODEL，GBHM 模型对水文要素的空间变异性考虑更为完善，但计算用时增加不多；相对于 SHE 模型，GBHM 模型的计算耗时又大大减少。因此 GBHM 适应于大流域水文过程的模拟。GBHM 模型的缺点是陆面水文过程，如融雪经流、蒸散发、植被截留等模块采用简单的经验化方法，相对比较薄弱（表 4-1）。

表 4-1　各模型概况

模型名称	积雪模块	冻土模块	冰川模块
DHSVM	YES	NO	NO
DWHC	YES	YES	NO
GBHM	YES	NO	NO
HBV	YES	NO	YES
SHE	YES	NO	NO
TOPMODEL	YES	NO	NO
VIC	YES	YES	NO
Geotop	YES	YES	NO
Web-DHM	YES	YES	NO
SWAT	YES	NO	NO
CRHM	YES	YES	NO
PARFLOW	YES	YES	NO
ARNO	YES	NO	NO

考虑到现有分布式水文模型对黑河流域寒区过程、山坡水文特征，以及生态过程考虑不足的特点，在基于坡面尺度的分布式水文模型 GBHM 的基础上，Yang 等（2015）系统地发展了耦合山区冰冻圈水文过程和生态过程的分布式水文模型 GBEHM，提出了基于 1km 网格离散和 Horton-Strahler 河网分级的分布式流域模型结构框架（图 4-1）。依据能量与物质平衡原理，耦合了冰川消融、积雪及土壤冻融等过程；基于水分-能量-碳的交换，刻画了植被生理生态过程；利用土壤水运动方程和非恒定水流运动方程，描述了山坡产流及河网汇流过程。模型的核心模拟能力体现在：对冰冻圈过程有着完整详细的刻画，将基于能量平衡方法的冻土-积雪水热过程模型与生态过程模型进行耦合，从而实现生态过程与水文过程互动的完整链条。使用耦合了冰冻圈过程与生态过程的 GBEHM 模型，不仅给出了出山径流的变化过程，还全面输出了流域下垫面水文及生态等变量的时空变化过程（Gao et al.，2016），为理解气候-生态-水文相互作用机理与规律提供了可靠的工具。借助该模型，分析了过去 50 年来黑河流域上游生态水文过程，包括植被类型、降水、蒸散发、径流和土壤水分等的空间分布格局和高程变化，季节性冻土的年最大冻结深度和多年冻土的活动层厚度及面积变化，以及冻土退化的流域生态水文过程影响（Gao et al.，2018）。在黑河流域上游，GBEHM 模型是迄今为止考虑冰冻圈水文过程、生态过程及坡面水文特征最为系统、最为完善的基于物理过程的分布式水文模型。

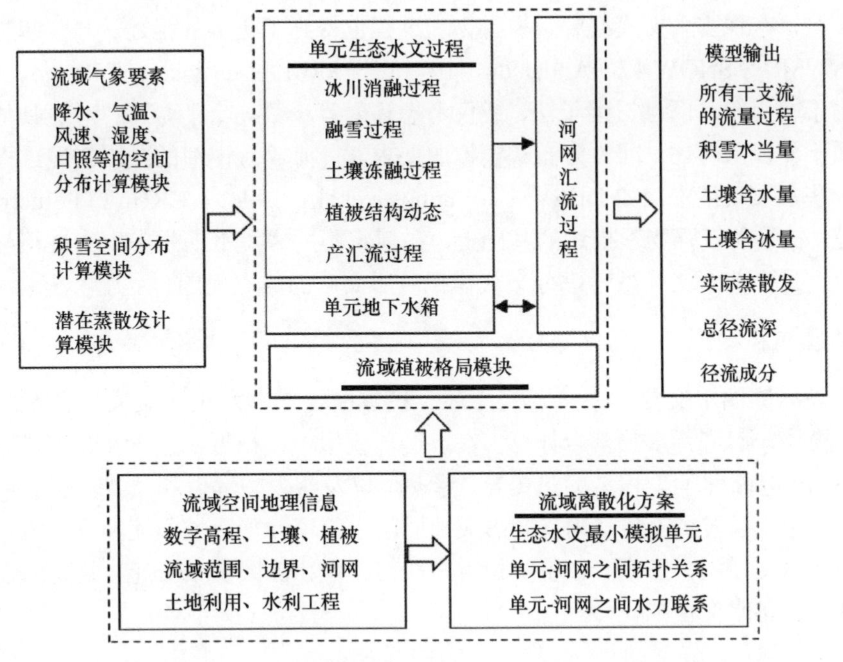

图 4-1　流域集成模型框架图（Yang et al.，2015）

4.2　积　雪　模　块

积雪水当量、分布范围及其时间变化等信息不仅是水资源管理的重要依据，更具有指征气候变化的重大科学价值。不论全球变暖，或是极端天气情况增加，都会与分布范围极广的积雪形成互动。在这样的情势下，积雪水文模拟研究已成为气候变化研究的焦点之一（Armstrong and Brun，2008）。

从模拟方法上看，单点上的积雪水热过程模拟已基本成熟，有着完善的数学描述体系。20 世纪 90 年代以前，融雪模拟研究主要集中于一维尺度积雪模型的创立，以满足不同区域条件下的融雪模拟。各积雪模型所采用的方法差异，主要是考虑到模型建立的目标和数据可用性。以 Anderson（1976）发展的较为完善的基于能量平衡方法的积雪消融模型为肇始，各具特色的融雪模型一一呈现。如考虑了积雪内部详细的冰水相变物理过程的 SNTHERM（Jordan，1991），以山区雪崩监测为其主要目标从而详细考虑雪层力学结构的 SNOWPACK（Bartelt and Lehning，2002），考虑风吹雪环境的 PBSM（Pomeroy et al.，1993），以及应对冻土积雪并存环境的 SHAW（Flerchinger and Saxton，1989）。

一直以来，人们清楚地认识到，无论是对区域气候特征的准确把握，还是对流域水文过程的深入认识，无不依赖于对积雪空间异质性的深刻描述。故近年来，一直有致力于融雪空间模拟的工作。一些原来侧重于一维过程的积雪模型也逐步转为空间三维模型（Lehning et al.，2006）。当前积雪模拟空间化中的主要问题为空间变量及参数的确定、空间异质性的参数化体现，以及不同空间尺度融雪计算的转换，具体研究中更加侧重于地形及周边环境的影响（Schirmer et al.，2011）、冻土与积雪相互作用（Iwata et al.，2011）以及林冠积雪（Andreadis et al.，2009）等。

近年来，在积雪水文模型中，积雪物理过程也得到了更多的描述。一些起步较早的模型如 NWSRFS SNOW-17（Anderson，1973）与 SRM（Martinec and Rango，1986），只是采用了较为简单的度日因子法，或仅考虑辐射等少数几个能量项，对更具体的雪层物理性质不作深入考虑。因为分布式模拟的要求，目前较为详细的融雪物理过程描述已出现在一些水文模型中，如 DHSVM（Wigmosta et al.，1994）、CRHM（Pomeroy et al.，2007）等。在这些较强物理描述的基础上，如何将不同环境下的生态水文过程与融雪模拟相结合，是当前水文模型考虑分布式模拟时所面对的热点问题。

4.2.1 积雪过程模拟

积雪是冰冻圈水文要素中重要的一环。积雪模块在高寒山区集成水文模型中与冰川、冻土模块一起进行水热耦合计算。在水循环模拟中，积雪、融雪及升华（蒸发）计入单个格网的水量平衡。积雪的热传导、潜热，以及与太阳辐射和长波辐射的作用被计入热量平衡中。融雪径流与降雨共同形成地面的水储留并形成坡面流和下渗流，从而与整个分布式水文模型紧密耦合。整个积雪模块与其他冰冻圈要素一起，共同形成对高寒山区流域的完备水文模拟。

1. 积雪质能平衡

在综合多套积雪模拟方案的基础上，构建了关键的积雪能量平衡方程，发展了基于能量平衡方法的多层积雪模型。以下就该模型进行详细说明。

积雪质量变化，包含了积雪层上下边界的质量补充（降雪、升华、蒸发、凝结、融水出流），雪层内部冰、液、气三相的持续转换，以及融雪水出流等几个部分；积雪能量过程，则包含了雪层上下界面能量过程（太阳短波辐射、长波辐射、感热潜热、降水能量、地热），雪层内部能量交换（辐射穿透、感热、潜热及融雪水能量交换）。采用一组细致的质能平衡公式，可以描述上述过程，但由于这些公式是非线性描述，一般需要将雪层分层处理。以融雪为目标变量，积雪水文研究中主要采用雪面能量平衡和度日因子两种方法进行积雪过程描述。雪层质量平衡公式为

$$\frac{\mathrm{d}W}{\mathrm{d}t}=U_{\mathrm{P}}-U_{\mathrm{E}}-U_{\mathrm{M}} \tag{4-1}$$

式中，W 为雪水当量；U_{P} 为降雪；U_{E} 为升华和蒸发；U_{M} 为融雪。融雪、升华和蒸发都可以通过能量平衡的方式初步求得。

对于雪层内部任一均匀的雪层，其水热交换过程可用如下的偏微分方程表示：

$$\underbrace{\frac{\partial\left[C_{\mathrm{s}}(T_{\mathrm{s}}-T_{\mathrm{f}})\right]}{\partial t}-L_{\mathrm{il}}\frac{\partial\rho_{\mathrm{i}}\theta_{\mathrm{i}}}{\partial t}+L_{\mathrm{lv}}\frac{\partial\rho_{\mathrm{v}}\theta_{\mathrm{v}}}{\partial t}}_{\text{雪层热焓时间变化}}=\underbrace{\frac{\partial}{\partial z}\left(K_{\mathrm{s}}\frac{\partial T_{\mathrm{s}}}{\partial z}\right)}_{\text{传导热}}-\underbrace{\frac{\partial}{\partial z}\left(h_{\mathrm{v}}D_{\mathrm{e}}\frac{\partial\rho_{\mathrm{v}}}{\partial z}\right)}_{\text{蒸汽扩散潜热}}+\underbrace{\frac{\partial I_{\mathrm{R}}}{\partial z}}_{\text{太阳辐射}}+\underbrace{E_{\mathrm{b}}}_{\text{雪面或下垫面热交换}} \tag{4-2}$$

式中，$C_{\mathrm{s}}=c_{\mathrm{i}}\rho_{\mathrm{i}}\theta_{\mathrm{i}}+c_{\mathrm{l}}\rho_{\mathrm{l}}\theta_{\mathrm{l}}+c_{\mathrm{v}}\rho_{\mathrm{v}}\theta_{\mathrm{v}}$，为单位质量积雪的比热，其与雪层内各组分比例有关；ρ 为各组分密度；θ 为各组分体积比；c 为各组分比热；下标 i,l,v 分别为冰、液和水汽三种不同的状态；T_{s} 为雪层温度；T_{f} 为冰的融化温度（0°C）；K_{s} 为积雪热传导系

数，这里近似为密度的函数；D_{e} 为水汽扩散系数；I_{R} 为太阳辐射；L_{il} 与 L_{lv} 分别为融化潜热和蒸发潜热常数；h_{v} 为水汽比热焓；z 为雪层垂直方向的距离度量。

当雪层不处于上下界面时，$E_{\mathrm{b}}=0$，对于积雪表面：

$$E_{\mathrm{b}}=E_{\mathrm{sur}}=(1-\alpha)\mathrm{RS}_{\mathrm{d}}+\varepsilon\mathrm{RL}_{\mathrm{d}}-\sigma\varepsilon_{\mathrm{s}}(T_{\mathrm{s}}^{n})^{4}+E_{\mathrm{h}}+E_{\mathrm{e}}-C_{\mathrm{p}}U_{\mathrm{p}}(T_{\mathrm{p}}-T_{\mathrm{f}}) \tag{4-3}$$

式中，RS_{d} 为短波向下辐射；α 为雪面反照率；ε 为空间比辐射率；RL_{d} 为长波向下辐射；σ 为 Stefan-Boltzmann 常数；ε_{s} 为积雪比辐射率；T_{s}^{n} 为表层积雪温度；E_{h} 为感热通量；E_{e} 为潜热通量；C_{p} 为降水比热；U_{p} 为降水质量，T_{p} 为降水温度。

当融雪开始，雪层达到其最大持水量之后，积雪达到“熟雪”状态，融雪水以指状流或背景流的形式渗到融雪锋面冻结（Williams et al.，2010）。融雪进一步发生，融雪锋面逐渐下降，直至整个积雪层达到完全饱和的融雪状态。

2. *积雪模块分层方案*

积雪模型的分层可划分为：单层型和多层型。

单层型模型将积雪层看作整体，计算整个积雪层的融雪量，同时这些模型一般会采用一些特殊的方法来解决单层计算所带来的不足，如采用单独的方法来计算雪面温度等。这类模型在水文模型中的融雪方案中多见，它们只是关注融雪水量，或限于热量交换和表面温度而忽略雪层表面冻融、辐射进入等更细致的能量过程，所推算的变量大多和计算融雪水出流相关，代表模型如 UEB（Tarboton，1996）等。使用度日因子法的模型可看做单层模型的一种特殊类别，主要应用于径流预报等对积雪内部状态模拟要求不高的情况，最著名的如 SRM（Martinec and Rango，1986）等。一些单层模型则采用度日因子法和能量平衡法综合考虑的方案，Singh 等（2009）提出了三个模型的集合，分别用能量平衡法、度日因子法，以及空气温度和地表温度混合指数法来进行积雪模拟研究。

多层模型根据模型的自身目标而采取不同的分层方案。相对较简单的如 DHSVM（Wigmosta et al.，1994）模型，将积雪分为表层和下层两层处理。一些更细致的模型如 CROCUS（Brun et al.，1989）、SNTHERM（Jordan，1991）与 SNOWPACK（Bartelt and Lehning，2002）等，则可以针对积雪做出非常细致的垂向分析。可由用户自定义积雪的初始分层，但随着计算时间的积累，模型则根据积雪状态自动采取分层方案，获得最为详细的积雪层描述。这些模型所需要的细致的气象数据和积雪参数，可以在有观测条件的气象台站获得（马丽娟和秦大河，2012），但在许多无资料地区，获取这些参数是相当困难的。在大量气象数据及积雪观测数据的支撑下，其计算得到的变量范围也非常广，包括分层雪粒径、雪温、含水量等。这一类模型主要用于需要对积雪状态有很好理解的领域，如雪崩、雪工程等。从根本上讲，无论是将雪层作为整体考虑，还是进行细致分层，都遵循“加热-达到最大持水量-融雪出流”这一融雪规律。目前这类模型也逐步向分布式模拟的方向发展，如 SNOWPACK 模型的升级版本 ALPINE-3D（Lehning et al.，2006）已经应用于空间上的积雪水文模拟，包括山区复杂地形下的能量平衡模块、风吹雪模块，以及积雪/土壤/植被模块。

单层型和多层型模型可涵盖目前使用的大多数积雪模型。这些模型都是循着传统的思路进行，不同的是对待积雪模拟的繁简程度。在从单点模拟扩展到空间模拟的过程中，得益于遥感观测技术的发展，使得积雪的空间可见性和时间持续性得以利用，一些新颖的想法得到体现，如 SNODIS 模型（Cline et al.，1998）假设一个典型的融雪期，雪盖的积累时间是融化开始时雪水当量总量和整个融雪时间段内雪层所吸收的总能量的函数，从而充分利用了从序列遥感雪盖图得到的雪盖持续时间和积雪面积信息。这种方法的实用性是明显的，可充分利用遥感的持续观测优势，解决地面资料观测不足的问题，以雪盖持续时间信息观测换取空间积雪信息推断。

在黑河生态水文模型集成中，采用了将积雪分作 5 层的方案。分层深度从上往下按指数递增。每一层的积雪性质按同质处理。这样既体现了积雪温度变化随深度减弱的自然规律，也能保证计算效率。

4.2.2 模型验证与应用

研究区选择黑河流域上游莺落峡以上干流区域。该流域面积达到 10009km^2，海拔梯度为 2700～4900m，广泛分布着季节性冻土与季节性积雪。流域主要土地覆盖以高寒草甸为主，间或分布着青海云杉、高山灌丛、寒漠，以及苔原等高寒地区的典型地物。流域有长时间序列的径流观测，用来检验流域径流的模拟能力。在海拔 4149m 处布设了积雪观测系统，可以连续观测与积雪相关的能量与质量交换的主要项，其中积雪深度观测用来验证单点尺度的模拟效果。针对该流域，收集了长时间序列的遥感积雪面积数据。这些遥感数据经过时空插值进行云下积雪信息恢复处理。使用 WRF 模型生产了该流域的逐小时气象数据，用以驱动分布式的寒区水文模型（Pan et al.，2015）。

将发展的积雪模型耦合到寒区水文模型 GBHM 中，并结合 WRF 模拟的气象驱动数据，对黑河流域上游多年来的水文过程进行了模拟。为充分说明模型的有效性，分别在单点尺度和流域尺度对模拟结果进行了验证。在单点尺度，主要验证了模拟雪深与实测雪深之间的对应关系。在流域尺度，验证了模拟的积雪空间分布与遥感观测的积雪空间分布之间的相似性。最重要的，对模拟的流域径流进行了对比验证。

在对单点模拟的验证中，我们采用了气象台站的气象观测数据作为驱动，模拟的积雪深度与实测的积雪深度进行对比。由于验证的主要目的是为了验证积雪模型的有效性，故并没有采用 WRF 生成的驱动数据进行模拟。这样可避免驱动数据不准确对模型效能带来的混淆并避免尺度误差，从而可以更好地确定模型的性能。从模拟结果与实测结果的对比可以看出，积雪的聚集与消融都能由模型很好地重现，特别是 3 月的主要积雪-融雪期间，模拟结果与实测几乎完全对应。模拟误差较大的主要在初夏及初秋两个时间段，以及 2 月隆冬季节。在初夏及初秋，由于温度升高，积雪消融临界温度 0°C 附近气温较为常见。一般而言，在 0～4°C 存在着雨雪混合的现象。雨雪比例与多种气象要素相关，由于模型只简单使用气温和相对湿度对降水类型进行判断，从而在判断准确性上有所偏差，造成初夏及初秋时段雨雪区分相对大的误差。然而，对于流域的径流模拟而言，这种误判的影响并不会太大。主要原因在于，雨雪或 0°C 以上气温的降雪基本不会在地面形成长时间的积雪，一般会迅速融化，其汇流路径与时间与降雨相近，可视为降雨处理（图 4-2）。

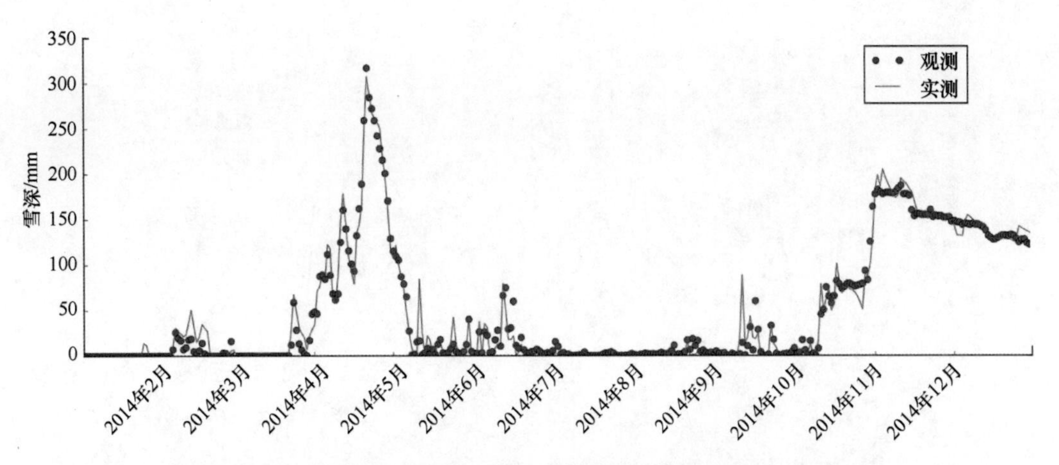

图 4-2 在大冬树垭口积雪观测场模拟的雪深与实测的雪深之间的对比

蓝色点为观测的雪深，连续绿线代表模拟雪深变化

为了进一步验证耦合了积雪模块的分布式寒区水文模型对积雪空间分布和变化的模拟能力，将模型模拟的积雪面积与遥感观测的积雪面积进行了对比（图 4-3）。对比结果体现出两者具有较强的一致性，模型模拟与遥感观测较为匹配。遥感观测数据主要基于 MODIS 积雪面积二值产品。该产品对积雪的识别能力可达到 90%以上（Hall et al.，2009）。由于 MODIS 发布的积雪产品受到云的大量干扰，我们在这里采用的是经过集中多源信息进行去云处理的无云产品（Huang et al.，2016）。该产品在青藏高原地区与地面观测台站进行了验证，有较好的精度。需要注意的是，模型模拟与遥感观测之间仍然存在着不可忽略的差别。在模型方面，主要是由于模型对雨雪区分能力的把握不足，仅仅使用气温和水汽阈值来判断是否为雨或雪；而自然界的降雪过程是非常复杂的，特别是雨雪天气。一方面，在雨雪事件发生时，地面积雪很快就会融化。而遥感观测是每天固定时刻进行，这就要求模型模拟在小时甚至更小的时间尺度上要和遥感观测保持一致。而雨雪事件发生时，积雪变化之快对模型模拟能力提出了严苛的挑战。另一方面，降水空间模拟的不准确，也会带来模型和观测之间的误差。从遥感观测方面来讲，积雪反演受到地形条件的影响严重，特别是在青藏高原地区。已有多份研究指出，NDSI 阈值为 0.4 的积雪判别方案很可能会大量错判青藏高原地区的积雪（郝晓华等，2008；Riggs et al.，2017）。坡地阴影、浅层积雪等都会影响积雪的判别。从遥感反演的角度来讲，也会存在着诸多误差。这也是模型与遥感观测之间存在着较大差别的原因。尽管有这些误差，总的来说，模型模拟的积雪面积与遥感观测之间仍然保持了良好的一致性。

径流是流域尺度水量模拟准确度的重要衡量指标。通过对水文站径流观测与模拟的对比发现，对径流的模拟取得了较好的模拟效果，多年平均 NASH 系数达到 0.62（图 4-4）。由于融雪径流主要体现在春季，通过对比春季径流模拟与实测，可以发现耦合了积雪模块的分布式水文模型对春季径流的趋势有较好的把握，对春季因融雪引起的径流过程拟合较好。

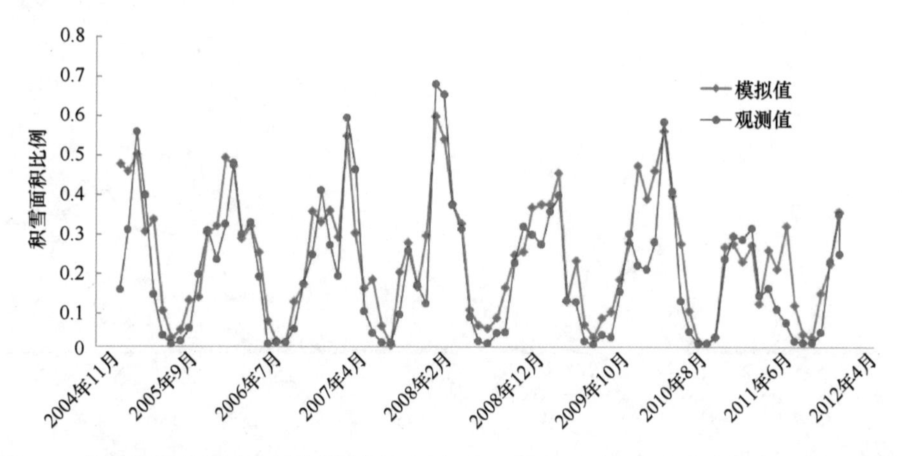

图 4-3　使用分布式寒区水文模型模拟的积雪面积比例与遥感观测的流域积雪面积比例对比

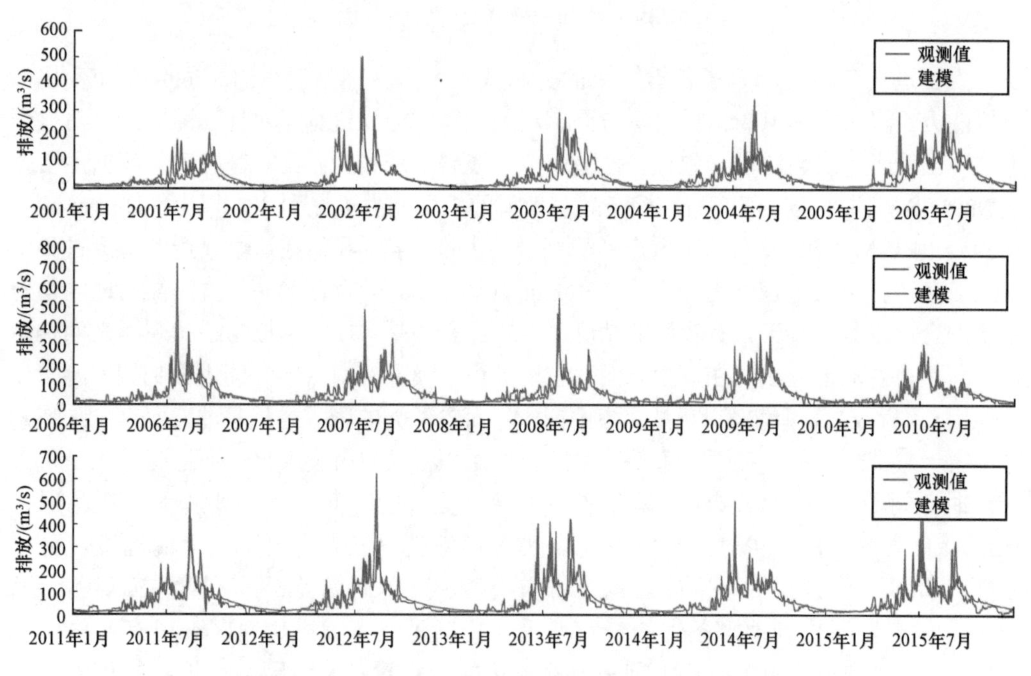

图 4-4　使用改进后的集成模型对黑河流域上游莺落峡出山口径流的模拟

通过耦合的寒区分布式水文模型，可较为方便地评估流域尺度上融雪径流对径流总量的贡献，也能对寒区流域的水文变化情势有更准确的认识。相对于其他经验性或关注点单一的水文模型，集成模型在评估寒区水文过程中提供了更为全面的角度。在前述黑河流域的模拟结果基础上，我们分析了黑河流域干流地区近期快速的水文变化（图 4-5）。结果表明，近年来，特别是 2000 年以后，黑河流域上游出山口径流有了显著增加。这种径流的快速增加，主要来自于降水特别是降雨的增加。融雪径流总量的年际变化仅呈现微弱上升的趋势，但并不显著，仅对总径流量贡献 1.9mm/a 的增量（图 4-5）。冰川融水径流总量也有一定的上升趋势。但是在整体的径流增加中，降雨对径流的贡献远大于冰雪消融的贡献，冰雪消融在黑河干流出山径流的贡献比例呈现明显的减小趋势。该结果表明，在黑河流域上游这样冰雪融水不占流域水文过程主导地位的地区，降雨的变化对径流增长起到了支配作用。虽然近 12 年来，该地区年均气温有所上升，但冰雪消融增长对径流增加的贡献仍然属于次要地位。

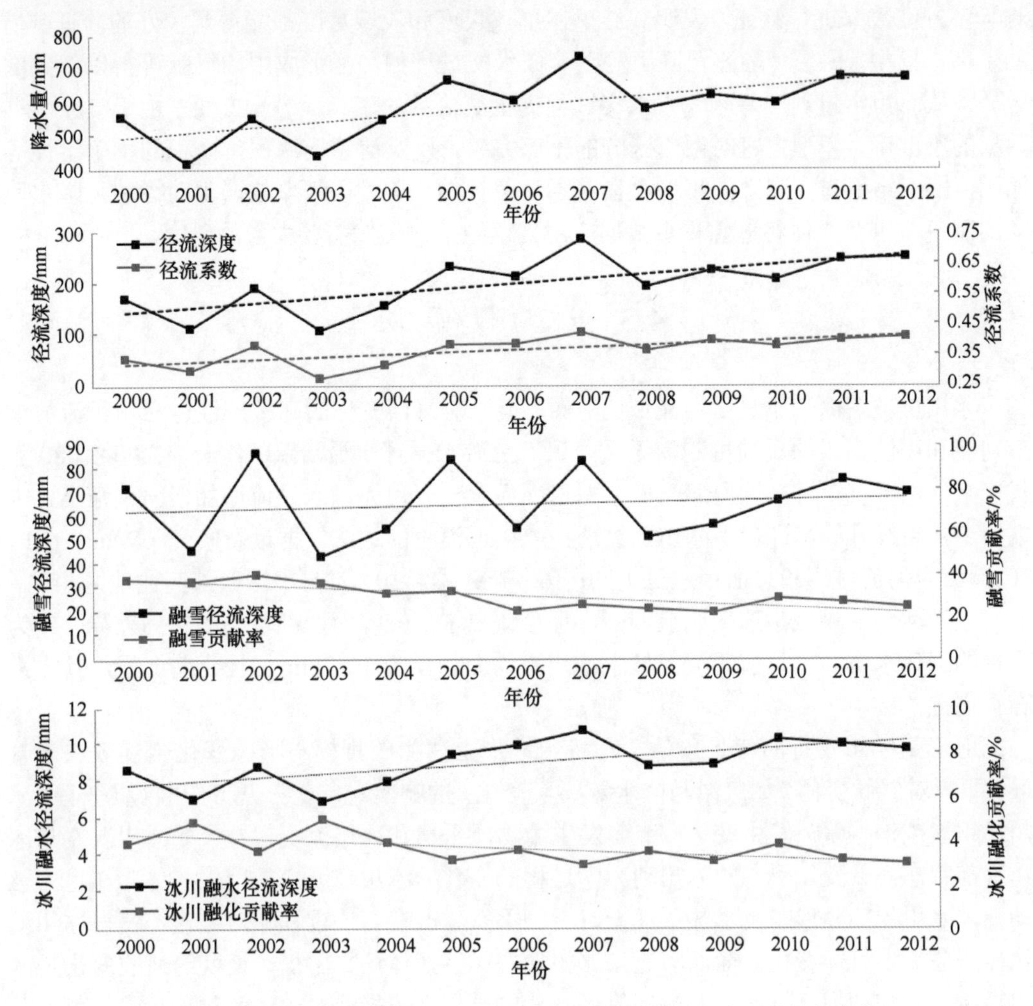

图 4-5 黑河流域上游降水、径流以及融雪与融冰对径流贡献的年变化

4.2.3 小结

在各种积雪相关模型中，采用能量平衡计算的方法已逐步占据了主要地位。不同模型的着眼点不同，在具体方案上有相应的差异。随着人们对积雪研究的重视以及观测技术的发展，积雪研究的关注范围已经从单点扩展到空间。积雪水文研究近年来发展趋势可以概括为：以能量过程模拟为核心，以空间分布为发展方向，更全面地考虑地形及周边环境在积雪演化中的作用。

当前的积雪模拟研究，特别是在类似于青藏高原的高寒地区的研究中，需要更多地考虑复杂环境与积雪模型的相互作用。在进行流域积雪水文模拟时，仅仅考虑完备的积雪过程是不足够的。同样的，在进行分布式的流域水文模拟时，不对积雪的水热过程进行全方位的体现，同样不能反映冰雪消融在寒区水文过程中的作用。最新发展的 GBEHM 模型将包含完整物理过程的积雪水热模型与分布式水文模型耦合，从而实现了流域尺度积雪水文过程的完整模拟。在黑河流域上游的模拟结果表明，耦合模型可较好地模拟融雪径流过程，以及积雪和融雪的空间分布。一方面，采用单点观测、遥感观测及径流观测等多方位数据进行验证，表明其结果在单点尺度和流域尺度都能得到较好的验证。借助于耦合模型，融雪、融冰及降雨等在流域水文过程如径流形成中的贡献可得以细致的区分，从而为定量理解寒区积雪水文过程提供更恰当的工具。另一方面，由于气象驱动数据的不准确、模型自身对雨雪区分的不够完善，以及遥感反演积雪面积的不确定性等原因，模拟结果与实际之间仍然存在着不可忽视的误差。在气象数据驱动特别是降水驱动的制备，以及如何将遥感积雪数据应用到模型中，仍然需要大量的研究。

4.3 冰川模块

冰川虽覆盖面积不足黑河流域的 1%，但以对气候变化的高敏感性、河川径流的调节功能和山区气候的反馈机制，无疑为黑河上游水循环中最活跃的组分。20 世纪 80 年代以来，由于气温升高，黑河流域冰川退缩显著，表现为融水径流增加，面积缩小，末端后退，雪线升高，许多小冰川已经消亡或接近消亡的边缘。据最新研究（Wang et al.，2011），黑河流域冰川总面积在过去 40～60 年锐减约 30%。与中国西部其他地区相比，黑河流域冰川面积减小速率明显偏高，且存在中东部较慢而西部较快的空间差异。作为宝贵的固体水资源，目前黑河流域中冰川平均面积仅为 0.27km^2，且萎缩愈烈，其未来存否堪忧。

地形是冰川发育的背景条件，在特定地形上冰川的规模与形态变化全然取决于气候，即为对气候变化（如气温与降水等要素变化）的响应。响应之初，冰川物质平衡（冰川净积累或消融量）发生变化；继而发生由物质平衡和冰川流变参数（如冰川温度与冰川底部状态等）变化引发的冰川动力学过程的变化。冰川是流变的巨大冰体，在重力驱动下，冰川各部分形态及水热条件无时无刻不发生改变。该过程相对缓慢，使得冰川变化显著滞后于气候变化。简而言之，冰川形态（包括体积、面积、长度等）的变化是冰川物质平衡和动力学过程共同响应气候变化的结果。选择针对上述两种过程的模型，并将其有机耦合，是挖掘黑河流域冰川历史变化机理及准确预测其未来变化的有效途径。

模拟冰川物质平衡的主体思路是通过数学公式将冰川（冰雪）消融与各类气象要素相关联。方法中简者如度日模型（Braithwaite，1984；Braithwaite and Zhang，2000），仅以温度与降水为输入参数；繁者如全分量能量平衡模型（Schneider et al.，2007），囊括了所有造成冰雪温度变化及消融的能量收支及转化过程。另有多种模型繁简程度居于两者之间，据其不同特点在相应状况下亦有广泛应用。冰川动力学模型是以冰川运动过程为模拟对象的一类模型的统称（Hindmarsh，2004）。该类模型基于质量、动量及能量守恒定律建立，以冰川的物质平衡、形态参数、流变参数为输入，能够模拟冰川内部应力场变化及物质迁移等力学过程。将物质平衡模型与动力学模型耦合，可以实现“气候变化—冰川物质平衡变化—冰川动力学响应—冰川体积变化（冰川融水径流变化）”系统物理演算。

4.3.1 模型简介

根据遥感影像数据及实地考察结果，黑河流域的冰川普遍具有：①面积小；②位于山脉北坡；③坡度较陡等特点。与之对应需选择：①空间分辨率高；②考虑地形阴影对冰川消融的影响；③对动量守恒方程简化程度不高的模型组。另外，由于最终需解决整个流域中上千条冰川的变化模拟问题，需使所选模型的输入参数尽量少而计算相对简单。

物质平衡模型中度日模型最为简单，应用相应最广，但无法模拟辐射能量改变对冰川消融的影响。全分量能量平衡模型所需参数众多，在流域尺度内难以尽数获取。鉴于上述情况，简化型能量平衡模型是目前进行黑河流域冰川物质平衡模拟首选工具。该模型具有理论合理、参数要求相对较低及模拟结果准确等优点。

在选择动力学模型时，针对研究对象“面积小”及“坡度陡”等特点，本章摒弃了运算最为简单的浅冰近似模型（shallow-ice approximation，SIA）与结构复杂、计算量巨大的全分量冰流模型（full-stokes ice flow model），选择介于两者之间的高阶冰流模型（high-order ice flow model）作为动力学模拟手段。

考虑到流域尺度内冰川数据极难获取，采取由单条冰川向流域尺度过渡的方法：首先挑选参照冰川进行模型选择与参数率定，而后将模型与参数（或参数化方案）运用到流域中每条冰川，最终获得流域尺度冰川变化总体结果。图 4-6 为整体研究路线图。

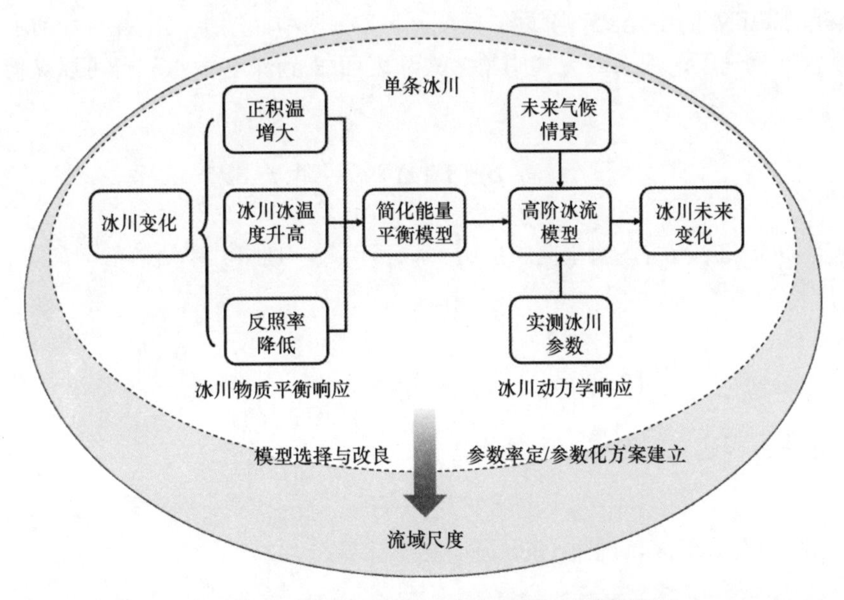

图 4-6 冰川对气候变化动力学响应研究路线框图

黑河流域现存的冰川中，面积较小（>1km^2）的冰川在数目上占有绝对优势。鉴于此，计算过程相对简单且对冰川规模无严格限制的高阶冰流模型（high-order ice flow model，HIFM）被选为模拟该流域冰川变化的动力学方法（Pattyn，2002）。由于山岳冰川的投影形态往往关于其主流线呈现出对称性，我们采用 HIFM 的二维流线形式。高阶冰流模型为“全分量冰流模型”的简化形式。在能量平衡部分，采用简化的能量平衡模式，考虑太阳辐射、长波辐射、湍流交换，以及热传导对冰川的热量交换作用，但并不对冰层做详细的分层处理。这里主要介绍HIFM模型对冰川的处理方法。

1. 模型基本架构

本模型是限于主流线纵剖面的2D模型，坐标系为（x，z），z 轴的零点设定在海平面。由于不考虑横向（y 向）的物质迁移，其速度分量 $vy=0$，但 $\frac{\partial v_y}{\partial y}=\frac{v_x}{W}\frac{\partial W}{\partial x}$，其中 W 为垂直于主流线的横断面宽度。代入物质守恒方程可得

$$\frac{\partial v_x}{\partial x}+\frac{v_x}{W}\frac{\partial W}{\partial x}+\frac{\partial v_z}{\partial z}=0 \tag{4-4}$$

略去Stokes方程中 y 方向的分量及梯度项：

$$\begin{aligned}&\frac{\partial \tau_{xx}}{\partial x}+\frac{\partial \tau_{xz}}{\partial z}=0\\&\varepsilon_2\frac{\partial \tau_{zx}}{\partial x}+\frac{\partial \tau_{zz}}{\partial z}=\rho \mathrm{g}\end{aligned} \tag{4-5}$$

式中，ε_2 为控制模型难度的因子：当 $\varepsilon_2=1$ 时，模型包含对 x 及 z 向所有应力分量的处理（包括垂向阻应力及其梯度），实质上已经是二维的FIFM；当 $\varepsilon_2=0$ 时，模型被称为“基本模型”（Blatter，1995）。Baral等（2001）在有关渐进理论的研究中发现，“基本模型”其实是对FIFM的不完全二阶近似模型。下文将逐项介绍上式中各参数的求解过程。

如果忽略大气压，那么对上式中第二式从表面 S 到深度 z 求积分可以获得 τ_{zz} 的表达式：

$$\tau_{zz}=-\rho g(S-z)+\varepsilon_2\frac{\partial}{\partial x}\int_z^S \tau_{xz}\mathrm{d}z \tag{4-6}$$

式中，$\varepsilon_2\frac{\partial}{\partial x}\int_z^S \tau_{xz}\mathrm{d}z=R_{zz}$，为垂向阻应力。将其代入，且将其中所有法向应力替换为偏应力可得

$$\frac{\partial}{\partial x}\left(2\tau'_{xx}+\tau'_{zz}\right)+\varepsilon_2\frac{\partial^2}{\partial x^2}\int_z^S \tau_{xz}\mathrm{d}z+\frac{\partial \tau_{xz}}{\partial z}=\rho g\frac{\partial S}{\partial x} \tag{4-7}$$

通过本构方程建立应变率与应力的关系：

$$\tau'_{ij}=2\mu\dot{\varepsilon}_{ij} \tag{4-8}$$

式中，μ 为冰的有效黏度，通过Glen流动定律计算：

$$\mu=\frac{1}{2}A\left(T^*\right)^{-\frac{1}{n}}\left(\dot{\varepsilon}+\dot{\varepsilon}_0\right)^{(1-n)/n} \tag{4-9}$$

式中，$\dot{\varepsilon}$ 为应变率的第二不变量，可以通过下式求得

$$\dot{\varepsilon}^2=\sum_{ij}\frac{1}{2}\dot{\varepsilon}_{ij}\dot{\varepsilon}_{ij} \tag{4-10}$$

式中，$\dot{\varepsilon}_0$ 为加入式中防止当 $\dot{\varepsilon}=0$ 时 μ 出现奇异值的参数，一般赋值极小（10～30/a）。通过几何方程将应变率 $\dot{\varepsilon}_{ij}$ 表达为速度的函数后与物质守恒定理联立可得

$$\dot{\varepsilon}_{xx}=\frac{\partial v_x}{\partial x} \tag{4-11}$$

$$\dot{\varepsilon}_{yy}=\frac{v_x}{W}\frac{\partial W}{\partial x} \tag{4-12}$$

$$\dot{\varepsilon}_{xz}=\frac{1}{2}\left(\frac{\partial v_x}{\partial z}+\varepsilon_2\frac{\partial v_z}{\partial x}\right) \tag{4-13}$$

$$\dot{\varepsilon}^2=\dot{\varepsilon}_{xx}^2+\dot{\varepsilon}_{yy}^2+\dot{\varepsilon}_{xx}\dot{\varepsilon}_{yy}+\dot{\varepsilon}_{xz}^2 \tag{4-14}$$

联立水平方向应力分布方程、本构方程及 Glen 定律，代入联立式替换各项应变率可得

$$\begin{aligned}&4\frac{\partial}{\partial x}\left(\mu\frac{\partial v_x}{\partial x}\right)+2\frac{\partial}{\partial x}\left(\mu\frac{v_x}{W}\frac{\partial W}{\partial x}\right)+\frac{\partial}{\partial z}\left(\mu\frac{\partial v_x}{\partial z}+\varepsilon_2\mu\frac{\partial v_z}{\partial x}\right)\\&=\rho g\frac{\partial S}{\partial x}-\varepsilon_2\frac{\partial^2}{\partial x^2}\int_z^S\tau_{xz}\mathrm{d}z\end{aligned} \tag{4-15}$$

其中，

$$\mu=\frac{1}{2}A\left(T^*\right)^{-\frac{1}{n}}\left(\left(\frac{\partial v_x}{\partial x}\right)^2+\left(\frac{v_x}{W}\frac{\partial W}{\partial x}\right)^2+\frac{v_x}{W}\frac{\partial v_x}{\partial x}\frac{\partial W}{\partial x}+\frac{1}{4}\left(\frac{\partial v_x}{\partial z}+\varepsilon_2\mu\frac{\partial v_z}{\partial x}\right)^2+\dot{\varepsilon}_0^2\right)^{(1-n)/2n} \tag{4-16}$$

将上式展开：

$$\frac{v_x}{W}\left\{2\frac{\partial\mu}{\partial x}\frac{\partial W}{\partial x}+2\mu\left[\frac{\partial^2 W}{\partial x^2}-\frac{1}{W}\left(\frac{\partial W}{\partial x}\right)^2\right]\right\}+\frac{\partial v_x}{\partial x}\left(4\frac{\partial\mu}{\partial x}+\frac{2\mu}{W}\frac{\partial W}{\partial x}\right)+\frac{\partial v_x}{\partial z}\frac{\partial\mu}{\partial z}+4\mu\frac{\partial^2 v_x}{\partial x^2}+\mu\frac{\partial^2 v_x}{\partial z^2}$$

$$=\rho g\frac{\partial S}{\partial x}-\varepsilon_2\frac{\partial^2}{\partial x^2}\int_z^S\tau_{xz}dz-\varepsilon_2\frac{\partial\mu}{\partial z}\frac{\partial v_z}{\partial x}-\varepsilon_2\mu\frac{\partial^2 v_z}{\partial z\partial x}$$

其中垂向速度 v_z 可以通过对上式作垂向积分获得

$$v_z(z)-v_z(B)=-\int_B^z\nabla\vec{v}(z)\mathrm{d}z=-\int_B^z\left(\frac{\partial v_x}{\partial x}+\frac{v_x}{W}\frac{\partial W}{\partial x}\right)\mathrm{d}z \tag{4-17}$$

沿主流线的热动力方程为

$$\rho c_p\frac{\partial T}{\partial t}=k_i\left(\frac{\partial^2 T}{\partial x^2}+\frac{1}{W}\frac{\partial W}{\partial x}+\frac{\partial T}{\partial x}+\frac{\partial^2 T}{\partial z^2}\right)-\rho c_p\left(v_x\frac{\partial T}{\partial x}+v_z\frac{\partial T}{\partial z}\right)+2\dot{\varepsilon}\tau \tag{4-18}$$

式中，c_p 与 k_i 分别为热传导系数和比热容；τ 为有效应力或应力的第二不变量。

求出垂直剖面上的平均水平速度 v_x 代入连续性方程就可获得厚度 H 随时间的变化结果：

$$\frac{\partial H}{\partial t}=-\frac{1}{W}\frac{\partial\left(\bar{v}_x HW\right)}{\partial x}+\bar{B}_{\mathrm{S}}-\bar{M}_{\mathrm{B}} \tag{4-19}$$

式中，$\bar{B}_{\mathrm{S}}$ 为冰川表面物质平衡；$\bar{M}_{\mathrm{B}}$ 为底面消融量。

2. 边界条件

冰川末端采用 Dirichlet 边界条件（假定末端厚度为零），顶端采用 Neumann 边界条件（假定顶端厚度在 x 方向的偏导为零）。上下表面的边界条件较为复杂。

（1）底面边界条件。因为有可能有底面滑动发生，所以引入一个滑动模块作为底面边界条件：

$$v_{xb} = A_s \frac{\tau_b^3}{N} \quad (4\text{-}20)$$

式中，A_s 为滑动参数；有效压强 N 为大气压、水压及等参量的函数；τ_b 可用下式计算：

$$\tau_b = \tau_d + \frac{\partial}{\partial x}\left(2H\overline{\tau}_{xx}^{'} + H\overline{\tau}_{yy}^{'}\right) + \varepsilon_2 \int_B^S \int_B^z \frac{\partial^2 \tau_{xz}}{\partial x^2} \mathrm{d}z' \mathrm{d}z \quad (4\text{-}21)$$

式中，$\tau_d = -\rho g H \nabla S$，为重力驱动力；有上划线的项皆为各参量在垂直剖面上的平均值。

底面动力边界条件为

$$v_{zB} = \frac{\partial B}{\partial t} + \overline{v}_b \nabla B + M_B \quad (4\text{-}22)$$

（2）表面边界条件。采用动力边界条件：

$$\left(2\tau'_{xx}(S) + \tau'_{yy}(S) + \varepsilon_2 R_{zz}(S)\right)\frac{\partial S}{\partial x} - \tau_{xy}(S) = 0 \quad (4\text{-}23)$$

4.3.2 黑河上游葫芦沟流域冰川对气候变化响应模拟

1. 研究区概况

葫芦沟流域（38.2°～38.3°N，99.8°～99.9°E）位于祁连山中段的黑河上游产流区和水源涵养区（图 4-7），为黑河西支-野牛沟河的一级支流，流域呈葫芦状，海拔范围为2960～4820m，流域面积为 22.5km^2。目前能从遥感影像上辨识的冰川仅有 5 条（图 4-7），总面积为 0.86km^2（基本信息见表 4-2）。十一冰川（5Y424B0004）是该流域最大的一条冰川，目前面积为 0.48km^2。该区海拔 4200m 以上多为高山冰川和季节性积雪所覆盖，为流域内的冰雪区，占流域总面积的 8.4%，是冰雪水资源的主要分布区。流域地处青藏高原向干旱区的过渡带，地形复杂，具有明显的垂直地带性，从高海拔到低海拔依次分布着冰川、积雪、冻土、高山寒漠、高山灌丛、山地草甸及草原。整个流域受大陆性气候影响显著，高寒阴湿，昼夜温差大，气温低，降水相对丰沛，降水量随高程的增高而增加，主要集中在 7～9 月。流域内发育有现代冰川、积雪及冻土，是流域水资源的重要存在形式，流域径流主要由降水、冰雪融水和地下水补给，而且冰川融水是该区重要的水源，在生态系统演化中扮演着重要角色。

十一冰川在葫芦沟流域面积最大。据 2010 年遥感影像资料，冰川由东西两支组成。西支长度 945m，面积 0.256km^2，朝向北，大部区域坡度较缓（< 18°），海拔范围 4480～4780m，无明显粒雪盆，属典型的山谷冰川。除顶端在山脊背阴凹陷处外，其他区域无地形遮挡，日照时间较长。东支长度 550m，面积 0.224km^2，朝向东北，坡度较陡，大部区域依附于山脊，海拔为 4330～4541m。除东北向外其他方位皆被山体遮挡，平均日照时间不足 2 小时，其地形在祁连山的小型冰川中较为典型（图 4-7）。东西两支皆表面洁净，无表碛覆盖。

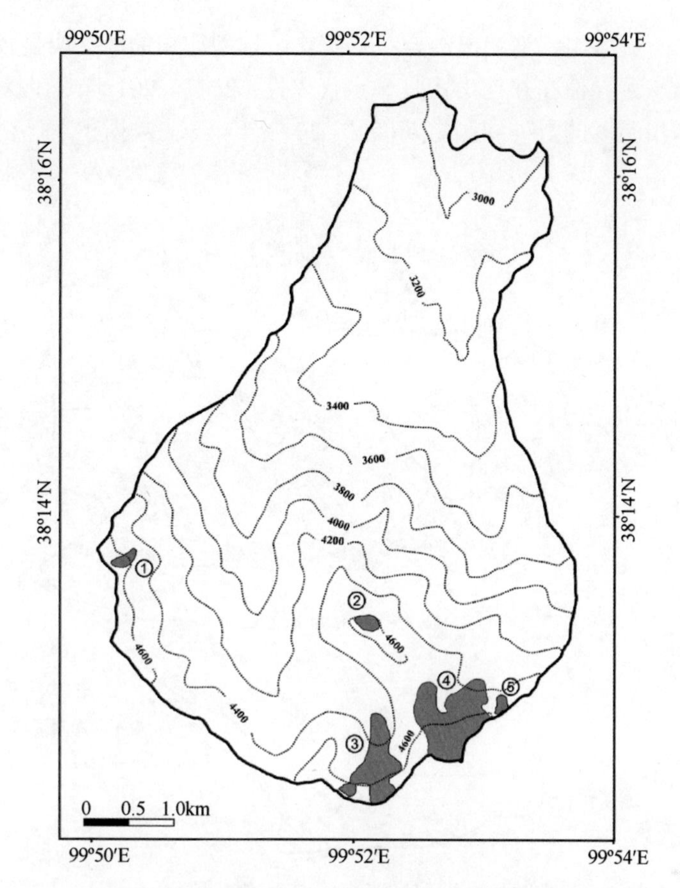

图 4-7 葫芦沟地形状况及冰川分布（单位：m）

表 4-2 葫芦沟冰川基本信息（编号对应冰川见图 4-7）

冰川编号	长度/m	面积/km²	类型
1	323.8	0.030	悬冰川
2	143.6	0.035	冰帽
3	1021.6	0.294	冰斗山谷冰川
4（十一冰川）	940.5	0.480	山谷冰川
5	224.7	0.021	悬冰川

2. 数据来源

本书中模型所涉及输入与验证资料主要包括：十一冰川各类数据（包括冰川表底形态、厚度、物质平衡及表面运动速度）、流域地形图、SPOT5 遥感影像及冰川区气象观测数据。

十一冰川的观测始于 2010 年 10 月 1 日，冰川因此得名。首次观测时，天山冰川观测试验站联合黑河上游生态-水文试验研究站，依据冰川动力学模拟研究数据需要在冰川上架设物质平衡（运动速度）观测网络（图 4-8），对冰川地形、厚度、温度、气象等数据进行实地采集。获取的第一批资料表明：①冰川东西支动力过程已基本分离；②由于受地形影响，两支冰川积消状况迥异；③西支山谷型冰川的冰层明显较厚；④十一冰川东西两支虽形态迥异但在祁连山皆具一定代表性。2011～2012 年，针对物质平衡、冰川末端退缩及冰川温度的野外观测定期展开。2012 年年末，数据积累已初步达到动力学模型体系的数据输入要求。

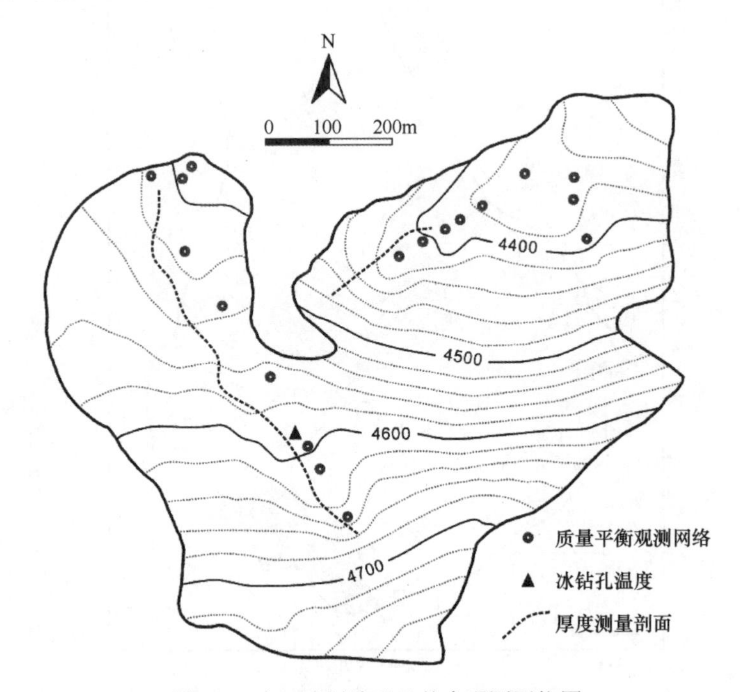

图 4-8　十一冰川地形及基本观测网络图

3. 十一冰川对气候变化响应模拟

1）模型率定与验证

十一冰川观测历史较短，截止到 2012 年仅有两期消融期物质平衡数据，分别取自 2011 年 5 月 4 日～7 月 14 日及 2011 年 5 月 4 日～7 月 27 日。本书将采用第一期数据进行模型参数率定。第二期数据时段偏短，为避免日尺度消融波动及观测误差影响，本书将两期数据合并（2011 年 5 月 4 日～2011 年 7 月 27 日）来检验模型模拟效果。气象数据采用冰川西支末端海拔 4452m 架设气象站实测数据。参数率定结果见表 4-3。

表 4-3　十一冰川物质平衡模拟参数率定结果

参数	数值
$^*c_{01}$/（W/m^2）	–60
$^*c_{02}$/（W/m^3）	–0.014
$^*c$/（W/（m^2·K））	15
$^*c_2$/（W/（m^2·K））	0
α_0	0.85
α_{ice}	0.1
Gra	40%

*计算与温度相关能量所引入系数。α_0 为新降雪反照率，Gra 为降水随海拔升高递变系数（Gra = 10%表明海拔升高 100m 降水增加 10%）。

模型验证效果见图 4-9，其中模拟与实测数据较为吻合（$R^2 = 0.85$），基本满足模拟要求（观测数据进一步丰富后其效果仍有可能改进）。

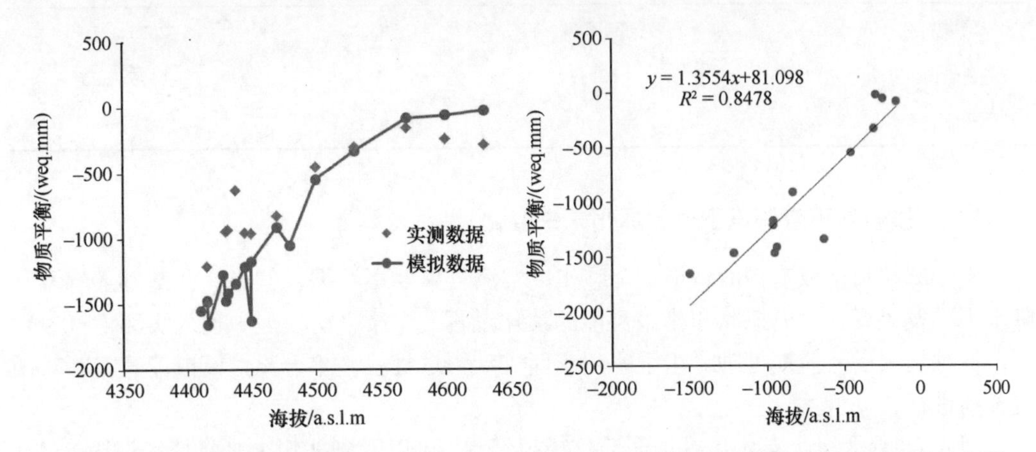

图 4-9　十一冰川 2011 年 5 月 4 日～7 月 27 日期间物质平衡模拟与实测结果对比及相关性分析

十一冰川观测数据较少，目前不能完成以大量观测资料为基础的模型率定与验证，可能导致冰川未来变化模拟结果存在较大误差。为尽量避免上述情况，在预测之前我们对十一冰川及葫芦沟其他冰川的消融及物质平衡进行了重建，分析率定的模型参数是否有引发奇值的可能，图 4-10 和表 4-3 为重建结果。十一冰川上各格点朝向为–27º～70º（正北为 0º，顺时针为正），首末端有 2.7～3.0ºC 的温差，未来冰川变化过程中可能发生的朝向与温度变化幅度应不超越此范围。冰川表面消融与物质平衡计算结果平滑，无特异值（图 4-10）。数据分布状况反映出海拔、朝向及影锥角（山脊遮挡的辐射效应）对消融及物质平衡的影响。另外，消融（–2823～226 weq.mm）及物质平衡（–2576～223 weq.mm）的数据范围在目前西北干旱区较为合理（表 4-4）。上述分析说明在地形与气象要素变化幅度适中的前提下，模拟过程中出现奇异值的可能性小，运算结果有较高可信度。

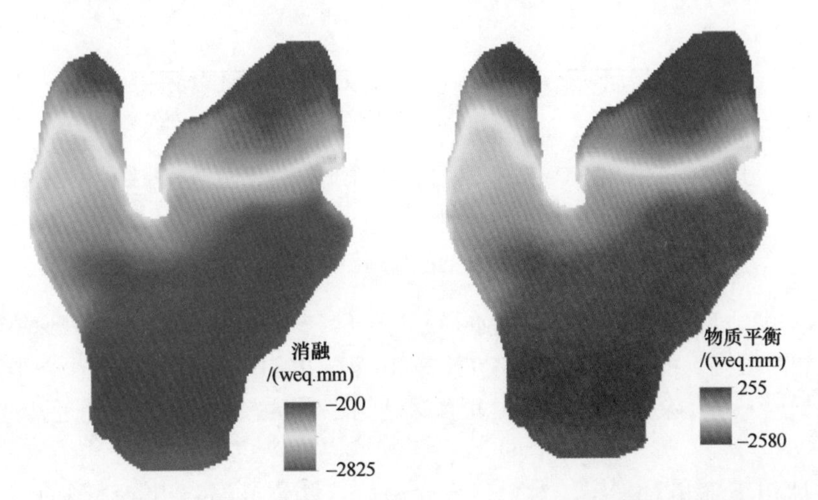

图 4-10　十一冰川 2010 年 10 月～2011 年 7 月消融深及物质平衡恢复

表 4-4 十一冰川 2010 年 10 月～2011 年 7 月消融深度、物质平衡及融水径流恢复结果

项目	冰川面积/km^2	总量/m^3	平均量/mm	变化范围/mm
消融		399580	832	–2823～226
物质平衡	0.480	–234474	–488	–2576～223
径流		471555	982	365～2995

2）气候条件不变假设下预测冰川未来变化

十一冰川目前仅有 2011 年一个整年度实测气象要素数据，假定在此基础上气温与降水不再发生变化，模拟冰川未来可能的演化过程。物质平衡模型中输入实测日气象数据，不对其做任何前期处理。由于冰川东西支动力过程已基本分离，模拟计算将针对两支分别进行。

图 4-11 所示为西支冰川纵剖面演化模拟结果，可以看到冰川未来将持续退缩，直到 2086 年冰川长度达到稳定状态。届时冰川规模将十分有限，长度、面积和体积约为 125m、0.019km^2 及 21.6×10^{4}m^3，仅为 2011 年相应值的 13.2%、7.3%及 2.7%。

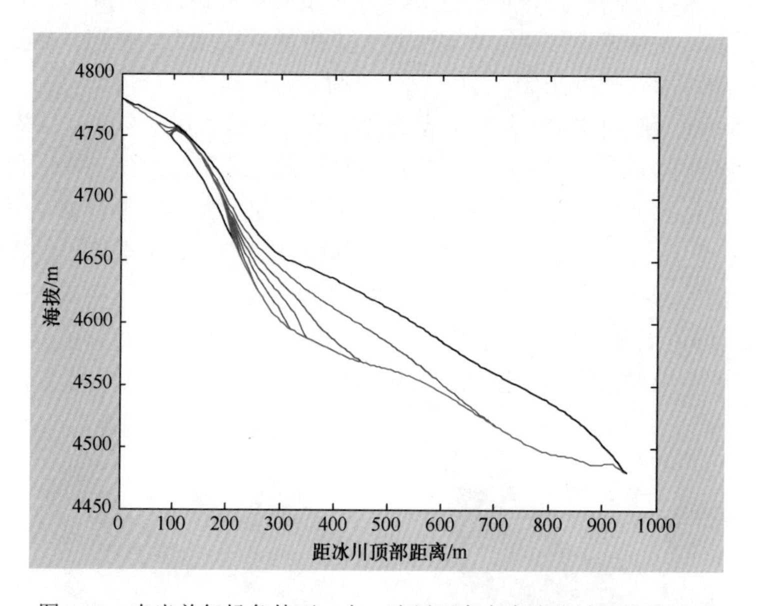

图 4-11 在当前气候条件下，十一冰川西支未来演化过程模拟结果

图中黑色曲线为冰川 2011 年表底面，红色曲线为 21 世纪末冰川表面轮廓，蓝色曲线为表面轮廓的中间演化过程（相邻曲线时间间隔 10 年）

西支冰川长度、面积、体积和融水径流将持续减小，其中体积的缩减速率最快，长度的变化相对缓慢。面积与径流都将在未来 10 年（2011～2021 年）减少一半，长度相应时间延长至 13 年。除长度外，其他 3 项参数达到稳定状态的时间十分相近，皆在 2060～2065 年。

该支冰川下部相对平缓，对气候变化敏感，些许升温将引起强烈的消融反应，未来近 30 年末端的迅速后退现象是该区域冰川对过去 30 年气温显著升高的滞后响

应结果。另外，下部完全无地形遮蔽，辐射吸收效率高也是近期冰川将迅速萎缩的原因。2035 年之后冰川退缩逐渐减缓及 2062 年之后冰川变化趋于微弱，其原因是：冰川末端上升、地形逐渐变陡峭及山脊遮蔽比例扩大，致使冰川对不利气候耐受力增强。

根据近两年实测物质平衡资料推算，目前气候状况下冰川平衡线海拔为 4700～4800m，即冰川最上部始终物质积累大于亏损，这是达到稳定状态后冰川长度仍有约 125m 存留的原因，而顶端部分最终消融至基岩出露是因为该处坡度较缓，大量辐射能量被吸收。

东支所处海拔较低，顶端仅有 4550m，远远低于平衡线海拔，因此整条冰川处于负平衡状态（消融大于积累），最终在 2046 年完全消失（图 4-12）。与西支的完全裸露不同，东支冰川的主体部分伏卧在山体背阴面的凹陷地形当中，大部分太阳短波辐射能量被排除在外，使得相同海拔处东支的消融明显弱于西支，也使得东支末端海拔比西支低约 150m。处于凹陷地形中的冰川部分厚度较大（图 4-12 中距顶端 200～340m 的部分），周围区域冰川消融殆尽后该处仍有少量冰体存留。从图上看，东支冰川大约在 2043 年分为两段，而后迅速消亡。

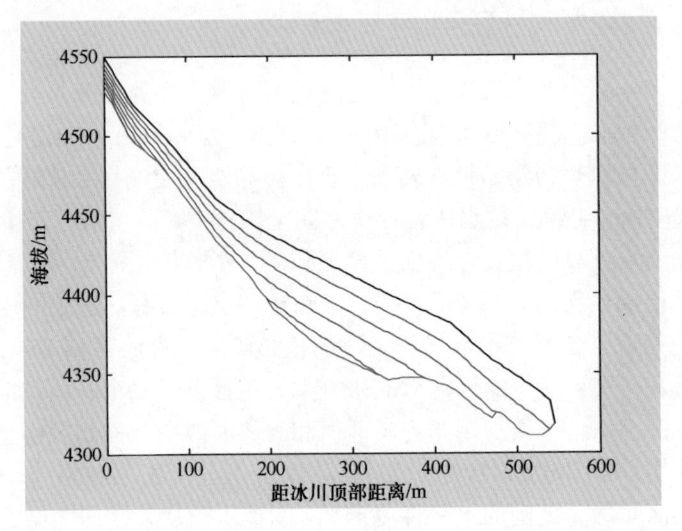

图 4-12　在当前气候条件下，十一冰川东支未来演化过程模拟结果
图中黑色曲线为冰川 2011 年表底面，红色曲线为 21 世纪末冰川表面轮廓，
蓝色曲线为表面轮廓的中间演化过程（相邻曲线时间间隔 5 年）

东支末端厚度较大，从 2011 年起，最初 10 年中冰川主要以减薄为主，长度几乎无变化，而后迅速退缩。2020 年与 2028 年可视为长度变化的两个加速时间点，而后在 2030 年冰川长度仅剩初始量值的一半。与其他参数相比，体积减小明显较快，减半时间约在 2018 年，面积与径流的相应时间约为 2025 年。东西支冰川未来演化结果都显示面积与径流的变化规律十分相似。

4.3.3　小结

基于国际上已有类似研究的成功经验，同时充分考虑黑河流域冰川的具体特点，包括：①大陆性山岳冰川；②小型冰川；③地形陡峭等特点，选用“简化型能量平衡模型”与“高阶冰流模型”的组合方案模拟该流域冰川未来变化动态过程。上述两种模型皆具有理论合理、参数要求相对较低及模拟结果准确性高等优点。

葫芦沟流域位于祁连山中段的黑河上游产流区和水源涵养区，其间冰川仅有 5 条，面积皆小于 0.5km^2，其中 3 条小于 0.05km^2，皆伏卧于山峰顶端背阴面。冰川规模及地形状况在黑河流域皆有一定代表性，本书中选此流域为实验区进行冰川变化模拟预测研究。模拟结果表明，该区冰川顶端位置接近零平衡线且表面坡度较陡，规模十分有限，预计所有冰川面积的 90%将在 2040 年以前消失。若未来气温在目前程度上不再升高，幸存于 21 世纪末的冰川的面积与体积亦不足目前量值的 10%。

流域冰川变化模拟为新近国际上兴起的热点问题，本书中虽已推出可行的系统观测与模拟方案，但仍存不足。原因主要在于无法对众多冰川逐一进行参数采集，模型中某些参数采用经验值或将单一冰川观测值应用于流域尺度的方法获取。未来针对各项参数的敏感性分析及与其相对应的结果误差分析无疑是将本项研究推向更合理与准确的有效途径。

4.4 冻 土 模 块

冻土（包括多年冻土和季节冻土）是高寒地区普遍存在的自然景观。冻土占北半球陆地系统的 55%～60%，占中国陆地面积的 72%左右（Ran et al.，2012）。土壤冻融过程伴随水分相态和土壤水热力学特性的转变，直接影响能水在地气系统间的交换、分配和迁移。在流域尺度，冻土特殊的水热特性对寒区土壤蒸发、降水/融雪下渗、土壤水分迁移和存储、产流及汇流等过程具有重要的调节作用，影响年径流总量及其年内分配，其水文效应是寒区流域水文研究的核心环节之一。土壤冻融过程、冻土的水热特性及其对水文过程的影响是冻土学和冻土水文学关注的核心问题（肖迪芳和王长虹，1997）。根据国内外的观测和研究，冻土的水文效应研究主要包括以下几个方面：①冻土影响蒸发和土壤水分重分配，冻结导致土壤热力学性质和水势的改变，抑制表层土壤蒸发，起到了涵养水源的作用（杨针娘等，1993；Takata，2002；Xin et al.，2003；Guo et al.，2012）；土壤冻结后冻结区和融区之间的水势梯度增加，驱使水分从融区向冻结锋面迁移而进行重新分配（Philip and De Vries，1957；程国栋，1982；周幼吾和黄茂桓，1992）。②冻融改变土壤导水率，从微观角度看，土壤冻结后液态含水量的减少和冰的形成会改变土壤的有效孔隙度及连通性，导水率迅速减小，影响水分在土壤中的迁移（张津生和福田正已，1991；Koren，2006）。据观测当温度从 0°C 降低至–0.26°C 时，土壤饱和导水率减小达 8 个数量级（Burt and Williams，1976）。但也有学者认为土壤在冻结过程中会形成裂隙（Buttle and Sami，1990；Daniel and Staricka，2000），在局部地区增加土壤的导水率（Stähli et al.，1999；Stadler et al.，1996）。③冻土影响流域产流和地下水系统，冻土存在且埋藏较浅时能有效地阻碍雨水和融雪水的下渗，促进地表产流和表层融土内壤中流的形成，加快径流的响应速度，径流系数较高；不存在冻土或冻土埋藏较深时，流域内土壤的渗透、储水能力增强，径流响应缓慢，径流系数偏低（Dunne and Black，1971；Kane and Stein，1983；Black and Miller，1990；Zuzel and Pikul，1990；Hayashi et al.，

2003；Bayard et al.，2005；Yamazaki et al.，2006；杨广云等，2007）。在多年冻土区，不同季节的土壤融化深度不同，流域的径流响应也不一样，春季和秋季径流系数较高，夏季径流系数较小（Wang et al.，2009）。④影响冻土的因素及其水文效应，地形、植被分布和动态、土壤性质、积雪等因素对流域水文过程除了有直接的控制作用之外，对土壤冻融状态也有很大的影响（Zhang et al.，2003；Zhang，2005），从而间接影响寒区水文过程，如坡向、积雪和植被状态的差异导致冻土分布和冻融深度不同，径流系数也不一样（Young et al.，1997；Carey and Woo，2001）。

4.4.1 冻土模型简介

Zhang 等以 GBHM 模型为框架，将具有较强物理意义且能细致描述寒区冻土水热过程的 SHAW 模型与之耦合，开发了一个新的基于物理过程的寒区分布式水文模型——SHAWDHM（simultaneous heat and water distributed hydrological model）。SHAWDHM 同时吸收了 GBHM 和 SHAW 模型的优点，以坡面作为水文响应单元，采用基于网格的方式模拟流域内的冻土、积雪/融雪和产汇流等过程。在每一个坡面单元上，GBHM 模型和改进的 SHAW 模型采用相同的土壤分层结构，通过共享同一套状态变量来实现它们之间的完全耦合，如图 4-13 所示。在耦合模型中，先利用改进的 SHAW 模型模拟垂直方向上的水热过程，然后根据土壤的水分条件和冻融状态计算土壤的导水率、冻结层上水水位及导水系数，并使用冻结层上水渗流模型模拟网格之间的浅层地下水流动，更新冻结层上水水位，最后模拟坡面单元上水的侧向流动，包括坡面漫流、壤中流和基流，并使用河网汇流模块进行河道汇流。

$$C_s(\theta_l,T)\frac{\partial T}{\partial t}-\rho_i L_f\frac{\partial \theta_j}{\partial t}=\frac{\partial F}{\partial z}-\rho_l c_l\frac{\partial q_l T}{\partial z}-L_v\left(\frac{\partial q_v}{\partial z}+\frac{\partial \rho_v}{\partial t}\right) \tag{4-24}$$

$$\frac{\partial \theta_l}{\partial \theta_l}+\frac{\rho_i}{\rho_l}\frac{\partial \theta_i}{\partial T}\frac{\partial T}{\partial t}=\frac{\partial q_l}{\partial z}+\frac{1}{\rho_l}\frac{\partial q_v}{\partial z}+U \tag{4-25}$$

$$q_l=K(\psi,T)\left(\frac{\partial \psi}{\partial z}+1\right)\qquad F=\lambda_s(\theta,T)\frac{\partial T}{\partial z} \tag{4-26}$$

$$\varphi=\pi+\psi=\frac{L_f}{g}\left(\frac{T}{T_k}\right) \qquad \pi=-cRT_k/g \tag{4-27}$$

上式分别是 SHAW 模型的热量守恒、质量守恒、水分迁移和导热方程，将上式进行联立耦合，对水热过程进行联立求解。其中 C_s，θ_l，T，C_l，θ_i，ρ_i，ρ_l，ρ_v，L_f，L_v，q_l，q_v，Z，ψ，K，λ_s，U，t 分别为土壤热容、液态含水量、温度、水热容、含冰量、冰密度、水密度、水汽密度、融化潜热、气化潜热、水流通量、水汽通量、土壤深度、土水势、导水率、导热率、源汇项、时间等；φ 为总土水势（m）；π 为由土壤溶液造成的溶质势（m）；ψ 为土壤的基质势（m）；L_f，g，T，T_k，c，R 分别为冰的熔化热（335000J/kg）、重力加速度（9.8m/s^2）、土壤温度（℃）、土壤的绝对温度（K）、溶质浓度、理想气体常数（8.314）。

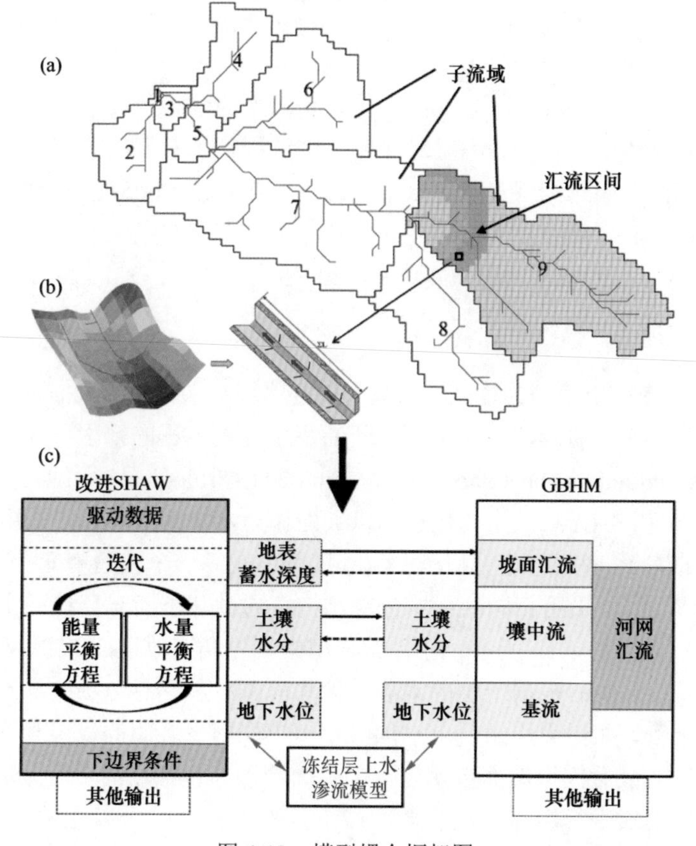

图 4-13　模型耦合框架图

SHAWDHM 是一个基于物理过程寒区分布式水文模型，其运行需要大量的输入数据和参数，主要包括以下几个方面：地形数据集、驱动数据集、植被土壤参数集、初始条件和边界条件数据集、河道参数集、其他控制参数集。根据时变特点输入数据又可以划分为时变动态输入数据（如驱动数据、LAI 等）和时不变静态参数集（如地形参数、土壤参数等）SHAWDHM 模型能够输出的物理量包括 SVAT 系统的水热状态及流域的产流状况，如土壤温度、液态水含量、含冰量、各种水汽通量和热通量、地表径流、壤中流、基流、地下水深度、流域出口总径流等。目前模型可以对指定位置的单点信息进行实时输出，如各层土壤温度、水分及蒸发量；同时也可以对指定物理量在指定时刻的空间分布状态进行实时输出。

4.4.2　模型在气候变化下冻土水文变化评估中的应用

八宝河流域（图 4-14）是黑河上游东支，属典型的高山寒区流域，集水面积大约为 2400km^2，海拔范围为 2640～5000m。该流域位于青藏高原东北边缘，季节冻土和岛状多年冻土发育较为典型，流域内多年冻土的下界位于 3650～3700m，最大活动层深度为 4m。在 3700m 以上，冻融分选和冻胀草丘等冰缘地貌较为常见。由于该地区的冻土厚度小，温度高，受气候变化的影响较为敏感。近几十年来，该地区的冻土经历了严重的退化。借助于耦合模型，分析了该地区气候变化情势下土壤冻融对水文过程的影响。

八宝河流域内开展了大量包括气象、土壤、积雪和冻土等的观测试验。基于这些观测数据，对耦合模型进行验证后（base 模型）设置与土壤冻融和气候变化相关的模型情景（表 4-5），以辨识和分析土壤冻融过程和气候变暖对寒区流域水循环的影响。例如，设置 nofrz 模型情景，其忽略土壤冻融过程中土壤水分的相变，其他所有设置均与 base 模型保持一致。本书采用最简单的方案考虑气候变暖对流域内冻土和水文过程的影响，将流域内的气温整体增加 *Y* ℃，设置成 base+*Y* 模型情景系列。为了人为控制多年冻土的面积，在海拔高于 3*X*00m 的区域将温度的下边界条件设置为给定温度边界（–1℃），设置成 bt3*X*00 模型情景。

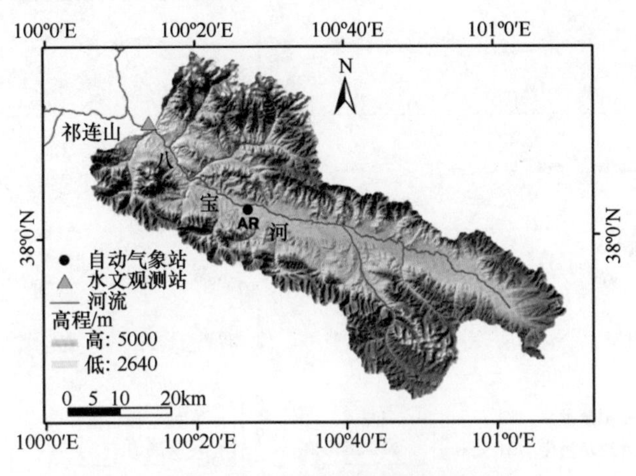

图 4-14　八宝河流域区域介绍图

表 4-5　模型情景设置

模型名字	模型描述
base	基准模型
base + *Y*	在基准模型的基础上气温增加 *Y* ℃（*Y* = 1，2，3，4）
bt3*X*00	海拔高于 3*X*00m 的区域（*X*=3，4，5，i. e.，3300m，3400m，3500m），下边界设定为给定温度边界（–1℃），以控制多年冻土面积
nofrz	不考虑土壤冻融的模型，其余与基准模型一致

基于八宝河的观测，对耦合模型进行了验证。图 4-15 展示了基准模型（base）和未考虑土壤冻融过程的模型模拟的土壤液态含水量和温度与阿柔站观测数据的对比结果。图 4-16 是模型模拟的潜热和感热与观测的对比。从单点验证结果看，模型能够较好的模拟土壤的温度、湿度、潜热和感热通量等。图 4-17 是 SHAWDHM 模型和等效高程模型（EEM）模拟的流域内多年冻土的分布范围的对比结果，他们的面积分别为 873km 和 885 km^2。总体上来说，二者比较接近，差异主要分布于边缘区域。图 4-18 展示了流域出口径流量模拟值与观测值的对比结果。模型的纳什效率系数为 0.66，模拟值与观测的相关系数为 0.82。整体上来说，模型较好地捕捉了流域的径流过程，间接地说明了耦合模型在寒区流域的适用性。

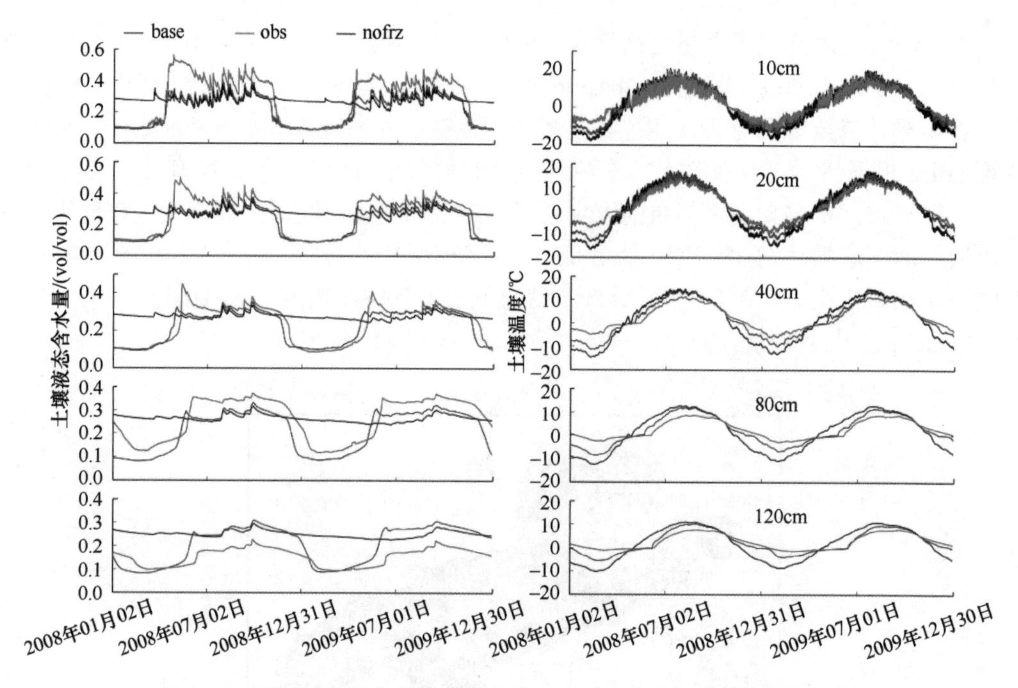

图 4-15　阿柔站各深度土壤模拟土壤温度和液态含水量与观测比较图

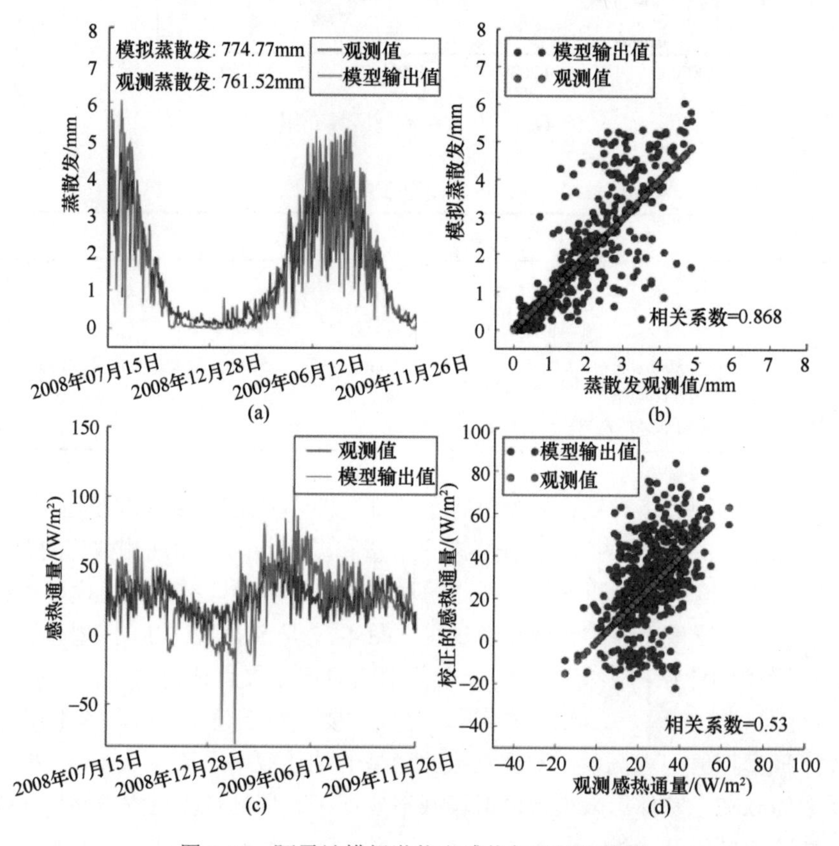

图 4-16　阿柔站模拟潜热和感热与观测比较图

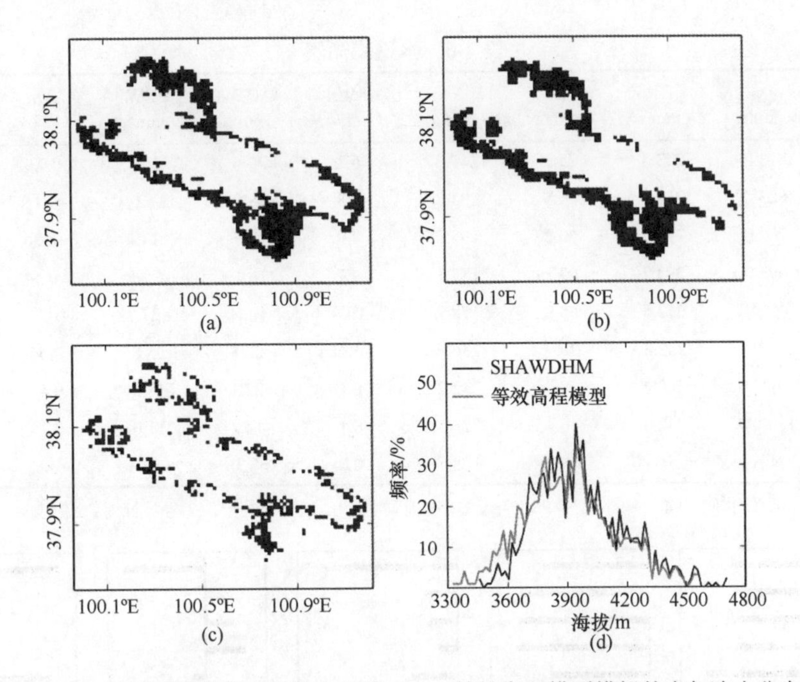

图 4-17　SHAWDHM 模型模拟的多年冻土范围（a）；等效高程模型模拟的多年冻土分布范围（b）；（a）与（b）的差异（c）；两个多年冻土范围的高程分布（d）

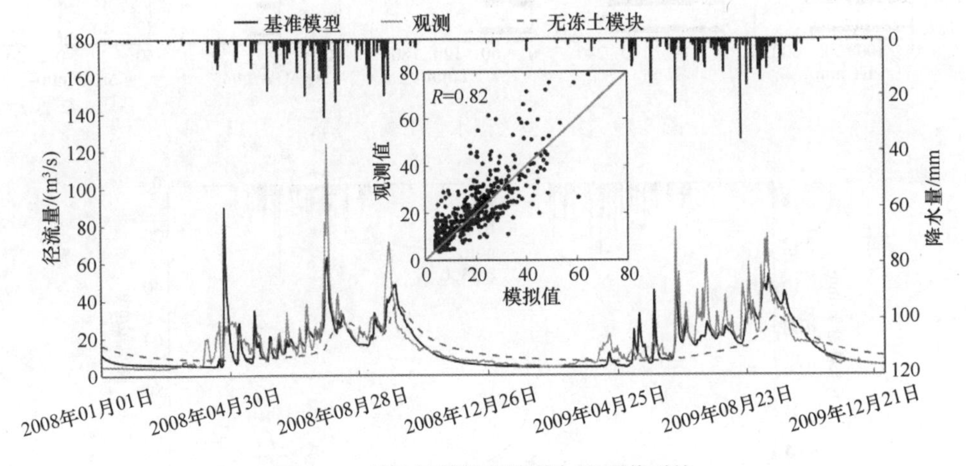

图 4-18　祁连站模拟径流量与观测值对比

表 4-6 展示了各模型的水量平衡情况，还包括多年冻土的面积和地下水补给量，图 4-19 是表 4-6 中某些项的可视化表达。

如图 4-20 所示，基准模型充分考虑了土壤的冻融情况，能够较好地刻画土壤液态含水量和温度随时间的变化。由于土壤冻融中伴随着巨大的相变热，土壤冻融状态发生转换时会存在明显的零点幕现象。如果不考虑土壤冻融，如 Nofrz 模型模拟的土壤温度不存在零点幕现象，且模拟的土壤温度冬天偏低，夏天偏高。从水量平衡结果看，如果不考虑土壤冻融，模型模拟的蒸散发比基准模型稍大一些，就是由夏天的模拟温度偏高所致。在气温增加的背景下，模型模拟的蒸散发（ET）显著增加。多年冻土面积的增加对蒸散发的影响不大，主要因为流域内活动层平均厚度较大，便于水分向深层渗透，不利于增加表土蒸发。

表 4-6　水量平衡表

项目	PM /km^2	ET /（mm/a）	L /（mm/a）	R /（mm/a）	ΔSWE /（mm/a）	ΔGW /（mm/a）	ΔSW /（mm/a）	$\Delta\theta$ /%	Error /（mm/a）
base	873.0	243.3	75.3	211.5	−6.1	24.6	1.2	0.03	−1.2
base+1	803.0	259.5	71.5	203.8	−7.8	18.9	−6.0	−0.15	4.9
base+2	708.0	275.6	70.2	194.7	−8.9	17.7	−14.4	−0.36	8.4
base+3	693.0	293.7	69.3	187.1	−9.7	16.1	−21.8	−0.54	7.8
base+4	452.0	312.6	65.9	178.7	−10.4	10.6	−27.8	−0.70	9.5
bt3300	1,819.0	242.3	28.9	236.7	−6.6	−32.8	25.8	0.64	7.7
bt3400	1,604.0	242.4	38.0	232.2	−6.1	−23.1	18.5	0.46	9.2
bt3500	1,404.0	242.9	46.4	228.5	−6.1	−14.2	11.0	0.28	11.0
nofrz	N/A	254.1	191.9	188.7	−0.0	67.3	−32.3	−0.81	−4.6

注：P 代表年平均降水（473.2 mm/a）；PM 表示多年冻土面积；L 地下水补给；R 径流深度；$\Delta\theta$ 土壤储水变化量。

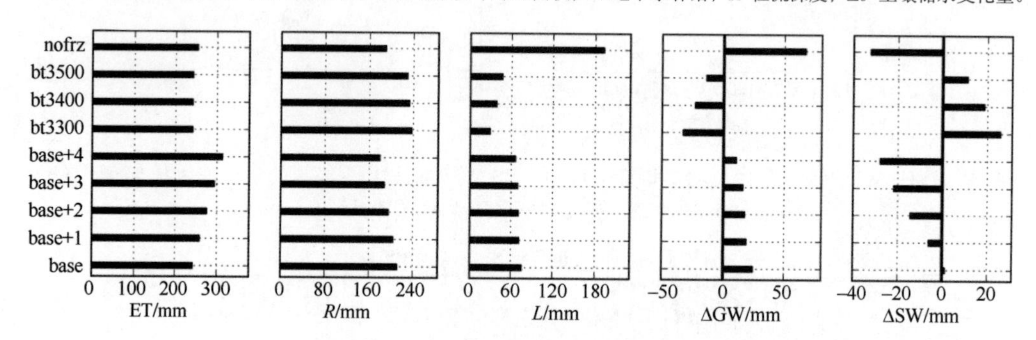

图 4-19　各模型关键水量平衡项柱状图

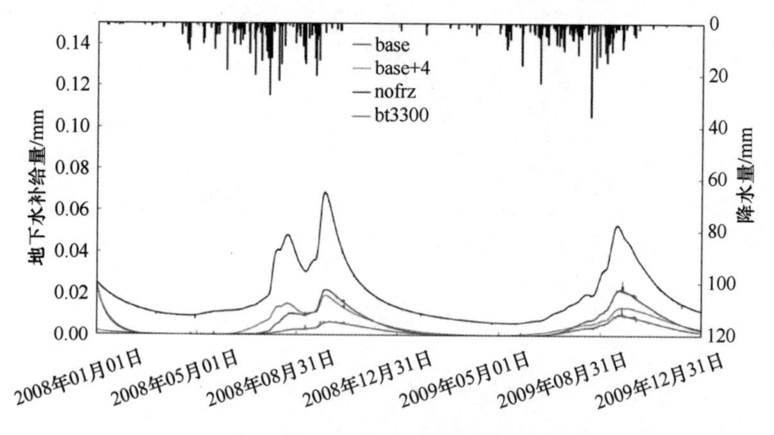

图 4-20　各模型地下水补给量

在包含冻土模块的模型中，冬季地下水补给几乎为零（图 4-21、图 4-22）。从春季开始，随着流域内冻土逐步融化，地下水补给逐步增加。然而，在不包含冻土模块的模型中（nofrz），由于不存在冻土的限制作用，即便在冬季土壤水分的迁移依然较为显著，地下水补给也依然存在，而且全年的地下水补给都高于基准模型。随着气温的增加，虽然说多年冻土的面积有所减小，但是地下水补给并没有增加，反而略有减小，原因在于气温升高增加了蒸散发量。多年冻土面积的增加大大减小了地下水的补给。

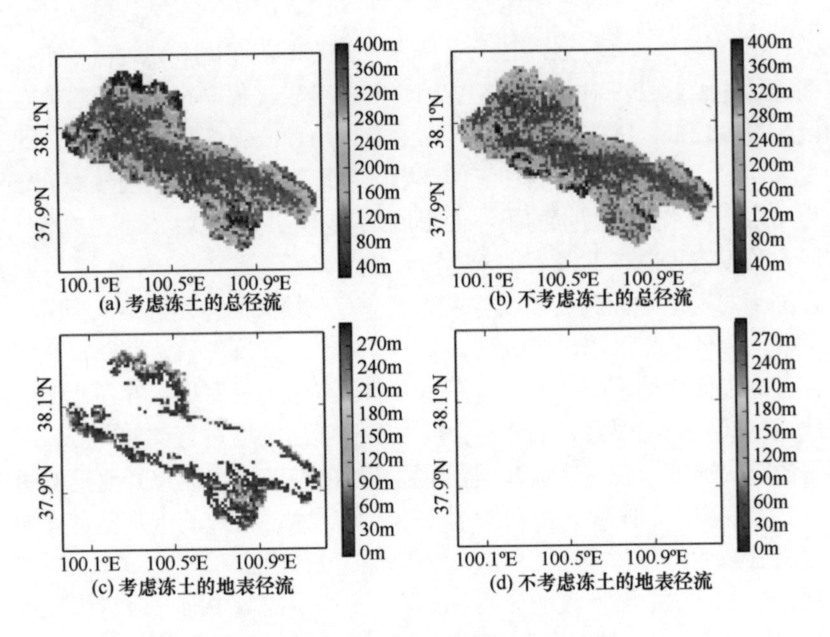

图 4-21 考虑冻土与否产流空间分布对比图（单位：mm）

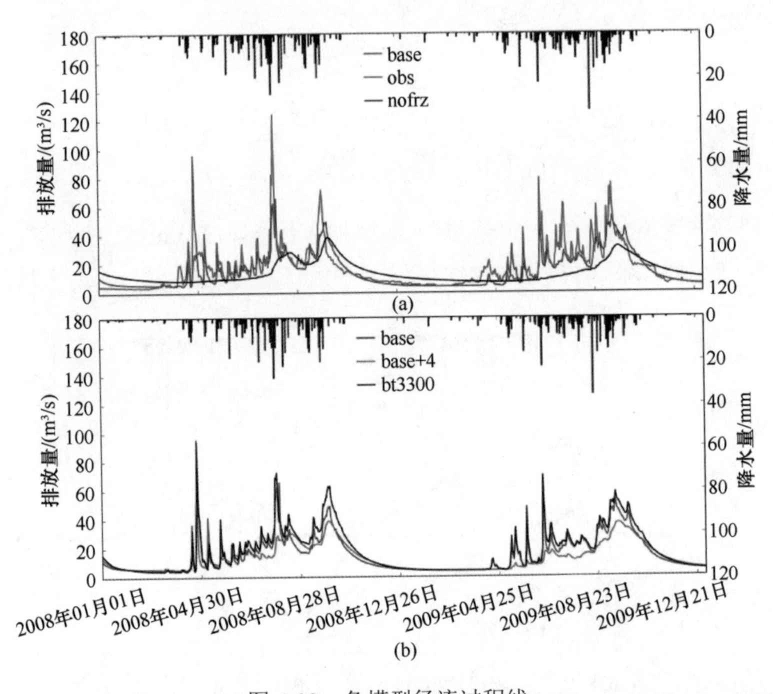

图 4-22 各模型径流过程线

基准模型中径流过程线变化较为剧烈，径流对降雨和融雪的响应较快，且春季存在明显的融雪径流。然而在不考虑冻土的模型中，径流过程线非常平滑。与基准模型相比，不考虑冻土的模型模拟的径流洪峰在时间上存在明显的滞后。在高海拔区域考虑冻土的模型产流量显著高于不考虑冻土的模型。导致该结果的原因在于：当地表冻结或冻土埋藏深度较浅时，它的隔水作用能有效地阻碍雨水或融雪水的下渗，促进地表产流和浅层融土内壤中流的形成，径流对降水或融雪的响应速度快，径流系数高；不考虑冻土时，土壤的渗透、蓄水能力一直较强，对径流具有显著的调节作用，同时土壤水持续往深层地下水渗漏补给，因此径流对降水或融雪的响应速度较缓慢，径流系数也略微偏小。在高海拔地区，气温较低，冻土作用显著，冻土的平均埋藏深度相对较小，因此径流受冻土的影响更为明显，尤其是对地表产流的影响。当地表冻结或冻土埋藏深度较浅时，冻土的隔水作用阻碍降水或融雪水的下渗而形成地表产流。但是，当不考虑冻土模块时，即便夏季降水强度较大时，都没有地表产流发生。

不考虑冻土的模型中径流过程线与其他模型存在较大的差别。冬天，由于没有冻土的限制，土壤水分传输、入渗、壤中流、地下水补给和基流都依然存在，其模拟的径流量比其他具有冻土模块的模型要高。而在其余季节，由于没有冻土存在，土壤的下渗能力和调蓄能力比其他模型要强，水分不会被限制于浅层土壤进行侧向产流，因此径流对降水和融雪的响应速度和强度明显减缓，导致模拟的径流过程线与其他模型相比明显光滑许多。由于没有冻土的阻隔，更多的水分补给地下水，导致地下水储量增加，因此总的径流深度明显减小。

为了评价冻土对壤中流产流的影响，以每层土壤中的壤中流产流量为权重（R_i），对各层土壤节点的深度（Z_i）进行加权平均，获得反映流域内壤中流产流的平均土壤深度（RD），如式（4-28）所示，结果如图 4-23 所示。

$$\mathrm{WRD}(t)=\frac{\sum_{i=0}^{m} Z_i R_i(t)}{\sum_{i=0}^{m} R_i(t)} \qquad \mathrm{RD}(t)=\frac{1}{n}\sum_{k=1}^{n}\mathrm{WRD}_k(t) \tag{4-28}$$

式中，WRD_k（t）为网格 k 在 t 时刻壤中流产流的土壤深度（m）；Z_i 为第 i 层土壤节点的深度（m）；R_i（t）为 t 时刻第 i 层土壤的壤中流；n 为网格数；m 为土壤层数。

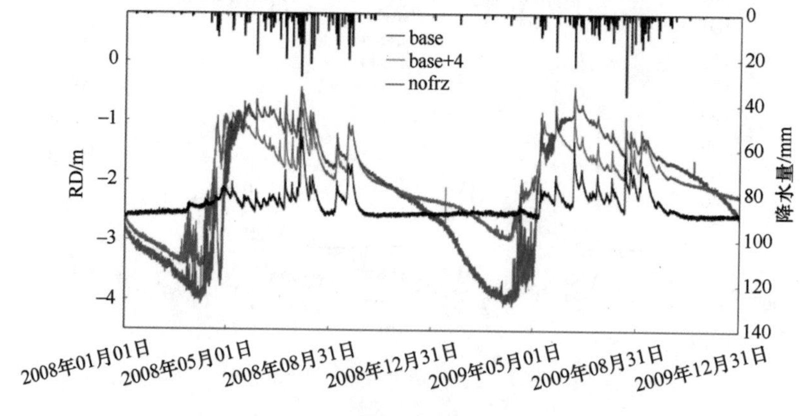

图 4-23　考虑冻土与否壤中流产流的流域平均土壤深度

基准模型中，大部分浅层土壤冬季处于冻结状态而不产流，此时壤中流主要发生在低海拔区域的深层土壤，对应的 RD 深度较大。春季，随着气温的上升，流域内土壤自表层向下融化。由于深层土壤依然处于冻结状态，降雨和融雪水渗入土壤后多数滞留于表层融土而形成壤中流，因此，此阶段对应的 RD 深度较小。但是，随着气温的进一步升高，土壤逐渐向下融化，土壤水分逐渐向下迁移，壤中流的发生深度也逐渐增加，因此 RD 深度逐渐增大。在整个过程中，降水事件在短时间内会增加表层土壤的水分和壤中流产流量，因此 RD 会出现短时的减小过程。然而，在不考虑冻土的模型中，壤中流产流土壤深度的模式完全不同，除了因降水导致 RD 短时间内减小以外，RD 的深度随季节变化较小，始终处于一个较为平稳状态。从 RD 的大小可以判断，在不考虑冻土的模型中，除了突发降水事件，壤中流主要发生在深层土壤。

山区复杂的地形不但对流域水文过程产生直接影响，如坡度大小影响产汇流速度，还通过改变微气象条件（如辐射和气温等）而对地表的水热过程产生影响，如影响积雪和冻土的融化，从而间接对寒区流域的水文过程产生影响。研究表明，山坡地表接收的太阳入射辐射受山体自身遮蔽的影响。总体表现为，与阳坡相比，坡度较大的阴坡接收的太阳辐射少。在其他条件相似的情况下，阴坡的土壤温度和多年冻土下界比阳坡要低。图 4-24 展示了不同坡向条件下，多年冻土地区高程的分布情况。可以看出，阴阳坡多年冻土下界的海拔最大相差 200m 左右。

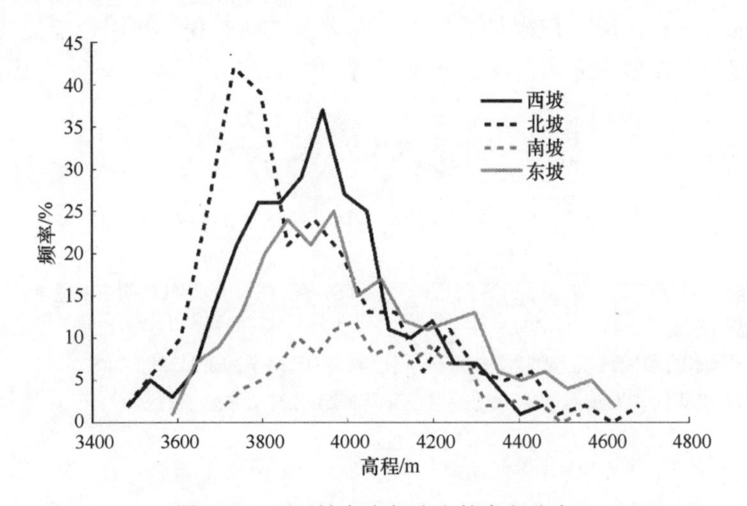

图 4-24　不同坡向多年冻土的高程分布

在山区，某些山谷区域接收的入射辐射还受周围山体阴影的遮蔽而减少。例如，根据模型在冰沟流域的模拟结果（模型分辨率 90m），局部山谷地区因周围山体的遮蔽，入射辐射减少约 26%。与不考虑遮蔽的模型相比，考虑地形遮蔽的模型模拟的表层土壤温度降低最大达 5°C，土壤升温变慢。土壤融化时间也推迟，积雪的融化也显著减缓。模型模拟的蒸散发也有所减小，如流域的总蒸散发量减小约 19.6%，进而增加了产流和径流。总体上来说，考虑地形的遮蔽效应之后，模型精度有所提高。

4.4.3　小结

一方面，将冻土过程与寒区水文模型耦合，可更全面地反映高寒山区冻土水文过程。土壤冻融是寒区流域普遍存在的自然现象，对水文过程具有明显的控制作用。对寒区水文过程进行建模和模拟时，必须考虑冻土的影响。在相同的驱动、植被和土壤参数条件下，考虑与不考虑土壤冻融，模型对水文过程的模拟结果相差悬殊。例如，若不考虑土壤冻融，模型模拟的土壤温度冬季偏低，夏季偏高，蒸散发略有增加。由于没有冻土对入渗的限制作用，不少水分入渗到深层土壤，甚至补给地下水，致使径流对降水过程的响应变得缓慢，径流过程线变得平滑和扁平化，甚至会使径流量的峰值在时间上出现滞后。借助于耦合模型，对黑河流域上游八宝河流域进行气候变化情势下冻土水文过程的分析，结果表明在降水条件不变的情况下，气候变暖会增加流域的蒸散发，冻土退化，同样致使流域的径流过程对降水的响应变的缓慢，径流过程线变得平滑，但是不如不考虑土壤冻融那样明显。

另一方面，目前耦合的冻土水文方案还需对一些重要的物理机制进行更全方位的考虑。例如，目前的模型对侧向流等重要的水文过程并没有考虑，对冻土未冻水的参数化方案考虑较为简单。模型驱动的精确获取也会大大影响山区冻土水文过程的模拟。例如，在八宝河流域的实验中发现，在考虑地形的影响情况下，模型模拟的不同坡向的多年冻土下界海拔最大相差 200m。考虑地形对辐射和近地表水热过程的影响，模型的模拟精度会提高。

总的来说，将考虑完整水热过程的冻土模块与分布式水文模型耦合，可更全面地理解高寒山区水文过程，冻土过程与其他冰冻圈要素之间的相互作用也能更明晰地刻画，从而有助于理解和发现高寒山区冻土水文过程中的规律。

参考文献

包安明, 陈晓娜, 李兰海. 2010. 融雪径流研究的理论与方法及其在干旱区的应用. 干旱区地理, 33 (5): 684-691.

常晓丽, 金会军, 孙海滨, 等. 2010. 积雪底部温度(BTS)方法在冻土分布调查和模型研究中的应用: 研究进展. 冰川冻土, 32(4): 803-809.

程国栋. 厚层地下冰的形成过程. 1982. 中国科学化学: 中国科学, 12(3): 281-288.

冯学智, 李文君, 史正涛, 王丽红. 2000. 卫星雪盖监测与玛纳斯河融雪径流模拟. 遥感技术与应用, 15 (1): 18-21.

高荣, 钟海玲, 董文杰, 等. 2011. 青藏高原积雪、冻土对中国夏季降水影响研究. 冰川冻土, 33(2): 254-260.

郝晓华, 王建, 李弘毅. 2008. MODIS 雪盖制图中 NDSI 阈值的检验——以祁连山中部山区为例. 冰川冻土, 30(1):132-138.

李栋梁, 郭慧, 王文, 等. 2003. 青藏铁路沿线平均年气温变化趋势预测. 高原气象, 22(5): 431-439.

刘元波, 傅巧妮, 宋平, 赵晓松, 豆翠翠. 2011. 卫星遥感反演降水研究综述. 地球科学进展, 26(11): 1162.

马丽娟, 秦大河. 2012. 1957～2009 年中国台站观测的关键积雪参数时空变化特征. 冰川冻土, 34(1): 1-11.

施建成, 杜阳, 杜今阳, 蒋玲梅, 柴琳娜, 毛克彪, 等. 2012. 微波遥感地表参数反演进展. 中国科学: 地球科学, 6: 814-842.

石英, 高学杰, 吴佳, 等. 2010. 全球变暖对中国区域积雪变化影响的数值模拟. 冰川冻土, 32(2): 215-222

肖迪芳, 王长虹. 1997. 大气变暖对黑龙江江上中游地区水文气象效应分析. 水文, (4): 48-53.

杨广云, 阴法章, 刘晓凤, 等. 2007. 寒冷地区冻土水文特性与产流机制研究. 水利水电技术, 38(1): 39-42.

杨兴国, 秦大河, 秦翔. 2012. 冰川/积雪-大气相互作用研究进展. 冰川冻土, 34(2): 392-402.

杨针娘, 杨志怀, 梁凤仙,等. 1993. 祁连山冰沟流域冻土水文过程. 冰川冻土, 15(2): 235-241.

张津生, 福田正已. 1991. 探针法测定冻土的导水率. 冰川冻土, 13(4): 349-357.

周幼吾，黄茂桓. 1992. 厚层地下冰形成理论的重大突破——程氏假说发表 10 周年. 冰川冻土, 14(2): 97-100.

Anderson E A. 1976. A point energy and mass balance model of a snow cover. Silver Spring, Md.: Office of Hydrology, National Weather Service.

Anderson E A. 1973. National weather service river forecast system-snow accumulation and ablation model. NOAA Technical Memorandum.

Andreadis K M, Storck P, Lettenmaier D P. 2009. Modeling snow accumulation and ablation processes in forested environments. Water Resources Research, 45: W05429, doi: 10.1029/2008WR007042.

Armstrong R L, Brun E. 2008. Snow and Climate: Physical Processes, Surface Energy Exchange and Modeling. Cambridge: Cambridge University Press.

Bales R C, Davis R E, Williams M W. 1993. Tracer release in melting snow-diurnal and seasonal patterns. Hydrological Processes, 7(4): 389-401.

Baral D R, Hutter K, Greve R. 2001. Asymptotic theories of large-scale motion, temperature, and moisture distribution in land-based polythermal ice sheets: a critical review and new developments. English Journal, 54(3): 248-249.

Bartelt P, Lehning M. 2002. A physical SNOWPACK model for the Swiss avalanche warning: Part I: numerical model. Cold Regions Science and Technology, 35(3): 123-145.

Bayard D, Stahli M, Parriaux A, et al. 2005. The influence of seasonally frozen soil on the snowmelt runoff at two Alpine sites in southern Switzerland. Journal of Hydrology, 309(1-4): 66-84.

Black P B, Miller R D. 1990.Hydraulic conductivity and unfrozen water content of air - free frozen silt. Water Resources Research, 26(2): 323-329.

Blatter H. 1995. Velocity and stress fields in grounded glaciers: a simple algorithm for including deviatoric stress gradients. Journal of Glaciology, 41(138): 333-344.

Bowling L C, Pomeroy J W, Lettenmaier D P. 2004. Parameterization of blowing-snow sublimation in a macroscale hydrology model. Journal of Hydrometeorology, 5(5): 745-762.

Braithwaite R J. 1984. Can the mass balance of a glacier be estimated from its equilibrium-line altitude. Journal of Glaciology, 30(106): 364-368.

Braithwaite R J, Zhang Y. 2000. Sensitivity of mass balance of five Swiss glaciers to temperature changes assessed by tuning a degree-day model. Journal of Glaciology, 46(152): 7-14.

Brun E, Martin E, Simon V, et al. 1989. An energy and mass model of snow cover suitable for operational avalanche forecasting. Journal of Glaciology, 35(121): 333-342.

Burt T P, Williams P J. 1976. Hydraulic conductivity in frozen soils. Earth Surface Processes, 1(4): 349-360.

Buttle J M, Sami K. 1990. Recharge processes during snowmelt: an isotopic and hydrometric investigation. Hydrological Processes, 4(4): 343-360.

Carey S K, Woo M K. 2001. Slope runoff processes and flow generation in a subarctic, subalpine catchment. Journal of Hydrology, 253(1): 110-129.

Che T, Li X, Jin R, Huang C L. 2014. Assimilating passive microwave remote sensing data into a land surface model to improve the estimation of snow depth. Remote Sensing of Environment, 143: 54–63. DOI: 10.1016/j.rse.2013.12.009.

Chen Y Y, Yang K, He J, Qin J, Shi J C, Du J Y, He Q. 2011. Improving land surface temperature modeling for dry land of China. Journal of Geophysical Research: Atmosphere, 116: D20104. Doi: 10.1029/2011 JD015921.

Chen R, Lu S, Kang E, et al. 2008. A distributed water-heat coupled model for mountainous watershed of an inland river basin of Northwest China (I) model structure and equations. Environmental Geology, 53(6): 1299-1309.

Clark M P, Hendrikx J, Slater A G, et al. 2011. Representing spatial variability of snow water equivalent in hydrologic and land-surface models: a review. Water Resources Research, 47(7): W07539.

Cline D W, Bales R C, Dozier J. 1998a. Estimating the spatial distribution of snow in mountain basins using remote sensing and energy balance modeling. Water Resources Research, 34(5): 1275-1285.

Cline D, Elder K, Bales R. 1998b. Scale effects in a distributed snow water equivalence and snowmelt model for mountain basins. Hydrological Processes, 12(10-11): 1527-1536.

Cosby B J, Hornberger G M, Clapp R B, et al. 1984. A statistical exploration of the relationships of soil moisture characteristics to the physical properties of soils. Water Resources Research, 20(6): 682-690.
Daniel J A, Staricka J A. 2000. Frozen soil impact on ground water-surface water interaction. JAWRA Journal of the American Water Resources Association, 36(1): 151-160.
Deneke H M, Feijt A J, Roebeling R A. 2008. Estimating surface solar irradiance from 5METEOSAT6 SEVIRI-derived cloud properties. Remote Sensing of Environment, 112(6): 3131-3141.
Donald J R, Soulis E D, Kouwen N, et al. 1995. A land cover-based snow cover representation for distributed hydrologic-models. Water Resources Research, 31(4): 995-1009.
Dunne T, Black R D. 1971. Runoff processes during snowmelt. Water Resources Research, 7(5):1160-1172.
Essery R. 2001. Spatial statistics of windflow and blowing-snow fluxes over complex topography. Boundary-Layer Meteorology, 100(1): 131-147.
Essery R, Pomeroy J. 2004. Implications of spatial distributions of snow mass and melt rate for snow-cover depletion: theoretical considerations. Annals of Glaciology, 38: 261-265.
Essery R, Li L, Pomeroy J. 1999. A distributed model of blowing snow over complex terrain. Hydrological Processes, 13(14-15): 2423-2438.
Finney D L, Blyth E, Ellis R. 2012. Improved modelling of Siberian river flow through the use of an alternative frozen soil hydrology scheme in a land surface model. The Cryosphere, 6(4): 859-870.
Flerchinger G N, Kustas W P, Weltz M A. 1998. Simulating surface energy fluxes and radiometric surface temperatures for two arid vegetation communities using the SHAW model. Journal of Applied Meteorology, 37(5): 449-460.
Flerchinger G N, Saxton K E. 1989. Simulation heat and water model of a freezing snow-residue-soil system .1. theory and development. Transactions of the Asae, 32(2): 565-571.
Francisco J, Tapiador F, Turk J, Walt Petersen, Hou A Y, Eduardo García-Ortega, Luiz A T, Machado et al. 2012. Global precipitation measurement: methods, datasets and applications. In Atmospheric Research 104-105(0): 70-97. DOI: 10.1016/j.atmosres.2011.10.021.
Franz Kristie J, Karsten Logan R. 2013. Calibration of a distributed snow model using MODIS snow covered area data. In Journal of Hydrology 494, 160-175. DOI: 10.1016/j.jhydrol.2013.04.026.
Gao B, Yang D, Qin Y, et al. 2018. Change in frozen soils and its effect on regional hydrology in the upper Heihe Basin, the Northeast Qinghai-Tibetan Plateau 2. The Cryosphere, 12(2): 657-673.
Gao B, Yang D, Qin Y, et al. 2016. Analyzing changes in the eco-hydrological processes in the upper Heihe basin, the Tibet Plateau using a distributed physically-based hydrological model. AGU Fall Meeting Abstracts.
Gouttevin I, Krinner G, Ciais P, et al. 2012. Multi-scale validation of a new soil freezing scheme for a land-surface model with physically-based hydrology. The Cryosphere, 6: 407-430.
Greuell W, Meirink J F, Wang P. 2013. Retrieval and validation of global, direct, and diffuse irradiance derived from SEVIRI satellite observations. Journal of Geophysical Research: Atmospheres, 118(5): 2340-2361. DOI: 10.1002/jgrd.50194.
Groot Zwaaftink C D, Löwe H, Mott R, et al. 2011. Drifting snow sublimation: a high-resolution 3-D model with temperature and moisture feedbacks. Journal of Geophysical Research: Aatmospheres, 116(D16): D16107.
Gu L G, Zhao K, Zhang S, Zheng X M. 2011. An AMSR-E data unmixing method for monitoring flood and waterlogging disaster. Chinese Geographical Science, 21(6): 666-675. DOI: 10.1007/s11769-011-0463-3.
Guan B, Molotch Noah P, Waliser, Duane E, Jepsen Steven M, Painter, Thomas H, Dozier Jeff. 2013. Snow water equivalent in the Sierra Nevada: blending snow sensor observations with snowmelt model simulations. Water Resources and Research, 49(8): 5029-5046. DOI: 10.1002/wrcr.20387.
Guo D, Wang H, Li D. 2012. A projection of permafrost degradation on the Tibetan Plateau during the 21st century. Journal of Geophysical Research: Atmospheres, 117(D5): doi: 10.1029/2011JD016545.
Hall D K, Riggs G A, Foster J L, Kumar S V. 2010. Development and evaluation of a cloud-gap-filled MODIS daily snow-cover product. Remote Sens Environ, 114 (3): 496-503. DOI: 10.1016/j.rse. 2009.10.007.

Hayashi M, van der Kamp G, Schmidt R. 2003. Focused infiltration of snowmelt water in partially frozen soil under small depressions. Journal of Hydrology, 270(3-4): 214-229.

Hindmarsh R C A. 2004. A numerical comparison of approximations to the Stokes equations used in ice sheet and glacier modeling. Journal of Geophysical Research, 109(F1): 1-15.

Huang X, Deng J, Ma X, et al. 2016. Spatiotemporal dynamics of snow cover based on multi-source remote sensing data in China. The Cryosphere, 10(5): 2453-2463.

Huang G H, Ma M G, Liang S L, Liu S M, Li X. 2011. A LUT-based approach to estimate surface solar irradiance by combining MODIS and MTSAT data. J Geophys Res, 116(D22). DOI: 10.1029/2011JD016120.

Immerzeel Walter W, van Beek, Ludovicus P H, Bierkens, Marc F P. 2010. Climate change will affect the Asian water towers. Science, 328(5984): 1382-1385. DOI: 10.1126/science.1183188.

Iwata Y, Nemoto M, Hasegawa S, et al. 2011. Influence of rain, air temperature, and snow cover on subsequent spring-snowmelt infiltration into thin frozen soil layer in northern Japan. Journal of Hydrology, 401(3-4): 165-176.

Iwata Y, Hayashi M, Hirota T, et al. 2008. Comparison of snowmelt infiltration under different soil-freezing conditions influenced by snow cover. Vadose Zone Journal, 7(1): 79-86.

Jordan R. 1991. A one-dimensional temperature model for a snow cover. CRREL.

Kane D L, Hinzman L D, Benson C S, et al. 1991. Snow hydrology of a headwater arctic basin .1. physical measurements and process studies. Water Resources Research, 27(6): 1099-1109.

Kolberg S, Gottschalk L. 2010. Interannual stability of grid cell snow depletion curves as estimated from MODIS images. Water Resources Research, 46(11): W11555.

Koren V. 2006.Parameterization of frozen ground effects: sensitivity to soil properties. IAHS Publication, 303: 125.

Kummerow C, Barnes W, Kozu T, Shiue J, Simpson J. 1998. The tropical rainfall measuring mission (TRMM) sensor package. In J Atmos Oceanic Technol, 15(3): 809-817.

Lannoy Gabriëlle J M de, Reichle Rolf H, Arsenault Kristi R., Houser Paul R, Kumar Sujay, Verhoest Niko E C, Pauwels Valentijn R N. 2012. Multiscale assimilation of advanced microwave scanning radiometer–EOS snow water equivalent and moderate resolution imaging spectroradiometer snow cover fraction observations in northern Colorado. Water Resour Res, 48(1): W0152. DOI: 10.1029/2011WR010588.

Lehning M, Bartelt P, Brown B, et al. 2012. A physical SNOWPACK model for the Swiss avalanche warning: part II. Snow microstructure. Cold Regions Science and Technology, 35(3): 147-167.

Lehning M, Volksch I, Gustafsson D, et al. 2006. ALPINE3D: a detailed model of mountain surface processes and its application to snow hydrology. Hydrological Processes, 20(10): 2111-2128 DI 10.1002/hyp.

Li L, Pomeroy J W. 1997. Probability of occurrence of blowing snow. Journal of Geophysical Research-atmospheres, 102(D18): 21955-21964.

Li H Y, Wang J, Li Z. 2009. Estimation of snow sublimation under a high-speed wind condition in alpine region watershed. Journal of Sichuan University (Engineering Science Edition), 41(SUPPL. 2): 129-136.

Liang S L, Zhao X, Liu S H, Yuan W P, Cheng X, Xiao Z Q, et al. 2013. A long-term global land surface Satellite (GLASS) data-set for environmental studies. International Journal of Digital Earth, 6 (sup1): 5–33. DOI: 10.1080/17538947.2013.805262.

Liang T G, Zhang X T, Xie H J, Wu C X, Feng Q S, Huang X D, Chen Q G. 2008. Toward improved daily snow cover mapping with advanced combination of MODIS and AMSR-E measurements. Remote Sensing of Environment. 112 (10): 3750-3761. DOI: 10.1016/j.rse.2008.05.010.

Liang X, Lettenmaier D P, Wood E F, et al. 1994. A simple hydrologically based model of land surface water and energy fluxes for general circulation models. Journal of Geophysical Research: Atmospheres, 99(D7): 14415-14428.

Ling F, Zhang T J, AF Ling F, et al. 2007. Modeled impacts of changes in tundra snow thickness on ground thermal regime and heat flow to the atmosphere in Northernmost Alaska. Global and Planetary Change, 57(3-4): 235-246.

Liston G E, Elder K. 2006. A distributed snow-evolution modeling system (SnowModel). Journal of

Hydrometeorology, 7(6): 1259-1276.
Liston G E, Haehnel R B, Sturm M, et al. 2007. Instruments and methods simulating complex snow distributions in windy environments using SnowTran-3D. Journal of Glaciology, 53(181): 241-256.
Liston G E, Elder K, AF Liston G E, et al. 2006. A distributed snow-evolution modeling system (SnowModel). Journal of Hydrometeorology, 7(6): 1259-1276.
Luce C H, Tarboton D G. 2004. The application of depletion curves for parameterization of subgrid variability of snow. Hydrological Processes, 18(8): 1409-1422.
Luo L, Robock A, Vinnikov K Y, et al. 2003. Effects of frozen soil on soil temperature, spring infiltration, and runoff: results from the PILPS 2(d) experiment at Valdai, Russia. Journal of Hydrometeorology, 4(2):334-351.
Martinec J, Rango A, Roberts R. 2005a. SRM (Snowmelt Runoff Model) User's Manual. E. Gómez-Landesa.
Martinec J, Rango A. 1986. Parameter values for snowmelt runoff modelling. Journal of Hydrology, 84(3): 197-219.
Martinec J, Rango A, Roberts R. 2005b. SRM (Snowmelt Runoff Model)User's Manual.
Martinec J. 1980. Analysisi of hydrological recession curves—a comment. Journal of Hydrology, 48(3-4): 373.
Melloh. 1999. A Synopsis and Comparison of Selected Snowmelt Algorithmsv, CRREL.
Molotch N P, Margulis S A. 2008. Estimating the distribution of snow water equivalent using remotely sensed snow cover data and a spatially distributed snowmelt model: a multi-resolution, multi-sensor comparison. Advances in Water Resources, 31(11): 1503-1514.
Mott R, Schirmer M, Lehning M. 2011. Scaling properties of wind and snow depth distribution in an Alpine catchment. Journal of Geophysical Research, 116(D6): D06106.
Mueller R W, Matsoukas C, Gratzki A, Behr H D, Hollmann R. 2009. The CM-SAF operational scheme for the satellite based retrieval of solar surface irradiance — A 5LUT6 based eigenvector hybrid approach. In Remote Sensing of Environment, 113(5): 1012-1024. DOI: 10.1016/j.rse.2009.01.012.
Negi H S, Kokhanovsky A. 2011. Retrieval of snow albedo and grain size using reflectance measurements in Himalayan basin. The Cryosphere, 5(1): 203-217. DOI: 10.5194/tc-5-203-2011.
Negi H S, Jassar H S, Saravana G, Thakur N K, Snehmani Ganju A. 2013. Snow-cover characteristics using Hyperion data for the Himalayan region. International Journal of Remote Sensing, 34(6): 2140–2161. DOI: 10.1080/01431161.2012.742213.
Ohara N, Kavvas M L, Chen Z Q. 2008. Stochastic upscaling for snow accumulation and melt processes with PDF approach. Journal of Hydrologic Engineering, 13(12): 1103-1118.
Pan X, Li X, Cheng G, et al. 2015. Development and evaluation of a river-basin-scale high spatio-temporal precipitation data set using the WRF model: a case study of the Heihe River Basin. Remote Sensing, 7(7): 9230-9252.
Pattyn F. 2002. Transient glacier response with a higher-order numerical ice-flow model. Journal of Glaciology, 48(48): 467-477.
Philip J R, Vries D A D. 1957. Moisture movement in porous materials under temperature gradients. Eos Transactions American Geophysical Union, 38(2): 222-232.
Pitman A J, Henderson-Sellers A, Desborough C E, et al. 1999. Key results and implications from phase 1(c) of the project for intercomparison of land-surface parametrization schemes. Climate Dynamics, 15(9): 673-684.
Pomeroy J W, Li L. 2000. Prairie and arctic areal snow cover mass balance using a blowing snow model. Journal of Geophysical Research-Atmospheres, 105(D21): 26619-26634.
Pomeroy J W, Gray D M, Brown T, et al. 2007. The cold regions hydrological process representation and model: a platform for basing model structure on physical evidence. Hydrological Processes, 21(19): 2650-2667 DI 10.1002/hyp.
Pomeroy J W, Gray D M, Shook K R, et al. 1998. An evaluation of snow accumulation and ablation processes for land surface modelling. Hydrological Processes, 12(15): 2339-2367.
Pomeroy J W, Gray D M, Landine P G. 1993. The prairie blowing snow model - characteristics, validation, operation . Journal of Hydrology, 144(1-4): 165-192.

Posselt R, Mueller R, Trentmann J, Stockli R, Liniger M A. 2014. A surface radiation climatology across two Meteosat satellite generations. Remote Sensing of Environment, 142 (0): 103-110.

Raleigh Mark S, Lundquist Jessica D. 2012. Comparing and combining SWE estimates from the SNOW-17 model using PRISM and SWE reconstruction. Water Resour Res, 48(1). DOI: 10.1029/ 2011WR010542.

Ran Y H, Li X, Lu L, et al. 2012. Large-scale land cover mapping with the integration of multi-source information based on the Dempster–Shafer theory. International Journal of Geographical Information Science, 26(1): 169-191.

Riggs G A, Hall D K, Román, Miguel O. 2017. Overview of NASA's MODIS and Visible Infrared Imaging Radiometer Suite (VIIRS) snow-cover Earth System Data Records. Earth System Science Data, 9(2): 765-777.

Rigon R, Bertoldi G, Over T M. 2006. GEOtop: a distributed hydrological model with coupled water and energy budgets. Journal of Hydrometeorology, 7(3): 371-388.

Rodell M, Houser P R, Jambor U, Gottschalck J, Mitchell K, Meng C J et al. 2004. The global land data assimilation system. Bulletin of the American Meteorological Society, 85 (3): 381-394.

Schirmer M, Wirz V, Clifton A, et al. 2011. Persistence in intra-annual snow depth distribution: 1.measurements and topographic control. Water Resources Research, 47(9): W09516.

Schneider B, Carnoy M, Kilpatrick J, et al. 2007. Estimating causal effects using experimental and observational design. American Educational & Reseach Association.

Singh P R, Gan T Y, Gobena A K. 2009. Evaluating a hierarchy of snowmelt models at a watershed in the Canadian Prairies. Journal of Geophysical Research, 114: doi: 10.1029/2008JD010597.

Stadler D C. 1996.Water and solute dynamics in frozen forest soils - measurement and modelling. Doctor of Natural Sciences.

Stähli M, Jansson P, Lundin L. 1999. Soil moisture redistribution and infiltration in frozen sandy soils. Water Resources Research, 35(1): 95-104.

Stein J, Kane D L. 1983. Monitoring the unfrozen water content of soil and snow using time domain reflectometry. Water Resources Research, 19(6): 1573-1584.

Sutinen R, Hanninen P, Venalainen A, et al. 2008. Effect of mild winter events on soil water content beneath snowpack. Cold Regions Science and Technology, 51(1): 56-67.

Takata K. 2002. Sensitivity of land surface processes to frozen soil permeability and surface water storage. Hydrological Processes, 16(11): 2155-2172.

Tarboton D G. 1996. Utah Energy Balance Snow Accumulation and Melt Model (UEB), in computer model technical description and users guide. Utah Water Research Laboratory and USDA Forest Service Intermountain Research Station.

US Army Corps of Engineers. 1998. Runoff From Snowmelt. University Press of the Pacific: Washington. 164.

Wan Z M, Dozier J. 1996. A generalized split-window algorithm for retrieving land-surface temperature from space. IEEE Transactions on Geoscience and Remote Sensing, 34 (4): 892–905.

Wang W, Yao T, Yang X. 2011. Variations of glacial lakes and glaciers in the Boshula mountain range, southeast Tibet, from the 1970s to 2009. Annals of Glaciology, 52(58): 9-17.

Wang J, Li H, Hao X. 2010. Responses of snowmelt runoff to climatic change in an inland river basin, Northwestern China, over the past 50 years. Hydrology Earth System Science, 14(10): 1979-1987.

Wang G X, Hu H C, Li T B. 2009. The influence of freeze-thaw cycles of active soil layer on surface runoff in a permafrost watershed. Journal of Hydrology, 375(3): 438-449.

Wang W H, Liang S L, Meyers T. 2008. Validating MODIS land surface temperature products using long-term nighttime ground measurements. Remote Sensing of Environment, 112(3): 623-635. DOI: 10.1016/j.rse.2007.05.024.

Wigmosta M S, Vail L W, Lettenmaier D P. 1994. A Distributed hydrology-vegetation model for complex terrain. Water Resources Research, 30(6): 1665-1679.

Williams M W, Erickson T A, Petrzelka J L. 2010. Visualizing meltwater flow through snow at the centimetre-to-metre scale using a snow guillotine. Hydrological Processes, 24(15): 2098-2110.

Woo M, Young K L. 2004. Modeling arctic snow distribution and melt at the 1 km grid scale. Hydrology

Research, 35(4-5): 295-307.
Xiao W, Flerchinger G N, Yu Q, et al. 2006. Evaluation of the SHAW model in simulating the components of net all-wave radiation. Transactions of the Asabe, 49(5): 1351-1360.
Xin L I, Koike T, Cheng G D. 2003. An algorithm for land data assimilation by using simulated annealing method. Advance in Earth Sciences, 18(4): 632-636.
Yamazaki Y, Kubota J, Ohata T, et al. 2006. Seasonal changes in runoff characteristics on a permafrost watershed in the southern mountainous region of eastern Siberia. Hydrological Processes: An International Journal, 20(3): 453-467.
Yang Z L, Dickinson R E. 1996. Description of the biosphere-atmosphere transfer scheme (BATS) for the soil moisture workshop and evaluation of its performance. Global and Planetary Change, 13(1-4): 117-134.
Yang D W, Gao B, Jiao Y, Lei H M, Zhang Y L, Yang H B, Cong Z T. 2015. A distributed scheme developed for eco-hydrological modeling in the upper Heihe River. Science China Earth Sciences, 58(1): 36-45.
Yang Z L. 2008. Description of Recent Snow Models in Snow and Climate: Physical Processes, Surface Energy Exchange and Modeling. In: Armstrong R L, Brun E. Cambridge University Press, 129-136.
Young K L, Ming-Ko Woo, Edlund S A. 1997. Influence of local topography, soils, and vegetation on microclimate and hydrology at a high arctic site, ellesmere island, Canada. Arctic & Alpine Research, 29(3): 270-284.
Zhang T J. 2005. Influence of the seasonal snow cover on the ground thermal regime: an overview. Reviews of Geophysics, 43(4): RG4002.
Zhang Y, Ohata T, Kadota T. 2003. Land-surface hydrological processes in the permafrost region of the eastern Tibetan Plateau. Journal of Hydrology, 283(1): 41-56.
Zuzel J F, Pikul J L. 1990. Frozen soil, runoff, and soil erosion research in northeastern Oregon//Frozen Soil Impacts on Agricultural, Range, and Forest Lands. Proc. of Intl Symposium, 4-10.

第5章　中游地表地下水耦合建模

田　伟　王旭升

本章以典型的干旱区——黑河中游为研究区，开展地表地下水模型的耦合建模研究。针对黑河中游能水循环过程的特点，首先介绍了国内外能水过程模型建立和模拟的进展，其次简介了本次耦合建模所用的陆面过程模型 SiB2 和地下水三维动力学模型 AquiferFlow，接着从机理上阐述了陆面过程模型和地下水模型耦合的过程，最后，利用耦合模型在黑河流域中游开展实例建模及验证研究。

水分是维系干旱区生命存续和发展的关键性因素。干旱区的水循环过程普遍存在着：在自然的水动力学过程与人类活动对水资源分配的共同作用下，地表、地下水多次转化，并在不同时空间运移分配，同时，在能量的作用下，通过蒸散发，不同时空的水分被疏散到大气中的过程。而这种水循环特点，使得干旱区的水分运移和能量收支存在着密不可分且相互影响的关系，地表水、地下水和大气水存在着广泛且复杂的联系。故无论针对地表水或是地下水进行单独的模拟，均无法从机理上完整地反映它们各自的过程。想要更全面、更合理的描述干旱区的水循环过程，就需要统一考虑地表水、地下水及能量过程，需要耦合不同优势的地表水模型、地下水模型及能量收支模型。作为典型干旱区的黑河中游，它的水循环过程正是交织了地表水、地下水及能量过程的一个综合过程，利用地表-地下水耦合模型对黑河中游的水分运移及能水交互过程进行模拟，有助于从机理上，更系统地理解干旱区的水循环过程。

5.1　能水过程模型综述

针对能水过程，国内外已开展了广泛的研究。国际上的一些重大科学计划也将能水过程研究当作其研究重点。其中全球能量与水循环试验计划（global energy and water cycle exchanges project，GEWEX）的主要目标就是研究大气系统能量过程和地表水循环过程的相互关系，并期望通过对能水过程的理解，最终能够模拟和预测全球水文和水资源变化与气候变化之间的关系。由国际科学委员会（International Council for Science）发起国际地圈生物圈计划（international geosphere-biosphere program，IGBP）也包括了能水过程的研究。该科学计划中的“水文循环的生物学研究方向”（biospheric aspects of the hydrological cycle，BAHC）更是将发展土壤-植被-大气之间的能量和水汽通量模型当作研究重点。国际水文学计划（international hydrological programme，IHP）则从水循环角度出发，研究能量和水分循环之间的相互联系。另外，最近在国际上兴起的地球关键带（the critical zone）研究将地表岩石-土壤-生物-水-大气相互作用当作研究目标，而其中能水循环过程以及它们对其他地球圈层的影响是其重要的研究内容。在国内，也开展了大量能水过程相关的研究工作。于 1987 年开展的“黑河地区地气相互作用野外观测试验研究”（HEIFE），就以干旱区水分和热量交换为研究目标，其中着重研究了干旱区水分和能量收支的参数化方案（胡隐樵，1991）。在 BAHC-GEWEX 研究框架下，我国内蒙古开展的“内蒙古半干旱草原土壤-植被-大气相互作用”（IMGRASS）研究，也以分析和模拟半干旱草原地表状况对大气中尺度环流和区域水循环的影响机理及反馈过程为目标，着重研究了草地的能水循环过程（吕达仁等，1997）。受 GEWEX 亚洲季风实验（GAME）资助，在我国青藏高原开展的“全球能量水循环之亚洲季风青藏高原试验研究”（GAME/Tibet）（王介民，1999；马耀明等，2006）和淮河流域开展的“全球能量水循环之亚洲季风淮河流域能量与水循环试验和研究”（GAME/HUBEX）（张雁，1998），也针对不同下垫面，开展了区域尺度的能量和水分的循环规律研究。在甘肃和青海开展的“西北干旱区陆气相互作用野外观测试验”（NWCALIEX）也将能量过程对干旱区水资源的影响当作重要研究内容（张强等，2005），分别于 2008 年开展的黑河综合遥感联合试验（李新等，2012）以及 2012 年开展的“黑河流域生态-水文过程综合遥感观测联合试验”（Li et al.，2013）中也涉及大量的能水过程相关研究。此外，在国家基金委、科技部、教育部等的支持下，还有很多能水过程相关的课题被开展。国内外的能量和水分循环的研究，进一步提高了人们对能量收支及水循环规律的掌握，为更准确模拟黑河中游水循环过程奠定了基础。

模型是人们对自然规律的集大成者。对于能水过程的规律研究，模型也是最重要的手段。而纵观当前能水过程相关的模型，陆面过程模型是基于物理机理，并能够较全面的模拟地表能水过程的模型之一。但陆面过程由于其最初的设计目标是为大气环流模型提供下边界条件，并保证 GCM 模型的能量和水量平衡，故陆面过程模型通常具有垂向一维的模型结构。这样的模型结构无疑给水循环过程的模拟带来巨大误差，特别是干旱区中游的水循环过程。因为在干旱区中游，水分的水平运动不仅保证了绿洲的存在，且与人类活动最为密切。水分的侧向运动是干旱区地表径流及地下水运动的关键过程。相对于陆面过程模型，水文模型则更能真实地刻画包括水分侧向运动在内的水循环过程，但水文模型不包括能量平衡过程，其自身无法模拟能量过程，即使对于水循环十分重要的蒸散发过程，水文模型通常也只利用经验方法进行估计，以此来保证水循环过程模拟中的水量守恒。

针对陆面过程模型和水文模型各自的不足，人们尝试将这两类模型进行耦合，从而发挥这两类模型的优势，从物理机理上更真实、更全面的模拟地表能水过程。在能水过程耦合模型的研究中，Gutowski 等（2002）开发了一套耦合大气-地表模拟程序（coupled land-atmosphere simulation program，CLASP）来模拟含水层、地表，以及大气之间的水分循环过程。在这个模型中，地下水被当作水库来看待。York 等（2002）改进了 CLASP，将 MODFLOW 和该模型进行了耦合，更加机理性的描述了地下水过程，并推出了 CLASP II。Liang 等（2003）将一套地下水动态参数化方案耦合进了 VIC-3L（three-layer variable infiltration capacity）模型，来研究地下水和陆面过程之间的动态交互过程。Gedney 和 Cox（2003）将 HadAM3（Hadley centre atmospheric climate model）模型和 MOSES（met office surface exchange scheme）模型耦合，在耦合模型中，考虑了地下水埋深对土壤饱和状况的影响，由此提高了全球径流量和湿地面积的评价精度。Yeh 和 Eltahir（2005）

将一个集总式的含水层模型耦合进陆面过程模型 LSX（land surface transfer scheme），在该模型中，地下水被看作是一个非线性水库，模型模拟了地表及土壤中的水分入渗补给地下水及地下水向地表径流排泄的过程。利用这个模型，作者证明了简化考虑地下水过程的陆面过程模型，会带来巨大的模拟误差。Tian 等（2006）将一个变水位的地下水模型和 CLM2.0 进行了耦合。Niu 等（2007）发展了一个能够描述地下水补排关系的简单地下水模型 SIMGM（simple groundwater model），并将此模型集成到 CLM3.0 的 10 层土壤水分模块中。Fan 等（2007）将一个二维的简单地下水模型耦合进 VIC 模型，来改善长期气候及地质应力对大尺度地下水等效水位的模拟。Maxwell 和 Miller（2006）将 CoLM（common land model）和三维变饱和地下水模型 ParFlow 耦合，建立了一个单柱体模型，用来改善陆面过程模型中地下水的模拟。此后，Kollet 和 Maxwell（2008）在这个模型的基础上，将这两个模型在空间、时间尺度上紧密耦合，发展了一个分布式的地下水陆面过程耦合模型（PF.CLM）。Yuan 等（2008）将一个地下水模型和陆面过程模型 BATS，以及区域气候模型 RegCM3 进行耦合，并分析了局部地下水位和大尺度地下水位对气候的影响。周剑等（2008）在 SiB2 中考虑了饱和非饱和地下水的过程，并在黑河进行了单点试验。Wang 等（2009）将分布式水文模型 GBHM 和陆面过程模型 SiB2 进行耦合，从而开发了 WEB-DHM，该模型在 Little Washita 流域的验证取得了较好的结果。Maxwell 等（2011）将 ParFlow 和 WRF 中的陆面过程模型 Noah 耦合，最终实现了地下水模型和大气动力学模型的耦合，为研究地下水和大气之间的相互关系提供了基础。Xie 等（2012）开发了一个准三维的地下水模型，并尝试将其与大气模型进行耦合。Tian 等（2012）通过耦合三维地下水模型 AquiferFlow 和陆面过程模型 SiB2，构建了 GWSiB 模型。通过对该模型在黑河流域的点、面验证，证明了耦合模型能够有效提高地表能水过程的模拟精度。Shi 等（2013）将 PIHM（Penn state integrated hydrologic model）和陆面过程模型 Noah 紧密耦合，发展了 Flux-PIHM 模型。该模型在 Shale Hills 小流域的验证，证明耦合了能量过程的水文模型能够提高蒸散发的模拟，继而也有助于流域产汇流的模拟。Niu 等（2014）针对流域尺度的生态水文过程研究，整合了基于物理过程的 CATHY（catchment hydrology）模型和 NoahMP（Noah LSM with multiple parameterization schemes）模型，他的研究指出耦合模型不仅能够提高能水过程模拟，而且可在洪水预报、湖面动态等方面有所作为。Yao 等（2015）利用 MODFOW 模拟了黑河中下游的地下水过程，并分析了整个区域的水量平衡，Tian 等（2015a）以 USGS 开发的地表地下水整体模型（GSFLOW）为基础，建立了黑河流域的地表地下水耦合模型，并研究了黑河流域水文、生态和人类活动之间的相互关系。此后，Tian 等（2015b）进一步尝试将 SWMM 模型和 GSFLOW 耦合，研究农业灌溉过程对黑河中游水循环的影响。

纵观陆面过程模型和地下水模型的耦合方式，大致可分为两类：一类是将水文过程简化，并集总式的耦合进陆面过程模型，如 Liang 等（2003）、Gedney 和 Cox（2003）、Yeh 和 Eltahir（2005）、Tian 等（2006）、Niu 等（2007）、Yuan 等（2008）等的工作。另一类是从物理机理上、分布式的将水文模型和陆面过程模型进行耦合，如 York 等（2002）、Gutowski 等（2002）、Maxwell 和 Miller（2006）、Fan 等（2007）、Kollet 和 Maxwell（2008）、Maxwell 等（2011）、Tian 等（2012）、Shi 等（2013）、Niu 等（2014）等的工作。另外，在水文过程与陆面过程耦合的相关研究中我们也可以发现，除了

Gutowski 等（2002）、Liang 等（2003）、Wang 等（2009）、Shi 等（2013）、Niu 等（2014）等研究涉及地表水过程，更多的研究则仅仅关注地下水过程和陆面过程的相互影响。分析其原因主要是广泛存在的地下水过程对陆表能量过程的影响更加深刻，而相对的地表水和陆表能量的影响没有那么直接。但由于地表水地下水之间存在着相互转化的复杂关系，作为水循环重要的组成部分，也直接影响了地下水过程，故将地表水、地下水、陆面过程等统一模拟将是未来能水过程模型研究的方向。

从当前的陆面过程和水文模型耦合的相关研究成果来看，水文过程与陆地表层能量过程关系紧密，充分考虑能水过程的相互作用，能够有效地提高陆面过程和水文过程的模拟精度。

针对黑河中游的水循环过程和能量收支过程，由于地表水、地下水及能量循环过程之间的物理机理差异，以往的对这些过程的模拟通常是独立进行的，从而形成了地下水模型、地表水模型、水资源配置模型、陆面过程模型、蒸散发模型等针对黑河中游能水循环过程不同侧重点的模型。但针对黑河中游复杂、广泛且密切联系着的能水循环过程，单纯地利用某个特定模型，对黑河中游水循环的部分过程进行模拟，均不能够从机理上全面且准确的模拟黑河中游水分运动。为了克服黑河中游水循环过程模拟的不足，我们尝试了将多个模型进行耦合，并利用耦合模型来改进以往黑河中游能水过程模拟的不足。这其中将地下水模型和陆面过程模型进行耦合，提高黑河中游能水过程模拟精度是其中重要内容之一。

5.2 耦合模型的选择

纵观当前与能量过程相关的模型中，陆面过程模型充分考虑了能量收支、地表水分过程及植被生态过程。与本书目标较为接近，可作为候选模型之一，但陆面过程模型由于其垂向一维的特点，很难真实地反映黑河中游的水循环过程，特别是地下水过程，而在黑河中游地下水过程往往直接决定了区域蒸散发过程。对地下水过程的描述，最专业的是地下水动力学模型，这些模型基于达西定律，能从物理机理上描述地下水的运动。但地下水模型也有其缺点，就是它并不包括除了是地下水过程以外的能量、生物过程。只是为了其自身水量闭合的要求，将蒸散发过程用简单的经验公式来代表。这就从本质上决定了地下水模型无法完成对蒸散发的机理描述。故单纯利用地下水模型也无法从机理上完成黑河中游水循环过程的模拟。将地下水模型和陆面过程模型耦合，则能有效克服陆面过程对黑河水循环过程模拟的不足，也能够潜在更准确的模拟黑河中游蒸散发过程及数量。

基于以上分析，本次选择了典型的陆面过程模型 SiB2 和三维地下水动力学模型 AquiferFlow 进行耦合。下面简单介绍这两个模型的主要原理和特点，以便于后续模型耦合相关内容的介绍。

5.2.1 SiB2 模型介绍

SiB2 是一个典型的陆面过程模型，它是一个简单但真实的包含了生物过程的一维模型，能够计算大气近地层到地表植被之间的能量、动量、水量交互过程。SiB2 是 1986

年在 SiB 模型（Sellers et al.，1987）基础上发展的，该模型利用亚马孙热带雨林的实测数据进行了校准和测试，证明其能够较好的模拟近地层的各类陆表通量过程。其后，Sellers 等（1996a）在 SiB 的基础上改进了其中的植被光合作用模块及水文模型，并加入了对遥感数据的应用，形成了较完善的 SiB2 模型。SiB2 在地表能量和水分平衡模拟方面表现卓越，因此许多气候中心的业务模型都使用 SiB2 作为其陆面过程模块。

在 SiB2 模型中，地表以上被分为 2 层，分别为植被层和地表层，地表以下分为 3 层，分别为表层土壤层、根系土壤层及深层土壤层。从大气层来的能量和水首先在这些层之间进行分配，接着能量和水在各层之间进行交换。各层的能量、水量状态直接影响植被的光合作用，同时地表的植被、土壤特性及大气近地层的状态又反作用于 SiB2 中能量和水量的交换过程。

SiB2 中各层之间物质的交换采用了与电学上欧姆定律类似的方法，即

$$\text{通量}=\frac{\text{势差}}{\text{阻抗}} \tag{5-1}$$

式中，通量主要包括感热、潜热及 CO_2 通量；势差主要通过温度、水汽压及 CO_2 分压来表示；阻抗则是两个计算点之间传导度积分的倒数（Sellers et al.，1996b）。通过模拟能量、水量的循环过程，SiB2 模型最终对 8 个状态变量进行预报。它们分别为：三个土壤层的相对湿度（W_1，W_2，W_3），定义为土壤体积含水量与饱和土壤含水量的体积比，它们的变化由 Richard 方程控制。植被层的储水量（M_c）和地表层的储水量（M_g），前者取决于对直接降水的截留和蒸发，后者取决于对有效降水的截留和蒸发，它们都受水量平衡方程的控制。植被冠层的平均叶片温度（T_c）、地表面土壤温度（T_g），以及地下深层的土壤温度（T_d），它们受能量平衡方程的控制。

在陆地下垫面的分类方面，SiB2 将全球的陆地下垫面分为 9 类。具体类型详见附表 5-1。每种植被类型具有一套对应的植被形态、生理和光学特征参数。另外，模型中也考虑了土壤的水力学及热力学参数（刘树华，2004）。除了植被、土壤的固定参数外，SiB2 模型中还包括时变的大气边界层的气象条件和植被动态参数 FPAR。

SiB2 在上述模型结构及参数的控制下，模拟地表的能量、水量、CO_2 的循环过程。关于 SiB2 更详细的内容可参见 Sellers 等（1996a，1996b）及孙菽芬（2005）等的文献。

5.2.2 AquiferFlow 模型介绍

AquiferFlow 模型是由中国地质大学（北京）水资源与环境学院王旭升博士在 2007 年编写完成的。AquiferFlow 是一个利用三维有限差分法对饱和-非饱和含水层地下水流问题进行动力学数值模拟的模型。AquiferFlow 模型最大的特点是：它继承了经典地下水动力学的理论，同时把非饱和渗流理论引入到模型，建立了饱和、非饱和带相容的地下水动力学连续方程（王旭升，2007）。

在 AquiferFlow 中将地下水的动力学方程从承压、无压含水层方式改写为模拟层的方式。导水系数和储水系数的概念在 AquiferFlow 模型中仍然被保留，但是已经纳入了新的含义，以考虑含水层介质的非饱和状态（王旭升，2007）。具体来说，AquiferFlow 模型在非饱和带地下水的模拟中引入了相对渗透系数 K_r 的概念，将达西定律在饱和带与非饱和带的公式统一起来，如下式：

$$V_i = -K_{ii}K_\mathrm{r}\frac{\partial H}{\partial i}, \qquad i = x, y, z \tag{5-2}$$

式中，K_{ii}为饱和含水层地下水渗透系数（m/s）；K_r为相对渗透系数；H为地下水水头（m）；i为水流方向。相对渗透系数K_r在饱和状态下为1，在非饱和状态下采用了Gardner和Fireman（1958）的经验公式，相对渗透系数被认为是土壤水势$\overline{\psi}$的指数函数。

$$K_\mathrm{r} = \exp(-C_\mathrm{k}\overline{\psi}) \tag{5-3}$$

式中，$\overline{\psi}$为非饱和带土壤水势（m）；C_k为衰减系数（m^{-1}）。

同时，将饱和含水层的储水系数扩展为下式：

$$S_\mathrm{s}=\rho_\mathrm{w}g(\alpha+\phi\beta)+C_\mathrm{s}(\overline{\psi}) \tag{5-4}$$

其中饱和含水层（$\overline{\psi}$=1）和非饱和含水层（$\overline{\psi}$>0）的储水系数分别表示为

$$\begin{cases} S_\mathrm{s} = \rho_\mathrm{w}g(\alpha+\phi\beta) & \overline{\psi}=0 \\ S_\mathrm{s} = C_\mathrm{s}(\overline{\psi}) & \overline{\psi}>0 \end{cases} \tag{5-5}$$

式中，S_s为储水系数（m^{-1}）；ρ_w为水密度（1000kg/m^3）；α为含水层介质的体积压缩系数；β为地下水的压缩系数；ϕ为孔隙率；g为重力加速度；C_s为土壤容水度（m^{-1}），按下式计算：

$$C_\mathrm{s}(\overline{\psi}) = -\frac{\mathrm{d}\theta}{\mathrm{d}\overline{\psi}} \tag{5-6}$$

式中，θ为土壤含水量（$\mathrm{m}^3/\mathrm{m}^3$）。

在统一了饱和含水层及非饱和含水层的地下水渗透系数和储水系数后，AquiferFlow建立起非饱和带、饱和带相容的地下水连续方程，如下式：

$$\frac{\partial}{\partial x}\left(K_{xx}K_\mathrm{r}\frac{\partial H}{\partial x}\right)+\frac{\partial}{\partial y}\left(K_{yy}K_\mathrm{r}\frac{\partial H}{\partial y}\right)+\frac{\partial}{\partial z}\left(K_{zz}K_\mathrm{r}\frac{\partial H}{\partial z}\right)+\varepsilon = S_\mathrm{s}\frac{\partial H}{\partial t} \tag{5-7}$$

在研究区地下水连续方程建立后，针对地下水连续方程的求解，AquiferFlow中采用了有限差分法。三维含水层系统地刻画采用单元中心法，即每一层网格代表一个模拟层。在同一网格层，单元格的顶面和底面高度可以变化，但一个单元网格内空间上的变化则被忽略，整个网格用它的平均长、宽、高代表。事实上在模型中一个单元格实际上是当作一个长方体处理的。模型还充分考虑了区域地下水研究中横向网格尺寸和垂向分层尺寸的差异，分别设定了整体迭代法和分层迭代法，来加快模型的收敛速度。模型最终通过超松弛迭代法求解。

AquiferFlow模型是一个开源软件，整个模型基于Visual C++开发。

关于AquiferFlow模型更详细的内容可参见模型的说明文件（王旭升，2007）。

5.3 地下水和陆面过程模型耦合

通过对SiB2和AquiferFlow的分析，我们可以看出，SiB2模型包括了地表的能量、水量、碳等主要过程模拟，它能够模拟像蒸散发这样的地表综合过程（蒸散发过程中既包括了水由液态变为气态的能量过程，还包括水量变化过程，以及植被蒸腾相关的生物化学过程)，但陆面过程模型最初的设计目的是为 GCM 和区域气候模型提供陆地表层的下边界条件，故它们多为垂向一维模型。这使得 SiB2 这类陆面过程模型对陆表的水循环描述进行了较大的简化，完全忽略了水分在水平方向上运动的模拟。此外，SiB2 对地下水过程的模拟也只包括有限的非饱和带地下含水层深度，对饱和带及更深层的水分运动则完全没有考虑。AquiferFlow 作为典型的地下水动力学模型，它对地下水运动过程能从物理机理上进行完备、细致的刻画，但由于地下水模型固有的特点，它并不包括除了是地下水过程以外的能量、生物过程。只是为了其自身水量闭合的要求，将蒸散发过程用简单的经验公式来代表。故从蒸散发的机理上来说，以达西定律为基础的地下水模型无法完成对这部分过程的描述。SiB2 与 AquiferFlow 模型的这些特性使它们无法单独完成黑河中游水循环过程的模拟。为了能从整体上，系统的对黑河中游蒸散发过程进行研究，我们从模型物理机理上将一个典型的陆面过程模型 SiB2 和三维地下水动力学模型 AquiferFlow 进行耦合，发展了一个能量、水量相耦合的模型——GWSiB。以下将对模型耦合的物理机理、模型的时空耦合机制及模型耦合的具体实现等内容做详细的介绍。

5.3.1 模型耦合机理分析

现实中地表、地下的能量、水量循环存在着密切的联系，SiB2 模型和 AquiferFlow 模型在机理上能形成互补的对这些过程进行了模拟，这使得这两类模型有了耦合在一起的物理基础。

从两个模型的机理分析可以看出，SiB2 模型能够较好的模拟地表以上的水量、能量及生物循环机制，但对地下水的模拟仅考虑了一维，并且忽略了饱和带地下水的过程。而 AquiferFlow 则对地表以下饱和带及非饱和的水运动描述细致。故这两个模型的耦合，总体上是将地表以上的水循环过程以及全部的能量循环过程由 SiB2 来描述，而地表以下的饱和带以及非饱和带的水运动过程则由 AquiferFlow 来模拟。这两个模型最终以水循环为纽带在地表界面处进行耦合。也即将 SiB2 模拟的降水入渗量、植被蒸腾量、地表蒸发量作为 AquiferFlow 的源汇项传入到地下水模型，地下水模型模拟在水势驱动下地下水的三维运动，最终得到三维水分交换后的土壤层及饱和带水分分布状况，将这些状态传回到 SiB2 中，对 SiB2 中模拟的地表水循环、能量循环，以及植被光合作用产生影响。以此完成两个模型在物理机理上的耦合。

将这个过程反映到 SiB2 及 AquiferFlow 模型的控制方程中则为：在每一个计算步长上，SiB2 模型将在地表过程众多因素影响下，计算得到的植被冠层蒸散发量（E_{ct}）、地表蒸发量（E_{gs}）和降水入渗量（Q_1）作为 AquiferFlow 模型的源汇项（ε）加入到地下水模型中。其后，AquiferFlow 模型将计算各含水层中地下水的三维交换，并将更新后的各网格水势（$\overline{\psi}$）转换为土壤含水量（θ），并换算为土壤湿度（W_i）后代入 SiB2 模型对 SiB2 中的控制方程产生影响。由此完成一个时间步长的循环，并循环直至全部时段计算完成。SiB2 耦合 AquiferFlow 模型的具体程序流程见图 5-1。

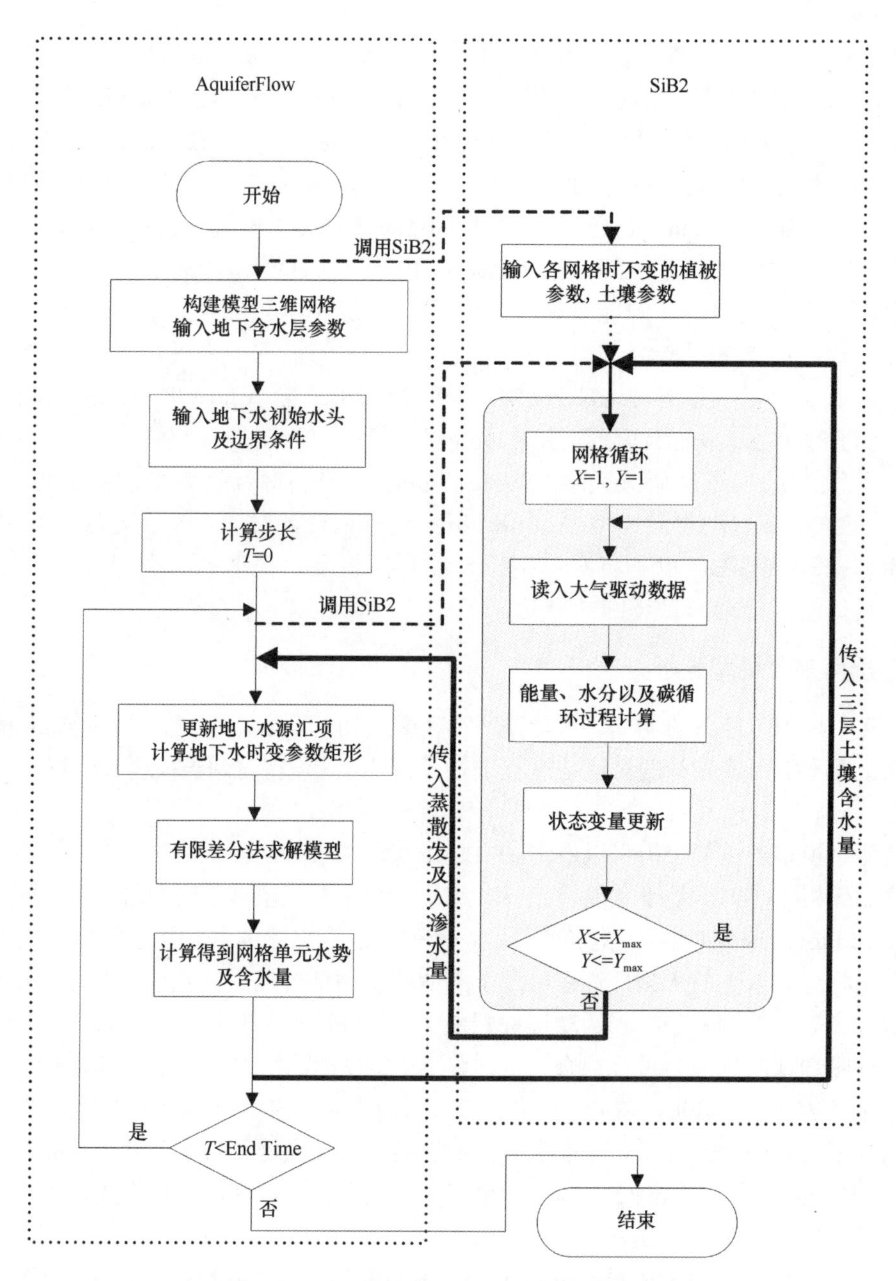

图 5-1　SiB2 耦合 AquiferFlow 模型流程图

5.3.2　模型的时空耦合机制

将 SiB2 和 AquiferFlow 模型在物理机理上耦合后，还需要考虑这两个模型在时间及空间上的耦合。SiB2 跟大部分的陆面过程一样，是一个垂向一维的模型。而 AquiferFlow 则为一个三维的模型。故在这两个模型耦合之前，需要将 SiB2 在水平上扩展，以适应地下水模型的三维空间结构。

根据 SiB2 以往的研究，SiB2 模型对网格的空间分辨率不敏感，它既适用于单点上的模拟（Sellers and Dorman，1987），也可适用于网格空间分辨率在 100～400km 的大气环流模式（GCM）（Randall et al.，1996）的模拟。另外，从 SiB2 的机理分析上也可看出，它的所有变量均限制在垂向的网格柱内，网格和网格之间没有能量、水量及 CO_2 的交换，使其可以适应各种尺度及形状的平面网格剖分。由于这个 SiB2 的特点，可在研究区网格剖分后，在每一个地表网格中构建一个独立的一维 SiB2 模型，由此达到在水平上扩展 SiB2 模型的目的。SiB2 模型的水平二维扩展参见模型空间耦合结构示意图（图 5-2）。

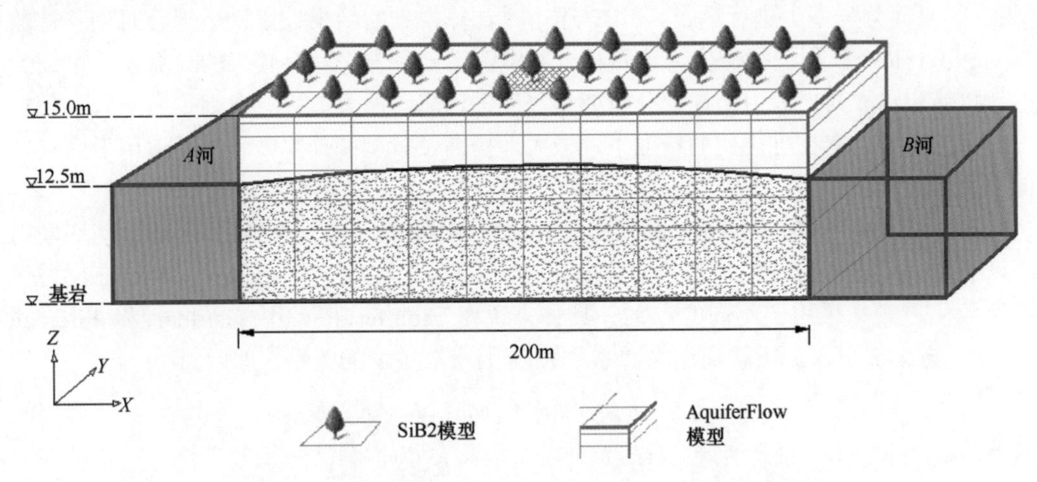

图 5-2　SiB2 和 AquiferFlow 模型空间耦合结构示意图

在 SiB2 模型和 AquiferFlow 模型在空间上进行耦合时，考虑到地下水模型对网格的空间剖分有更多的要求，而 SiB2 在水平上对网格剖分较灵活，没有更多的限制。故在水平上，GWSiB 中采用了 AquiferFlow 模型的水平网格剖分方案。而在垂直分层上，AquiferFlow 具有可变灵活的分层方式，SiB2 中的三层土壤水分则有其确定的含义，它们分别代表了表层土壤层、根系土壤层及深层土壤层。这三层的厚度需根据各地的实际情况加以确定，不易改变。故在 GWSiB 中垂向最上面三层采用了与 SiB2 一致的分层方法，更深的分层则根据研究区的水文地质构造，采用地下水模型惯常的分层进行确定。SiB2 和 AquiferFlow 模型空间上的耦合结构参见图 5-2。

在模拟的时间分辨率上，陆面过程模型和地下水模型通常采用不同的时间步长。对陆面过程模型来说，它模拟地表的能量及生物化学变化过程，这些过程常常变化迅速，如地表温度、叶片气孔开闭、蒸散发变化等，往往在几分钟之内会有较大变化。要抓住这些过程，陆面过程常采用分钟或小时这样较高的时间分辨率。而且陆面过程对时间分辨率较敏感，无法忍受更长的时间步长。假设在陆面过程中以“天”为时间步长，用一天的平均气温来代表温度的变化，则会完全忽略掉昼夜间气温的差异。这会极大地降低陆面过程模型的计算精度，甚至会使模型失去意义。而相对于陆面过程模型，地下水的变化就缓慢的多，地下水的渗透系数（表征单位压力下地下水运动速度的量）为 0.001～10m/d，由于地下水流动缓慢，往往几天甚至数月，地下水的状态不会发生大的变化。这就造成地下水模型多以天或月为计算步长。在地下水模型中更小的时间步长，原理上来说，不会对地下水的模拟造成误差，但由于地下水模型通常采用数值迭代算法求解巨型非线性方程组，采用高的时间分辨率将会极大地增加地下水模型的计算负担，减小模型的计算效率。

考虑到陆面过程模型和地下水模型在时间分辨率上的特点，本次在 SiB2 耦合 AquiferFlow 模型的过程中，设计了两种不同的时间耦合方案，以适应不同的研究目标。第一种方案是两个模型采用一致的时间步长，即均采用 SiB2 中较小的时间分辨率进行模拟。第二种方案是两个模型采用不一致的时间步长。其中地下水模型采用较低的时间分辨率，如“天”，而陆面过程模型采用较高的时间分辨率，如“小时”，两个模型仅在“天”的时间分辨率上进行耦合。SiB2 逐小时计算得到的结果被累积至耦合时刻整体的与 AquiferFlow 模型进行交换。这两种方案中，第一种方案具有较大的计算量，更细致的计算结果，故其更适用于理论分析或小尺度的计算。而第二种方案则是一个效率与精度协调的方案，它在可接受的精度下，极大地提高了模型的计算效率，更适用于大尺度的应用型计算。

在地下水模型 AquiferFlow 和陆面过程模型 SiB2 中，非饱和带地下水的运动均采用了以 Richards 方程为理论基础的土壤水动力学方程。但在这两个模型中，Richards 方程的参数化方案却采用了不同的方案。具体来说在 AquiferFlow 中 Gardner 和 Fireman（1958）方案被引入，用于描述渗透系数 K 与土壤水势 ψ 的关系，即

$$K_{\mathrm{r}} = \exp(-C_{\mathrm{k}}\psi), \quad K = K_{\mathrm{r}} \cdot K_{\mathrm{s}} \tag{5-8}$$

式中，ψ 为非饱和带土壤水势；C_{k} 为衰减系数；K_{s} 为饱和渗透系数。

而在 SiB2 中采用了 Clapp 和 Hornberger（1978）的非饱和带土壤水参数化方案，这个方案中渗透系数 K 与土壤水势 ψ 都被认为是土壤水含量 θ 的函数：

$$K(\theta) = K_{\mathrm{s}}\left(\frac{\theta}{\theta_{\mathrm{s}}}\right)^{(2B+3)} \tag{5-9}$$

$$\psi(\theta) = \psi_{\mathrm{s}}\left(\frac{\theta}{\theta_{\mathrm{s}}}\right)^{-B} \tag{5-10}$$

其中，θ_{s} 为饱和土壤水含量；ψ_{s} 为饱和土壤水基质势；B 为经验系数。

由于 Richards 方程具有高度的非线性，参数的变化会直接影响了最终土壤水运动的结果。AquiferFlow 和 SiB2 中不同的非饱和带参数化方案，最终导致了在相同情况下，两模型各自计算的土壤水分略有差异。当耦合模型采用第二种时间耦合方案时，SiB2 模型中计算得到的土壤水分误差在一天内累积，并在与 AquiferFlow 模型交互的时刻集中被修正，这造成了耦合模型在交互时刻土壤水分的一个突然变化，使整个土壤水分变化过程不连续、平滑。为了解决这个问题，本次用 Clapp 和 Hornberger（1978）的方案替换 AquiferFlow 中原始的土壤水参数化方案。推导出 AquiferFlow 模型中非饱和度土壤水分的两个关键参数有效饱和度和相对渗透系数，公式为

$$S_{\mathrm{e}} = W = \left(\frac{\psi_{\mathrm{s}}}{\psi}\right)^{\frac{1}{B}} \tag{5-11}$$

$$K_{\mathrm{r}} = \left(\frac{\psi_{\mathrm{s}}}{\psi}\right)^{\frac{2B+3}{B}} \tag{5-12}$$

将上述公式加入 AquiferFlow 模型的控制方程中，使 AquiferFlow 模型的非饱和参

数和 SiB2 中的非饱和参数一致，从而有效减小了参数化造成的模拟误差，使得耦合模型计算的土壤水分更加连贯。

5.3.3 模型耦合的实现

AquiferFlow 模型的代码由自中国地质大学（北京）王旭升教授提供。AquiferFlow 采用了面向对象的方法，基于 Microsoft 的 MFC 开发。SiB2 代码最初来源于美国国家航空航天局（NASA），原始版本为 FORTRAN77 代码，Li 等将原始的 FORTRAN 代码改写为面向对象方法的 C++代码（Li et al.，2004）。本次为模型耦合方便，直接采用了修改后的 C++代码。植被冠层动力学参数化方案的代码来自于中科院青藏所阳坤研究员的 ITPSiB 模型，该代码为 FORTRAN 格式。

最终的耦合模型 GWSiB 的总体框架采用了面向对象的 C++方式，对于植被冠层动力学参数化方案中的 FORTRAN 代码则以混合编程的方式，将其作为 SiB2 中的一个方法加入模型。

在耦合模型的具体实现上，AquiferFlow 被封装为三维网格类、地下水参数类、模型模拟类等多个类，而 SiB2 则被封装为一个单独的类。耦合模型通过主函数 GWSiB 来控制各类的建立及不同类之间的相互调用和传递参数。

模型的输入输出则采用了文本文件的格式。

耦合模型所有代码经过 Microsoft Visual C++ 6.0 和 Compaq Visual Fortran 6 编译通过。

5.4 黑河中游模型的建立

当地下水和陆面过程耦合模型——GWSiB 耦合完成后，针对黑河中游区域的具体情况，建立 GWSiB 黑河中游能水过程模型。通过将 GWSiB 在真实区域、实测数据的应用，验证模型，证明该模型的特点及其对地表能量、水量过程的改进，并对黑河中游蒸散发过程进行研究。关于研究区黑河流域可参见附录中的流域介绍。

5.4.1 黑河中游模型的结构

根据前述的 GWSiB 模型结构，针对黑河中游研究区进行模型网格划分。GWSiB 空间离散采用的是矩形网格，考虑黑河中游研究区总面积较大（约 12825km^2），在综合考虑了计算效率和模拟精度的基础上，将黑河中游模型空间分辨率设定为 3km，采用正方形剖分，即每个网格代表黑河中游实际的 3km×3km 的范围。在此分辨率下，整个研究区被均匀的剖分为 79×32 个网格。其中在黑河中游研究区内的 1425 个网格，研究区以外的 1103 个网格，这些研究区以外的网格属性被设定无效，不参与模型计算。黑河中游模型的立体结构见图 5-3。

黑河中游研究区在垂向上根据模 GWSiB 模型需要被分为 8 层。其中地表以上 2 层，分别代表植被冠层和地表层。地表以下被分为 6 层，分别代表表层土壤层、根系层土壤层、深层土壤层、潜水含水层、隔水层及承压含水层。各层中植被冠层和地表层由 GWSiB 模型中的 SiB2 模块单独模拟，其中植被冠层的高度和厚度由各网格的植被类型所决定。地表层是一个概念层，仅考虑在积水情况下 0.002m 的积水厚度，其余情况下厚度为零。

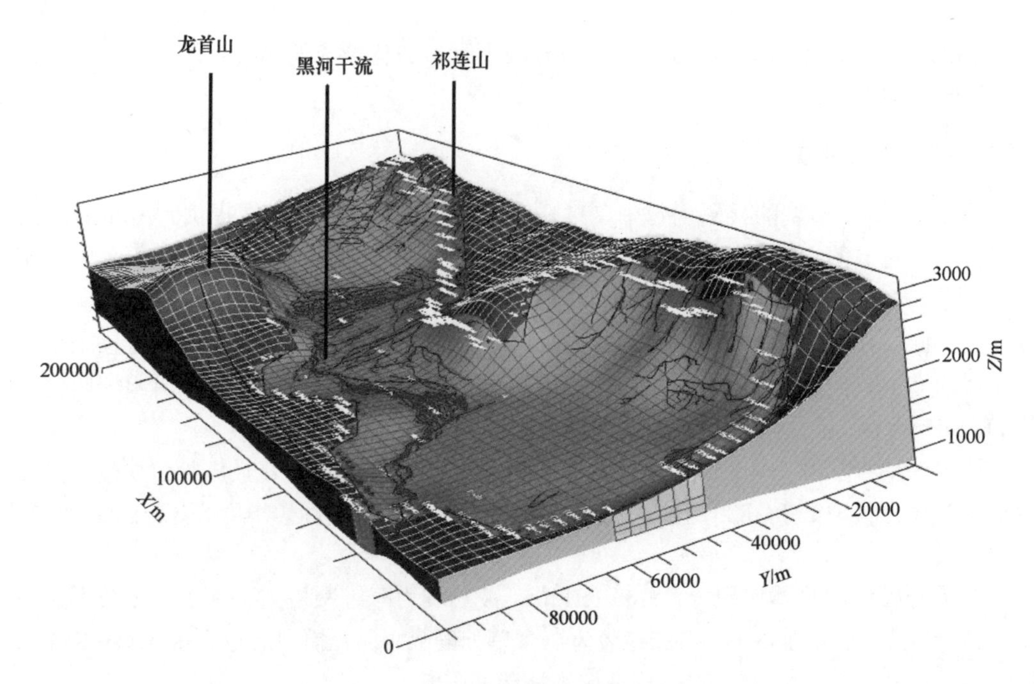

图 5-3 黑河中游模型立体结构图

再向下的表层土壤层、根系层土壤层、深层土壤层是陆面过程和地下水模型耦合的重点，既被 SiB2 模拟，又被 AquiferFlow 模拟。这三层的厚度根据黑河中游平均的实际情况确定，分别为表层土壤层：0.02m，根系层：0.48m，深层土壤层：1.5m。再向下的潜水含水层、隔水层及承压含水层，在陆面过程模型中没有涉及，故仅被耦合模型 GWSiB 中的 AquiferFlow 模块模拟。这三层在考虑了黑河中游“张掖盆地”的水文地质情况下，分别从概念上代表黑河中游潜水含水层、隔水含水层以及承压含水层，各类含水层的特性主要通过水文地质参数加以表现。模型中各层的厚度以该地区 108 个钻孔资料为基础（周兴智等，1990），并参考黑河中游已有的地下水研究成果加以确定。在 GWSiB 黑河中游模型中各层的厚度分别设定为潜水含水层：0.8～1887m；隔水层：0～430m；承压含水层：0～186m。GWSiB 黑河中游模型垂向上的空间分层见图 5-4。

GWSiB 黑河中游模型空间结构确定后，根据前述的模型空间耦合方式，即在每个地表网格上建立一个垂向的 SiB2 模型，并通过表层土壤层、根系层土壤层、深层土壤层中的水分状况将黑河中游的陆地表层过程和地下水过程耦合起来。

在 GWSiB 黑河中游模型计算步长上，考虑到研究区空间结构不包括计算植被冠层和地表层，仅地表以下共剖分 15168 个网格（79×32×6）。由于网格剖分数量较多，模型的计算负担大。故选择时间异步耦合方式，即地下水模型采用“天”为时间步长，而陆面过程模型采用“小时”为时间步长，在每天 UTM 的 0 时刻交换两个模型的变量，进行 GWSiB 模型模拟。

5.4.2 黑河中游模型的数据准备

1. 输入数据类型

GWSiB 黑河中游模型涉及水文、土壤、大气、植被生态等方面的内容，对数据要

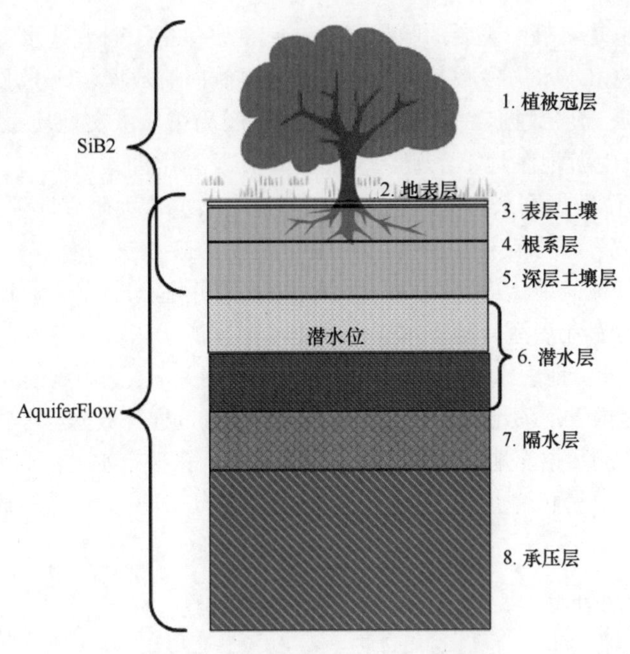

图 5-4　耦合模型空间分层示意图

求较高。其中模型的输入数据包括黑河气象驱动数据、黑河中游地表覆被数据、土壤质地数据、植被叶面积数据，以及与地下水相关水文地质数据、地下水位数据等。黑河中游模型的驱动数据，包括辐射、风速、空气温度、大气压、水汽压、降水，这些数据均来自于全球陆面数据同化系统（GLDAS），该系统产出的原始数据空间分辨率为 25km，时间分辨率为 3h。根据 GWSiB 黑河中游模型的需要将黑河中游研究区范围内的数据从全球数据中提取出来，并将其按模型网格大小插值为 3km，1h 分辨率的数据。

在黑河中游 GWSiB 模型中还用到了 DEM 数据。该数据采用了黑河流域 90m 分辨率的 SRTM 数据，在应用中将其按 GWSiB 模型网格大小进行了重采样。

地表覆被数据采用中国区地表覆盖数据库数据（MICL cover）（Ran et al.，2012），并融合了黑河流域 2000 年土地利用/土地覆被数据，特别是对沙漠、戈壁及稀疏植被等地表类型进行了详细区分。该数据总体采用了 IGBP 植被类型分类，根据黑河主要地表覆被的特点，在黑河中游建模中加强了裸地与稀疏植被分类。以其更准确的模拟黑河中游蒸散发过程。

土壤质地数据采用了中国 1km 土壤粒径分级数据库的数据（Shangguan et al.，2011）。该数据来源于第二次土壤普查的《1：100 万中国土壤图》和中国第二次土壤调查的 8595 个土壤剖面。经对比验证，中国 1km 土壤粒径分级数据库精度高于联合国粮农组织（Food and Agriculture，FAO）和维也纳国际应用系统研究所（IIASA）所构建的世界和谐土壤数据库（HWSD）的数据精度。

叶面积指数数据采用了由 MODIS 提供的全球 1km 分辨率的 LAI 和 FPAR 产品（MCD15A3）。该产品融合了 MODIS（Terra 星和 Aqua 星）8 天一次的 LAI 和 FPAR 产品（MCD15A2），并在此基础上生成出了 4 级（level-4）的全球 4 天，1km 的数据。该数据具有较高的时间分辨率，可以检测到植被生物的快速变化，它总体上能够表现黑河流域中游植被的动态变化描述，能够用于本次流域尺度陆面过程的模拟。

地下水数据也是本书中重要的数据之一，它主要包括了研究区水文地质分层数据、地下水位数据、地下水水力参数数据、地下水边界侧向流数据、地下水开采数据等。其中研究区水文地质分层数据参考了甘肃省地质矿产局第二水文地质工程地质队完成的《甘肃省黑河干流中游地区地下水资源及其合理开发利用勘察研究报告》（周兴智等，1990）。地下水水位数据则来自国家自然科学基金委员会重大研究计划“黑河流域生态-水文过程集成研究”重点支持项目“面向黑河流域生态-水文过程集成研究的数据整理与服务”收集的张掖盆地 1980～2004 年 109 眼观测井逐日或五日地下水水位、埋深观测数据。黑河中游农业灌溉等地下水开采数据主要来源于张掖水务部门的统计结果。

除了以上数据外，地表水数据也与本书研究息息相关，本次用到的与地表水相关的数据主要包括研究区内各河流地表径流数据、地表水灌溉过程等数据。其中地表径流数据来自区内各水文站实测数据，地表水灌溉过程主要来自于张掖市水务部门的统计数据。

GWSiB 黑河中游模型所需的绝大部分数据来自于寒旱区科学数据中心（http://westdc.westgis.ac.cn）。

2. 模型的初场数据

为了使模型正确运行，除了上述的模型运行期数据外，还需要给定模型在开始运行时刻的初始条件，GWSiB 黑河中游模型的初场数据包括模型初始状态下的地下水位、土壤水分、地表表层储水量等。

模型中初始地下水位通过黑河中游 36 眼地下水观测井 2003 年 12 月的实测水位进行 Kriging 插值得到。在黑河中游南部祁连山前区域，由于这里存在巨厚的包气带层，地下水埋深常常大于 100m，缺乏相应的地下水观测，故仅利用 Kriging 插值的外推法对这些区域的地下水位进行估计。另外，本次黑河中游地下水埋深情况还参考了该区域已有的地下水位相关研究（周兴智等，1990；胡立堂，2004；苏建平，2005；周剑，2008），在没有地下水观测井的区域，参考已有研究成果，对地下水埋深进行了估计，由此确定 GWSiB 黑河中游模型模拟的初始时刻 2003 年 12 月地下水位见图 5-5。从初始时刻的地下水位图上可以看出，黑河中游的地下水大致流向为从南到北。与黑河地表水流向相同，南部的地下水力坡度大于北部区域。

土壤水分、地表温度、深部土壤层温度、冠层温度，以及地表、冠层储水量等也需要在 GWSiB 模型中给定初始值，这些值涉及 SiB2 中能量水量的平衡计算。根据调查结果在 GWSiB 黑河中游模型中表层土壤湿度（W_1）初始值设定为 0.27，根系层土壤湿度（W_2）0.38，深层土壤湿度（W_3）0.50。地表温度初始值（T_g）设定为 270K，冠层温度初始值（T_c）设定为 270K，深部土壤层温度（T_d）设定为 278K。冠层储水量（M_{cs}）和地表储水量（M_{gs}）初始值设定为 0。这些初始值基本符合黑河中游冬季的状况，经过模型预热（spin-up）修正后，较准确的表现了黑河中游 2008 年 12 月的真实情况，不会使模型后续模拟产生巨大误差。

3. 模型的边界条件

GWSiB 黑河中游模型的边界条件问题主要是指地下水模型中的各类边界流量的确定。对于陆面过程来说，由于其垂向一维的特点，并不存在边界条件的问题。

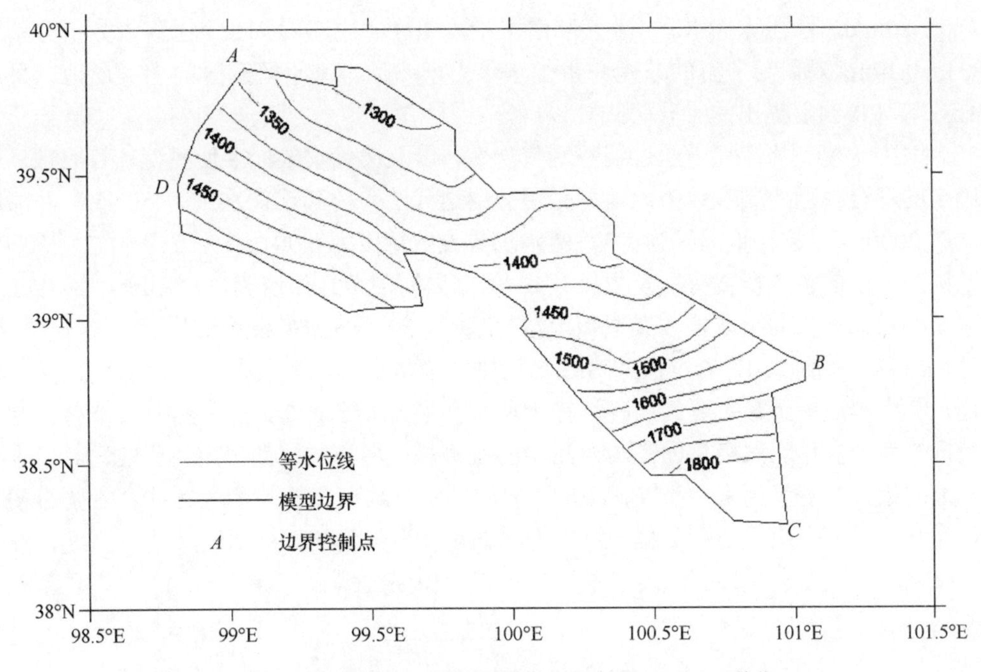

图 5-5 研究区模型边界及初始水位图（2003 年 12 月）（单位：m）

根据已有的研究成果，黑河中游的地下水四周的边界均可被当作定流量边界处理。年内各边界的地下水总侧向流入量参考已有研究成果，确定为每年 $2.157\times10^8\text{m}^3$，分配至各边界分别为：上游祁连山边界（*C—D*）为 $1.62\times10^8\text{m}^3$，下游北山边界（*A—B*）为 $0.37\times10^8\text{m}^3$，左右侧边界（*B—C*，*D—A*）每年侧向流入量各为 $0.08\times10^8\text{m}^3$。各边界的侧向流量假设与地表径流量成呈比关系，根据莺落峡实测黑河干流径流过程确定地下水边界侧向流过程。黑河中游地下水边界位置详见图 5-5。边界侧向流量年内分配过程见表 5-1。

表 5-1 研究区边界年内地下水侧向入流量分配表 （单位：10^8m^3）

边界	1 月	2 月	3 月	4 月	5 月	6 月	7 月	8 月	9 月	10 月	11 月	12 月	年侧向入流量
南部祁连山边界（*C—D*）	346.9	336.6	448.9	703.9	1163.0	2019.9	3499.1	3203.3	2274.9	1132.4	632.5	428.5	16200
西边界（*D—A*）	17.1	16.6	22.2	34.8	57.4	99.7	172.8	158.2	112.3	55.9	31.2	21.2	800
北山边界（*A—B*）	79.2	76.9	102.5	160.8	265.6	461.3	799.2	731.6	519.6	258.6	144.5	97.9	3700
东边界（*B—C*）	17.1	16.6	22.2	34.8	57.4	99.7	172.8	158.2	112.3	55.9	31.2	21.2	800

4. 模型的参数

GWSiB 黑河中游模型涉及的参数包括地下水水文地质参数、土壤水力学参数，以及地表植被的植被特性及生物化学参数。

黑河中游的饱和含水层地下水参数参考了前文所述的黑河中游地下水相关研究成果初步确定，后根据试错法，以 2008 年 12 月地下水位观测结果为标准，对这些参数进行了调整。最终黑河中游地下水饱和渗透系数（K_s）按 24 个子区分别考虑，渗透系数为 0.5～20m/d。承压水储水率（S_s）和潜水给水率（μ）被分为 10 个子区，数值分别从 0.003～0.17m^{-1}。黑河中游的非饱和带土壤水力学参数，基于研究区的土壤质地，采用 Cosby 等（1984）提出的经验公式加以确定。

黑河中游模型的计算中通过调整迭代次数，以及迭代收敛标准使模型计算收敛。最终确定的耦合模型控制参数为：计算采用分层迭代法，内部迭代次数为 50 次，外部迭代次数 2000 次，超松弛因子为 1.3，网格水势收敛精度为 0.001m。

黑河中游的各类植被特征及生化参数，根据黑河中游具体情况，以 Sellers 等（1996a）根据遥感数据率定的全球植被类型和参数为基础，参考站点实测数据及相关文献（刘树华等，2007；宋怡，2011），对 GWSiB 黑河中游模型中各类植被参数进行了参数标定和优化，其中黑河中游最主要的 4 种植被类型及其参数列于表 5-2 中。其中农作物的覆盖度根据模型中农作物网格总面积与黑河中游实测耕地面积的比值确定，草地、稀疏植被和裸地的植被覆盖度则来自于 WATER 试验中的实测数据和相关参考文献。植被的冠层特征和叶片特征采用了实测数据，对于无法直接观察得到的植被冠层转折点高度、植被最大羧化率、植被生长抑制温度等参数，在参考相关文献后，通过试算的方式，确定最优值。

表 5-2　黑河中游主要下垫面植被参数表　　（单位：m）

编号	参数名称	农作物	草地	稀疏植被	裸地和戈壁	备注
1	冠层顶高度	1.5	0.3	0.3	0.3	实测
2	冠层底高度	0.3	0.03	0.03	0.03	实测
3	转折层高度	0.8	0.2	0.2	0.2	优化
4	覆盖度	0.7	0.9	0.15	0.01	实测，参考文献
5	叶倾角分布因子	–0.3	–0.3	0.01	0.01	默认值
6	叶片宽度	0.08	0.01	0.01	0.01	实测
7	叶片长度	0.68	0.25	0.25	0.25	实测
8	植被堆叠比例	0	0	0	0	默认值
9	活叶可见光反射	0.07	0.105	0.1	0.1	优化，参考文献
10	死叶可见光反射	0.16	0.36	0.16	0.16	默认值
11	活叶近红外反射	0.45	0.58	0.45	0.45	优化，参考文献
12	死叶近红外反射	0.58	0.58	0.39	0.39	默认值
13	活叶可见光发射	0.07	0.07	0.05	0.05	默认值
14	死叶可见光发射	0.22	0.22	0.001	0.001	默认值
15	活叶近红外发射	0.21	0.25	0.25	0.25	优化，参考文献
16	死叶近红外发射	0.38	0.38	0.001	0.001	默认值
17	植被最大羧化率	0.0001	0.00003	0.00006	0.00006	默认值
18	光能利用效率	0.08	0.05	0.08	0.08	默认值
19	光合作用传导度斜率	9	4	9	9	默认值
20	最小叶孔传导度	0.03	0.02	0.01	0.01	优化
21	光合作用耦合系数	0.98	0.8	0.98	0.98	默认值
22	光合作用高温抑制函数	313	310	310	310	优化
23	光合作用低温抑制函数	283	280	280	280	优化

5.4.3 模型中地表地下水相互作用的模拟

GWSiB 模型中重点针对黑河地下水进行了模拟，但由于该区域内地表地下水交互强烈，地表水是地下水重要的补给源和排泄项，地表水的过程对地下水有重要影响，故在模型模拟中仍需考虑地表地下水之间的相互作用。

在黑河中游，地表水地下水相互交互主要表现在黑河干流中游上段对黑河地下水的补给、在黑河干流中游中下段黑河地下水向黑河河道的排泄，以及灌溉过程地下水的开采和入渗补给等。根据已有的黑河地表地下水转换关系的研究，黑河干流地表水在出山口后大量渗入地下，并在黑河大桥处形成地表地下水补排关系转折点。故在 GWSiB 黑河中游模型中，以黑河大桥为分界点，将黑河干流经过的网格概化为河流网格，并根据赵静等（2011）的研究成果，将在黑河大桥以上河道所在网格设定为地下水补给源，补给强度为黑河干流水量的 31%。黑河大桥以下河段网格接受地下水排泄，排泄量由模型中模拟得到的地下水位与河水位相互关系计算得到。模型中黑河干流河道的概化及地下水地表水的相互关系见图 5-6。

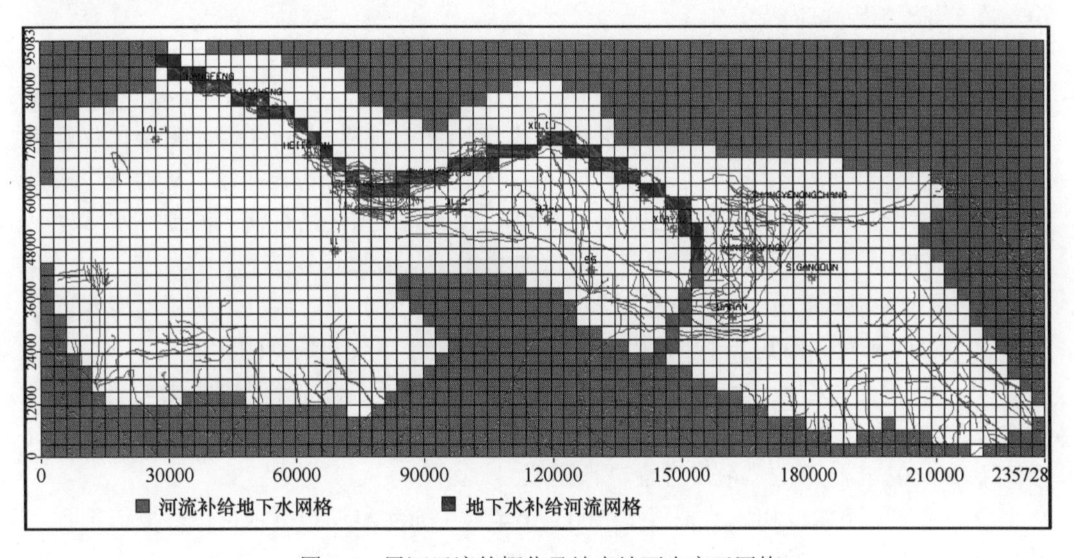

图 5-6　黑河干流的概化及地表地下水交互网格

在黑河中游，除了河流和地下水之间的关系，另外一种重要的地表地下水相互作用发生于农业灌溉过程中。灌溉到田间的水量入渗补给地下水，而在地下水埋深较浅的区域，地下水又被开采出来用于农田的灌溉。GWSiB 黑河中游模型中利用地表水灌溉渠系的范围，确定地表水灌溉范围，用区内地下水开采井的范围确定地下水开采范围。这两面积的交集为井河混灌区，并参考张掖水务部门的统计数据对河灌面积、井灌面积，以及井河混灌面积进行了修正。农业灌溉的地表水量及时间、地下水的开采量等数据基于张掖水务部门的统计数据确定，另外根据张掖水务局统计的黑河中游 2008 年各类渠系利用系数为 54.6%，估计灌溉水量回归系数约为 50%，按这个比例估算黑河中游灌溉年补给地下水量约 $1.1\times10^8 m^3$。黑河中游灌溉过程中地表地下水水量交互详见表 5-3。

表 5-3　黑河中游灌溉时间及水量表　（单位：10^4m^3）

轮次	时间	地表水灌溉水量	地下水开采水量	灌溉回归系数	灌溉入渗水量
夏灌 1 轮	4 月 21 日～5 月 18 日	1504	513	0.5	1009
夏灌 2 轮	5 月 15 日～6 月 14 日	3201	1093	0.5	2147
夏灌 3 轮	6 月 15 日～7 月 10 日	3504	1196	0.5	2350
秋灌 1 轮	7 月 21 日～8 月 06 日	3372	1151	0.5	2261
秋灌 2 轮	8 月 22 日～9 月 08 日	2831	966	0.5	1898
冬灌	10 月 18 日～11 月 25 日	2196	750	0.5	1473
合计		16608	5670		11139

灌溉的作用最终体现在耕作区土壤水分的增加上。对灌溉过程的模拟有多种形式，GWSiB 黑河中游模型中采用将灌溉水量加入地表，灌溉水在土壤最大入渗能力的约束下，进入模型中的表层土壤层，并在土壤水势驱动下进入根系层及深层土壤层。同时，当蒸发（地表层）、植被根系吸水（根系层）造成上层土壤水分亏缺时，深层的土壤水分可在毛细作用下可向上补给。

5.4.4　黑河中游模型的预热

在模型参数及输入数据确定后，需要对模型进行了预热（spin-up）。模型预热是指在数值计算的过程中先让模型运行一段时间，以使模型各部分协调起来，从而减少模型初始场对模型运行产生的干扰。GWSiB 黑河中游模型的预热具有使黑河地下水状态平滑、连续的作用。这样可以促使模型在计算中更稳定，且更快收敛到计算结果。另外，GWSiB 黑河中游模型预热还具有使黑河地表的土壤水分、地表温度、冠层温度，以及冠层、地表储水量等参数处于合理范围，且后续连续平滑变化的作用。

GWSiB 黑河中游模型预热期被设定为 2004～2007 年，利用该时段的相关数据对模型进行预热，并将预热期最后计算得到的 2008 年 1 月 1 日的结果作为模型的初值，对黑河中游 2008 年地表的蒸散发过程进行模拟。

由于本次地下水位初始值采用了 2003 年黑河中游实测的地下水位进行插值得到，并且研究区地下水年际间变化不大。黑河陆地表层的各类参数输入的初始值与真实情况接近，且这些变化迅速，较容易达到平衡。故总体来说，为期 4 年的预热可以让 GWSiB 黑河中游模型的各类初值处于合理范围内，使模型各网格间的状态变量平滑连续。

5.5　黑河中游模型的验证

由于 GWSiB 黑河中游模型是一个三维的区域模型，它能够模拟区域的能量、水量交换过程。基于该模型的特点，本次针对 GWSiB 黑河中游模型进行了单点验证和区域验证。区域验证能够对模型整体模拟及区域趋势模拟的状况进行检验，单点验证则更细致的验证了模型对黑河中游不同下垫面能水过程细节模拟的正确性。

结合模型的验证思路，利用实测的黑河中游区域地下水位、两个不同下垫面的单点观察数据，以及基于遥感的黑河中游区域蒸散发，对 GWSiB 黑河中游模型进行了验证。

5.5.1 区域地下水位验证

黑河中游地下水对地表的能量和水量过程影响巨大。GWSiB 耦合了地下水模型和陆面过程模型，地下水模拟的准确度将直接影响黑河中游蒸散发过程的模拟。故在模型验证中，首先需要对 GWSiB 模拟的黑河中游地下水过程进行验证。

以黑河中游36眼地下水观测井2008年12月实测的地下水位值为基础，通过Kriging插值得到该时刻黑河中游地下水位。将模型计算的 2008 年 12 月平均地下水位与实测地下水位与进行对比，对比结果见图 5-7。

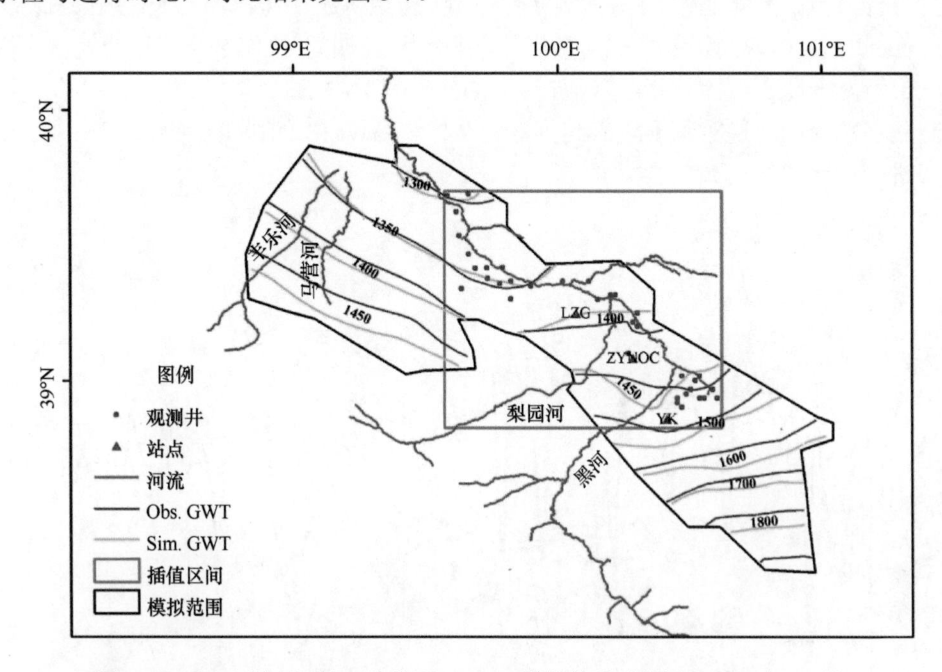

图 5-7 黑河中游观测地下水位同 GWSiB 模拟结果对比图（2008 年 12 月）

从模拟期最后时段的地下水位对比图来看，GWSiB 模型模拟的地下水与实际的地下水分布比较一致。总体来说，GWSiB 黑河中游模型模拟的地下水位能够代表黑河中游地下水的总体情况，能够满足用于地下水和陆面过程之间相互影响分析的要求。

5.5.2 能水交换过程单点验证

根据 GWSiB 黑河中游模型的特点和研究目标，分别选定临泽草地站（LZG，代表黑河中游地下水浅埋区状况）和观象台站（ZYNOC，代表黑河中游地下水深埋区状况）对 GWSiB 模型进行单点验证。验证变量为蒸散发，因为蒸散发过程不仅受到能量收支的影响，也受到水循环过程的影响，所以验证黑河中游蒸散发过程能够直接验证 GWSiB 模型的模拟精度。这两个站点的相关情况参见表 5-4。

表 5-4 模型验证站点详细资料表

站名	经纬度	地下水位/m	地下埋深/m	植被类型（SiB2 分类）	模型验证期
临泽草地站	100.07ºN，39.25ºE	1388.7	1.8	矮植被/C3 草地	5 月 31 日～7 月 14 日（土壤水分） 5 月 19 日～8 月 27 日（蒸散发）
观象台站	100.28ºN，39.08ºE	1433.8	26.4	阔叶灌木和裸土	7 月 1 日～9 月 30 日

这两个站点在模型验证期的观测数据均来源于黑河综合遥感联合试验，关于黑河综合遥感联合试验更详细的情况可参见李新等（2012），这些数据通过寒旱区科学数据中心（http://westdc.westgis.ac.cn）获得。

1. 临泽草地站验证

临泽草地站主要下垫面地表类型为草地和湿地。WATER 实验在 2007 年 10 月 1 日至 2008 年 10 月 1 日期间，在该站架设了一个自动气象站（AMS），可以提供期间的大气驱动数据。临泽草地站的蒸散发数据，则利用大孔径闪烁仪（a large aperture scintillometer，LAS）测量的感热通量间接获得。验证期间，GWSiB 模拟的地下水位埋深在 1.2～1.9 变化，叶面积指数（通过 MODIS 获得）在 2.1～4.3 变化。

将临泽草地站通过实测推求得到蒸散发结果与 GWSiB 的模拟结果，以及 SiB2 模拟的结果进行对比，结果如图 5-8 所示。

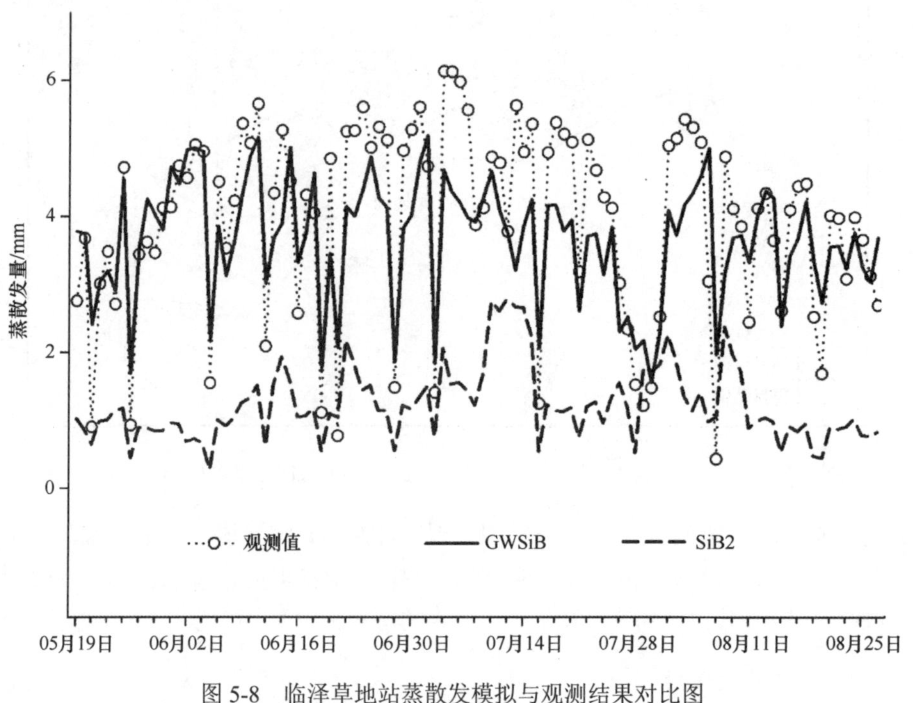

图 5-8　临泽草地站蒸散发模拟与观测结果对比图

从蒸散发对比图可以看出，在验证期内，临泽草地站的日蒸散量变化剧烈。GWSiB 计算的蒸散发总体来说能够刻画临泽草地站蒸散发的变化趋势，另外模拟的蒸散发数量也与观测值接近。在验证期 GWSiB 计算的日均蒸散发为 3.98mm。平均相对误差为 1.4%。而 SiB2 模拟的结果则明显小于真实观测值，在验证期内 SiB2 计算的平均蒸散发量仅为 0.76mm，平均相对误差达到了 80.7%。分析 SiB2 模拟的蒸散发误差大于 GWSiB 的模拟结果，主要是因为在 GWSiB 中考虑了地下水过程，更真实地描述了由于地下水侧向流动汇聚于临泽草地站区域，从而形成地下水浅埋区的状况，地下水可通过土壤毛细力的作用向上供给地表蒸散发水量。而 SiB2 仅是垂向一维模型，完全忽略了地下水的过程，从而在其模拟过程中临泽草地站蒸散发过程产生了水分胁迫，低估了该位置的蒸散发总量。总体说来，从 GWSiB 和 SiB2 模拟的结果来看，GWSiB 更真实的表现了临泽草地的蒸散发过程。

2. 观象台站验证

观象台站位于黑河中游的荒漠和戈壁区上，所处位置下垫面为荒漠戈壁。张掖国家观象台气象站地下水埋深较深，在验证期，该站地下水埋深在 25.4～26.2m 变化。通过 MODIS 卫星获得的该地植被叶面积指数在验证期内在 0.1～0.4 变化。

将 GWSiB 模型模拟的观象台站的蒸散发和观测得到的蒸散发进行对比，另外，也将同条件下 SiB2 模拟的结果列于图中，对比结果见图 5-9。

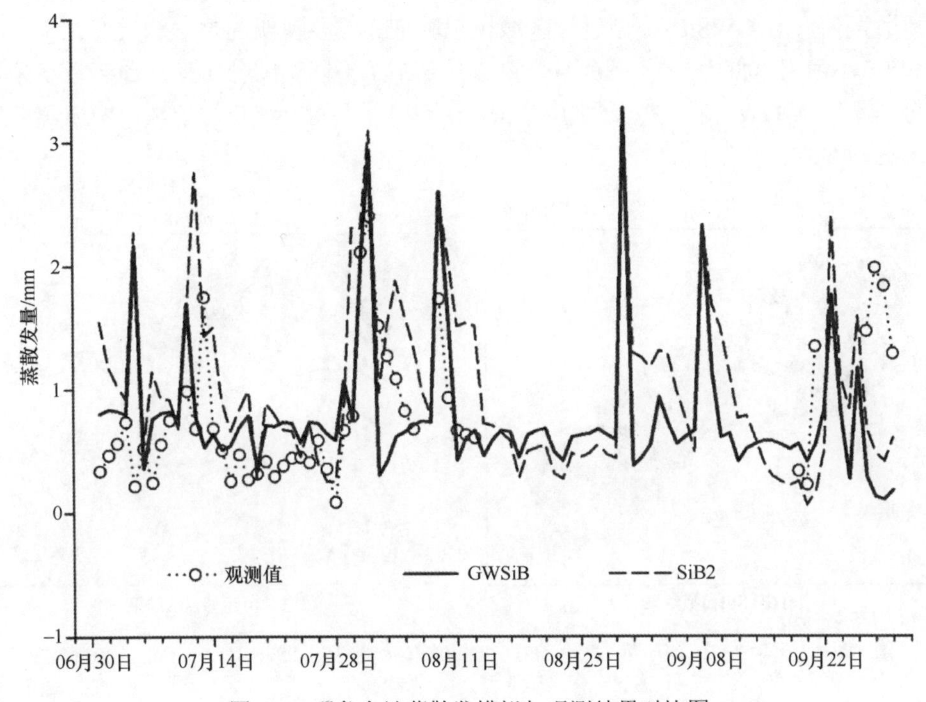

图 5-9 观象台站蒸散发模拟与观测结果对比图

从图中可以看出，GWSiB 和 SiB2 模拟的张掖国家观象台气象站的蒸散发过程相似，两个模型模拟的蒸散发结果与该点的观测结果在趋势和数量上均吻合较好。从统计数据上看，观测得到观象台气象站验证期内日平均蒸散发量为 0.72mm，而 GWSiB 模拟该时段的日平均蒸散发量为 0.74mm，SiB2 模拟的该值为 0.69mm。两模型模拟的观象台站蒸散发的相对误差则分别为 3.0%（GWSiB）和 4.7%（SiB2）。

对比 GWSiB 和 SiB2 对张掖国家观象台站蒸散发的模拟结果，可以推断出在观象台站地下水的侧向流动对地表的能水过程影响极小。大约 26m 的包气带阻挡了绝大部分地下水分向地表的运移，在这个区域水分以垂向运动为主。无论仅包括能水一维垂向运动模拟的 SiB2 模型或考虑了地下水三维运动的 GWSiB 模型均能较真实的模拟该处地表的蒸散发过程。验证结果同时也表明，GWSiB 仍然适用于这种情况，并能达到 SiB2 的模拟精度。至于，GWSiB 和 SiB2 模拟的细小差异，推断是这两种模型结构不同造成的误差。

5.5.3 区域蒸散发验证

GWSiB 模型是一个三维模型，其亦有模拟区域蒸散发的能力。GWSiB 黑河中游模型也针对黑河中游面尺度进行陆表能水过程的模拟，故除了点验证外，还需验证模型在区域上的模拟能力。“面”验证的变量也为蒸散发，区域尺度蒸散发的验证中一个关键问题是很难确定验证的“真值”，因为几乎不可能在整个区域尺度上直接对蒸散发进行观察，由此分析，通过遥感来反演区域尺度上、瞬时的蒸散发“真值”来验证 GWSiB 模型区域蒸散发计算结果就成了唯一的可行方案。

基于以上分析，参考 Li 等利用 NOAA/AVHRR 卫星数据反演的黑河流域 2008 年 8 月 2 日下午 15 时的蒸散发结果（Li et al.，2011），选取 GWSiB 计算得到的黑河中游同时刻蒸散发值，对 GWSiB 模型进行区域模拟验证。需要说明的是，这次对比中，遥感反演和 GWSiB 模拟的研究区略有不一致，并采用了不同空间分辨率（遥感反演采用了 1km 分辨率，而 GWSiB 模拟采用了 3km 分辨率）。不同方法获得的黑河中游蒸散发结果对比见图 5-10。

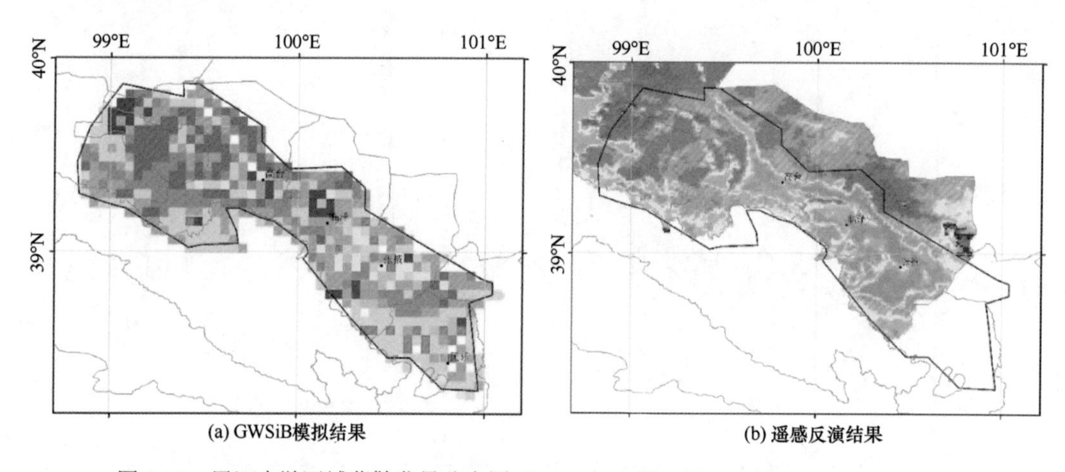

图 5-10　黑河中游区域蒸散发量分布图（2008 年 8 月 2 日 15 时）（Li et al.，2011）

从黑河中游区域蒸散发的分布图中可以看出，虽然这两个研究结果之间存在着很多细节上的差异，但 GWSiB 黑河中游模型模拟的蒸散发与遥感反演的蒸散发在空间分布上较一致，均表现出了黑河干流沿岸和农业灌溉区蒸散发量较大的特征。从两者的蒸散发量来看，模型模拟的黑河中游该时段平均蒸散发量为 0.24mm，而遥感反演得到相同时间蒸散量为 0.31mm，这两者均值之间的相对误差为 23%，这个结果相对于区域瞬时蒸散发来说在可接受范围内。

5.6 小　　结

尽管 GWSiB 模型耦合了陆面过程和地下水模型，对黑河中游能水过程模拟有了一定提高。但相对于复杂的陆地表层真实状况，模型所包含的过程模拟仍然不够充分。另外，随着模型复杂性的提高，也造成了模型包含了更多的不确定性。GWSiB 模型结构尚不完善，很多能量过程、水循环过程还未被考虑进来，如地表水与地下水的多次转化过程、水库的蓄放水、水资源的分配、土壤的冻融过程等，而这些过程会直接影响陆地表层的能量循环和水量循环；GWSiB 黑河中游的模拟空间分析率还不够细致，通常采用网格内主要作物类型来代表该网格，一些非主要的地表类型，如防护林、较小面积的农作物类型等被完全忽略，无法表现，这造成了一定的模拟误差；模型参数带来很多误差，如地下水模型中水文地质参数的误差、对无法测量的植被参数进行估计带来的误差、固定的植被参数和实际变化的植被状态之间的误差等。这些误差直接影响了模型模拟的精度；模型的输入数据也带来很多误差，如气象数据的误差、地表覆被的误差、土壤数据的误差、遥感测量 LAI 的误差，以及模型中小河流量的估算误差、地下水侧向入流的误差等。这些不足和不确定性最终影响到 GWSiB 模型的准确性和模拟精度。

针对 GWSiB 黑河中游模型的不足及干旱区能水过程研究的进展，未来进一步将地表水过程考虑进来，模拟黑河干流分水、水资源管理、详细的灌溉过程、水量平衡等对黑河流域能量、水量循环的影响；输入更细致的黑河下垫面状况，更真实的大气驱动数据、地表覆被数据、土壤数据、叶面积指数数据、地下水数据；更细致的建立黑河中游特有的下垫面类型及参数体系，从而为更准确的模拟黑河能水过程奠定基础。

参考文献

胡立堂. 2004. 地下水三维流多边形有限差分模拟软件开发研究及实例应用. 中国地质大学博士学位论文.

胡隐樵. 1991. 黑河地区地气相互作用观测试验研究(HEIFE). 地球科学进展, 6(4): 34-38.

李新, 刘绍民, 马明国, 肖青, 柳钦火, 晋锐, 车涛, 王维真, 祁元, 李弘毅, 朱高峰, 郭建文, 冉有华, 闻建光, 王树果. 2012. 黑河流域生态-水文过程综合遥感观测联合试验总体设计. 地球科学进展, 27(5): 481-498.

刘树华. 2004. 环境物理学. 北京: 化学工业出版社.

刘树华, 于飞, 刘和平, 张称意, 梁福明, 王建华. 2007. 干旱、半干旱地区蒸散过程的模拟研究. 北京大学学报(自然科学版), 43(3): 359-366.

吕达仁, 陈佐忠, 王庚辰, 等. 1977. 内蒙古半干旱草原土壤-植被-大气相互作用: 科学问题与试验计划概述.气候与环境研究, 2(3): 199-209.

马耀明, 姚檀栋, 王介民. 2006. 青藏高原能量和水循环试验研究-GAME/ Tibet 与 CAMP/Tibet 研究进展 . 高原气象, 25(2): 344-351.

宋怡. 2011. 干旱区农田蒸散发遥感估算方法研究. 中国科学院寒区旱区环境与工程研究所博士学位论文.

苏建平. 2005. 黑河中游张掖盆地地下水模拟及水资源可持续利用. 中国科学院研究生院博士学位论文.

孙菽芬. 2005. 陆面过程的物理、生化机理和参数化模型. 北京: 气象出版社.

田伟, 李新, 程国栋, 王旭升, 胡晓农. 2012. 基于地下水陆面过程耦合模型的黑河干流中游耗水分析. 冰川冻土, 34(3): 669-679.

王介民. 1999. 陆面过程实验和地气相互作用研究——从 HEIFE 到 IMGRASS 和 GAME Tibet/TIPEX. 高原气象, 18(3): 280-294.

王旭升. 2007. AquiferFlow 含水层变饱和度地下水流的三维有限差分模型. 中国地质大学(北京)硕士学位论文.

张强, 黄荣辉, 王胜, 等. 2005. 西北干旱区陆 2 气相互作用试验(NWC2ALIEX)及其研究进展. 地球科学进展, 20(4): 427-441.

张雁. 1998. 淮河流域能量与水分循环试验和研究. 气象科技, 4 : 33-38.

赵静, 王旭升, 万力. 2011. 黑河干流高崖断面径流变化及其模拟. 中国沙漠, 31(5): 1337-1342.

周剑. 2008. 黑河流域水循环过程模拟研究. 中国科学院研究生院博士学位论文.

周剑, 李新, 王根绪, 潘小多. 2008. 陆面过程模式 SIB2 与包气带入渗模型的耦合及其应用. 地球科学进展, (06): 570-579.

周兴智, 赵剑东, 王志广. 1990. 甘肃省黑河干流中游地区地下水资源及其合理开发利用勘察研究. 甘肃省地矿局第二水文地质工程地质队.

Clapp R B, Hornberger G M. 1978. Empirical equations for some soil hydraulic properties. Water Resour. Res, 14: 601-604. Doi: 10.1029/WR014i004p00601.

Fan Y, Miguez-Macho G, Weaver C P, Walko R, Robock A. 2007. Incorporating water table dynamics in climate modeling: 1. water table observations and equilibrium water table simulations. Journal of Geophysical Research-Atmospheres, 112: Artn D10125. Doi: 10.1029/2006jd008111.

Gardner W R, Fireman M. 1958. Laboratory studies of evaporation from soil columns in the presence of a water table. Soil Science, 85. 244-249.

Gedney N, Cox P M. 2003. The sensitivity of global climate model simulations to the representation of soil moisture heterogeneity. Journal of Hydrometeorology, 4: 1265-1275.

Gutowski W J, Jr Vörösmarty C J, Person M, Ötles Z, Fekete B, York J. 2002. A coupled land-atmosphere simulation program(CLASP): calibration and validation. J Geophys Res, 107: 4283, Doi: 10.1029/2001jd000392.

Kollet S J, Maxwell R M. 2008. Demonstrating fractal scaling of baseflow residence time distributions using a fully-coupled groundwater and land surface model. Geophysical Research Letters, 35: L07402. Doi: 10.1029/2008gl033215.

Li X, Cheng G D, Liu S M, Xiao Q, Ma M G, Jin R, Che T, Liu Q H, Wang W Z, Qi Y, Wen J G, Li H Y, Zhu G F, Guo J W, Ran Y H, Wang S G, Zhu Z L, Zhou J, Hu X L, Xu Z W. 2013. Heihe watershed allied telemetry experimental research(HiWATER): scientific objectives and experimental design. Bulletin of American Meteorological Society, 94(8): 1145-1160. Doi: 10.1175/BAMS-D-12-00154.1.

Li X, Lu L, Yang W, Cheng G. 2011. Estimation of evapotranspiration in an arid region by remote sensing—a case study in the middle reaches of the Heihe River Basin. International Journal of Applied Earth Observation and Geoinformation, 17: 85-93. Doi: 10.1016/j.jag.2011.09.008.

Li X, Koike T, Pathmathevan M. 2004. A very fast simulated re-annealing (VFSA) approach for land data assimilation. Computers & Geosciences, 30: 239-248.

Liang X, Xie Z H, Huang M Y. 2003. A new parameterization for surface and groundwater interactions and its impact on water budgets with the variable infiltration capacity (VIC) land surface model. Journal of Geophysical Research-Atmospheres, 108, Artn 8613, Doi 10.1029/2002jd003090.

Maxwell R M, Miller N L. 2006. Development of a coupled land surface and groundwater model. Journal of Hydrometeorology, 6: 233-247. Doi: 10.1175/jhm422.1, 2005.

Maxwell R M, Lundquist J K, Mirocha J D, Smith S G, Woodward C S, Tompson A F B. 2011. Development of a coupled groundwater-atmosphere model. Monthly Weather Review, 139: 96-116. Doi: 10.1175/2010mwr3392.1.

Niu G Y, Paniconi C, Troch P A, Scott R L, Durcik M, Zeng X B, Huxman T, Goodrich D C. 2014. An integrated modelling framework of catchment- scale ecohydrological processes: 1. model description and tests over an energy- limited watershed. Ecohydrology, 7: 427-439, 10.1002/eco.1362.

Niu G Y, Yang Z L, Dickinson R E, Gulden L E, Su H. 2007. Development of a simple groundwater model for use in climate models and evaluation with gravity recovery and climate experiment data. Journal of Geophysical Research-Atmospheres, 112: Artn 07103.

Ran Y, Li X, Lu L, Li Z. 2012. Large-scale land cover mapping with the integration of multi-source information based on the Dempster–Shafer theory. International Journal of Geographical Information Science, 26: 169-191.

Randall D A, Dazlich D A, Zhang C, Denning A S, Sellers P J, Tucker C J, Bounoua L, Los S O, Justice C O, Fung I. 1996. A revised land surface parameterization (SiB2) for GCMs .3. The greening of the Colorado State University general circulation model. Journal of Climate, 9: 738-763.

Sellers P J, Dorman J L. 1987. Testing the simple biosphere model (sib) using point micrometeorological and

biophysical data. Journal of Climate and Applied Meteorology, 26: 622-651.
Sellers P J, Los S O, Tucker C J, Justice C O, Dazlich D A, Collatz G J, Randall D A. 1996a. A revised land surface parameterization(SiB2)for atmospheric GCMs.2. The generation of global fields of terrestrial biophysical parameters from satellite data. Journal of Climate, 9: 706-737.
Sellers P J, Randall D A, Collatz G J, Berry J A, Field C B, Dazlich D A, Zhang C, Collelo G D, Bounoua L. 1996b. A revised land surface parameterization (SiB2) for atmospheric GCMs.1. model formulation. Journal of Climate, 9: 676-705.
Sellers P J, Mintz Y, Sud Y C, Dalcher A. 1986. A simple biosphere model (sib) for use within general-circulation models. J Atmos Sci, 43: 505-531.
Shangguan W, Dai Y, Liu B, Ye A, Yuan H. 2011. A soil particle-size distribution dataset for regional land and climate modelling in China. Geoderma, 171-172: 85-91. Doi: 10.1016/j.geoderma.2011.01.013.
Shi Y N, Davis K J, Duffy C J, Yu X. 2013. Development of a coupled land surface hydrologic model and evaluation at a critical zone observatory. Journal of Hydrometeorology, 14: 1401-1420. Doi: 10.1175/jhm-d-12-0145.1.
Tian Y, Zheng Y, Zheng C, Xiao H, Fan W, Zou S, Wu B, Yao Y, Zhang A, Liu J. 2015a. Exploring scale-dependent ecohydrological responses in a large endorheic river basin through integrated surface water-groundwater modeling. Water Resources Research, 51: 4065-4085.
Tian Y, Zheng Y, Zheng C. 2015b. Development of a 3D visualization tool for integrated surface water and groundwater modeling. Computers & Geosciences, 63: 170-184.
Tian Y, Zheng Y, Wu B, Wu X, Liu J, Zheng C. 2015c. Modeling surface water-groundwater interaction in arid and semi-arid regions with intensive agriculture. Environmental Modelling & Software, 63: 170-184.
Tian W, Li X, Cheng G D, Wang X S, Hu B X. 2012. Coupling a groundwater model with a land surface model to improve water and energy cycle simulation. Hydrology and Earth System Sciences, 16: 4707-4723.
Tian X J, Xie Z H, Zhang S L, Liang M L.2006. A subsurface runoff parameterization with water storage and recharge based on the Boussinesq-Storage Equation for a Land Surface Model. Sci China Ser D, 49: 622-631. Doi 10.1007/s11430-006-0622-z.
Wang L, Koike T, Yang K, Jackson T J, Bindlish R, Yang D W. 2009. Development of a distributed biosphere hydrological model and its evaluation with the Southern Great Plains Experiments(SGP97 and SGP99). Journal of Geophysical Research-Atmospheres, 114: D08107. Doi: 10.1029/2008jd010800.
Xie Z H, Di Z H, Luo Z D, Ma Q. 2012. A quasi-three-dimensional variably saturated groundwater flow model for climate modeling. Journal of Hydrometeorology, 13: 27-46, 10.1175/jhm-d-10-05019.1.
Yao Y Y, Zheng C M, Liu J, Cao G, Xiao H, Li H, Li W. 2015. Conceptual and numerical models for groundwater flow in an arid inland river basin. Hydrological Processes, 29: 1480-1492.
Yeh P J F, Eltahir E A B. 2005. Representation of water table dynamics in a land surface scheme. Part I: model development. Journal of Climate, 18: 1861-1880. Doi: 10.1175/jcli3330.1.
York J P, Person M, Gutowski W J, Winter T C. 2002. Putting aquifers into atmospheric simulation models: an example from the Mill Creek Watershed, northeastern Kansas. Advances in Water Resources, 25: 221-238.
Yuan X, Xie Z H, Zheng J, Tian X J, Yang Z L. 2008. Effects of water table dynamics on regional climate: a case study over east Asian monsoon area. Journal of Geophysical Research-Atmospheres, 113: D21112.

第 5 章附录

黑河中游简介

黑河中游包括黑河东、中部水系的中游区，研究区在 38.7º～39.8ºN，98.5º～102ºE，包括了莺落峡水文站至正义峡水文站之间的大部分区域，面积约 12825km^2，自东到西包括张掖、临泽、高台等县市行政区。

黑河中游总的地势为东高西低，东南北三面环山，呈现山间盆地景观，其周边的山地多属中低山和丘陵，南面为祁连山，北面为龙首山，在西侧与酒泉盆地相连。在水文地质结构上，该区作为独立的水文地质单元，被称为“张掖盆地”。该范围内的河流主要包括黑河东部水系从童子坝河到石灰关河的 13 条河流，以及黑河中部子水系的马营河至观山河之间的 6 条河流。该区域内包括了黑河东、中部水系的大部分绿洲区，是黑河流域水资源的主要消耗区。

黑河中游内的河流主要包括黑河东部水系从童子坝河到石灰关河的 13 条河流，以及黑河中部子水系的马营河至观山河之间的 6 条河流。根据赵静（2010）的统计结果，区内各河径流及相关属性列于表 5-5、表 5-6 中。

表 5-5　SiB2 中的陆地下垫面类型

编号	植被类型
1	常绿阔叶林
2	落叶阔叶林
3	阔叶针叶混合林
4	常绿针叶林
5	落叶针叶林
6	矮植被/C4 草地
7	阔叶灌木和裸土
8	矮树和灌木
9	农作物/C3 草地

表 5-6　黑河中游内各河特征参数及径流量表

编号	水系	河流名称	集水面积/km^2	平均海拔/m	平均降水量/mm	平均蒸发量/mm	多年平均径流量/10^8m^3
1	中部子水系	观山河	135	3345	382	1007	0.154
2		丰乐河	568	2778	441	856	0.94
3		涌泉坝河	75	3088	376	1079	0.066
4		榆林坝河	53	2780	392	1099	0.0436
5		黄草坝河	49.3	3233	369	1115	0.0311
6		马营河	619	3584	449	864	1.16
7	东部子水系	石灰关河	68.1	3460	413	936	0.126
8		水关河	67.3	3679	412	921	0.126

续表

编号	水系	河流名称	集水面积/km^2	平均海拔/m	平均降水量/mm	平均蒸发量/mm	多年平均径流量/10^8m^3
9	东部子水系	摆浪河	211	3133	395	918	0.409
10		大河	28	3534	325	1025	0.0514
11		梨园河	2240	3529	375	918	2.37
12		大磁窑河	220	3536	359	981	0.136
13		黑河干流	10009	3514	475	772	15.88
14		大野口河	102	3280	430	788	0.145
15		酥油口河	217	3858	467	778	0.448
16		大都麻河	229	3873	504	775	0.859
17		小都麻河	101	2972	432	790	0.174
18		海潮坝河	152	3432	492	786	0.483
19		洪水河	578	3783	494	784	1.257
20		童子坝河	331	3346	511	790	0.738
合计			16052.7				25.8291

第6章 黑河中游生态水文模型集成

周 剑 李 新

黑河地处干旱半干旱地区，粮食生产主要依靠灌溉，灌溉（人工）绿洲是黑河中游最重要的生态系统。过去几十年来，一方面，由于人口增长和有限的水资源导致人工绿洲耕地需水增加与自然生态用水减少的现象日趋加剧；另一方面由于绿洲水资源管理不当，引起了诸如荒漠化、盐碱化、沙尘暴等问题，直接威胁着干旱半干旱地区流域可持续发展（Wang and Cheng，1999）。提高绿洲农业生产的水资源利用效率和优化灌溉成为缓解农业和生态用水矛盾的有效途径（Tuong and Bhuiyan，1999）。随着科学技术的发展，灌溉规划已经从最开始的基于社会政策性的分配方式转换为强调科学技术的优化配置（Paudyal and Das Gupta，1990）。发展同时考虑绿洲作物生态系统和水循环之间相互作用的数值模型成了定量研究绿洲灌溉和优化配置水资源的基础（Raman et al.，1992），社会经济快速发展迫切需要干旱半干旱地区水文循环-生态环境的相互关系和演化规律的基础性研究。

在过去的十几年里，许多科学家（Smettem，2008；Diekkrüger and Arning，1995；Shaffer and Olsen，2001；Ittersum and Donatelli，2003）都致力于研究生态系统和水循环之间复杂的相互作用，并为生态-水文模型和土壤-植被-大气模型的发展作出了自己的贡献。国际地圈生物圈计划（IGBP）、国际全球环境变化人文因素计划（IHDP）也将水循环中生物圈作用研究（BAHC）与土地利用与覆被变化的关系作为其核心计划（Hoff，2002；Lambin et al.，2002），而在IGBP与IHDP共同确立的国际间研究计划LUCC中，一个主要问题就是要了解区域土地利用与覆被变化对水文过程与水资源的响应（Suzanne，2001；Nunes and Auge，1999）。土地覆盖与土地利用变化引起的区域植被生态系统改变反过来又对区域水文循环过程也有着极其显著的影响（Zhang et al.，2001；邓慧平等，2003；傅伯杰等，2002）。关于流域尺度土地利用/覆盖变化，以及人类活动对水文过程的影响已成为近10年来水文科学发展的一个重要领域（Huang and Zhang，2004；Hoff，2002）。

随着农作物产量预测及估产、精准农业、农田环境调控、农田管理决策支持、气候变化对农作物的影响等研究领域逐渐成为热点。描述各种农作物在不同农业生态区、天气状况、水资源管理条件下生长发育过程的模型发展迅速。作物生长模型从农业生态系统物质平衡、能量守恒原理和物质能量转换原理出发，以光、温、水、土壤等条件为环境驱动变量，对作物生长过程中的光合、呼吸、蒸腾等重要生理作用进行数学建模。作物生长模型从机理上定量描述作物生长发育过程及其与环境因素之间的关系，综合了大气、土壤、作物遗传特性和田间管理等因素对作物生长变化的影响。从而能够帮助我们理解作物生长和环境的相互作用（Kropff and Goudriaan，1994），提供优化的农业管理政策（Meinke et al.，2001；Booltink et al.，2001；Munch et al.，2001；Kersebaum et al.，2002）。作物生长模型的发展普遍从农业生态学的角度出发，重点模拟作物光合作用、呼吸作用和生理过程，对作物生长过程中水量消耗处理相对概化。水分是植被生长所必需的，模型如果能准确反映作物生长过程中其根系提取土壤水分和叶片蒸腾的机理对确定水资源的可用性和可持续管理有限的水资源非常重要（Scanlon et al.，2002），尤其在干旱半干旱地区（Gartuza-Payán et al.，1998）。一方面，土壤水分是影响作物产量的一个主要因素（Shepherd et al.，2002；Anwar et al.，2003；Patil and Sheelavantar，2004）；另一方面，土壤蒸发和作物蒸腾是造成土壤-植被系统中水分流失的主要变量，反过来决定着土壤水分的状况（Burman and Pochop，1994；Monteith and Unsworth，1990）。尽可能精确地计算作物生长过程中水分的循环对于降低作物生态模型模拟结果的不确定性很重要（Aggarwal，1995；Addiscot et al.，1995）。绿洲作物生长-水文循环的耦合不仅有助于我们更好地理解绿洲生态水文过程，进而实现水资源的有效管理和节水农业，为缓解农业生产用水与生态用水矛盾提供帮助，而且可以帮助估计极端气象条件下作物的产量，引导政府管理者做出正确的决策，进而保护该地区的粮食安全。

6.1 作物生长和土壤水分运移模拟研究

6.1.1 作物生长模型

随着农业生态和水资源管理综合研究的不断深入，作物生长模型得到了充分发展和广泛应用。作物生长模型研究起步于 20 世纪 60 年代，随着作物生长动力学的创立和计算机技术的发展，作物生长模型已从最初的统计模型或半经验模型发展为作物生长机理模型，从最初的理论研究走向了实际应用。纵观作物生长模型的发展历史，其发展过程可分为三个阶段：早期模型研制阶段、中期模型初步应用阶段和近期实际可操作应用阶段（谢云和 Kiniry，2002）。世界上许多国家都进行了作物生长模型研究，其中广泛应用的模型主要发展于欧洲和美国。SUCROS、ORYZA（Goudriaan and van Laar，1994）、WOFOST（world food studies）（Boogaard et al.，1998）和最近发展的 GECROS 模型（Yin and van Laar，2005）源于欧洲；CERES 系列模型、CROPGRO 模型和 GOSSYM 模型则源于美国。这些模型主要分为两类：一类是针对特定作物的模型，如 CERES 系列模型；另一类是适用于多种作物的普适模型，如 WOFOST 模型。作物生长模型主要针对光和作用、呼吸作用、蒸腾作用、干物质生成与分配、作物生育进程、根系生长分布、土壤水分状况和土壤氮素运移等过程进行模拟和研究，有助于我们理解和认识作物生长发育过程的基本规律，并对作物动态生长变化过程和最终产量进行预测，从而为农业生产系统的适时合理调控提供决策依据。

1. 欧洲作物生长模型

欧洲作物生长模型主要以荷兰瓦赫宁根大学的研究为代表，由 De Wit 开创的作物生长模型研究自成体系，影响极大，故有 De Wit 学派之称（Bouman et al.，1996; De Wit，1978；Stroosnijder，1982）。针对不同的生长水平，即潜在生长、水分受限生长、氮素受限生长和养分受限生长，随着研究领域的不断扩展，De Wit 学派先后开发了一系列模型。ELCROS（elementary crop simulator）（De Wit，1970）是 De Wit 学派发布的第一个作物生长动力学模型。此后，在 ELCROS 基础上发展形成了 BACROS（basic crop grow simulator）模型（Penning de Vries and van Laar，1982；Penning de Vries，1980）。BACROS 属于综合模型，可以模拟作物的潜在生长和蒸腾作用。BACROS 对作物生理生态过程进行了非常细致的量化，但其异地性使用受到较大限制。20 世纪 80 年代，出于面向实际应用的目的，通过对已有综合模型的简化，基于 BACROS 模型的基本框架发展出了第一个概要模型，即 SUCROS 模型（simple and universal crop growth simulator）（Spitters et al.，1989），SUCROS 模型最大的特点就是通用性和普适性，适用于不同环境条件下不同作物的生长过程模拟。为了探索增加发展中国家生产力的可能性，世界粮食研究中心在 SUCROS 模型的基础上进一步发展了具有较大影响的 WOFOST（world food studies）模型（Van Keulen and Wolf，1986；Boogaard et al.，1998）。WOFOST 模型着重强调其在定量评价土地生产力、区域农作物产量预报、风险分析和年际间产量变化及气候变化影响农作物产量等研究中的应用（Hijmans et al.，1994）。WOFOST 可以针对三种不同的生产水平模拟作物生长变化过程，即模拟潜在作物生长、水分限制条件下的作物生长和养分限制条件下的作物生长。WOFOST 模型采用通用的过程描述方式，只需改变作物生理参数就可模拟不同的作物类型。在欧盟的 MARS（monitoring agriculture with remote sensing）工程中，WOFOST 模型被选择作为农作物产量预测模型被合并到 CGMS（crop growth monitoring system）中，现在用于整个欧盟地区的农作物产量预测。

另外一个值得关注的欧洲作物生长模型是法国农业部（INRA）开发的普适作物生长模型 STICS（Brisson et al.，2003）。它同样由气象数据作为外部驱动来模拟作物生长、土壤水平衡和土壤 N 平衡。STICS 模型的开发目的是作物生长模型普适化，其作物生长模拟理论主要倾向于荷兰学派，通过对不同模型的特殊部分进行普适化，使得 STICS 可以模拟多数作物类型的生长。STICS 模型的开发者认为不同作物生长的一个主要区别源自作物生长与田间管理模式的极大相关性，因此该模型将田间管理部分作为模型考虑的一个重点。

2. 美国作物生长模型

美国作物生长模型与荷兰作物生长模型相比，其特点是强调综合性、应用性，在保证模型机理性的同时，尽量模型结构相对简化。在借鉴荷兰等国家已有作物生长模型的研究基础上，充分考虑到美国农业的特点，研发了 CERES 系列模型、CROPGRO 模型和 GOSSYM 模型等作物生长模型。

CERES 系列模型针对小麦、水稻、玉米、高粱、大麦、谷子等不同作物而开发（Alagarswamy et al.，1988；Jones and Kiniry，1986；Otter Nacke et al.，1991；Ritchie et al.，1987；Ritchie and Otter，1985；Wilkerson et al.，1983），CERES 系列模型不受地域、气候、土壤类型等条件的限制，综合考虑作物-土壤-大气系统之间的相互作用和动态变化。

CROPGRO（CROP GROwth）模型主要模拟籽实豆类作物的生长、发育和产量形成的过程（Hoogenboom et al.，992）。最初只包括大豆模型 SOYGRO、花生模型 PNUTGRO 和干菜豆模型 BEANGRO。目前模型扩展到能模拟的作物包括大豆、花生、菜豆、鹰嘴豆、西红柿等。除了刻画粮食和豆类作物的生长模型，GOSSYM（Lemmon，1986）棉花模型也是美国作物生长模型的一个重要组成。该模型模拟了影响棉花生长发育和产量形成的主要生物学和非生物学过程。

作为过程模型，即便模型相对简化，仍需要输入天气变量、土壤变量、作物参数、管理参数等变量和参数数据。众多的变量和参数限制了模型的实际应用，针对这一问题，美国农业部实施了 IBSNAT（international benchmark sites for agro–technology transfer）项目，开发出了 DSSAT（decision support system for agro-technology transfer）（Jones et al.，2003），即农业技术推广决策支持系统。DSSAT 通过汇总各种作物生长模型和标准化模型的参数化，方便模型的普及和应用。DSSAT 的主要目标之一是以系统分析的方法帮助提高发展中国家的农业生产水平，并立意为小型农户的经济持续性、自然资源的有效利用，以及环境保护做出有益的成果（Hoogenboom et al.，1999；Uehara and Tsuji，1998）。DSSAT 中最主要的作物生长模型是 CERES 系列模型和 CROPGRO 模型。

3. 澳大利亚 APSIM 模型

APSIM（agricultural production systems simulator）模型框架由 APSRU（Agricultural Production Systems Research Unit）小组（CSIRO 和昆士兰州政府联合组建）开发。其中包含了施肥、灌溉、土壤侵蚀、土壤氮素和磷素平衡、土壤温度、土壤水分平衡、溶质运移、残茬分解等过程模块。与 DSSAT 类似，APSIM 通过建立公用平台集成了各种不同的作物生长模型（McCown et al.，1996）。公用平台的使用使得模型或模块之间的相互比较更加容易，便于交叉学科或领域的应用实现。APSIM 的设计特色是允许用户通过选择一系列的作物、土壤，以及其他子模块来配置自己的作物生长模型。模块之间的逻辑联系可以非常简单地通过模块“插拔”来实现。基于模块所具有的“插拔”功能，APSIM 能够很好地模拟耕地的连作、轮作、间作及农林混作效应，但是 APSIM 与其他作物生长模型的不同之处在于 APSIM 核心突出的是土壤而非植被。在一定的天气条件和农田管理措施下，土壤特征变量的连续变化被作为模拟的中心，而作物、牧草或树木的生长和存在与否则作为土壤属性改变的驱动。APSIM 目前能模拟的作物包括小麦、玉米、棉花、油菜、紫花苜蓿、豆类作物及杂草等，应用领域包括作物管理、作物育种、种植制度、区域水平衡、气候变化和土地利用等（Akinseye et al.，2017；Battisti et al.，2017；Chauhan et al.，2017；He et al.，2017）。

4. 我国作物生长模型

我国从 20 世纪 80 年代中期开始引进国外发展成熟的作物生长模型，通过学习、消化和改进国外模型，国内研究人员在小麦、玉米、水稻、棉花等主要作物的模拟模型和个别生理过程模拟研究方面取得了一定的成绩（王石立等，1991；高亮之等，1992；潘学标等，1996；冯利平等，1997；尚宗波等，2000）。在此基础之上，一些自主开发的作物生长模型相继出现。高亮之等（1989）研发的水稻钟模型算是国内推出的首个作物生长模型。目前，有影响并得到应用的模型有 CCSODS（crop computer simulation，optimization，decision making system）系列模型（高亮之等，1992，2000）和 COTGROW 棉花模型（潘学标等，1996）。CCSODS 是作物计算机模拟优化决策系统。该系统结合了作物生长发育模拟与作物栽培的优化原理，具有较强的机理性、通用性和综合性。可以模拟水稻、小麦、玉米和棉花 4 种我国的主要农作物，其中以水稻模型 CCSODS 最著名。CCSODS 可以针对我国不同地区、不同气候、土壤等环境条件，制定出相应作物任何品种的最佳栽培技术体系。CCSDOS 大致可以分为 4 个部分：①数据库，包括气象数据库、土壤数据库和品种参数数据库；②模拟模型；③优化模型；④决策系统。COTGROW 棉花模型参考了 GOSSYM 模型的物质平衡、单个器官生长发育、按器官潜在生长进行干物质分配的原理；MACROS 模型的水分平衡和按器官物质构成确定生长呼吸的原理，以及 OZCOT 模型的单株载铃反馈控制原理。在我国的田间试验结果和生产背景下，着重描述土壤-棉花-大气系统中的主要生理和物理过程，在考虑模型的理论性的同时，关注模型的实用性。它是一个可用于栽培管理的棉花生长发育模拟模型，考虑了棉花的发育与形态发生、水分平衡、碳素平衡、氮素平衡、磷和钾的吸收及我国的常规棉花栽培措施。虽然我国自主研发了一些作物生长模拟模型和系统，但大部分国内开展的相关研究仍主要使用国外作物生长模型，或在国外作物生长模型的基础上进行修改或简化，真正创新意义的自主研发并得到广泛使用的作物生长模型为数较少。

6.1.2 土壤包气带水分运移研究

包气带水是连接地表水和地下水的纽带，是水资源形成、转化和消耗过程中不可缺少的部分。包气带水分分布和运移对地表植被生长有着重要的影响，包气带水的形成及运动规律不仅对阐明地下水的形成具有重要意义，而且是实现农业节水的关键。国际上对包气带土壤水分运移的研究可以追溯到 100 多年前。1856 年法国工程师 Darcy 首次通过均匀砂质虑层的渗透试验得出了达西定律（孙纳正，1981；雷志栋等，1988），开创了土壤水定量研究的新局面。1907 年 Buchingha 首先研究了水的能量问题，提出了毛管势理论。1931 年 Richards 根据达西定律和连续性方程推导出了非饱和流基本方程，并使用解析法和数值法求解基本方程，对土壤水分运动状态进行了定量研究。1957 年，Philip 结合前人的理论和实验成果，首次提出了非恒温条件下土壤水流运动方程（Philip，1957；Philip and de Vries，1957）。1966 年，Philip 提出了土壤-植物-大气连续体（soil-plant-atmosphere continuum，SPAC）的概念（Philip，1966），这一概念的提出奠定了现代农田水分研究的理论基础，是土壤水研究理论的一个重大突破。随着土壤非饱和水流理论的进一步发展，以及近代物理和数学的渗入包气带土壤水分数值模拟得到了迅速发展。数学物理方法的引入，使得该领域的研究逐步由静态走向动态、由定性描述走向定量、由经验走向机理（雷志栋等，1999）。20 世纪 70 年代美国 Nielsen 等提出了土壤性质空间变异性问题（Nielsen et al.，1973）。后来，为了减小模拟的水分动态的误差又发展了确定性模型与随机模型相结合的“标定”理论及方法。1982 年 Milly 给出了考虑滞后效应的非均质土壤水热联合运动模型（Milly，1982）。从 80 年代起，土壤水分优先流的研究成为国际上土壤水研究的一个热点。Bouma 于 1981 年提出了大、中、小土壤孔隙的界定和划分方法，以及低含水率条件下土壤孔隙特征的分形描述方法（Bouma，1981）。Beven 和 Germann 于 1982 年应用波方程来描述大孔隙流的垂直流动（Beven and Germann，1982）。Jury 等先后采用随机传递函数模型估算土壤非均匀性对土壤溶质运移的影响（Jury，1982；Jury et al.，1982；Butters and Jury，1989）。

近几年，国内学者在包气带水分动态模拟方面开展了众多研究，并取得相应的研究成果。李道西和罗金耀（2004）基于土壤水动力学原理，建立了针对地下滴灌（SDI）的土壤水分运动数学模型，模型模拟计算结果得到了室内试验的验证。刘增进等（2004）在考虑冬小麦根系吸水影响的条件下对冬小麦生长过程中土壤水分的运动和变化进行了数值研究。池宝亮等（2005）则依据非饱和土壤水动力学理论，应用 Hydrus 软件开展了点源地下滴灌土壤水分运动数值模拟及验证研究。

6.1.3 遥感应用于作物生长模拟

自 1979 年 Wiegand 等（1979）提出可将遥感信息引入作物模型以提高模型模拟的准确性后，遥感信息应用于作物生长模型（主要是统计模型或半经验模型）进行作物长势、灾害监测以及估产已经开展了几十年。以美国和荷兰、法国等欧盟国家，以及 FAO、IGBP 等国际组织和国际计划为主，开展了大量工作。但真正将作物生长机理模型替代原来的经验或半经验模型而与遥感信息进行结合还是近十几年的研究成果。遥感信息（包括地面的光谱观测和卫星数据）与作物生长模型的结合可以基于以下两种策略来实现：①驱动策略，即顺序同化策略，基于“观测值”比模拟值更为准确的假设，模型运行过程中如果在某一时刻遥感观测值存在，就可以用遥感观测值去更新作物生长模型中与之对应的状态变量（如 LAI）；②调控策略，又称连续同化策略，通过调整作物生长过程中与作物生长发育和产量密切相关并难于大范围获取的初始条件和参数来减小遥感观测值与相应状态变量模拟值之间的差距，从而达到估计这些初始值和参数值的目的。连续同化策略直接同化光谱反射率数据对模型进行初始化和参数化。直接同化光谱反射率数据需要耦合冠层辐射传输模型与作物生长模型，通过直接比较遥感观测得到的光谱反射率与耦合模型模拟的反射率差异，来调整控制作物生长发育和产量的关键参数或初始值，并最终确定它们的值。与驱动法不同，遥感反演数据（如 LAI、NDVI 等）被用来调整控制作物生长发育和产量的关键参数或初始值，以使调整后的模型模拟值与同时间的遥感观测值相差最小，而不是直接用于驱动模型运行。通过调整参数或初始值，作物生长过程模拟就被认为是在正确参数和状态下进行的，并由此可以得到作物生长发育过程模拟的各种相关信息。

6.2 黑河流域农业生态水文耦合模型的模块选择

6.2.1 WOFOST 作物生长模型

WOFOST 模型描述作物生长发育的基本生理过程，如光合作用、呼吸作用、蒸腾、同化物质分配及干物质形成，并描述了这些过程如何受环境条件的影响。在限水条件下，WOFOST 模型主要模拟作物生长过程和土壤水平衡过程。土壤水平衡模块模拟逐日作物水应力响应因子（实际蒸腾/潜在蒸腾），用于修正水分胁迫对光合作用及 LAI 增长的影响，而 LAI 反过来又参与了土壤水平衡过程中潜在蒸腾与实际蒸腾的计算。因此，对于模拟限水条件下作物的生长发育和产量形成过程来说，土壤水平衡过程模拟的准确性直接影响到作物模型的模拟效果。

1. 物候发育过程

由于作物的许多生理学和形态学过程会随物候期变化而变化，因而物候发育阶段的准确模拟在作物生长模型中十分关键。作物物候发育阶段的模拟主要取决于温度和日长。开花前，作物生长速度由温度和日长控制；开花后，仅由温度控制。WOFOST 是以光合作用为驱动因子的模型，作物生长的模拟从发芽开始，采用"积温法"模拟作物发育期，即作物生长发育可以看作是有效积温的函数。整个作物生育期被划分为发芽-开花和开花-成熟两个不同的发育阶段，当活动积温达到发育阶段所需有效积温时，则认为作物进入该发育期。每日有效积温取决于作物生长发育的下限温度（低于这个温度作物发育将停止）和上限温度（高于这个温度作物发育速率将不再加快），这些值都取决于作物的特性。在 WOFOST 中，作物的生长发育速率可以表示为下式：

$$D_{r,t} = \frac{T_{ei}}{TSUM_j} \tag{6-1}$$

式中，$D_{r,t}$ 为 t 时刻的发育速率（d^{-1}）；T_{ei} 为有效温度（℃）；$TSUM_j$（j=1，2）为完成某一发育阶段所需要的积温（℃·d），j=1 为发芽-开花阶段，j=2 为开花-成熟阶段。其中：

$$T_{ei} = \begin{cases} 0, T_i \leqslant T_b \\ T_i - T_b, T_b < T_i < T_{max,e} \\ T_{max,e} - T_b, T_i \geqslant T_{max,e} \end{cases} \tag{6-2}$$

式中，T_i 为日平均气温（℃）；T_b 为作物生长发育的下限温度；$T_{max,e}$ 为作物生长发育的上限温度。作物发育阶段（DVS）以数字表示，发芽期 DVS=0，开花期 DVS=1，成熟期 DVS=2。DVS 等于作物所处生长阶段的实际有效积温与该阶段所需有效积温之比乘以光周期影响因子 f_{red}。

$$DVS = f_{red} \times \frac{\sum T_{ei}}{TSUM_j} \tag{6-3}$$

$$f_{red} = \frac{D - D_c}{D_o - D_c}\left(0 \leqslant f_{red} \leqslant 1\right) \tag{6-4}$$

式中，D 为日长（h）；D_c 为临界日长（h）；D_o 为最适日长（h）。

2. 日总同化量

日总同化物的产生通过对一天内瞬时 CO_2 同化速率的积分来得到。整个冠层 CO_2 同化速率采用 Gaussian 三点积分法，对叶片在时间和空间的瞬时 CO_2 同化速率进行积分。 WOFOST 模型中单叶 CO_2 同化速率对光的响应函数以负指数形式表示：

$$A_L = A_m \left(1 - e^{\frac{-\varepsilon PAR_a}{A_m}}\right) \tag{6-5}$$

式中，A_L 为距冠层顶部相对高度 L（冠层顶部 L=0）处的单位叶面积 CO_2 瞬时总同化速率（kg（CO_2）/（hm^2（leaf）·h））；A_m 为光饱和时的 CO_2 瞬时总同化速率（kg（CO_2）/（hm^2（leaf）·h））；ε 为初始光利用效率（kg（CO_2）·J（absorbed PAR））。

计算分两个步骤，先计算 CO_2 瞬时总同化速率，然后计算 CO_2 日总同化速率。计算

CO_2瞬时总同化速率时，整个冠层被分为三层，相应冠层高度 L 处的 LAI 用下式计算：

$$\mathrm{LAI}_L = \left(0.5 + p\sqrt{0.15}\mathrm{LAI}\right), p = -1,0,1 \tag{6-6}$$

式中，LAI_L 为距冠层顶部相对高度 L 处的 LAI（$\mathrm{hm^2/hm^2}$），区分阴面叶（背光）和阳面叶（向光）计算相应的总的 CO_2 瞬时同化作用速率 A_{sh} 和 A_{sl}：

$$A_{\mathrm{sh}} = A_{\mathrm{m}}\left(1 - \mathrm{e}^{\frac{-\varepsilon \mathrm{PAR_{a,sh}}}{A_{\mathrm{m}}}}\right) \tag{6-7}$$

$$A_{\mathrm{sl}} = A_{\mathrm{m}}\left(1 - \left(A_{\mathrm{m}} - A_{\mathrm{sh}}\right)\frac{1 - \mathrm{e}^{\frac{-\varepsilon \mathrm{PAR_{a,dr,sl}}}{A_{\mathrm{m}}}}}{\varepsilon \mathrm{PAR_{a,dr,sl}}}\right) \tag{6-8}$$

式中，A_{sh} 为阴叶的 CO_2 瞬时总同化作用速率（kg/（$\mathrm{hm^2 \cdot h}$））；A_{sl} 为阳叶的 CO_2 瞬时总同化作用速率（kg/（$\mathrm{hm^2 \cdot h}$））；A_{m} 为光饱和时的 CO_2 瞬时总同化速率（kg/（$\mathrm{hm^2 \cdot h}$））；ε 为光利用效率（kg·J）；$\mathrm{PAR_{a,sh}}$ 为阴叶吸收的光合有效辐射总量（J/（$\mathrm{m^2 \cdot s}$））；$\mathrm{PAR_{a,dr,sl}}$ 为阳叶吸收的光合有效辐射总量（J/（$\mathrm{m^2 \cdot s}$）），区分阴叶、阳叶所占 LAI 比例，计算阳叶面积所占比例 f_{sl}，K 为消光系数。

$$f_{\mathrm{sl}} = \mathrm{e}^{-K \cdot \mathrm{LAI}_L} \tag{6-9}$$

距冠层顶部相对高度 L 处的整层 CO_2 瞬时总同化速率 $A_{T,L}$（kg/（$\mathrm{hm^2 \cdot h}$））计算如下：

$$A_{T,L} = f_{\mathrm{sl}}A_{\mathrm{sl}} + \left(1 - f_{\mathrm{sl}}\right)A_{\mathrm{sh}} \tag{6-10}$$

加权后求的冠层总的 CO_2 瞬时光合作用速率 A_{c}（kg/（$\mathrm{hm^2 \cdot h}$））：

$$A_{\mathrm{c}} = \frac{\mathrm{LAI}\left(A_{T,D,-1} + 1.6A_{T,D,0} + A_{T,D,1}\right)}{3.6} \tag{6-11}$$

然后将一日分三点，加权冠层各点的瞬时总光合作同化用速率，求得 CO_2 日总同化速率。下式中 T_h 是计算的时间点（h），A_d 是对 3 个高度 3 个时刻加权平均得到 CO_2 日总同化速率（kg/（$\mathrm{hm^2 \cdot d}$））。

$$T_h = 12 + 0.5D\left(0.5 + p\sqrt{0.15}\right), p = -1,0,1 \tag{6-12}$$

$$A_d = \frac{D\left(A_{\mathrm{c},-1} + 1.6A_{\mathrm{c},0} + A_{\mathrm{c},1}\right)}{3.6} \tag{6-13}$$

3. 作物蒸腾与实际日同化量

限水条件下实际 CH_2O 日总同化量不仅与 CO_2 日总同化量有关，还与蒸腾速率有关，WOFOST 模型中，实际 CH_2O 日总同化量就是通过实际蒸腾速率与潜在蒸腾速率之间的比值调节来得到的。

$$R_d = R_d^1 \frac{T_{\mathrm{a}}}{T_{\mathrm{p}}} \tag{6-14}$$

$$R_d^1 = \frac{30}{44}A_d \tag{6-15}$$

式中，R_d为限水条件下的实际 CH_2O 日同化速率（$kg/(hm^2·d)$）；R_d^1 为不考虑水分胁迫的 CH_2O 日同化速率（$kg/(hm^2·d)$）；T_a 为实际蒸腾速率（cm/d）；T_p 为潜在蒸腾速率（cm/d）；30/44 为 CH_2O 与 CO_2 的转换系数。

土壤水分供应充足时，作物实际蒸腾速率等于潜在蒸腾速率。土壤水分供应不足时，气孔阻力增加，实际蒸腾速率低于最大蒸腾速率。在不考虑氧气胁迫时，模型中实际蒸腾速率 T_a 可以通过潜在蒸腾速率 T_p 及水分胁迫对蒸腾速率的削减系数 R_{ws} 来计算。

$$T_a = R_{ws} \times T_p \tag{6-16}$$

$$R_{ws} = \frac{\theta_t - \theta_{wp}}{\theta_{ws} - \theta_{wp}} \tag{6-17}$$

式中，θ_{ws} 为临界土壤含水量（cm^3/cm^3）；θ_{wp} 为凋萎点土壤含水量（cm^3/cm^3）。

4. 维持呼吸与生长呼吸

实际日同化量一部分消耗于作物的呼吸作用，作物呼吸过程可分为维持生命机能的维持呼吸和同化物转化为植物体结构物质时的生长呼吸。温度较高时会加速作物组织的转化，因此作物的维持呼吸与温度及其变化有关：

$$R_{m,T} = R_{m,r} Q_{10} \frac{T - T_r}{10} \tag{6-18}$$

式中，$R_{m,T}$ 为日平均气温 T（℃）下的维持呼吸率（$kg/（hm^2·d）$）；$R_{m,r}$ 为参考温度 T_r（℃）下的维持呼吸率（T_r=25℃）（$kg/（hm^2·d）$）；Q_{10} 为温度每变化 10℃维持呼吸率的相对变化。生长呼吸速率即同化物转化为结构物质时消耗的部分总量 R_g（$kg/（hm^2·d）$）为

$$R_g = (1 - C_e)(R_d - R_{m,T}) \tag{6-19}$$

式中，C_e 为同化物转化系数（kg/kg）。

5. 干物质积累与分配

经呼吸消耗后剩余的光合产物分配到作物各器官中形成干物质。干物质分配与发育阶段有关。总干物重生长速率 ΔW（$kg/（hm^2·d）$）用下式表达：

$$\Delta W = C_e \times R_g \tag{6-20}$$

作物在各时刻所获得的总干物重按一定比例分配到各器官。模型中首先将总干物重分配为地上干物重（ΔW_{rt}（$kg/（hm^2·d）$））和地下干物重（ΔW_{sh}（$kg/（hm^2·d）$））两部分：

$$\Delta W_{rt} = pc_{rt} \Delta W \tag{6-21}$$

$$\Delta W_{sh} = (1 - pc_{rt}) \Delta W \tag{6-22}$$

然后将地上干物重又重新分配到叶、茎和存储器官：

$$\Delta W_i = pc_i \cdot \Delta W_{sh} \tag{6-23}$$

式中，pc_{rt} 和 pc_i 分别为干物质分配到根、茎、叶和存储器官的系数（kg/kg）。

6.2.2 HYDRUS-1D 水文模型

HYDRUS-1D（Šimůnek et al.，2005）由美国国家盐土改良中心（US Salinity

Laboratory）、美国农业部、农业研究会联合开发，研发目的在于模拟变饱和多孔介质中水分、能量及溶质的运移过程，于1991年研制成功。在1999年经国际地下水模拟中心的改进与完善，得到了各国学者的广泛认可。该模型能够很好地模拟水分、溶质与能量在土壤中的分布，时空变化和运移规律，可以被用来分析干旱区水利用的实际问题，如人们普遍关注的农田科学灌溉、水污染等问题。也可以将其与其他地下水、地表水模型相结合，从宏观上分析水资源的转化规律。该模型综合考虑了水分运动、能量运动、溶质运移和作物的根系吸水，适用于定压力水头和变化压力水头边界，初始设定定流量边界、渗透水边界，大气边界，以及排水边界等边界条件，通过对研究区域进行网格离散化，运用 Calerkin 线性有限元法对模型中的方程进行求解。

1. 土壤水分运动基本方程

HYDRUS-1D 在模拟土壤水流和植物根系提水方面具有优势。假设试验土壤为分层均质、各向同性的多孔介质，不考虑气相和温度梯度对水流运动的影响，一维水流控制方程即 Richards 方程可描述为

$$\frac{\partial\theta}{\partial t}=\frac{\partial}{\partial x}\left(K\left(\frac{\partial h}{\partial x}+1\right)\right)-S \tag{6-24}$$

式中，h 为压力水头（L）；θ 为土壤体积含水量（L^3/L^3）；t 为时间（T）；x 为垂直空间坐标（L）；K 为土壤非饱和导水率（L/T）；S 为作物根系吸水的源汇项（$L^3/(L^3\cdot T)$），定义为单位时间单位体积作物根系从土壤中提取的水量。源汇项依据潜在作物根系提水率与应力响应因子来定义（Feddes et al.，1978）：

$$S=\frac{\alpha(h)R(z)}{\int_0^{\mathrm{lr}}\alpha(h)R(z)\mathrm{d}z}T_{\mathrm{P}} \tag{6-25}$$

式中，S 为根系提水率（$L^3/(L^3\cdot T)$）；$R(z)$ 为根的分布函数；lr 为根深（L）；T_{P} 为潜在作物蒸腾（L）；无量纲水应力响应函数 $\alpha(h)$（$0\leqslant\alpha(h)\leqslant1$）用于描述由于水分胁迫造成的根系提水减少程度。对于 $\alpha(h)$ 采用 Feddes 等（1978）给出的公式定义：

$$\alpha(h)=\begin{cases}(h-h_4)/(h_3-h_4) & h_4<h\leqslant h_3\\ 1 & h_3<h\leqslant h_2\\ (h-h_1)/(h_2-h_1) & h_2<h\leqslant h_1\\ 0 & h\leqslant h_3,h>h_1\end{cases} \tag{6-26}$$

式中，h_1，h_2，h_3 和 h_4 为根系提水的阈值参数。当压力水头介于 h_2 和 h_3 之间时，作物根系提水率等于潜在根系提水率，达到最大；当压力水头 $h<h_4$ 或 $h>h_1$ 时，作物根系提水等于 0；当 $h>h_2$ 或 $h<h_3$ 时，根系吸水率呈线性减少变化。HYDRUS-1D 中包含了针对特定作物的参数值，使用时可以选择（Šimůnek et al.，2005）。

非饱和土壤水力运动特性在 HYDRUS-1D 的内核程序中表述为一个闭式方程，采用 Van Genuchten 在1980年利用饱和孔隙分布 Mualem 模型得到非饱和导水率的预测公式（Mualem，1976；Van Genuchten，1980）。在 HYDRUS-1D 模型内核程序中，土壤持水 θ（h）和导水率 K（h）的表达式为

$$\theta(h)=\begin{cases}\theta_r+\dfrac{\theta_s-\theta_r}{\left(1+\left(\alpha h_c\right)^n\right)^{1-1/n}} & h<0\\ \theta_s & h\geqslant 0\end{cases} \tag{6-27}$$

$$K(h)=K_s S_e^l\left\{1-\left[1-S_e^{n/(n-1)}\right]^{1-1/n}\right\}^2 \tag{6-28}$$

$$S_e=\frac{\theta(h)-\theta_r}{\theta_s-\theta_r} \tag{6-29}$$

式中，S_e为有效饱和度；θ_s为饱和含水量（L^3/L^3）；θ_r为残留水量（L^3/L^3）；K_s 为土壤饱和导水率（L/T）；α 为进气口参数；n 为孔隙度分布参数；l 为气孔连通性参数，其中α,n,和 l 为决定土壤非饱和特征曲线的经验系数，为了减少待定的参数，基于Mualem（1976）研究结果的常用假设，l=取值为1。

2. 初始条件和边界条件

求解Richards方程需要定义初始条件和边界条件。初始条件为模拟开始时刻流动区域剖面压力水头的初始分布，也可以使用剖面的土壤含水量分布，模型会自动按选定的水分特征曲线将含水量转换为压力水头。系统独立边界条件可以选择上边界条件或下边界条件，具体定义如下：

$$h(x,t)=h_0(t),\quad 在x=0或x=L时 \tag{6-30}$$

$$-K\left(\frac{\partial h}{\partial x}+\cos\alpha\right)=q_0(t),\quad 在x=0或x=L时 \tag{6-31}$$

$$\frac{\partial h}{\partial x}=0,\quad 在x=0时 \tag{6-32}$$

式中，h_0（L）和 q_0（L/T）分别为边界压力水头和土壤水通量；x=0 定义下边界条件即土壤剖面底部，x=L 定义上边界条件即地表。系统独立边界条件给出的边界与系统无关，但考虑到土壤-大气分界面即土壤表面处潜在水流通量由外部条件控制，而土壤表面实际的水流通量取决于土壤表面的瞬时水分状况，土壤表面表边界条件会随时间由水流通量边界条件转变为压力水头边界条件，为了使基本方程的数值解符合实际情况，需要对土壤表面边界条件增加相应的限制条件。土壤表面边界条件可以分为两种状况，一种是地表无积水，土壤地表与大气自由接触，另一种为地表有积水。与此同时还需要考虑土壤廓线的底部边界条件，土壤廓线的底部边界条件用来设定水流的入渗及排水方式。土壤表面边界条件的设定需要日灌溉、日降水率，以及潜在蒸发率和潜在蒸腾率。潜在蒸散发采用下式计算（Allen et al.，1998）：

$$\mathrm{ET_p}(t)=K_c(t)\cdot\mathrm{ET_0}(t) \tag{6-33}$$

式中，$\mathrm{ET_0}$（t）为参考作物蒸散发率（L/T）；K_c（t）为相对于参考作物，描述特定作物根系提水和蒸发的系数。潜在蒸发计算如下（Kroes and Van Damm，2003；Pachepsky et al.，2004）：

$$E_p(t)=\mathrm{ET_p}(t)\cdot\exp^{-\beta\cdot\mathrm{LAI}(t)} \tag{6-34}$$

式中，β为消光系数；LAI（t）为叶面积指数。利用上式可以确定潜在蒸腾如下：

$$T_{\mathrm{p}}(t)=\mathrm{ET}_{\mathrm{p}}(t)-E_{\mathrm{p}}(t) \tag{6-35}$$

3. 方程求解

由于土壤水分运移方程的非线性，其求解过程必须用迭代法。首先由高斯消去法得到线性代数方程，然后进行第一次求解，将此解作为已知条件重新带入方程求解，直到前后两次循环求得的所有节点的解，相差在容许误差范围内，停止循环迭代，进行下一时段的方程求解，即容许误差范围满足下式：

$$\max\left|\left(x_l^k-x_l^{k-1}\right)/x_l^{k-1}\right|\leqslant\varepsilon \tag{6-36}$$

式中，x_l为迭代项；k为迭代次数；ε为容许的偏差值。

应用数学物理方法对土壤水分运动进行定量模拟时，土壤水分运移参数是必不可少的。还包括土壤水分特征曲线、土壤饱和导水率等，这些参数可以通过实验测量来得到。

6.2.3 MODFLOW 模型

MODFLOW 是美国地质调查局的 Mc Donald 和 Harbaugh（1988）于 20 世纪 80 年代开发出来。它是一套用于孔隙介质中地下水流动数值模拟的软件。MODFLOW 在全世界范围内的科研、生产、工业、司法、环境保护、城乡发展规划、水资源利用等许多行业和部门得到了广泛的应用。它已经成为目前世界上最为普及的地下水运动数值模拟的计算机程序。

对于非均质、各向异性、空间三维结构、非稳定地下水流系统，MODFLOW 模型用地下流连续性方程及其定解条件来描述。

$$S\frac{\partial h}{\partial t}=\frac{\partial}{\partial x}\left(K_x\frac{\partial h}{\partial x}\right)+\frac{\partial}{\partial y}\left(K_y\frac{\partial h}{\partial y}\right)+\frac{\partial}{\partial z}\left(K_z\frac{\partial h}{\partial z}\right)+w \quad x,y,z\in\Omega,t\geqslant 0 \tag{6-37}$$

$$\mu\frac{\partial h}{\partial t}=K_x\left(\frac{\partial h}{\partial x}\right)^2+K_y\left(\frac{\partial h}{\partial y}\right)^2+K_z\left(\frac{\partial h}{\partial z}\right)^2-\frac{\partial h}{\partial z}(K_z+p)+p \quad x,y,z\in\Gamma_0,t\geqslant 0 \tag{6-38}$$

$$h(x,y,z,t)/_{t=0}=h_0 \qquad x,y,z\in\Omega,t\geqslant 0 \tag{6-39}$$

$$h(x,y,z,t)\big|_{\Gamma_1}=h_1(x,y,z) \quad x,y,z\in\Gamma_1,t\geqslant 0 \tag{6-40}$$

$$-K_n\left.\frac{\partial h}{\partial n}\right|_{\Gamma_2}=q(x,y,z,t) \qquad x,y,z\in\Gamma_2,t\geqslant 0 \tag{6-41}$$

$$-\phi_h(h_2^R-h)/_{\Gamma_3}=q_n(x,y,z,t) \qquad x,y,z\in\Gamma_3,t\geqslant 0 \tag{6-42}$$

$$\phi_h=\begin{cases}\phi_h^{\mathrm{in}} & h_2^R>h\\ \phi_h^{\mathrm{out}} & h_2^R\leqslant h\end{cases},$$

式中，Ω为渗流区域；h为含水层的水位标高（m）；K_x、K_y、K_z为 x、y、z 方向渗透系数（m/d）；K_n为边界面法向方向的渗透系数（m/d）；S为自由面以下含水层储水系数（1/m）；μ为潜水含水层在潜水面上的重力给水度；w为含水的源汇项（1/d）；p

为降水等（1/d）；h_0 为含水层的初始水位分布（m）；Γ_0 为渗流区的上边界，即地下水的自由表面；Γ_1 为水头边界；Γ_2 为侧向流量边界；Γ_3 为河流边界；n 为边界面的法线方向；$q(x,y,z,t)$ 为定义为法向边界的单宽流量（$m^2/(d \cdot m)$），流入为正，流出为负，隔水边界为 0；ϕ_h 为渗漏系数；h_2^R 为河流水位。

6.3 作物生长-水文循环耦合模型

6.3.1 模型耦合

干旱半干旱地区有水即是绿洲，针对灌溉是绿洲作物生长生态系统最重要的控制因素的特点。选择作物生长模型 WOFOST，土壤水分运移模型 HYDRUS-1D 和地下水模型 MODFLOW-3D 构建作物生长-水文循环耦合模型。模型采用网格的计算方法，在每个网格上耦合 WOFOST 和 HYDRUS-1D 计算垂向土柱的水分运动过程与再分配，模型在离散的网格上计算土壤水与地下水的相互交换过程，即土壤水入渗补给地下水和地下水通过毛细上升作用补充到土壤层；地下水位以下区域采用 MODFLOW-3D 建模计算，描述绿洲尺度的水循环的补-给-排关系。

非饱和水文模型 HYDRUS-1D 与作物生长模型 WOFOST 的耦合在离散的网格上计算作物在生长过程中的蒸腾蒸发耗水量，土壤剖面水分的变化，以及作物在不同灌溉制度，不同的环境和气候条件下的收获产量，计算时间间隔为日尺度。

耦合的技术路线：

（1）灌溉、降水、风速、日最大和最小气温、日总辐射（或日净辐射）、相对湿度被作为 HYDRUS 模型的输入。

（2）潜在蒸腾发利用 Penman-Monteith 公式计算。

（3）根系提水计算采用 Feddes 方法计算。

（4）HYDRUS 模型模拟土壤水分和地下水位的动态变化。

（5）由于作物从根系提水大部分消耗于作物蒸腾，所以假设根系提水量等于实际蒸腾量，利用作物根系的实际提水与潜在蒸腾的比值计算出作物水利用效率因子（或水应力影响因子）。

（6）WOFOST 模型模拟作物潜在光合作用产生的碳水化合物。

（7）用潜在的碳水化合物乘以水应力影响因子得到限水条件下光合作用产生的实际碳水化合物。

（8）碳水化合物被分配到作物的各个器官上，作物器官参数被更新。

（9）WOFOST 更新的作物器官参数，尤其是作物根深、作物高度、作物叶面积指数（LAI），被作为下一步 HYDRUS 模型的输入。计算下一步时刻，返回步骤（3）。

地表水和地下水的交换通过耦合垂向 Hydrus-1D 和 MODFLOW-3D 实现。在离散的网格上利用 Hydrus-1D 模型计算包气带对地下水的补给，在整个绿洲尺度利用地下水模型 MODFLOW-3D 实时计算补给后的地下水位空间特征，并更新 Hydrus-1D 模型的下边界条件。由于 Hydrus-1D 求解 Richards 方程的时间步长小于 MODFLOW-3D 的时间步长，所以模型之间数据的传递以 MODFLOW-3D 的步长为基准。在一个地下水模拟时刻结束时，MODFLOW-3D 输入 Hydrus-1D 输出的入渗补给来计算某个特定时刻新的水位深度，计算出的水位深度作为 Hydrus-1D 下一时刻模拟的下边界条件。在土壤水和地下水耦合基础上，为了定量模拟河流的运动和地下水的相互补排关系，河流的运动采用圣维南方程求解，河水和地下水的交换作用采用 MODFLOW-3D 第三类边界条件（cauchy）来模拟。

6.3.2 模型的灵敏度与不确定性分析

环境领域的模型自身具有很大的自由度（模型有很多参数，状态变量和非线性关系），使得模型在理论上可以得到任意期望的结果（Hornberger and Spear，1981），模型的实际应用需要大量观测数据和试验数据来进行标定。鉴于此，我们需要从概率的观点出发，将模型模拟和集合统计相结合，并以此为基础对环境问题进行分析和预报。基于集合采样预报分析不同来源的不确定因素对模型输出结果影响的不确定和灵敏度分析（UA/SA）方法（Saltelli et al.，2004；McKay et al.，1979）可以用于定量识别模型参数和模型结构对模型输出估计的影响。

1. Morris 方法

Morris 算法是基于参数空间的离散搜索方法，能在全局范围内研究模型参数。Morris 算法通过计算一组参数空间不同离散点的增长率（Δ 输出/Δ 参数），进而在整个参数空间内统计参数增长率分布规律（分布的均值 μ^*和标准偏差 σ），μ^*值越大意味着参数具有越大的总体影响，而 σ 值大则意味着参数同其他参数的相互作用大，模型非线性较强。该算法用于定性评价参数或者参数组的不确定对模型输出不确定性的贡献，优势在于能以较少的计算代价获得参数全局灵敏度的比较，以及参数相关性定性描述，对于有大量参数的模型或者计算时间较长的模型效率较高。Morris 算法的设计基于“基本因素”（elementary effect），对于一个包含 l 个参数（x_1，x_2，…，x_l）的模型，采用 Morris 采样法选取模型其中某一参数变量组 X，带入参数数组 X 先运行数学模型得到其目标结果 Y。第 i 个参数的基本因素（E_{ei}）的计算如下式：

$$E_{ei}=\frac{Y\left(x_1,\cdots,x_{i-1},x_i+\Delta,x_i+2,\cdots,x_l\right)-Y\left(X\right)}{\Delta} \tag{6-43}$$

式中，Y（X）为数学模型的输出；Δ 为预先设定的变化量，假设参数的变化范围为（0，1），Δ 表示如下：

$$\Delta=\frac{1}{p-1} \tag{6-44}$$

式中，p 为参数取样点的个数。在剩下的参数中随机选择一个变化 Δ，根据上式计算该参数的基本因素，重复该过程直到所有参数均变化一遍。随机生成 n 个初始向量重复上述过程可以分别计算出 l 个参数的 n 个基本因素，每个参数的基本因素的均值 μ*与标准差 σ 可表示为如下：

$$\mu_i^*=\sum_{j=1}^{n}\frac{\left(Y_{j+1}-Y_j\right)/Y\left(X\right)}{\left(P_{j+1}-P_j\right)}/n \tag{6-45}$$

$$\sigma_i = \sqrt{\sum_{j=1}^{n}\left(E_{ej} - \mu_j^*\right)^2 / n} \tag{6-46}$$

式中，Y_j为模型第 j 次运行输出值；Y_{j+1}为模型第 $j+1$ 次运行输出值；$Y(X)$为计算结果初始值；P_j为第 j 次模型运算参数值相对于标定参数后参数值的变化百分率；P_{j+1}为第 $j+1$ 次模型运算参数值相对于率定后初始参数值的变化百分率；n 为模型运行次数。

2. Sobol 算法

Sobol 算法是基于方差分解的全阶灵敏度分析算法，它的核心思想是把模型分解为单个参数及各个参数之间相互组合的函数，再分别得到单个参数（称为低次）及参数之间组合函数（称为高次）对结果的敏感度。通常，低阶灵敏度反映了参数的主要影响，而高阶灵敏度则反映了参数间的敏感度。21 世纪初，Saltelli 等（2000）对该算法进行了改进，提出了通过逐步递增参数维数的方法来分解输出的方差，进而用来表示单个参数以及参数组对模型输出的不确定影响。这一方法通过蒙特卡洛（Monte Carlo）方法，也称计算机随机模拟方法，是一种基于“随机数”的计算方法）在参数空间中进行搜索，通过多维积分定量表示单个参数和参数对之间的相互影响，进而得到偏方差的统计估计值。Sobol 算法的优点在于可以同时计算给定参数的一阶影响指数（参数自身的不确定对结果的影响）和所有阶数的影响指数（包括参数自身及与其相互作用的参数的不确定对结果的总体影响）。

Sobol 算法的核心是把模型中的方程分解为常数项、单个参数，以及各参数间相互结合的函数项。假设求解域为 Ω_l，x_i 量化为[0，1] 的均匀分布，Y_2（x）可积。模型便可分解为公式：

$$Y(x) = Y_0 + \sum_{i=1}^{l} Y_i(x_i) + \sum_{i<j} Y_{ij}(x_i, x_j) + \cdots + Y_{1,2,\cdots,l}(x_1, x_2, \cdots, x_l) \tag{6-47}$$

在 20 世纪 90 年代，Sobol 提出了一种更具有一般代表性的分解方法——多重积分方法，该方法的思想如下：在式（6-47）中，Y_0是一个常数项，并且其余每一个子项对其所包含每一个因素的积分为零，如下式：

$$\int_0^1 Y_{i_1, i_2, \cdots, i_s}(x_{i_1}, x_{i_2}, \cdots, x_{i_l}) \mathrm{d}x_{i_k} = 0, \quad (1 \leqslant k \leqslant l) \tag{6-48}$$

由此可得，各加数项之间是正交的，换句话说，如果$(i_1, i_2, \cdots, i_s) \neq (j_1, j_2, \cdots, j_l)$则可得到：

$$\int_{\Omega^l} Y_{i_1, i_2, \cdots, i_s} \cdot Y_{j_1, j_2, \cdots, j_k} \mathrm{d}x = 0 \tag{6-49}$$

$$Y_0 = \int_{\Omega^l} Y(x) \mathrm{d}x \tag{6-50}$$

Sobol（1993）中证明，上式的分解形式是唯一的，每一项都能通过下列的多重积分来计算：

$$Y_i(x_i) = -Y_0 + \int_0^1 \cdots \int_0^1 Y(x) \mathrm{d}x_{\sim i} \tag{6-51}$$

$$Y_{i,j}(x_i, x_j) = -Y_0 - Y_i(x_i) - Y_j(x_j) + \int_0^1 \cdots \int_0^1 Y(x) \mathrm{d}x_{\sim(ij)} \tag{6-52}$$

式中，$x_{\sim i}$为除x_i的参数变量；$x_{\sim(ij)}$为除x_i与x_j之外的所有参数变量，运用类似的方法便能求出高阶项并且可以得到Y（x） 的总方差D ：

$$D=\int_{\Omega^l} Y^2(x)\mathrm{d}x-Y_0{}^2 \tag{6-53}$$

Y（x）的偏方差可通过下式的每个加数项求得：

$$D_{i_1,i_2,\cdots,i_s}=\int_0^1\cdots\int_0^1 Y^2{}_{i_1,i_2,,i_s}(x_{i_1,i_2,\cdots,i_s})\mathrm{d}x_{i_1}\cdots\mathrm{d}x_{i_s} \tag{6-54}$$

式中，$1\leqslant i_1<\cdots<i_s\leqslant 1$ 且$s=1$，2，…，1。对上式在整个求解域Ω^l 先平方后积分，得到：

$$D=\sum_{i=1}^{l}D_i+\sum_{1\leqslant i<j\leqslant l}D_{i,j}+\cdots+D_{1,2,l} \tag{6-55}$$

推导出上式，$S_{i_1,i_2,\cdots,t1}$可以表示为参数的灵敏度的量化值：

$$S_{i_1,i_2,\cdots,i_s}=\frac{D_{i_1,i_2,\cdots,i_s}}{D} \tag{6-56}$$

由上式推导出的S_i称为参数x_i的一阶灵敏度，表示单个参数x_i对输出结果值的影响。S_{ij}（$i\neq j$）为二阶灵敏度系数，用来数值量化两个参数对模型输出的交叉影响（x_i，x_j所引起的变化不能由x_i，x_j单独影响之和直接表示），类似的可以推出总阶影响。并且

$$\sum_{i=1}^{l}S_i+\sum_{1\leqslant i<j\leqslant l}S_{i,j}+\cdots+S_{1,2;\cdots,l}=1 \tag{6-57}$$

由以上推论得到数值量化的第i个参数的总阶灵敏度TS（i）为

$$TS(i)=1-S_{\sim i}=1-\frac{D_{\sim i}}{D} \tag{6-58}$$

显然，Sobol 算法通过对数学模型结果方差的计算及分解，可定量地获得参数的一阶及高阶数值量化的灵敏度。通过计算各参数的总敏度TS（i），归一化或与其他参数灵敏度作比较后便可得到每一参数的相对贡献率。

以上两式也可通过 Monte Carlo 积分法求得。Y_0，D，D_i可由以下公式得到：

$$\hat{Y}=\frac{1}{n}\sum_{m=1}^{n}Y(x_m) \tag{6-59}$$

$$\hat{D}=\frac{1}{n}\sum_{m=1}^{n}Y^2(x_m)-\hat{Y}_0^2 \tag{6-60}$$

$$\hat{D}_i=\frac{1}{n}\sum_{m=1}^{n}Y(x_{(\sim i)m}^{(1)},x_{im}^{(1)})Y(x_{(\sim i)m}^{(2)},x_{im}^{(1)})-\hat{Y}_0^2 \tag{6-61}$$

$$\hat{D}_{\sim i}=\frac{1}{n}\sum_{m=1}^{n}Y(x_{(\sim i)m}^{(1)},x_{im}^{(1)})Y(x_{(\sim i)m}^{(1)},x_{im}^{(2)})-\hat{Y}_0^2 \tag{6-62}$$

$$\hat{S}(i)=\frac{\hat{D}_i}{\hat{D}} \tag{6-63}$$

$$\hat{T}S(i)=1-\frac{\hat{D}_{\sim i}}{\hat{D}} \tag{6-64}$$

式中，x_m为在求解域Ω_l空间的采样点；n为 Monte Carlo 采样的采样数。上标（1）和（2）为两个x参数$n\times1$维求解域内的采样数组。在计算$\hat{D}_i$时，将两个Y的值相乘，第一个Y为代入与其对应x_i的第（1）组采样数据所得，第二个Y值为代入x_2也就是除x_i外的第（2）组采样数据得到。这样的结果可以很好地说明，如果参数x_i对于模型结果比较敏感，相应的灵敏度S_i值也会比较大，而当x_i影响较小时，其中一个Y值较大，另一个则较小，一个较大的值与一个较小的值随机相乘，则S_i值也会比较小。

6.3.3 耦合模型评价指标

耦合模型标定评价指标主要有平均误差（ME）、均方根误差（RMSE）、Nash-Sutcliffe 效率系数（NSE）和线性回归判定系数（R^2）。ME、RMSE 和 NSE 计算公式定义如下：

$$\mathrm{ME}=\frac{1}{N}\sum_{i=1}^{N}\left(X_{\mathrm{sim},t}-X_{\mathrm{obs},t}\right) \tag{6-65}$$

$$\mathrm{RMSE}=\frac{1}{N}\sqrt{\sum_{t=1}^{N}(X_{\mathrm{sim},t}-X_{\mathrm{obs},t})^2} \tag{6-66}$$

$$\mathrm{NSE}=1-\left(\sum_{t=1}^{N}(X_{\mathrm{sim},t}-X_{\mathrm{obs},t})^2\Big/\sum_{t=1}^{N}(\mathrm{X}_{\mathrm{obs},t}-\overline{X})^2\right) \tag{6-67}$$

式中，N为观测值个数；$X_{\mathrm{obs},t}$为观测值；$X_{\mathrm{sim},t}$为模型模拟值。

6.4 模型在黑河流域中游绿洲的应用

6.4.1 同化遥感信息

环境领域数值模型能够从机理上描述自然现象和过程。但是作为模型在区域尺度上应用时，需要将因尺度变化而产生的地表、近地表环境非均匀性空间变化信息加入到模型中去，即需要获得模型在空间尺度使用时的空间特征信息并对模型参数进行调整。遥感在很大程度上可以帮助我们获得所需的信息，动力学模型和遥感观测两者结合可以优势互补，显著提升模型的应用范围和潜力。

实现遥感信息和模型结合的最有效手段是采用数据同化技术。数据同化技术起源于大气科学和海洋科学，是集成模型和观测这两种最基本的地学研究手段的方法论（Li，2014）。数据同化的基本假设是模型的模拟结果和观测都有一定的不确定性，都是有误差的（即使模型是正确的，我们仍然无法准确地知道模型的初值和参数），模型通过数据同化方法融合这两种来源的数据得到一个更优的估计结果。数据同化的目的是在模型动力学框架内，通过数据同化算法融合不同来源观测数据来辅助改善模型的估计精度，获得更加精确的模型状态变量的时空分布（Reichle et al.，2001；Pauwels et al.，2001；Zehe et al.，2005；李新等，2007）。

模型与遥感信息相结合可以采用三种方法：驱动方法、连续同化方法和顺序同化方法。采用模型驱动的方法直接替换模型中的相应状态变量会将遥感观测的不确定性直接带入模型，这一不确定性会对替换后的模拟结果产生较大影响。连续数据同化通过构建代价函数在一个同化窗口内，以迭代方式不断地调整模型的初始值和参数值，最终将模型运行轨迹拟合到在同化窗口周期内获取的所有观测上。但是代价函数的选取对于同化后模型模拟的结果会产生影响，而要保证全局最优，优化算法的计算量又不是实际应用所能接受的。顺序数据同化方法是指在系统运行过程中，在有观测的时刻，对观测值和模型状态预测值进行加权，得到当前时刻状态最优估计值从而对模型状态进行更新，其权重由观测值和模拟值的误差确定，这样可以获得模型运行状态的后验优化估计，状态更新后，模型利用新的状态重新初始化，继续向前运行，直到获得新的观测信息。在同化方法的使用上现有研究中仍以优化插值、连续同化方法为主，顺序同化方法使用的较少。顺序同化方法与连续同化方法相比较，前者充分考虑了观测误差及模型误差，即观测和模型的不确定性。

遥感信息与作物生长-水文循环耦合模型结合可以选择如下结合点：①通过叶面积指数（LAI）与作物生长过程相结合；②通过蒸散发与水循环和水平衡过程相结合；③综合①②两种情况。本章采用顺序同化方法对作物生长-水文循环耦合模型的 LAI 状态变化进行同化。

6.4.2 集合卡尔曼滤波算法（ENKF）

在数据同化算法方面，最早出现的是卡尔曼滤波（Kalman，1960）及相应的非线性版本——扩展卡尔曼滤波。但是这类方法不适用于高度非线性和高维的数据同化系统。集合卡尔曼滤波（Evensen，1994）克服了卡尔曼滤波线性化的缺点，它用状态样本的集合来代表模型状态后验概率密度函数，通过这些样本的向前积分计算状态的均值和方差。

我们考虑模型有起始条件、边界条件和观测的形式：

$$\frac{\partial \psi(x,t)}{\partial t} = G(\psi(x,t), \alpha(x)) + q(x,t) \tag{6-68}$$

$$\psi(x,t_0) = \psi_0(x) + a(x) \tag{6-69}$$

$$\psi(\xi,t) = \psi_b(\xi,t) + b(\xi,t), \text{ for all } \xi \in \delta D \tag{6-70}$$

$$\alpha(x) = \alpha_0(x) + \alpha^{'}(x) \tag{6-71}$$

$$M[\psi,\alpha] = d + e \tag{6-72}$$

式中，$\psi(x,t)$ 为模型状态变量向量，包括 n_ψ 个模型状态变量；$G(\psi,\alpha)$ 为非线性模型算子；q 为模型误差，我们假设模型误差有一个高斯分布的特征，均值为 0，方差为 C_{qq}；模型的初始条件为 $\psi_0(x)$，$a(x)$ 为模型初始条件的误差；$\psi_b(\xi,t)$ 为边界条件，坐标 ξ 定义在边界 δD 上；b 为边界条件误差；$\alpha(x)$ 为模型的参数向量，包括 n_α 个不确定的参数；$\alpha_0(x)$ 为模型参数向量的初值；$\alpha'(x)$ 为模型参数误差，我们假设模型误差有一个高斯分布的特征，均值为 0，方差为 $C_{\alpha\alpha}$；$M[\psi,\alpha]$ 为观测算子；d 为观测向量；e 为随机测量误差，均值为 0，方差为 C_{ee}。

Evensen 等在 1994 年根据 Epstein 的随机动态预报理论提出集合卡尔曼滤波算法（Evensen，1994）。Burgers 等对 Evensen 等的算法进行了改进，提出扰动观测的集合卡尔曼滤波算法（Burgers et al.，1998）。其计算步骤如下：

（1）初始化背景场（包括状态变量和参数）：给定 N 个符合高斯分布的状态变量，

参数和观测$\psi_j^0 = \begin{pmatrix} \alpha_j^0 \\ \psi_j^0(x) \\ \hat{d}_j \end{pmatrix}$（$j=1$，…，$N$），$\psi^0$包括状态变量、参数和观测的向量。

（2）模型向前预报，得到扩展的集合预报$\psi_j^f = \begin{pmatrix} \alpha_j^f \\ \psi_j^f(x) \\ \hat{d}_j \end{pmatrix}$，对于 N 个基于蒙特卡罗采样的ψ_j^f预报，可以统计预报集合的协方差：

$$C_{\psi\psi}^f = \overline{\left(\psi^f - \overline{\psi}^f\right)\left(\psi^f - \overline{\psi}^f\right)^{\mathrm{T}}} = \begin{pmatrix} C_{aa}^f & C_{\alpha\psi}^f & C_{\alpha d}^f \\ C_{\psi a}^f & C_{\psi\psi}^f & C_{\psi d}^f \\ C_{da}^f & C_{d\psi}^f & C_{dd}^f \end{pmatrix} \tag{6-73}$$

（3）计算有观测时刻的同化值ψ^a和背景场误差协方差矩阵$C_{\psi\psi}^a$：

$$\psi^a = \psi^f + C_{\psi\psi} M^{\mathrm{T}} (M C_{\psi\psi} M^{\mathrm{T}} + C_{ee})^{-1} (d - M\psi^f) \tag{6-74}$$

展开为

$$\begin{pmatrix} \alpha^a \\ \psi^a \\ \hat{d}^a \end{pmatrix} = \begin{pmatrix} \alpha^f \\ \overline{\psi^f} \\ \overline{\hat{d}} \end{pmatrix}^f + \begin{pmatrix} C_{ad} \\ C_{\psi d} \\ C_{dd} \end{pmatrix} (C_{dd} + C_{ee})^{-1} (d - M(G(\alpha^f))) \tag{6-75}$$

$$C_{\psi\psi}^a = \overline{\left(\psi^a - \overline{\psi}^a\right)\left(\psi^a - \overline{\psi}^a\right)^{\mathrm{T}}} \tag{6-76}$$

（4）进入下一时刻，返回步骤（2）。

利用集合卡尔曼滤波同步估计模型参数的方法是统计分布均值的方法（或者是对后验概率密度函数采样的均值），而不是传统的代价函数的最小化，所以集合卡尔曼滤波算法不存在收敛于局部最小的问题。

6.5 绿洲农业生态水文耦合模型的应用

6.5.1 绿洲农业生态水文耦合模型在试验站测试

1. 试验站观测数据介绍

1）试验站概况

盈科灌区绿洲站位于甘肃省张掖市的盈科灌区农田内，观测点的范围为100°25′E，38°51′N，海拔为 1519m（图 6-1）。试验场位于黑河中游，周围平坦开阔，防风林的间距东西向为500m，南北向为300m，是一个比较理想的绿洲农田观测站。该区域气候特征为典型温带大陆性气候，年平均降水量为 60～280mm，年平均蒸发量为 1000～

2000mm，年平均风速为3.2m/s，盛行风为西北风，主要种植作物为玉米。

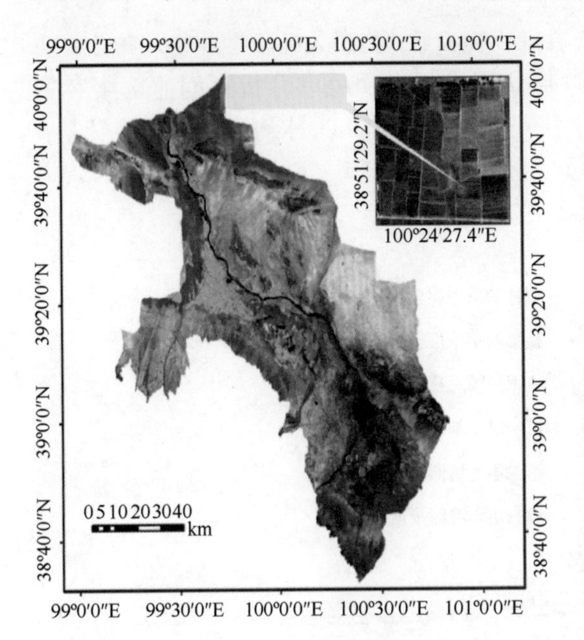

图6-1　观测试验站位置和试验站仪器设备

2）气象观测

试验站安装有自动气象站和涡动相关系统（图6-1），气象观测项目有：大气风、温、压、湿梯度观测，观测高度为2m和10m；降水；辐射四分量，观测高度为4m。除降水数据外，其余数据每10分钟记录一次，半小时求平均。降水数据记录间隔为半小时。涡动相关系统EC由三维超生风速CSAT3（campbell scientific，USA）和红外气体分析仪Li-7500（campbell scientific，USA）组成，涡动相关仪原始数据采集频率为10Hz，采用英国爱丁堡大学开发的EdiRE软件对湍流原始资料进行后处理（Xu et al.，2008），处理包括野点值的剔除、坐标旋转处理、空气密度效应的修正（即WPL修正）等，输出30min平均数据（表6-1）。

表6-1　盈科灌区绿洲站主要观测仪器

观测项	单位	仪器	精度
气温	℃	Humidity and temperature probe（HMP45C，Vaisala Oyj，Finland）	± 0.2℃
相对湿度	%	Humidity and temperature probe（HMP45C，Vaisala Oyj，Finland）	± 2%
气压	hPa	Analog barometer（CS100，Campell，USA）	±0.5 mb
风速	m/s	Anemometer（010C-1，MetOne，USA）	±0.11m/s
降水	mm	Weighing gauge（52202，R. M. Young，USA）	±1%
短波辐射	W/m^2	Radiometer（CM3，Campell，USA）	±10%
长波辐射	W/m^2	Infrared radiometer（CG3，Campell，USA）	±10%
土壤水分	m^3/m^3	Time-domain reflectometry（CS616，Campell，USA）	± 2%
感热、潜热	W/m^2	Ultrasonic anemometer（CSAT3，Campell，USA）	± 2%
LAI	cm^2/cm^2	Plant canopy analyzer（LAI-2200，LI-COR Inc.，Lincoln，NE，USA）	

3）土壤属性、含水量观测与地下水位观测

按照美国农业部土壤分类系统，试验田属砂质壤土。为了表征土壤的物理属性，从地表到 1.5m 深采集 8 个作物根区土壤原状样本，在实验室分析它们的土壤容重（Grossman and Reinsch，2002）、土壤持水曲线（测 0～1000kPa 水势条件下的土壤含水量（equi-pf，New Zealand））和砂土、黏土、粉土所占的比例（Gee and Or，2002）。由测量数据估计得到的土壤持水曲线见图 6-2。

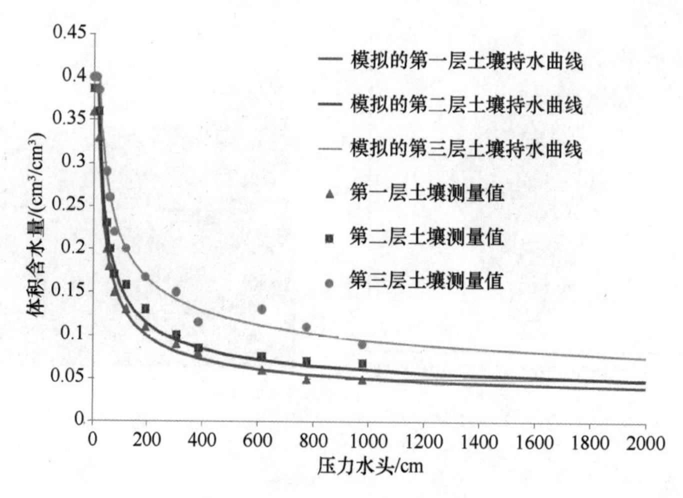

图 6-2　试验田土壤持水曲线确定

试验田安装了时域反射仪（TDR）（CS616，Cambell Scientific Co.，USA）和压力水位探头（CS460，Keller Co.，USA）监测根区土壤含水量和地下水位变化。土壤水分测量深度为 5cm、15cm、30cm、55cm、85cm、100cm、120cm 和 150cm（表 6-2）。

表 6-2　土壤容重及级配测量数据

深度/cm	颗粒组成/%			容重/（g/cm³）
	2～0.05mm	0.05～0.002mm	<0.002mm	
5	33.86	45.44	20.70	1.43
15	37.60	42.53	19.87	1.379
30	49.69	33.87	16.44	1.483
55	24.56	48.65	26.79	1.571
85	16.61	53.68	29.71	1.644
100	15.57	55.46	28.97	1.687
120	19.87	50.15	29.98	1.693
150	16.58	49.28	34.14	1.729

4）作物生长发育观测和作物管理策略

作物物候观测包括叶面积指数、总地上生物量和存储器官干重，采集频率为 7 天。作物管理策略（如种植密度、灌溉和施肥）采用黑河流域普遍采用的农业实践方式。种植密度为：带距 40cm×行距 60cm×株距 25cm，10 株/m²。灌溉方式为漫灌，灌溉量和施肥量见表 6-3。

表 6-3 施肥策略与灌溉策略

施肥		灌溉	
时间	方式	时间	平均灌溉量
2008 年 04 月 05 日	磷酸二铵 300kg/hm^2，农家肥 6m^3/hm^2，深度 10cm	2008 年 06 月 03 日	1800m^3/hm^2
2008 年 05 月 16 日	磷酸二铵 225kg/hm^2，复合肥 225kg/hm^2，深度 10cm	2008 年 06 月 25 日	1800m^3/hm^2
2008 年 06 月 15 日	尿素 225kg/hm^2，复合肥 225kg/hm^2，深度 10cm	2008 年 07 月 29 日	1800m^3/hm^2
2008 年 08 月 14 日	硝铵 525kg/hm^2，土壤表层	2008 年 08 月 23 日	1800m^3/hm^2
		2008 年 09 月 07 日	1800m^3/hm^2

2. 耦合模型性能分析

耦合模型驱动数据采用 2008 年全年日平均气象观测数据，包括气温、气压、风速、相对湿度和辐射。标定数据采用作物（玉米）从播种到收获期间采集的数据，包括土壤体积水含量叶面积指数和地上生物量。蒸散发则作为验证数据。时间范围为 2008 年 4 月 20 日到 2008 年 9 月 22 日。

1）耦合模型参数确定

运行耦合模型需要标定相关于作物物候发展、CO_2 同化、作物呼吸和干物质分配的作物生长发育参数，以及土壤水力参数 θ_s，θ_r，K_s，α 和 n。WOFOST 模型自带有一些特定作物的参数文件，但在实际应用的时候需要根据种植作物的遗传特性来创建新的作物参数文件或对已有的作物参数文件进行调整。本书中对于作物生长参数的确定，在考虑了作物生长环境（辐射、温度等因素）和作物生长周期的基础上，玉米生长参数采用 MAG 203 数据集（Boons-Prins et al.，1993），再综合考虑作物 LAI 及产量的实测值，利用 WOFOST 模型自带的 FSEOPT 优化程序进行调整。表 6-4 给出了需要调整的作物参数的取值范围、默认值和优化值。其余参数采用 MAG 203 数据集默认值。

表 6-4 作物参数调整结果

参数	定义	单位	下限	上限	默认值	调整值
TDWI	初始作物总干重	kg/hm^2	35.00	65.00	50.00	48.99
LAIEM	发芽期叶面积指数	hm^2/hm^2	0.03385	0.06287	0.04836	0.04413
RGRLAI	LAI 相对最大增量	hm^2/（hm^2·d）	0.0206	0.0382	0.0294	0.0281
SLATB（DVS=0）	出苗期比叶面积	hm^2/kg	0.0018	0.0034	0.0026	0.0019
SLATB（DVS=0.78）	比叶面积（DVS=0.78）	hm^2/ kg	0.0008	0.0016	0.0012	0.0009
SLATB（DVS=2.00）	成熟期比叶面积	hm^2/ kg	0.0008	0.0016	0.0012	0.0010
SPAN	35℃叶子寿命	d	23.0	43.0	33.0	34.8
AMAXTB（DVS=0）	出苗期最大叶 CO_2 同化速率	kg/(hm^2·h)	49.00	91.00	70.00	49.50
AMAXTB（DVS=1.25）	最大叶 CO_2 同化速率（DVS=1.25）	kg/(hm^2·h)	49.00	91.00	70.00	49.19
AMAXTB（DVS=1.50）	最大叶 CO_2 同化速率（DVS=1.50）	kg/(hm^2·h)	44.10	81.90	63.00	48.20
AMAXTB（DVS=1.75）	最大叶 CO_2 同化速率（DVS=1.75）	kg/(hm^2·h)	34.30	63.70	49.00	59.60
AMAXTB（DVS=2.00）	成熟期最大叶 CO_2 同化速率	kg/(hm^2·h)	14.70	27.30	21.00	21.07
TMPFTB（T=0℃）	AMAX 减少因子（T=0℃）	—	0.007	0.013	0.010	0.011
TMPFTB（T=9℃）	AMAX 减少因子（T=9℃）	—	0.035	0.065	0.050	0.057
TMPFTB（T=16℃）	AMAX 减少因子（T=16℃）	—	0.56	1.00	0.80	0.59
TMPFTB（T=18℃）	AMAX 减少因子（T=18℃）	—	0.66	1.00	0.94	0.67
TMPFTB（T=20℃）	AMAX 减少因子（T=20℃）	—	0.70	1.00	1.00	0.71

土壤水力参数的优化使用 SCE-UA 算法。按照土壤属性特征，土壤廓线被分为三层，第一层为从地表到 30cm 深处，第二层为从 30～60cm 深处，第三层为 60cm 深处到 120cm 深处。算法以 10cm、40cm 和 120cm 处土壤体积含水量为优化对象，分别计算三层土壤体积含水量的 NSE 值，并将三层土壤体积含水量的平均 Nash-Sutcliffe 效率系数作为最终的评价标准，算法搜索到的结果按如下标准进行评价：当 NSE 小于 0.7 的评价是“差”；NSE 为 0.7～0.75 评价是“较好”；NSE 大于 0.75 则评价为“好”。表 6-5 和表 6-6 分别给出了土壤水力参数的取值范围和最终优化结果。

表 6-5　土壤水应力参数取值范围

项目	θ_r /(cm³/cm³)	θ_s /(cm³/cm³)	α	n
土壤水应力参数	0.001～0.2	0.1～1	0.01～0.2	0.1～1

表 6-6　最终优化得到的三层土壤参数

项目	θ_r /(cm³/cm³)	θ_s /(cm³/cm³)	α	n	K_s /(cm/d)
第一层	0.05	0.41	0.08	0.13	569
第二层	0.05	0.41	0.087	0.115	344.85
第三层	0.05	0.41	0.11	0.10	91.62

2）耦合模型标定结果与性能评价

为了评价模型标定效果，使用标定后作物生长发育参数和土壤水力参数运行耦合模型，对比耦合模型模拟值和相应实际观测值可以看出耦合模型很好地还原了作物（玉米）生长期内相关目标变量的变化趋势。图 6-3～图 6-6 分别给出了土壤体积含水量变化对比、叶面积指数变化对比、地上生物量和存储器官干重变化对比及蒸散发对比结果。

在干旱地区降水稀少，且季节分配不均匀，蒸发强烈，使得土壤水分含量是该地区植物生长的主要限制因子。土壤含水量是监测干旱区水分平衡状况的重要指标，其时空动态变化主要受降水、植被、地下水位，以及地表覆盖等因素的影响。从图 6-3 可以看出，模型很好地再现了土壤水分随时间、作物生长和灌溉的变化趋势。很好地模拟出了 10cm、20cm、40cm 及 80cm 深处土壤水分对灌溉的响应。

作物叶面积指数是描述作物冠层结构的重要参数，可以影响到作物的光合作用、蒸腾作用等关键生理过程，是表征作物长势和预测作物产量的重要农学指标之一。玉米叶面积变化大体上可分为缓慢增长期（出苗后至拔节）、快速增长期（拔节至抽雄吐丝）、相对平稳期（抽雄吐丝至乳熟）和衰退期（乳熟至蜡熟期）4 个阶段。玉米 LAI 在第 189 天（7 月中旬）左右达到最大值，刚好是玉米抽雄期。从图 6-4 可以看出，对比模型模拟值与实际观测值，耦合模型很好地模拟了玉米生长发育过程中 LAI 随时间的变化趋势。

地上生物量是生态系统研究中最为重要的生物物理参数之一，也是监测植物冠层生理过程的重要参数之一（Scurlock et al.，2002；宋开山等，2005）。在农田生态系统中，作物地上生物量作为反映作物生长状况的重要指标，它的大小与作物群体的光能利用、产量和品质的形成密切相关（Anderson et al.，1993；王大成等，2008）。作物地上生物

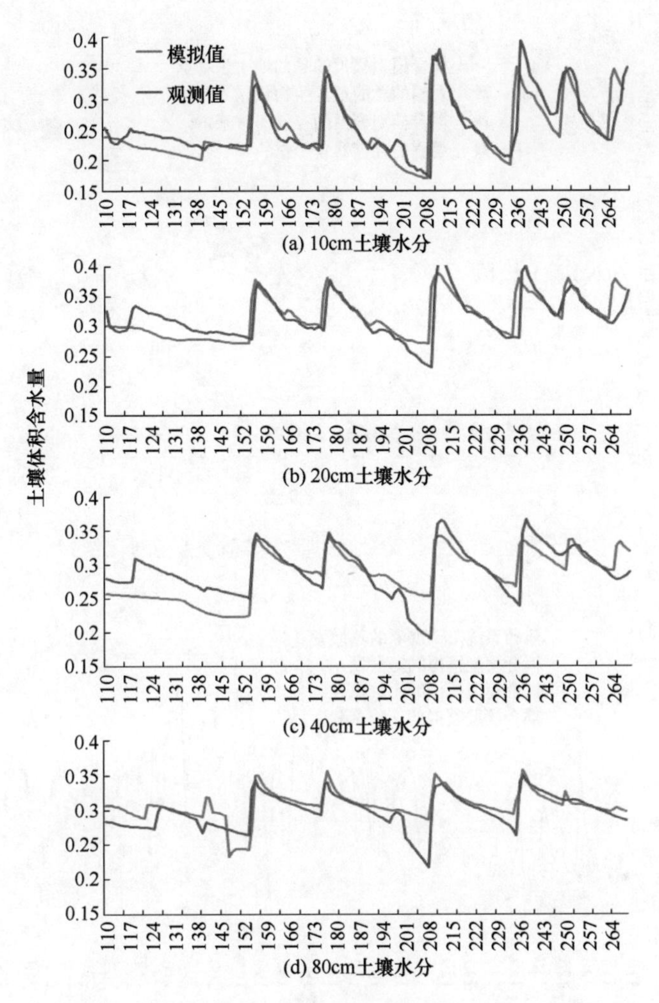

图 6-3 分层土壤体积含水量观测值与模拟值对比结果

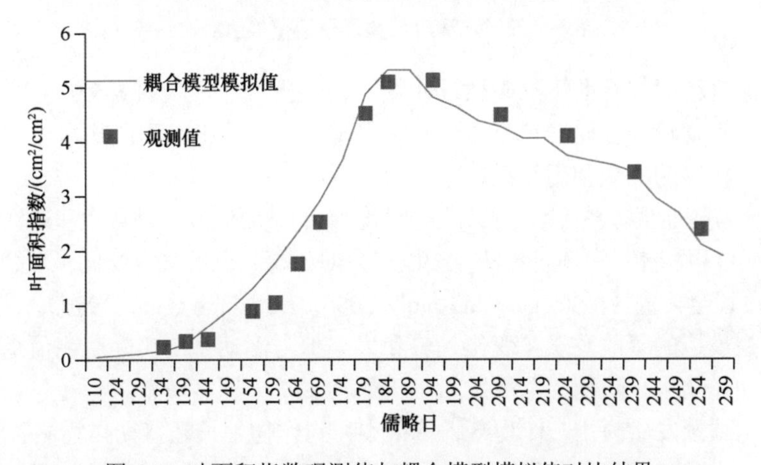

图 6-4 叶面积指数观测值与耦合模型模拟值对比结果

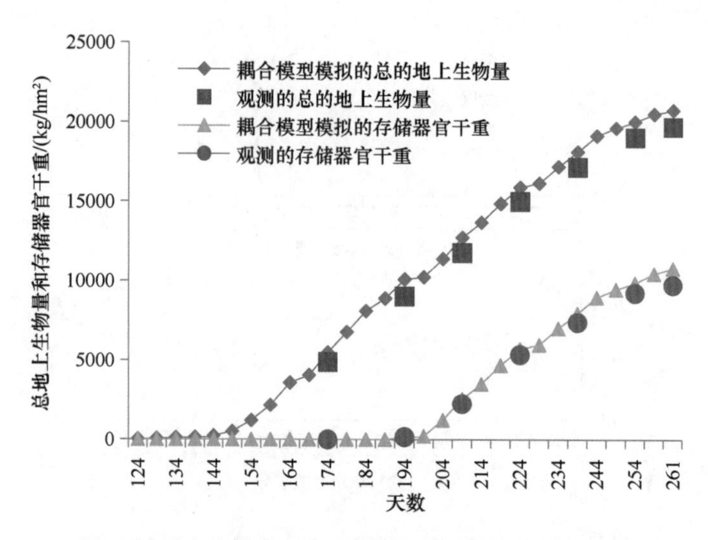

图 6-5　地上生物量观测值与耦合模型模拟值对比结果

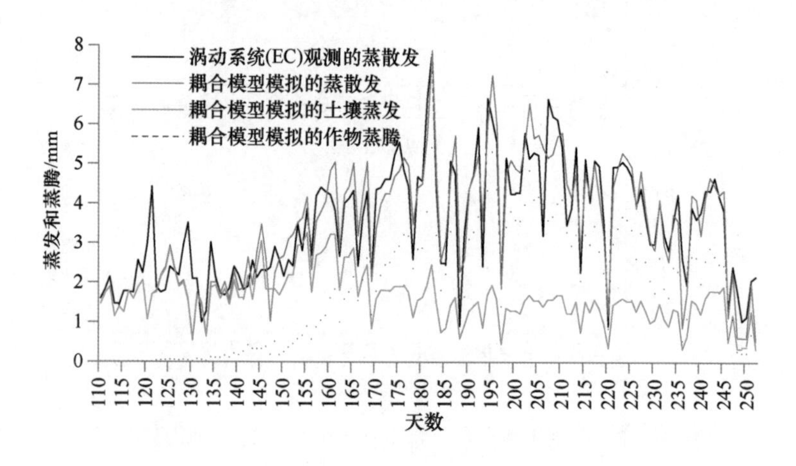

图 6-6　蒸散发观测值与耦合模型模拟值对比结果

量积累的动态过程研究有助于准确估计作物的初级生产力。从图 6-5 中可以看出，模型模拟的总地上生物量和存储器官干重（最终产量）与实验田实测值基本吻合。耦合模型较好地反映了作物的光能利用结果。

蒸散发作为陆地生态系统水分传输和能量转换的重要组分，是认识和研究地气相互作用中水分平衡过程和能量平衡过程的重要因子，对于深刻理解气候变化、水循环及陆地生态系统水文过程至关重要（Stocker and Raibl，2005；Houghton et al.，1990）。从图 6-6 可以看出耦合模型模拟的蒸散发量在变化趋势和大小上与涡动系统实际观测值基本一致。作物生长初期和作物生长晚期的蒸散发量小于作物生长中期蒸散发量。在作物生长初期，蒸散发量以土壤蒸发量为主，作物蒸腾量很小；到作物生长旺盛期作物蒸腾量占蒸散发量的比例明显上升，土壤蒸发量相较于作物生长初期有所下降。整个生长期模型模拟的累积实际蒸腾量和累积实际蒸发量分别为 364mm 和 203mm。结果表明，在实际灌溉条件下，整个作物生长期作物有效蒸腾大约是土壤蒸发的 1.79 倍。

表 6-7　耦合模型输出的玉米生长变量

积日	总的地上生物量 /（kg/hm²）	总的叶干重 /（kg/hm²）	总的茎干重 /（kg/hm²）	总的存储器官干重 /（kg/hm²）	总的根干重 /（kg/hm²）	叶面积指数 /（m²/m²）	收获指数	总的 CO_2 同化率 /(kg/(hm²·d))
124	30	19	11	0	20	0.05	0	2.4
129	62	39	24	0	40	0.08	0	30.6
134	102	63	39	0	64	0.11	0	19.8
139	134	83	51	0	82	0.16	0	29.9
144	230	143	87	0	132	0.28	0	103.1
149	503	312	191	0	264	0.61	0	227.8
154	1197	741	456	0	566	0.93	0	284.4
159	2165	1291	875	0	931	1.31	0	608
164	3587	2016	1570	0	1397	1.78	0	577.9
169	4055	2231	1824	0	1531	2.33	0	101.6
174	5476	2737	2739	0	1831	2.92	0	649.7
179	6759	3108	3651	0	2042	3.67	0	635.2
184	8080	3378	4702	0	2179	4.87	0	205.9
189	8877	3497	5380	0	2223	5.31	0	651.7
194	10081	3662	6256	164	2233	5.29	0.02	265.4
199	10218	3677	6325	217	2233	4.81	0.02	220.5
204	11385	3709	6457	1219	2233	4.64	0.11	661
209	12724	3709	6457	2558	2233	4.38	0.20	605.1
214	13674	3709	6457	3508	2233	4.27	0.26	93.5
219	14852	3709	6457	4686	2233	4.06	0.32	436.2
224	15874	3709	6457	5708	2233	4.04	0.36	314.2
229	16139	3709	6457	5973	2233	3.74	0.37	175
234	17169	3709	6457	7003	2233	3.65	0.41	512.5
239	18103	3709	6457	7937	2233	3.57	0.44	483.5
244	19112	3709	6457	8946	2233	3.43	0.47	167.1
249	19612	3709	6457	9446	2233	2.95	0.48	80.3
254	20013	3709	6457	9847	2233	2.68	0.49	124.1
259	20498	3709	6457	10332	2233	2.1	0.50	219.3
261	20743	3709	6457	10577	2233	1.89	0.51	206.4

表 6-7 给出了耦合模型输出的玉米生长期相关生长变量模拟结果，包括总的地上生物量（TAGP）、总的叶干重（TWLV）、总的茎干重（TWST）、总的存储器官干重（TWSO）、总的根干重（TWRT）、叶面积指数（LAI）、收获指数（HI）和总的 CO_2 同化率（GASS）。

表 6-8 给出了模型标定评价指标，从表中 ME 值可以看出，模型低估了分层土壤体积含水量和蒸散发量，高估了叶面积指数和地上生物量。总体来说模型对于模拟作物生长和与之相关的土壤水循环和水平衡过程性能良好，所标定的参数符合实验田土壤特性和作物遗传特性。

表 6-8 模型标定评价指标

项目	10cm 土壤含水量 /（cm^3/cm^3）	40cm 土壤含水量 /（cm^3/cm^3）	80cm 土壤含水量 /（cm^3/cm^3）	LAI /（cm^2/cm^2）	TAGP /（kg/hm^2）	WSO /（kg/hm^2）	ET /mm
R^2	0.813	0.804	0. 917	0.964	0.981	0.985	0.8
RMSE	0.0016	0.0014	0.0013	0.103	357.1	204.1	0.059
ME	–0.003	–0.007	–0.016	0.116	933.1	415.7	–0.06
NSE	0.791	0.771	0.781	0.924	0.965	0.978	0.765

3）作物生长期灌溉策略优化

标定后的模型被用于评估分析实际灌溉策略下的水分平衡和探索可能的优化灌溉策略。在分析了作物生长期内各水分平衡项（表 6-9）后发现，在实际灌溉策略下，灌溉量的 1/3 归于土壤深层渗漏，并没有被作物所利用，由此可见实际灌溉策略下水利用效率偏低。在保证作物产量即保证作物蒸腾作用的前提下，可以通过适当减少灌溉量提高水利用效率来优化灌溉策略。在优化过程中通过设定灌溉次数为 5 次（与实际灌溉次数相同），保证水分胁迫条件下作物的水应力响应因子值在整个作物生长过程中不小于 0.8，可以得到，每次灌溉水量在 120mm，总量为 600mm 足以保障作物生长发育需要。具体来看，在指导灌溉策略下灌溉量减少了 350mm，节约用水量大部分来自于土壤深层渗漏水量的减少，占到了总节约用水量的 81.2%，其次来自于无效的土壤蒸发，占到总节约水量的 14.86%，作物蒸腾总量基本保持不变，水利用效率明显提高。通过对比实际灌溉策略和指导灌溉策略下各水分平衡项差异可以看出，指导灌溉策略既能保证作物产量又能达到节水灌溉的目的，对制定最优灌溉策略具有指导意义。

表 6-9 实际灌溉策略和指导灌溉策略下水平衡模拟对比 （单位：mm）

项目	灌溉+降水	作物蒸腾	土壤蒸发	深层渗漏	土壤储水量
实际灌溉策略	983.6	364	203	344.6	72
指导灌溉策略	633.6	355	151	60.4	67.2
差异	–350	–9	–52	–284.2	–4.8

4）灵敏度分析方法应用与结果分析

执行灵敏度分析算法需要设定参数的不确定范围，并要为每一个参数定义概率密度分布函数（平均值和标准偏差）。除播种日期、发芽日期、地下水埋深，以及土壤水文特性参数按研究目标指定取值范围外，其余参数的取值范围来自于 WOFOST 数据库的默认值、最大值和最小值及相关参考文献。参数的分布由于缺少先验信息，可以选择在其取值范围内呈均匀分布（McKay，1995）。这一假设使得输入因子落在长度相同的分布范围内的概率相等（Muñoz-Carpena et al.，2010）。基于参数的物理特性和功能属性，参数被划分为 13 个不同分组（表 6-10）。选定作物产量即作物生理成熟期存储器官干重（WSO）作为灵敏度分析对象，这是因为作物生理成熟期存储器官干重是耦合模型模拟过程的综合代表。

表 6-10　耦合模型参数分组及参数取值范围

分组	参数	参数含义	单位	取值范围
播种日期	IDSOW	播种日期	天	103～117
地下水埋深	ZIT	初始地下水深度	cm	50～500
土壤水力参数（HYDRUS）	HYDRUS	土壤水力特征参数	（cm/cm） （cm/cm） — — （cm/d）	θ_r 0.01～0.1 θ_s 0.25～0.4 0.02～0.14 0.2～0.6 10～800
发芽	TBASEM	发芽最低温度	℃	2～5
	TEFFMX	发芽最大有效温度	℃	20～30
物候	TSUM1	从发芽到开花的积温	（℃/d）	700～900
	TSUM2	从开花到成熟的积温	（℃/d）	800～1200
初始值	RGRLAI	日 LAI 最大增长率	（hm^2/（$hm^2 \cdot d$））	0.01～0.04
	LAIEM	发芽时 LAI	（hm^2/hm^2）	0.1～0.2
绿叶面积	SPAN	35℃叶子生长寿命	d	30～36
	SLATB	作物生长阶段比叶面积	（hm^2/kg）	0.002～0.003
	SLATB1	作物成熟阶段比叶面积	（hm^2/kg）	0.001～0.002
同化	AMAXTB	作物生长阶段最大叶 CO_2 同化速率	（kg/($hm^2 \cdot h$)）	50～70
	AMAXTB1	作物成熟第一阶段最大叶 CO_2 同化速率	（kg/($hm^2 \cdot h$)）	50～70
	AMAXTB2	作物成熟第二阶段最大叶 CO_2 同化速率	（kg/($hm^2 \cdot h$)）	50～70
	AMAXTB3	作物成熟第三阶段最大叶 CO_2 同化速率	（kg/($hm^2 \cdot h$)）	30～50
	AMAXTB4	作物成熟第四阶段最大叶 CO_2 同化速率	（kg/($hm^2 \cdot h$)）	10～20
	EFFTB	初始单叶片 CO_2 同化光利用效率	（（kg/($hm^2 \cdot h$)）/（J/($m^2 \cdot s$)；C）	0.4～0.5
	KDIFTB	不同生长阶段可见光散射消光系数		0.5～0.7
同化生物量转换	CVO	碳水化合物转化为存储器官的转化系数		0.6～0.8
	CVS	碳水化合物转化为茎的转化系数	（kg/kg）	0.59～0.76
	CVL	碳水化合物转化为叶的转化系数	（kg/kg）	0.61～0.75
	CVR	碳水化合物转化为根的转化系数	（kg/kg）	0.62～0.76
维持呼吸作用	RMS	日单位质量茎维持呼吸所消耗的碳水化合物	（kg（CH_2O）/(kg·d)）	0.013～0.02
	RML	日单位质量叶维持呼吸所消耗的碳水化合物	（kg（CH_2O）/(kg·d)）	0.027～0.033
	Q10	温度每变化 10℃的相对呼吸率变化		1.6～2
	RMO	日单位质量存储器管维持呼吸所消耗的碳水化合物	（kg（CH_2O）/(kg·d)）	0.005～0.015
	RMR	日单位质量根维持呼吸所消耗的碳水化合物	（kg（CH_2O）/(kg·d)）	0.01～0.016
缺水致死率	PERDL	叶子由于缺水导致的最大相对死亡率	（kg/(kg·d)）	0.02～0.06
蒸腾速率校正因子	CFET	蒸腾速率校正因子		0.7～1.2
根系系数	RRI	根系日最大生长率	（cm/d）	2～3
	RDI	初始根深	cm	7～14
	RDMCR	最大根深	cm	90.5～120

基于优化的灌溉策略（共灌溉 5 次，每次灌溉 120mm），利用 Morris 算法分析作物生理参数（生物气候学、光合作用、呼吸作用、碳水化合物转化分配等参数）和环境因子参数（播种日期、地下水深度、土壤水文特性等参数）对玉米存储器官干重的影响。算法按需求采样共 320 个参数组，其影响结果按 μ*值的降序排列（表 6-11），算法应用结果显示：从 33 个模型参数中筛选出 13 个参数（约占参数总数的 33%）对玉米存储器官干重的影响是不敏感的，这些参数对存储器官干重的影响小于 500kg/hm^2（约为总存

储器官干重 10777kg/hm^2 的 5%)；12 个参数（约占参数总数的 36%）对玉米存储器官干重的影响在 500～2000kg/hm^2；其余 8 个参数（约占参数总数的 24%）对玉米存储器官干重的影响大于 2000kg/hm^2（这包括 HYDRUS parameters、ZIT、SLATB1、IDSOW、EFFTB、RDMCR、KDIFIB 和 CFET）。σ 结果值的大小反映了耦合模型参数之间的相互作用大小，以及模型是否有较强的非线性。

表 6-11　应用 Morris 方法得到的 13 组参数对应的 μ^* 和 σ 值

参数	μ^*	σ	参数	μ^*	σ
土壤特性（HYDRUS 模型参数）	10731	6411.7	Q10	639	297.5
ZIT	6053	5172.5	TSUM2	562	359.6
SLATB1	3375	2650.9	CVS	562	598.6
IDSOW	3306	2304.1	PERDL	441	688.8
EFFTB	2970	1723.4	RMO	419	221.1
RDMCR	2775	3062	RMS	410	119.1
KDIFTB	2455	1389.9	RML	394	363.2
CFET	2127	2008.6	AMAXTB	351	326.1
CVL	1464	2801.4	AMAXTB1	343	159.7
SLATB	1458	1498.6	AMAXTB2	338	136.8
CVO	1452	745.1	AMAXTB3	268	212.4
RDI	1427	1505	AMAXTB4	232	82.9
TSUM1	1387	1245	SPAN	180	278.6
TBASEM	1385	1068.1	RMR	162	36.4
RRI	845	683.3	TEFFMX	0	0
CVR	802	815.4	LAIEM	0	0
RGRLAI	667	837.4			

Sobol 算法被用来评价模型耦合的效果和量化在不同灌溉条件下功能分组参数的不确定性对小麦产量的影响（表 6-12）。总共考虑四种不同的灌溉情景，四个情景的单次灌溉量分别被设定为 180mm/次、160mm/次、120mm/次和 80mm/次，总灌溉次数为 5 次，结果显示：在上述四个灌溉情景下，分组参数一阶灵敏度指数的总和均接近 1，符合灵敏度分析算法描述中 Sobol 算法的特征，也说明了耦合模型没有过度参数化；分组参数的总灵敏度指数之间没有明显差异，这说明耦合模型参数化是平衡的；总灵敏度指数的总和为 2.65～3.8，这说明耦合模型参数相互作用较强，模型存在非线性的特征。从 Sobol 灵敏度分析结果（表 6-12）也可以发现一些对产量较为敏感的参数，这些敏感参数揭示了玉米的产量主要受生理参数（主要包括 CO_2 同化作用、绿叶面积、蒸腾速率校正系数、碳水化合物转化成各器官的转化系数）和环境参数（主要包括播种日期、地下水深度、土壤水文特性）的影响；对比四个灌溉情景下的灵敏度分析结果显示随着灌溉量的减少，大多数生理参数对玉米产量的影响会减少，但是地下水深度、土壤水文特性和蒸腾校正因子对玉米产量的影响会增加。这说明随着玉米灌溉水量的减少，玉米对环

境因素的依赖度将提高，玉米的生理反应将抑制灌溉减少所带来的影响（土壤水分缺乏将导致玉米叶片气孔关闭，减少呼吸的同时也减少光合作用）。这说明水分限制是干旱区玉米产量的主要限制因子。

表 6-12　应用 Sobol′ 方法得到的各组参数灵敏度指数

参数分组	灌溉 180mm/次		灌溉 160mm/次		灌溉 120mm/次		灌溉 80mm/次	
	first	total	first	total	first	total	first	total
播种日期	0.1057	0.2686	0.0982	0.2228	0.1002	0.1887	0.0731	0.1376
地下水埋深	0.0817	0.2601	0.1257	0.3466	0.2588	0.4384	0.3469	0.651
土壤水力参数（HYDRUS）	0.1355	0.2805	0.1446	0.2997	0.1846	0.3627	0.2561	0.4034
发芽	0.0385	0.1383	0.0345	0.1843	0.0385	0.1956	0.0307	0.1246
物候	0.0335	0.103	0.0276	0.1171	0.0195	0.1224	0.0056	0.1136
初始值	0.0432	0.3609	0.0398	0.3541	0.0273	0.1161	0.027	0.0809
绿叶面积	0.0965	0.3596	0.0566	0.263	0.0247	0.1691	0.0054	0.0913
同化	0.1474	0.5965	0.1446	0.6634	0.0958	0.3577	0.0416	0.1421
同化生物量转换	0.093	0.36	0.1023	0.3113	0.0642	0.2049	0.0144	0.1556
维持呼吸作用	0.0441	0.2523	0.0407	0.306	0.0277	0.266	0.0193	0.1618
缺水致死率	0.0112	0.1429	0.0042	0.2882	0.0048	0.1632	0.0083	0.0924
蒸腾速率校正因子	0.0907	0.2563	0.0764	0.2858	0.088	0.3538	0.096	0.404
根系系数	0.0569	0.2057	0.0382	0.1615	0.0293	0.1885	0.0164	0.0981
总量	0.9779	3.5847	0.9334	3.8038	0.9634	3.1271	0.9408	2.6564

5）灌溉策略优化

由于水分限制是干旱区玉米产量的主要限制因子，作物生长期降水变化和灌溉量变化引起的土壤水分变化最终会对玉米产量产生一定的影响。本书中基于 Monte Carlo 方法研究模型参数在一定的不确定取值范围内，灌溉量减少对玉米产量的影响程度。Monte Carlo 方法是 Sobol 算法的一个中间步骤，通过轮盘赌选取符合均匀分布的随机数，再通过“计算机模拟仿真实验”的方法，用收获的农作物产量数出现的频率描述作物产量事件的概率。Monte Carlo 采样集合大小设定为 5000。总共考虑四种不同的灌溉情景，在这四个情景中单次灌溉量分别被设定为 180mm/次、160mm/次、120mm/次和 80mm/次，总灌溉次数为 5 次，分别对四种情景下 5 次灌溉后的农作物产量分布进行分析，分析结果显示在图 6-7 中。从图中可以看出玉米的平均产量从 4204.2kg/hm^2（单次灌溉量为 80mm/次）增加到 7781.2kg/hm^2（单次灌溉量为 180mm/次）。当单次灌溉量超过 120mm/次时，玉米产量分布在 5500～11000kg/hm^2 的模拟概率占到了 85%以上。这一方法可以在作物参数和环境参数不确定范围之内预测作物产量概率分布。对于灌溉策略的制定有一定的指导意义。

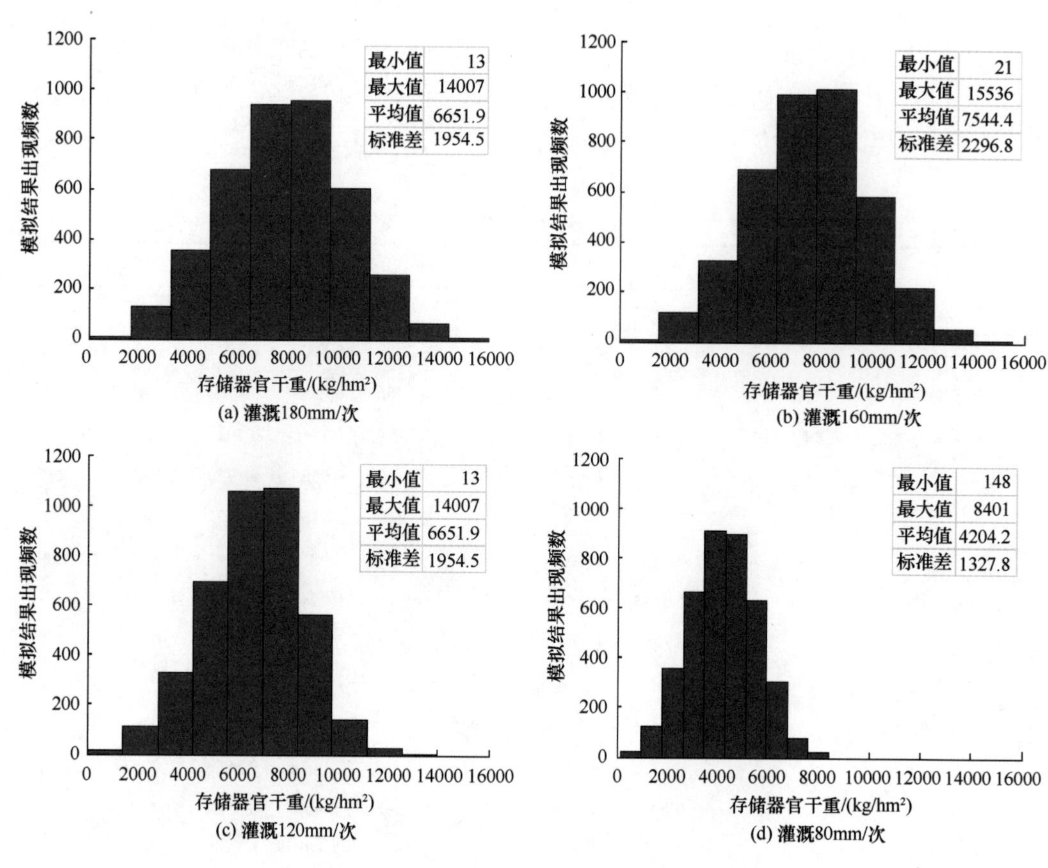

图 6-7 不同灌溉情景下模型模拟结果统计直方图

6）地下水位影响

由于土壤含水量变化会受到地下水位的影响，因此作物在不同地下水位、不同灌溉量下所收获的产量也不一样。本书中基于标定后的耦合模型，设定地下水位变化以 0.5m 的增量从 0.5～3.0m，相应于设定好的地下水位状况，变化单次灌溉量，以 15mm 为减量从 120～0mm/次，总灌溉次数保持不变，通过分析模型输出的玉米存储器官干重结果来研究不同地下水位下不同灌溉量对玉米产量的影响。分析结果在图 6-8 中给出，从图中可以看出：当地下水位设定为 0.5m 时，单次灌溉量超过 30mm，玉米产量就会随灌溉量的增加而减少。这一现象的出现可以归结为土壤中水分含量过高所导致作物根部缺氧。当地下水位设定为 1.0m 时，玉米产量仍然会随着单次灌溉量的增加而减少，但玉米产量基本都能达到 8500kg/hm^2 以上，这说明灌溉量大时作物根部缺氧状况不明显，灌溉量少时作物根部也能提到充足的水分。当地下水位设定为 1.5m 时，单次灌水量只需要超过 15mm/次就可以保证玉米产量，这说明玉米根系始终能提到水用于作物蒸腾。当地下水位在 2.0～3.0m 时，玉米产量会随着单次灌溉量的减少而减少。地下水位 2.0m 时保证玉米产量的最小单次灌水量为 30mm/次，地下水位 3.0m 时保证玉米产量的最小单次灌水量为 45mm/次。

6.5.2 绿洲农业生态水文耦合模型在黑河中游测试

绿洲农业生态水文耦合模型模拟黑河中游玉米的产量，输入资料包括差值的气象数

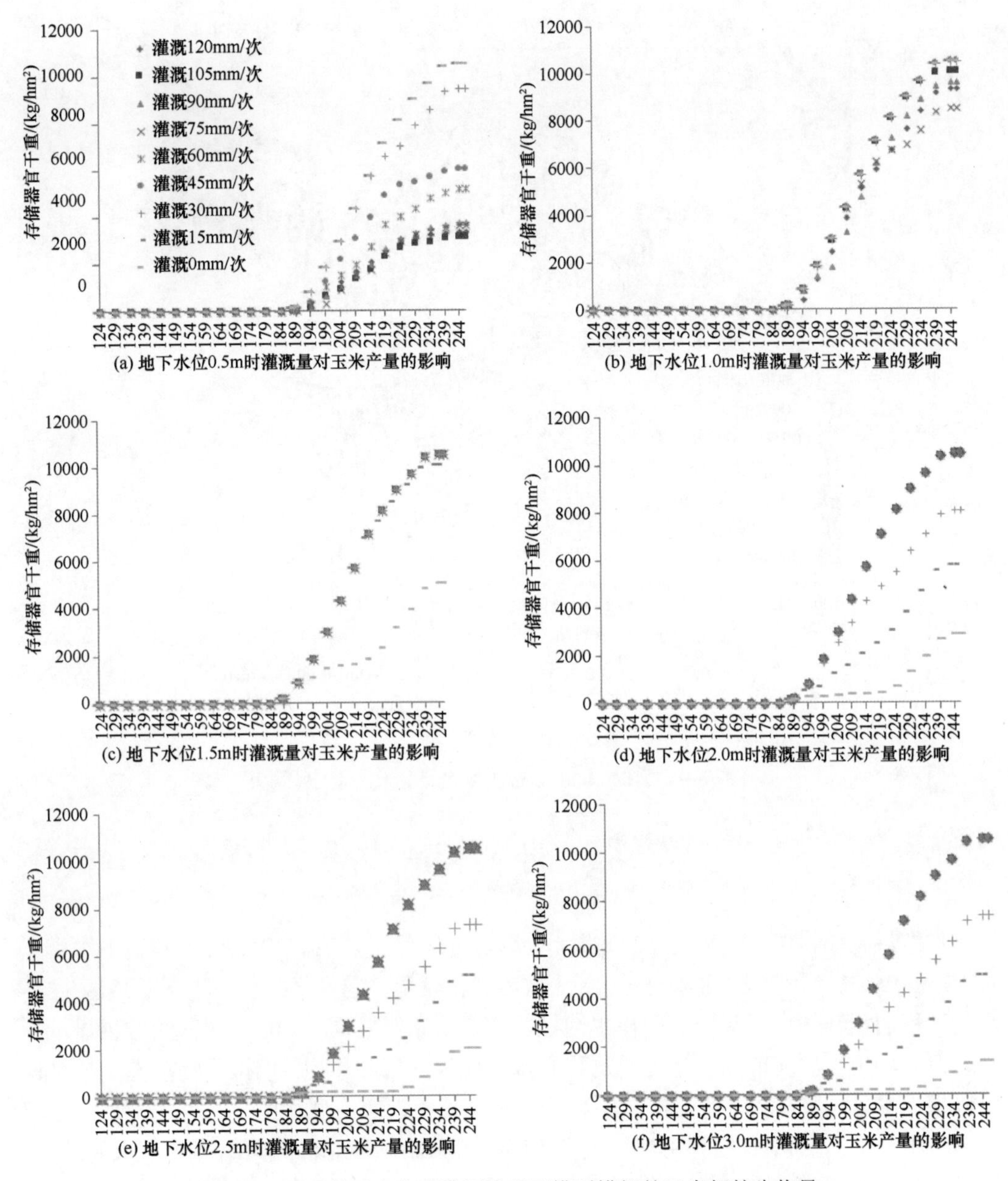

图 6-8　不同地下水位和灌溉情景下模型模拟的玉米籽粒生物量

据、灌区灌溉资料和黑河中游地下水位分布，耦合模型采用顺序集合卡尔曼算法同化2008年5月12日、2008年5月28日、2008年7月15日和2008年8月16日四期Landsat影像获得的叶面积指数分布，从Landsat影像获得的叶面积指数可以看到：2008年5月12日LAI值普遍较低，均值为1.07，2008年5月28日LAI值有所增加，均值为1.29，2008年7月15 LAI值整体明显增大，均值为3.39，至2008年8月16日LAI值稍有下降，均值为3.25。这一变化趋势符合研究区玉米生长物候规律，即7月15日前后20天左右玉米进入抽雄期，LAI值达到峰值，之后随着玉米进入乳熟期，LAI开始下降。选取盈科站周围50km范围内的数据用于同化作物生长-水文耦合模型模拟输出的LAI，模型连续计算研究区玉米产量分布的模拟结果（图6-9）。

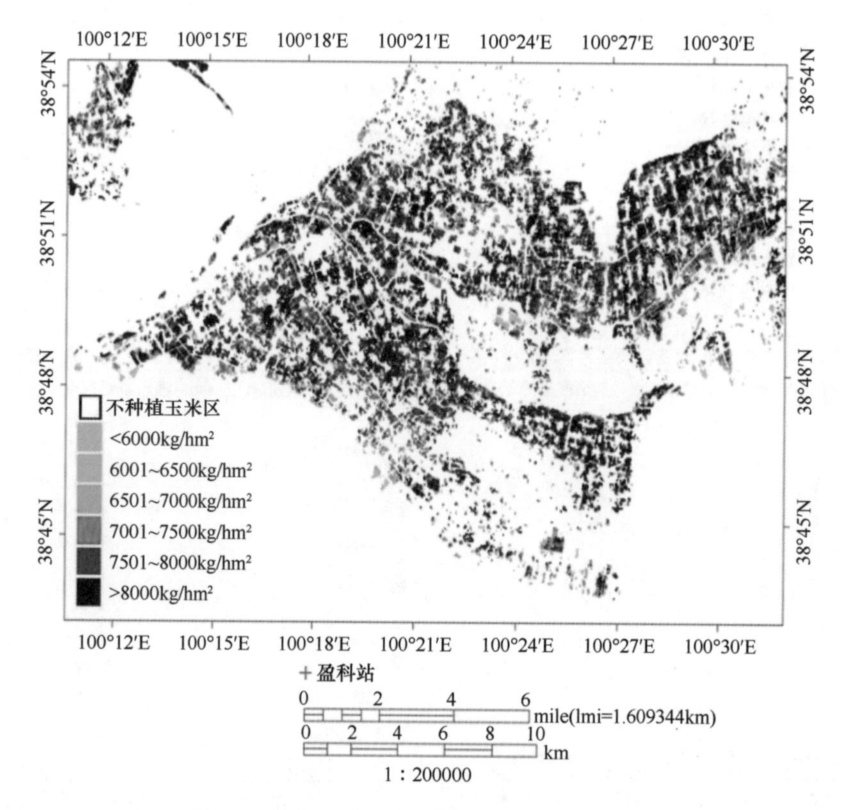

图 6-9　同化 Landsat LAI 数据后玉米产量分布

6.6　小　　结

本结耦合作物生长模型 WOFOST，土壤水分运移模型 HYDRUS-1D 和地下水模型 MODFLOW-3D 构建绿洲作物生长-水文循环耦合模型，定量研究干旱半干旱地区生态-水文过程的相互作用。耦合模型在黑河试验的盈科站及其周边 50km 测试的结果显示：模型充分刻画了黑河地区玉米生长过程和水分循环的相互作用，模拟作物动态生长过程中根系提水、冠层蒸腾、作物产量的精度较高，说明耦合模型适用于干旱半干旱的黑河流域中游地区。进而，我们利用耦合模型定量研究盈科站现有灌溉策略下的节水的潜力，综合分析了灌溉策略和地下水位对玉米生长的影响，并采用顺序同化的方案结合遥感 LAI 数据估计盈科站周边区域的玉米产量。

随着卫星遥感空间分辨率的不断提高，绿洲生态水文模型的应用将越来越广，对预估农作物产量、精准农业、农田环境调控、农田管理、气候变化对农作物的影响等科研和生产领域都有较大应用价值。

参 考 文 献

池宝亮，黄学芳，张冬梅，李保国. 2005. 点源地下滴灌土壤水分运动数值模拟及验证. 农业工程学报, 21(3): 56-59.

邓慧平，李秀彬，陈军锋，张明，万洪涛. 2003. 流域土地覆被变化水文效应的模拟——以长江上游源头区梭磨河为例. 地理学报, 58(1): 53-62.
冯利平, 高亮之, 金之庆, 马新明. 1997. 小麦发育期动态模拟模型研究.作物学报, 23(4): 418-424.
傅伯杰, 邱扬, 王军, 陈利项. 2002. 黄土丘陵小流域土地利用变化对水土流失的影响. 地理学报, 57(6), 717-722.
高亮之, 金之庆, 郑国清, 等. 2000. 小麦栽培模拟优化决策系统(WCSODS). 江苏农业学报, 16(2): 65-72.
高亮之, 金之庆, 黄耀. 1992. 水稻栽培计算机模拟优化决策系统. 北京: 中国农业科技出版社, 124-134.
高亮之, 金之庆, 黄耀, 等. 1989. 水稻计算机模拟模型及其应用之一水稻钟模型——水稻发育动态的计算机模型. 中国农业气象, 10(3): 3-10.
雷志栋, 胡和平, 杨诗秀. 1999. 土壤水研究进展与评述. 水科学进展, 03: 311-313.
雷志栋, 杨诗秀, 谢森传. 1988. 土壤水动力学. 北京: 清华大学出版社.
李道西, 罗金耀. 2004. 地下滴灌土壤水分运动数值模拟.节水灌溉, (4): 4-7.
李新, 黄春林, 车涛, 晋锐, 王书功, 王介民, 高峰, 张述文, 邱崇践, 王澄海. 2007. 中国陆面数据同化系统研究的进展与前瞻. 自然科学进展, 17(2): 163-173.
刘增进, 柴红敏, 徐建新. 2004. 冬小麦土壤水分运动数值计算. 灌溉排水学报, 23(2): 73-76.
潘学标, 韩湘玲, 石元春. 1996. COTGROW: 棉花生长发育模拟模型. 棉花学报, 8(4): 180-188.
尚宗波, 杨继武, 殷红, 罗新兰, 赵世勇. 2000. 玉米生长生理生态学模拟模型. 植物学报, 42(2): 184-194.
宋开山, 张柏, 于磊, 王宗明. 2005. 玉米地上鲜生物量的高光谱遥感估算模型研究. 农业系统科学与综合研究, 21(1): 65-67.
孙纳正. 1981. 地下水的数值模型和数值方法. 北京: 地质出版社.
王大成, 王纪华, 靳宁, 王芊, 李存军, 黄敬峰, 王渊, 黄芳. 2008. 用神经网络和高光谱植被指数估算小麦生物量. 农业工程学报, 24(增刊 2): 196-201.
王石立, 王馥棠, 李友文, 郭友三. 1991. 小麦生长简化模拟模式的研究. 应用气象学报, 3: 293-299.
谢云, Kinhy J R. 2002. 国外作物生长模型发展综述.作物学报, 28: 190-195.
Addiscot T, Smith J, Bradbury N. 1995. Critical evaluation of models and their parameters. Journal Environmental Quality, 24: 803-807.
Aggarwal P K. 1995. Uncertainties in crop, soil and weather inputs used in growth models implications for simulated outputs and their applications. Agricultural Systems, 48(3): 361-384.
Akinseye F M, Adam M, Agele S O, Hoffmann M P, Traore P C S, Whitbread A M. 2017. Assessing crop model improvements through comparison of sorghum (sorghum bicolor L. moench) simulation models: a case study of West African varieties. Field Crops Research, 201: 19-31.
Alagarswamy G, Ritchie J T, Godwin D C, Singh U. 1988. A User's Guide to CERES Sorghum: Michigan State University. ICRISAT, IFDC and IBSNAT Joint Publication.
Allen R G, Pereira L S, Raes D, Smith M. 1998. Crop evapotranspiration. Guidelines for computing crop water requirements. Irrigation and Drainage, FAO, Rome, Italy. PaperNo. 56.
Anderson G L, Hanson J D, Hass R H. 1993. Evaluating landsat thematic mapper derived vegetation indices for estimating above-ground biomass 11 semiarid rang lands. Remote Sensing of Environment, 46(2): 151-157.
Anwar M R, McKenzie B A, Hill G D. 2003. Water-use efficiency and the effect of water deficits on crop growth and yield of kabuli chickpea (Cicer arietinum L.) in a cool-temperate sub humid climate. Journal of Agricultural Science, 141: 285-301.
Battisti R, Sentelhas P C, BooteK J. 2017. Inter-comparison of performance of soybean crop simulation models and their ensemble in southern Brazil. Field Crops Research, 200: 28-37.
Berge Aggarwal P K, Kropff M J. 1997. Applications of Rice Modelling. The Netherlands: Elsevier, 166.
Beven K, Germann R. 1982. Macropores and water flow in soils. Water Resource Research, 18(5): 1311-1325.

Boogaard H I, Van Diepen C A, Rotter R P, Cabrera J C M A, Van Laar H H. 1998. WOFOST 7.1: User's Guide for the WOFOST 7.1 Crop Growth Simulation Model and WOFOST Control Center 1.5, Techn. Doc, 52, Alterra, WUR, Wageningen, The Netherlands, 144.

Booltink H W G, van Alphen B J, Batchelor W D, Paz J O, Stoorvogel J J, Vargas R. 2001. Tools for optimizing management of spatially-variable fields. Agricultural Systems, 70: 445-476.

Boons-Prins E R, de Koning G H J, Van Diepen C A, Penning de Vries F W T. 1993. Crop specific simulation parameters for yield forecasting across the European Community, Simulation Reports CABO-TT 32, CABO-DLO, DLO Wnand Staring Centre, JRC, Wageningen.

Bouma J. 1981. Soil morphology and preferential flow along macropores. Agricultural Water Management, 3: 235-250.

Bouman B A M, Kropff M J, Tuong T R, Wopereis M C S. 2001. Ten Berge Van Laar H. H. ORYZA2000: modeling lowland rice, IRRI /Wageningen University.

Bouman B A M, van Keulen H, van Laar H H. 1996. The school of de Wit crop growth simulation models: a pedigree and historical overview. Agricultural System, 52: 171-198.

Brisson N, Gary C, Justes E, Roche R, Mary B, Ripoche D, Zimmer D, Sierra J, Bertuzzi P, Burger R, Bussiere F, Cabidoche Y M, Cellier P, Debaeke P, Gaudillere J R, Henault C, Maraux F, Seguin B, Sinoquet H. 2003. An overview of the crop model. European Journal of Agronomy, 18: 309-332.

Burgers G, van LeeuvenP J, Evensen G. 1998. Analysis scheme in the ensemble Kalman filter. Monthly Weather Review, 126: 1719-1724.

Burman R, Pochop L O. 1994. Evaporation, evapotranspiration and climatic data. In: Developments in Atmospheric Science. Elsevier, Amsterdam, The Netherlands.

Butters G L, Jury W A. 1989. Field scale transport of bromide in an unsaturated soil. Dispersion modeling. Water Resources Research, 25(7): 1583-1589.

ChauhanY, Allard S, Williams R, Williams B, Mundree S, Chenu K, Rachaputi N C. 2017. Characterisation of chickpea cropping systems in Australia for major abiotic production constraints. Field Crops Research, 204: 120-134.

De Wit C T. 1970. Dynamic concepts in biology. Prediction and Management of Photosynthetic Productivity, Proceedings International Biological Program Plant Production Technical Meeting, Wageningen, Netherlands; PUDOC, 17-23.

De Wit C T. 1978. Simulation of assimilation, respiration and transpiration of crops. Simulation Monographs. Wageningen, The Netherlands: PUDOC, 18-56.

Diekkrüger B, Arning M. 1995. Simulation of water fluxes using different methods for estimating soil parameters. Ecological Modelling, 81(1-3): 83-95.

Evensen G. 1994. Sequential data assimilation with a nonlinear quasi-geostrophic model using Monte Carlo methods to forecast error statistics. Journal of Geophysical Research: Oceans, 99(C5): 10143-10162.

Feddes R A, Kowalik P J, Zaradny H. 1978. Simulation of field water use and crop yield. Simulation Monograph, Pudoc, Wageningen, The Netherlands, 9-30.

Gartuza-Payan J, Shuttleworth W J, Encinas D, McNeil D D, Stewart J B, DeBruin H, Watts C. 1998. Measurement and modelling evaporation for irrigated crops in northwest Mexico. Hydrological Processes, 12: 1397-1418.

Gee G W, Or D. 2002. Particle size analysis. In: Methods of Soil Analysis, Part 4, SSSA Book Series, vol. 5. In: Dane J, Topp C. American Society of Agronomy, Madison, Wisconsin, 255-294.

Goldston D. 2008. Hazy reasoning behind clean air. Nature News, 452(7187): 519.

Goudriaan J, van Laar H H. 1994. Modelling Potential Crop Growth Processes. Dordrecht, The Netherlands: Kluwer Academic Publishers.

Grossman R B, Reinsch T G, 2002. Bulk density and linear extensibility. In: Dane J, Topp C. Methods of Soil Analysis, Part 4, SSSA Book Series, vol. 5. American Society of Agronomy, Madison, Wisconsin, 201-228.

He D, Wang E, Wang J, Lilley J, Luo Z, Pan X, Pan Z, Yang N. 2017. ncertainty in canola phenology modelling induced by cultivar parameterization and its impact on simulated yield. Agricultural and Forest Meteorology, 232: 163-175.

Hijmans R J, Guiking Lens I M, van Diepen C A. 1994. User guide for the WOFOST 6.0, Crop growth simulation model. Technical document 12. In: DLO Winand Staing Centre, Wageningen.

Hoff H. 2002. the water challenge: joint water project. Global Change Newsletter, 50: 46-48.

Homberger G M, Spear R C. 1981. An approach to the preliminary analysis of environmental systems. Journal of Environmental Management, 12: 7-18.

Hoogenboom G, Mlkens P W, Tsuji G Y. 1999. DSSAT Version 3, Volume 4. Honolulu, Hawaii: University of Hawaii.

Hoogenboom G, Jones J W, Boote K J. 1992. Modeling growth, development, and yield of grain legumes using SOYGRO, PNUTGRO, and BEANGROrA review. Transactions of the ASAE, 35(6): 2043-2056.

Houghton J T, Jenkins G J, Ephrayms J J. 1990. Climate Change: The IPCC Scientific Assessment. Cambridge: Cambridge University Press.

Huang M B, Zhang L. 2004. Hydrological responses to conservation practices in a catchment of the Loess Plateau, China. Hydrological Process, 18: 1885-1898.

Ines A V M, Gupta A D, Loof R. 2002. Application of GIS and crop growth models in estimating water productivity. Agricultural Water Management, 54: 205-225.

Ittersum M K V, Donatelli M. 2003. Modelling cropping systems—highlights of the symposium and preface to the special issues. European Journal of Agronomy, 18(18): 187-197.

Jones C A, Kiniry J R. 1986. CERES-Maize: A Simulation Model of Maize Growth and Development. Texas: Texas A and M University Press.

Jones J W, Hoogenboom G, Porter C H, Boote K J, Batchelor W D, Hunt L A, Wilkens P W, Singh U, Gijsman A J, Ritchie J T. 2003. The DSSAT cropping system model. European Journal of Agronomy, 18: 235-265.

Jury W A. 1982. Simulation of solute transport using a transfer functions model. Water Resources Research, 18(2): 363-368.

Jury W A, Stolzy L H, Shouse P. 1982. A field test of the transfer function model for predicting solute transport. Water Resources Research, 18: 369-375.

Kalman R E. 1960. A new approach to linear filtering and prediction problems. Journal of Basic Engineering, 82(1): 35-45.

Kersebaum K C, Lorenz K, Reuter H I, Wendroth O. 2002. Modeling crop growth and nitrogen dynamics for advisory purposes regarding spatial variability. In: Ahuja L R, Ma L, Howell T A. Agricultural System Models in Field Research and Technology Transfer, Lewis Publishers, Boca Raton, Florida, USA, 229-252.

Kroes J G, Van Damm J C. 2003. Reference Manual SWAP: Version 3.0.3. Report 773. Alterra Green World Resource, Wageningen, Netherlands.

Kropff M J, Goudriaan J. 1994. Competition for resource capture in agricultural crops. In: Monteith J L, Scott R K, Unsworth M H. Gresource Capture by Crops. Loughborough: Nottingham University Press, Leicestershire, 233-253.

Kropff M J, van Laar H H, Matthews R B. 1994. ORYZA-1: an eco-physiological model for irrigated rice production. Los BanA os, Philippines: International Rice Research Institute.

Lambin E F, Baulies X, Boekstael N E, et al. 2002. Land-use and land-cover change implementation strategy. Stockholm: IGBP Report No. 48 and IHDP Report No. 10: 21-66.

Lemmon H. 1986. COMAX: an expert system for cotton crop management. Science, 233: 29-33.

Li X. 2014. Characterization, controlling and reduction of uncertainties in the modeling and observation of land-surface systems. Science China Earth Sciences, 57(1): 80-87.

Matthews R B, Stephens W. 2002. Crop-soil Simulation Models, Applications in Developing Countries. Wallingford: CABI Publishing, United Kingdom, 277.

McCown R L, Hammer G L, Hargreaves J N G. 1996. APSIM: a novel software system for model development, model testing, and simulation in agricultural systems research. Agricultural Systems, 50: 55 -271.

McDonald M G, Harbaugh A W. 1988. A modular three-dimensional finite-difference ground-water flow model. US Geological Survey Techniques of Water Resources Investigations Report Book 6, Chapter

A1, 528.

McKay M D. 1995. Evaluating Prediction Uncertainty. NUREG/CR-6311. U.S. Nuclear Regulatory Commission and Los Alamos National Laboratory, Los Alamos, N.M.

McKay M D, Beckman R J, Conover W J. 1979. A comparison of three methods for selecting values of input variables in the analysis of output from a computer code. Technometrics, 21: 239-245.

Meinke H, Baethgen W E, Carberry P S, Donatellic M, Hammera G L, Selvarajud R, Stocklee C O. 2001. Increasing profits and reducing risks in crop production using participatory systems simulation approaches. Agricultural Systems, 70: 493-513.

Milly P C D. 1982. Moisture and heat transport in hysteretic, inhomogeneous porous media: a matric head-based formulation and a numerical model. Water Resources Research, 18(3): 489-498.

Monteith J L, Unsworth M H. 1990. Principles of Environmental Physics, Second Edition. London : Edwad Arnold, London, United Kingdom.

Mualem Y. 1976. A new model predicting the hydraulic conductivity of unsaturated porous media. Water Resources Research, 12: 513-522.

Munch J C, Berkenkamp A, Sehy U. 2001. The effect of site specific fertilisation on N_2O emissions and N-leaching-measurements and simulations. In: Horst W J, et al. Plant Nutrition-Food Security and Sustainability of Agroecosystems. Dordrecht, Netherlands: Kluwer Academic Publishers, 902-903.

Munoz-Carpena R, Fox G A, Sabbagh G J. 2010. Parameter importance and uncertainty in predicting runoff pesticide reduction with filter strips. Journal of Environmental Quality, 39(1): 1-12.

Nielsen D R, Biggar J W, Erh K T. 1973. Spatial variability of field measured soil-water properties. Hilgardia, 42(7): 215-259.

Nunes C， Auge J I. 1999. Land-use and land-cover change implementation strategy. IHDP Report, 10: 7-21.

Otter Nacke S J, Ritchie J T, Godwin D, Singh U. 1991. A User's Guide to CERES Barley V2.10. In. Alabama, USA: International Fertilizer Development Centre, Muscle Shoals.

Pachepsky Y A, Smettem K R J, Vanderborght J, Herbst M, Vereecken H. 2004. Wosten Reality and fiction of models and data in soil hydrology. In: Feddes R A, et al. Unsaturated-Zone Modeling. Dordrecht, the Netherlands: Kluwer Academic Publishers.

Patil S L, Sheelavantar M N. 2004. Effect of cultural practices on soil properties, moisture conservation and grain yield of winter sorghum in semi-arid tropics of India.Hydrological Processes, 64: 49-67.

Paudyal G N, Das Gupta A. 1990. Irrigation planning by multi-level optimization. Journal of Irrigation and Drainage Engineering, ASCE, 116: 273-291.

Pauwels V R N, Hoeben R, Verhoest N E C, DeTroch F P. 2001.The importance of the spatial patterns of remotely sensed soil moisture in the improvement of discharge predictions for small-scale basins through data assimilation. Journal of Hydrology, 251: 88-102.

Penning de Vries F W T. 1980. Simulation models of growth of crops, particularly under nutrient stress. In: Physiological aspects of crop productivity. Proceedings of the 15th Colloquium. International Potash Institute, Bern, 213-226.

Penning de Vries F W T, van Laar H H. 1982. Simulation of growth processes and the model BACROS. In: Penning de Vries F W T, van Laar H H. Simulation of plant growth and crop production. Simulation Monographs. Wageningen, The Netherlands: PUDOC, 114-135.

Philip J R. 1957. The theory of infiltration 4. Sorptivity and algebraic infiltration equation. Soil Science, 84: 257-264.

Philip J R. 1966. Plant water relations: some physical aspects. Annual Review of Plant Physiology, 17: 245-268.

Philip J R, de Vries D A. 1957. Moisture movement in porous media under temperature gradients. Transactions American Geophysical Union, 38(2): 222-231.

Raman H, Mohan S, Rangacharya N C V. 1992. Decision support for crop planning during droughts. Journal of Irrigation and Drainage Engineering, ASCE, 118: 229-241.

Reichle R H, Entekhabi D, McLaughlin D B. 2001. Downscaling of radio brightness measurements for soil moisture estimation: a four dimensional variational data assimilation approach. Water Resources Research, 37(9): 2353-2364.

Ritchie J T, Otter S. 1985. Description and performance of CERES Wheat: a user oriented wheat yield model. USDA-ARS, ARS238, 159-175.

Ritchie J T, Alocilja E C, Singh U, Uehara G. 1987. IBSNAT and CERES—Rice model. Weather and Rice, Proceedings of the International Workshop on the Impact of Weather Parameters on Growth and Yield of Rice, 7-10 April 1986. International Rice Research Institute, Manilla, Philippines, 271-281.

Saltelli A, Tarantola S, Campolongo F, Ratto M. 2004. Sensitivity analysis in practice.A Guide to Assessing Scientific Models, John Wiley and Sons, Joint Research Centre of the European Commission, Ispra, Italy.

Saltelli A, Chan K, Scott E M. 2000.Sensitivity Analysis. Wiley Series in Probability and Statistics.

Scanlon B R, Healy R W, Cook P G. 2002. Choosing appropriate techniques for quantifying groundwater recharge. Hydrogeology Journal, 10: 18-39.

Scurlock J M O, Johnson K, Olson R J. 2002. Estimating net Primary Productivity from grassland biomass dynamics measurements. Global Change Biology, 8: 736-753.

Shaffer G, Olsen S M. 2001. Sensitivity of the thermohaline circulation and climate to ocean exchanges in a simple coupled model. Climate Dynamics, 17(5): 433-444.

Shepherd A, McGinn S M, Wyseure G C L. 2002. Simulation of the effect of water shortage on the yields of winter wheat in north-east England. Ecological Modelling, 147: 41-52.

Simunek J, Van Genuchten M Th, Sejna M. 2005. The HYDRUS-1D Software Package for Simulating the Movement of Water, Heat, and Multiple Solutes in Variability Saturated Media, Version 3.0. Department of Environmental Sciences University of California Riverside, Riverside, California, USA, 270.

Smettem, Keith R J. 2008. Welcome address for the new ‘Ecohydrology’ Journal. Ecohydrology, 1(1): 1-2.

Sobol I M. 1993. Sensitivity estimates for nonlinear mathematical models. Mathematical Modelling and Computational Experiments, 1(4): 407-414.

Spitters C J T, van Keulen H, van Kraalingen D W G. 1989. A simple and universal crop growth simulator: UCROS87. In: Rabbinge R, Ward S A, van Laar H H. Simulation and systems management in crop protection. Simulation Monographs. Wageningen, The Netherlands: PUDOC.

Stocker T F, Raible C C. 2005. Water cycle shifts gear. Nature, 434: 830-833.

Stroosnijder L. 1982. Simulation of the soil water balance. In: Penning de Vries F W T, van laar H H. Simulation of Plant Growth and Crop Production. Simulation Monographs, PUDOC Wageningen: The Netherlands, 175-193.

Suzanne. 2001. Priority questions for land use/cover change research in the next couple of years. LUCC Newsletter, 1-9.

Tsuji G Y, Hoogenboom G, Thornton P K. 1998. Understanding Options for Agricultural Production. The Netherlands: Kluwer Academic Publishers, 399.

Tuong T P, Bhuiyan S I. 1999. Increasing water-use efficiency in rice production: farm-level perspectives. Agricultural Water Management, 40: 117-122.

Uehara G, Tsuji G Y. 1988. Overview of IBSNAT. In: Tsuji G Y, Hoogenboom G, Thornton P K. Understanding Options for Agricultural Production. Dordrecht, The Netherlands: Kluwer Academic Publishers, 1-7.

Van Genuchten M Th. 1980. A closed-form equation for predicting the hydraulic conductivity of unsaturated soils. Soil Science Society of America Journal, 44: 892-898.

Van Keulen H, Wolf J. 1986. Modelling of Agricultural Production: Weather Soils and Crops. In: Simulation Monographs, Pudoc, Wageningen. The Netherlands, 479.

Van Laar H H, Goudriaan J, Van Keulen H. 1997. SUCROS 97: simulation of crop growth for potential and water-limited production situations, as applied to spring wheat. Quantitative Approaches in Systems Analysis, 14, AB-DLO.Wageningen: The Netherlands.

Wang G X, Cheng G D. 1999. Water resource development and its influence on the environment in arid of China-the case of the Heihe River basin. Journal of Arid Environments, 43: 121-131.

Wiegand C L, Richardson A J, Kanemasu E T. 1979. Leaf area index estimates for wheat from LANDSAT and their implications for evapotranspiration and crop modeling 1. Agronomy Journal, 71(2): 336-342.

Wilkerson G G, Jones J W, Boote K J, Ingram K T, Mishoe J W. 1983. Modeling soybean growth for crop management. Trans. ASAE, 26: 63-73.

Wolf J. 2002. Comparison of two potato simulation models under climatic change. I. Model calibration and sensitivity analysis. Climate Research, 21: 173-186.

Xu Z W, Liu S M, Gong L J, Wang J M, Li X W. 2008. A study on the data processing and quality assessment of the eddy covariance system. Advances in Earth Science, 23(4): 357-370.

Yin X, Van Laar H H. 2005. Crop systems dynamics: an ecophysiological simulation model for genotype by environment interactions. The Netherlands: Wageningen Academic Publishers, 155.

Zehe E, Becker R, Ardossy A B, Plate E. 2005. Uncertainty of simulated catchment runoff response in the presence of threshold processes: role of initial soil moisture and precipitation. Journal of Hydrology, 315: 183-202.

Zhang L, Dawas W R, Reece P H. 2001. Response of mean annual evapotranspiration to vegetation changes at catchment scale. Water Resources Research, 37(3): 701-708.

第 7 章　黑河中游水-经济可计算一般均衡模型的构建

钟方雷

黑河流域人文因素与自然因素通过水资源主线互相影响、传导和扰动。集成模拟人文因素与自然因素需采用系统整体分析框架。一般均衡分析是经济学中最活跃的前沿领域，其核心是将经济系统整体作为分析对象，通过扩展自然因素，是集成模拟人文因素与自然因素合适的系统分析框架。可计算一般均衡模型（computable general equilibrium model，CGE）由于将优化决策机制分散在部门和各个经济主体中，因而结构非常灵活，很容易对其进行扩展补充，将水、土等资源作为投入要素包含在模型结构体系中。同时由于包含了收入分配过程，CGE 模型在社会影响分析方面具有明显的优势，已经广泛用于各种政策分析的定量模拟。本章首先详细介绍了 CGE 模型的构建实现过程，从基本的数据收集调查开始，通过构建投入产出表，继而构建社会核算矩阵，建立了区域尺度上的内生水资源的 CGE 模型。通过嵌套 CES 函数的生产结构，将水资源作为一种生产要素纳入模型中，评价了黑河中游张掖市 2007 年的水价改革对国民经济各行业生产和用水的影响。结果表明，提高水价会对经济系统产生不利影响，但影响幅度不大；更重要的是水价的提高能促进水资源的利用效率，促进水资源的高效利用。同时，水价改革还必须重视劳动力市场的变化，应该努力拓宽就业渠道，从而减少水价改革对社会经济和人民生活产生的负面影响。基于 CGE 模型的水-经济模型，还可进一步结合土地利用变化的地学模型，将人文因素变化对土地利用变化的影响分派到空间上，预测未来土地利用的空间格局，一方面为地区未来的发展提供决策参考；另一方面为分布式集成模型提供情景数据。这种人文因素与自然因素集成模拟模型研究无疑符合流域集成建模的方向，是集成模型的有益组成部分。

7.1　引　　言

黑河流域是我国西北干旱地区典型的内陆河流域，水资源比较短缺。长期以来，“均水”问题一直是该流域面临的重大问题。清雍正四年陕甘总督年羹尧的均水制和现在的节水型社会的建设，实质都是为了实现水资源的合理配置，变换的只是水资源管理的形式和范畴。年羹尧的均水制只关注生产生活用水，当然 285 年前黑河的生态问题也不严重，采取的对策措施是军事管制，修简单的水利措施，是一种典型的命令控制性水资源管理；现如今流域中游的张掖市面临着生态退化和水资源短缺的双重约束，节水型社会关注的范畴已包括生产生活和生态用水，采取的对策措施集已经扩展到社会、经济、制度、组织和文化领域，是集成的水资源管理。显然，现在的水问题已经渗透到整个生态经济系统的各个领域，节水成了张掖市发展的主旋律。

为了重铸金张掖辉煌，受地方政府委托，中科院寒旱所曾于 2010 年 3 月完成“黑河中游生态经济发展战略规划”，明确提出了加强生态保护，发展现代农业的方针，并明确规划了现代农业的发展规模。同时，受水务管理部门委托，中科院寒旱所于 2011 年 3 月完成的“黑河中游面向幸福的水资源管理战略规划”当中，将水权水价改革作为当地节水型社会建设的头等大事，并详细规划了当地水权水价改革的方案。这些规划尽管最终都得到了当地政府的好评，但在制定过程中，很多问题实际上来不及得到科学精确解答，只是从理论上确保了大方向的正确。例如，水价提高有多大的节水效应？水市场的建设可以增加多少福利？还有这些政策实施后对当地的经济和社会系统究竟会造成多大的影响？

从科学研究的角度来看，黑河流域的人文因素与自然因素通过水这条主线编织成了一张纷繁复杂的网。网中的任何扰动都会通过一定的传导机制影响到网中的各个部分。为了捕获人文政策变动的整体影响，需要采用一种能刻画系统整体结构的研究框架。一般均衡分析就是这样的一种整体分析框架。自瓦尔拉斯 1874 年提出至今已有近 140 年的历史，经过无数经济学家的广泛探索，现在已经成为经济学中最活跃的前沿领域。一般均衡分析的核心是将经济系统整体作为分析对象，全面考察一个经济系统中各种商品和要素之间的供给和需求关系。对一般均衡理论描述的经济系统进行抽象得出的数学模型就是可计算一般均衡模型，相比投入产出模型或其他的线性规划模型，CGE 模型由于将优化决策机制分散在部门和各个经济主体中，因而结构非常灵活，很容易对其进行扩展补充，将水、土等资源作为投入要素包含在模型的结构体系中。同时由于包含了收入分配过程，CGE 模型在社会影响分析方面具有明显的优势，正因为如此，现在通过 CGE 建立水-经济集成模型已经广泛用于各种政策分析的定量模拟。

本章首先详细介绍了 CGE 模型的构建实现过程，从基本的数据收集调查开始，通过构建投入产出表，继而构建社会核算矩阵，然后采用 CGE 模型为分析框架来分析黑河中游水价变化的社会经济影响。基于 CGE 模型的框架建立的水-经济模型，采用的是系统整体均衡分析框架，这与重视整体性和人的研究的流域科学计划在方向上是一致的，其研究结果无疑会大大加强黑河流域原本薄弱的人文方面的研究，对流域科学集成模型的开发显然也是一种有益的补充。

7.2 国内外研究现状和进展

投入产出表和社会核算矩阵的编制在理论上比较成熟，国家层面和省级层面的表及编制方法俯拾皆是，其研究进展在此不进行赘述，具体可参考文献国家统计局国民经济核算司（2009）及王其文和李善同（2008）。下面主要分国际和国内阐述 CGE 模型及与将要展开的政策分析相关的研究进展。

7.2.1 国际 CGE 模型应用研究进展

1. 水配置的 CGE 模型

这类模型主要分析水资源配置对研究区的社会经济影响。典型的案例研究有：Seung 等（2000）建立了一个动态的 CGE 模型，模拟水用于灌溉和用于湿地保护之间的损益，结果表明湿地保护增加的福利要小于农业因用水减少造成的损失。Berrittella 等（2006）利用 CGE 模型分析了中国南水北调工程对中国的经济影响。结果表明调水增加北方的水供给，其福利效应非常显著。Goodman（2000）利用 CGE 模型分析了摩洛哥扩大水库库容和调水的净效益。结果表明，两种对策的收益基本相同，但调水成本更低，调水可以替代新的高效灌溉设施的建设。

2. 水价方面的 CGE 模型

水价、水权是依靠市场机制提高水资源利用效益的两种重要经济工具。国际上关于水价的研究文献已经是浩如烟海，研究前沿主要是讨论水价的制度建设和水分配的政治经济社会影响。可计算均衡模型是广泛采用的一种研究工具，如 Dupont 和 Renzetti(1999) 采用 CGE 模型分析了加拿大水价变动对工业、农业和家庭的影响，以及潜在的福利和成本效应。Diao 等（2000）采用 CGE 模型分析了摩洛哥贸易和水市场改革的效应。该研究的亮点是提供了改革措施实施的优先顺序。Velázquez 等（2007）利用 CGE 模型分析了增加灌溉水价对农业用水效率的影响及水的重新配置效应。Letsoalo 等（2007）利用 CGE 模型检验了水价政策的“三重红利假说”，得到的结论是可以通过水价实现三重红利，即降低水稀缺、促进经济增长和降低失业率、减少贫困。

目前在水价领域的应用中，CGE 模型已扩展到空间均衡、考虑内生经济增长的影响及公平效应。有研究表明水价的变动对农业内部的收入分配影响较小，主要取决于农民各自的土地禀赋，但对不同部门间的收入分配具有较大的影响（Dinar and Tsur，1999）。同时也有文献讨论水价变动对收入分配的影响及用水户的承受能力问题，Al-Ghuraiz 和 Enshassi（2005）研究了加沙地带供水改进的支付意愿，考虑到人们的承受能力的差异，并推荐采用交叉补贴的技术来帮助人们。

3. 水权方面的 CGE 模型

国际上有关水权管理的研究主要集中在总结水市场建立的经验上，初始水权配置（公平问题）、模拟地表水和地下水水权交易，不确定性管理，水权交易对经济、生态系统、社会系统的影响，以及水权交易的制度保障和对策研究上(Bauer，1997)，如 Rosegrant Hans 等（1994）在总结智利、墨西哥和美国加州等地水权管理个案的经验后，研究了水权交易系统设计及有效配置问题，分析了农业水权向工业、家庭部门转移对食物安全和农村地区发展的影响。考虑到水权交易的外部性，Tisdell 和 Ward（2001）模拟了水权交易对河流生态系统的影响，并讨论了环境用水与提取用水需求间的损益关系。Peterson 等(2005)利用多地区 CGE 模型分析了澳大利亚南部墨累达令(Marray-Darling)流域建立水市场的经济影响。结果表明，灌溉水市场对水进行了重新配置，提高了水资源的利用效率，降低了灌溉用水减少造成的影响。Gomez 等（2004）分析了建立城市和农村水权交易市场的效应，认为建设水市场具有双赢的效果，既可以降低水价、增加水供给，又可以增加对干旱的社会适应能力。

4. CGE 模型与其他模型的耦合

Finnoff 和 Tschirhart(2004) 将阿拉斯加州的 CGE 模型与 8 个物种的海洋生态系统

模型连接起来，比较了不同的捕鱼管制水平对福利的影响。Smajgl 等（2009）将代理人基础的模型与 CGE 模型进行了集成，利用 CGE 模型模拟了降水减少对经济系统的影响，然后用代理人基础的模型将政策影响空间化。Roe 等（2005）在 CGE 模型的基础上增加了微观层面的农户决策模型，分析了农产品贸易自由化的社会经济效应，以及改变农田水分配引发经济系统的波动效应。结果表明，两种政策都提高了水的生产力，其中贸易自由化的影响较大。欧盟组织了 11 个成员国在 2010 年发起了公共农业政策区域影响的项目（CAPRI-RD），就强调将 CGE 模型与区域农业规划模型的紧密结合，其项目研究的目标就是将经济模型与土地利用变化模型结合起来，在空间格网上模拟土地利用的变化（Allen and Britz，2009）。前面述及的 Seung 等（2000）的水分配模型，也是将可计算一般均衡模型与娱乐需求模型结合起来的一个例子。

7.2.2 国内 CGE 模型应用研究进展

目前国内关于水价、水权交易理论研究的文献已有很多。在水价研究上，国内大部分研究围绕水价的形成、运行机制而展开，而相对缺乏水价变动的经济和环境影响研究，尤其缺少水价变动对社会就业和福利的研究，研究方法则主要集中于社会调查和经济学中的一些方法。水权方面的大多文献只是研究交易地表水的水权市场，定性为主、定量为辅地讨论水权市场的组织体系建设、水权市场的主体建设、完善水权登记制度、水权的交易成本、水权的交易效率等问题。对水权水价的经济、环境和社会影响分析，以及社会、制度等方面保障政策措施的研究相对较少（徐中民等，2008）。

20 世纪末，CGE 模型开始在国内流行。整体来看，研究涉及贸易、粮食、能源、环境等诸多领域，被广泛用来分析政策变化导致的社会福利效果和收入分配效应，王铮等（2010）对此进行了详细的总结。值得一提的是，赵永和王劲峰（2008）利用标准的静态 CGE 模型，分析了中国耕地变化对经济系统的影响，为人文经济系统和自然系统耦合提供了借鉴，而国内水资源的 CGE 研究历史比较短，而且主要集中在边际水价的测定和水价的政策分析上，沈大军（1999）在可计算一般均衡模型的框架下，通过供水约束的变化来测算边际水价是国内这方面最早的文献；马明（2001）将水资源作为生产要素纳入 CGE 模型，并增加污水处理部门，利用模型分析了提高水价和降低污水排放率对中国北方地区经济系统的影响；严冬等（2007）、邓群等（2008）建立了水价分析的 CGE 模型来分析北京市水价政策变动的影响；王勇等（2008）利用 CGE 模型计算了张掖市的边际水价；王铮等（2010）将水作为一个生产部门，利用 CGE 模型分析了上海市水价变动的社会经济影响。

目前国内 CGE 模型与其他模型结合的文献还不多见，邓祥征（2008）开发的区域用地结构变化的 CGE 模型是不多见的一个例子。

7.3 可计算一般均衡模型的原理

7.3.1 CGE 模型原理简述

CGE 模型全称是可计算一般均衡模型，其显著特点是：包含多个经济主体，如居民、政府、企业等；经济主体的决策决定要素和商品价格，价格内生；模型具有数值解。图 7-1 是一般均衡理论的核心过程。CGE 模型利用大量非线性的数学方程刻画各经济主体的行为，从而描述均衡的经济系统，并能够模拟各种外生变量和参数发生变化时，对经济系统广泛的、非线性的影响。

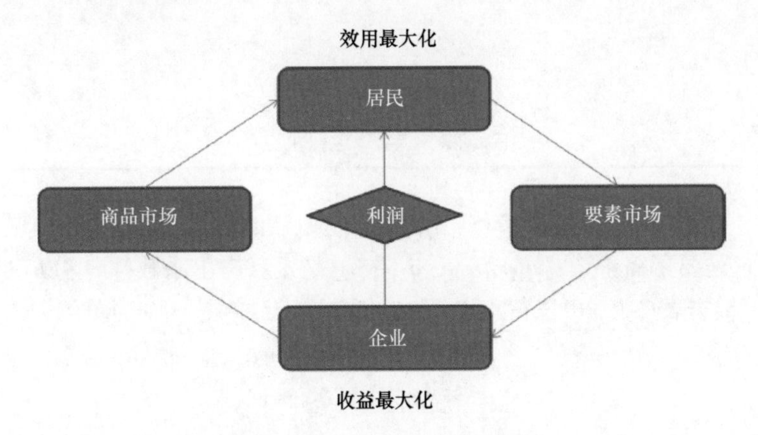

图 7-1　CGE 模型的简单示意图

CGE 模型中方程用来刻画经济系统中各类代理人的行为，如消费者（居民）在自身收入的约束条件下，使自身效用最大化；而生产者（企业）是在自身收入约束条件下，使自身收益最大化。

假设居民的效用函数为柯布道格拉斯函数形式 $U=\prod_i C_i^{\alpha i}$ 。

其总收入为 Y，商品价格为 P_i，商品消费数量为 C_i。那么，在给定的总收入条件下，居民的消费行为受到约束 $Y=\sum_i C_i P_i$ ，构造拉格朗日函数，其中拉格朗日乘子为 λ：

$$L(C_i,\lambda)=\prod_i C_i^{\alpha_i}-\lambda\left(Y-\sum_i C_i P_i\right) \tag{7-1}$$

分别对 C_i 和 λ 求偏导数，得到

$$\begin{cases}\dfrac{\partial L}{\partial C_i}=\dfrac{\alpha_i}{C_i}\prod_i C_i^{\alpha_i}-\lambda\sum_i P_i=0\\ \dfrac{\partial L}{\partial \lambda}=Y-\sum_i P_i C_i=0\end{cases} \tag{7-2}$$

解这个方程组，得到

$$C_i=\frac{Y\alpha_i}{P_i} \tag{7-3}$$

这才是满足消费者效用最大化时，应该消费的商品数量。

7.3.2　Excel 求解一个简单的 CGE 模型

一般均衡理论真正用到实际问题中，取决于支持模型的数据。它通常是以投入产出表或社会核算矩阵（SAM）为基础构建的。以一个简单的 SAM 来说明 CGE 模型，如

表 7-1 所示。然后以 Excel 中的规划求解为工具，对这个模型进行求解。

表 7-1　简单的 SAM

	SEC01	SEC02	FAC	HHD	TOT
SEC01	p_1*q_{11}	p_1*q_{12}		p_1*h_1	p_1*q_1
SEC02	p_2*q_{21}	p_2*q_{22}		p_2*h_2	p_2*q_2
FAC	$W*x_1$	$W*x_2$			$w*e$
HHD			$w*e$		Y
TOT	p_1*q_1	p_2*q_2	$w*e$	Y	

表 7-1 中 P_1 和 P_2 是商品的价格；q_1 和 q_2 是商品的总量；e 是要素禀赋；w 是要素价格；x_1 和 x_2 是要素需求量；q_{11}、q_{12}、q_{21}、q_{22} 是投入产出系数；h_1 和 h_2 是居民消费；Y 是总收入。根据表 7-1，可以得出以下 10 个方程，这就是一个简单的 CGE 模型。

$$
\begin{aligned}
&p_1 = p_1 a_{11} + p_2 a_{21} + w a_{n1} \\
&p_2 = p_1 a_{12} + p_2 a_{22} + w a_{n2} \\
&a_{n2} q_1 = x_1 \\
&a_{n2} q_2 = x_2 \\
&Y = w \times e \\
&p_1 h_1 = \alpha Y \\
&p_2 h_2 = (1-\alpha) Y \\
&\left.\begin{aligned}
&a_{11} q_1 + a_{12} q_2 + h_1 = q_1 \\
&a_{21} q_1 + a_{22} q_2 + h_2 = q_2 \\
&x_1 + x_2 = e
\end{aligned}\right\}\text{系统约束条件}
\end{aligned}
\tag{7-4}
$$

在 Excel 中输入方程和原始 SAM 中的数据，如图 7-2 所示。对表中各个部分的作用进行简单说明。

A1：D12 为模型的初始值、模拟值和变化；

E1：F8 为参数校准；

H1：I11 为方程列表，用来刻画经济行为；

I13 为目标单元格，均衡时所有方程均等于 0；

A17：F22 为原始的 SAM；

A24：F29 为模拟的 SAM，在外省变量不变时应该与原始 SAM 相同。

外生变量为 e，初始值为 9。运行模型，求得结果如表 7-2 所示。说明模型能够复制基期数据，参数设置无误，可以进行事后模拟评估（counterfactual simulation）。

将 e 设为 10，再次运行模型，得到要素供给增加 1 个单位时，对经济系统的影响，如表 7-3 所示。

7.3.3　标准 CGE 模型的数学描述

Lofgren 的标准静态 CGE 模型只需要进行极小改动就可以应用于大多数地区。首先对模型中使用到的集合进行说明。

（1）商品（C）；

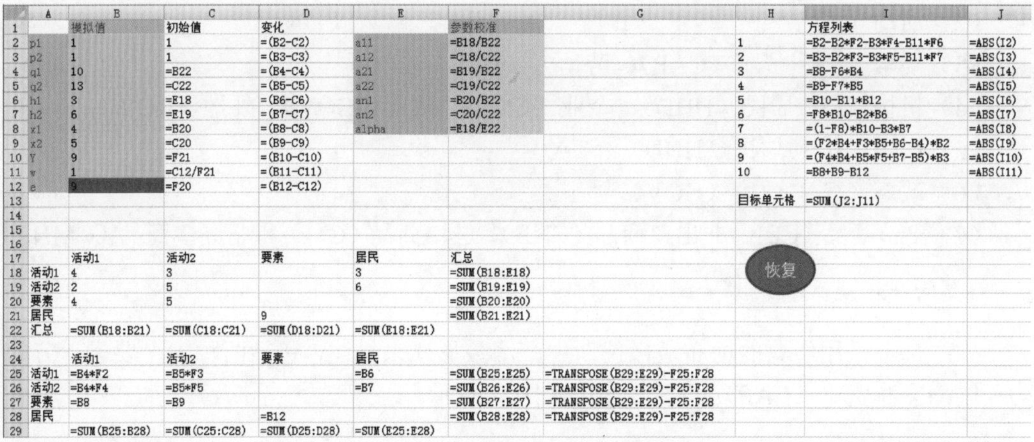

	A	B	C	D	E	F	G	H	I	J
1		模拟值	初始值	变化		参数校准			方程列表	
2	p1	1	1	=(B2-C2)	a11	=B18/B22		1	=B2-B2*F2-B3*F4-B11*F6	=ABS(I2)
3	p2	1	1	=(B3-C3)	a12	=C18/C22		2	=B3-B2*F3-B3*F5-B11*F7	=ABS(I3)
4	q1	10	=B22	=(B4-C4)	a21	=B19/B22		3	=B8-F6*B4	=ABS(I4)
5	q2	13	=C22	=(B5-C5)	a22	=C19/C22		4	=B9-F7*B5	=ABS(I5)
6	h1	3	=E18	=(B6-C6)	an1	=B20/B22		5	=B10-B11*B12	=ABS(I6)
7	h2	6	=E19	=(B7-C7)	an2	=C20/C22		6	=F8*B10-B2*B6	=ABS(I7)
8	x1	4	=B20	=(B8-C8)	alpha	=E18/E22		7	=(1-F8)*B10-B3*B7	=ABS(I8)
9	x2	5	=C20	=(B9-C9)				8	=(F2*B4+F3*B5+B6-B4)*B2	=ABS(I9)
10	Y	9	=F21	=(B10-C10)				9	=(F4*B4+B5*F5+B7-B5)*B3	=ABS(I10)
11	w	1	=C12/F21	=(B11-C11)				10	=B8+B9-B12	=ABS(I11)
12	e	9	=F20	=(B12-C12)						
13								目标单元格	=SUM(J2:J11)	
14										
15										
16										
17		活动1	活动2	要素	居民	汇总				
18	活动1	4	3		3	=SUM(B18:E18)		恢复		
19	活动2	2	5		6	=SUM(B19:E19)				
20	要素	4	5			=SUM(B20:E20)				
21	居民			9		=SUM(B21:E21)				
22	汇总	=SUM(B18:B21)	=SUM(C18:C21)	=SUM(D18:D21)	=SUM(E18:E21)					
23										
24		活动1	活动2	要素	居民					
25	活动1	=B4*F2	=B5*F3		=B6	=SUM(B25:E25)	=TRANSPOSE(B29:E29)-F25:F28			
26	活动2	=B4*F4	=B5*F5		=B7	=SUM(B26:E26)	=TRANSPOSE(B29:E29)-F25:F28			
27	要素	=B8	=B9			=SUM(B27:E27)	=TRANSPOSE(B29:E29)-F25:F28			
28	居民			=B12		=SUM(B28:E28)	=TRANSPOSE(B29:E29)-F25:F28			
29		=SUM(B25:B28)	=SUM(C25:C28)	=SUM(D25:D28)	=SUM(E25:E28)					

图 7-2 Excel 中的 CGE 模型

表 7-2 基准解

变量	模拟值	初始值	变化
p_1	1	1	0.00
p_2	1	1	0.00
q_1	10	10	0.00
q_2	13	13	0.00
h_1	3	3	0.00
h_2	6	6	0.00
x_1	4	4	0.00
x_2	5	5	0.00
Y	9	9	0.00
w	1	1	0.00
e	9	9	0.00

表 7-3 反事实模拟结果

变量	模拟值	初始值	变化
p_1	0.88911	1	–0.11
p_2	0.88911	1	–0.11
q_1	11.1111	10	1.11
q_2	14.4444	13	1.44
h_1	3.33333	3	0.33
h_2	6.66667	6	0.67
x_1	4.44444	4	0.44
x_2	5.55556	5	0.56
Y	8.89019	9	–0.11
w	0.88911	1	–0.11
e	10	9	1.00

（2）活动（A）；
（3）要素（F）：资本（CAP）、劳动力（LAB）；
（4）机构（I）：居民（HHD）、企业（ENT）、政府（GOV）、外地（ROW）；
（5）居民（H）：居民（HHD）；
（6）政府（G）：政府（GOV）；
（7）出口商品（CE）、非出口商品（CNE）、进口商品（CM）和非进口商品（CMN）。

1. 生产模块

生产部分采用经典的柯布道格拉斯生产函数形式来描述，包括两种生产要素：劳动力（LAB）和资本（CAP）。生产结构如图7-3所示。

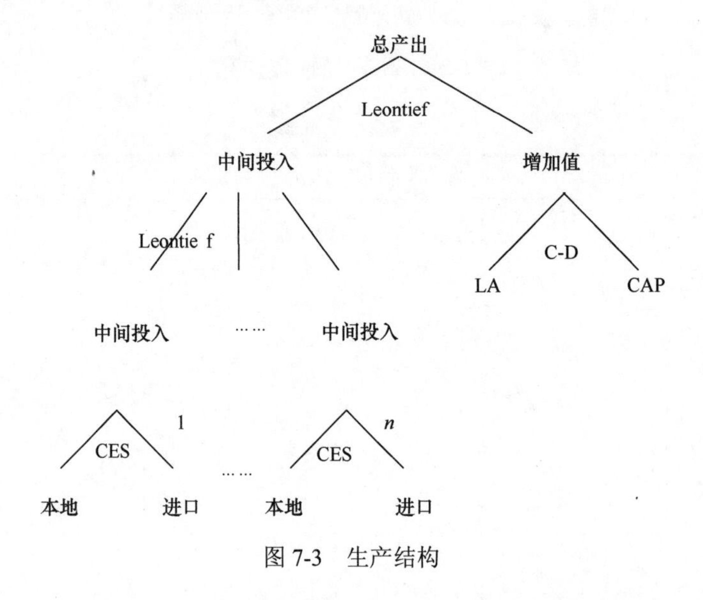

图7-3　生产结构

各部门的产出是由两种生产要素（劳动力和资本）以柯布道格拉斯生产函数形式合成。

$$\mathrm{QA}_a=\mathrm{ad}_a\cdot\prod_{f\in F}\mathrm{QF}_{f,a}^{\alpha f,a},a\in A \tag{7-5}$$

式中，QA_a为活动a的产出水平；$\mathrm{QF}_{f,a}$为活动a对要素f的需求量；ad_a为活动a的效率参数；根据柯布道格拉斯生产函数的一阶条件，要素需求量为

$$\mathrm{QF}_{f,a}=\frac{\alpha_{f,a}\cdot\mathrm{PVA}_a\cdot\mathrm{QA}_a}{\mathrm{WF}_f\cdot\mathrm{WFDIST}_{f,a}},f\in F,a\in A \tag{7-6}$$

式中，$\alpha_{f,a}$为活动a中要素f的份额参数；PVA_a为活动a的增加值价格；WF_f为要素f的平均价格；$\mathrm{WFDIST}_{f,a}$定义的是不同生产活动的要素价格与平均价格的偏离程度，即要素的价格偏离因子。

顶层生产结构为Leontief函数，因此，各部门生产活动的中间投入需求量为

$$\mathrm{QINT}_{c,a}=\mathrm{QA}_a\cdot\mathrm{ica}_{c,a},c\in C,a\in A \tag{7-7}$$

式中，$\mathrm{QINT}_{c,a}$为活动a生产中需要的商品c的中间投入数量；$\mathrm{ica}_{c,a}$为单位活动a的生

产中需要的商品 c 的中间投入数量，也就是投入产出的直接消耗系数。

要将各部门活动的水平转换成商品数量，则需要引入产出效率参数 $\theta_{a,c}$，表示单位活动 a 产出商品 c 的数量。于是，本地生产的商品 c 的数量（QX_c）为

$$\mathrm{QX}_c = \sum_{a\in A} \theta_{a,c} \cdot \mathrm{QA}_a, c \in C \tag{7-8}$$

2. 贸易模块

模型体现使用者对于不同来源商品的偏好，以及生产者对于产品的不同去向之间的偏好。不同类型的商品流动如图 7-4 所示。

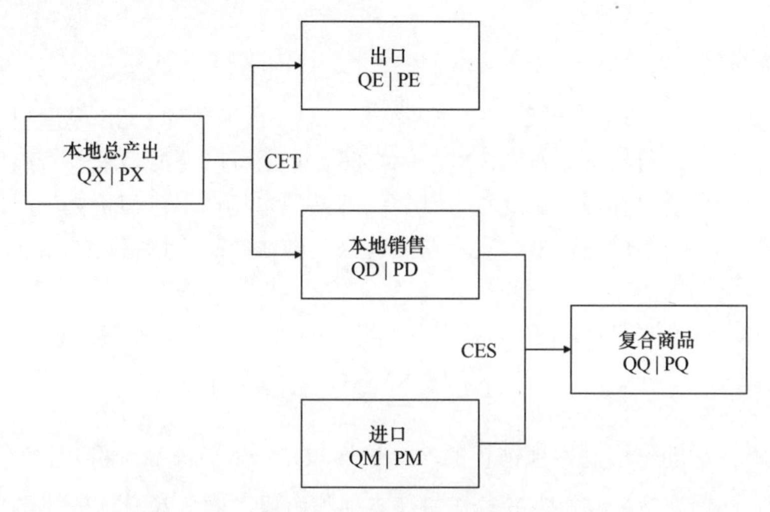

图 7-4　商品模块示意图

以 CES 函数形式描述本地生产部门、居民及政府等对不同来源商品（进口和本地生产）的偏好程度，如下式所示：

$$\mathrm{QQ}_c = \mathrm{aq}_c \cdot \left(\delta_c^q \cdot \mathrm{QM}_c^{-\rho_c^q} + \left(1-\delta_c^q\right)\cdot \mathrm{QD}_c^{-\rho_c^q}\right)^{-\frac{1}{\rho_c^q}},\ c \in \mathrm{CM} \tag{7-9}$$

式中，QQ_c 为本地进口商品 QM_c 和本地生产本地销售 QD_c 两类产品的复合商品数量；aq_c、δ_c^q 和 ρ_c^q 分别为 CES 函数的规模参数、份额参数和替代指数；其中 $-1<\rho_c^q<\infty$。

对于不从外地进口商品的部门，CES 函数形式则替换下式，也就是本地复合商品数量等于本地生产本地销售的产品数量：

$$\mathrm{QQ}_c = \mathrm{QD}_c, c \in \mathrm{CNM} \tag{7-10}$$

下式定义了进口商品和本地生产本地销售产品之间的最优比例：

$$\frac{\mathrm{QM}_c}{\mathrm{QD}_c} = \left(\frac{\mathrm{PD}_c}{\mathrm{PM}_c} \cdot \frac{\delta_c^q}{1-\delta_c^q}\right)^{\frac{1}{1+\rho_c^q}}, c \in \mathrm{CM} \tag{7-11}$$

类似于进口商品和本地产品的不完全替代性的处理方式，本地生产的产品同样存在不完全转移性，通过 CET 函数形式刻画本地生产的产品在本地销售和售往外地之间选择的最优比例，如式（7-12）所示。at_c、δ_c^t 和 ρ_c^t 分别为 CET 函数的规模参数、份额参

数和替代参数，其中 $-1<\rho_c^t<\infty$。

$$\mathrm{QX}_c=\mathrm{at}_c\cdot\left(\delta_c^t\cdot\mathrm{QE}_c^{\rho_c^t}-\left(1-\delta_c^t\right)\cdot\mathrm{QD}_c^{\rho_c^t}\right)^{\frac{1}{\rho_c^t}},c\in\mathrm{CE} \tag{7-12}$$

同样地，对于不出口的本地生产部门，本地生产的所有产品均在国内销售，如下式：

$$\mathrm{QX}_c=\mathrm{QD}_c,c\in\mathrm{CNE} \tag{7-13}$$

类似上式，下式定义了本地生产的产品在售往本地和外地之间的最优比例：

$$\frac{\mathrm{QE}_c}{\mathrm{QD}_c}=\left(\frac{\mathrm{PE}_c}{\mathrm{PD}_c}\cdot\frac{1-\delta_c^t}{\delta_c^t}\right)^{\frac{1}{\rho_c^t-1}},c\in\mathrm{CE} \tag{7-14}$$

3. 价格模块

众所周知，价格在 CGE 模型中是核心变量，即使最简单的 CGE 模型也有相对其他经济模型更为丰富的价格变量。CGE 模型的求解实际上可以转换为求解一组价格向量的值，其余的各个变量值都可以由此进行计算。本模型中包括了进口价格、出口价格、出口的世界价格、进口的世界价格、复合商品价格、本地产品的价格、生产活动的价格及增加值价格。

生产活动的价格 PA_a 为本地生产产品价格 PX_c 的转换同样需要参数 $\theta_{a,c}$，如下式所示：

$$\mathrm{PA}_a=\sum_{c\in C}\mathrm{PX}_c\cdot\theta_{a,c},a\in A \tag{7-15}$$

本地生产产品的价格为本地销售的产品价格 PD_c 与出口商品价格 PE_{ce} 的加权平均，如下式所示，联合上式，成为生产者在售往本地和出口之间选择合适的比例使得自身的收益最大化的一阶条件。出口商品价格 PE_{ce} 由下式定义：

$$\mathrm{PX}_c=\frac{\mathrm{PD}_c\cdot\mathrm{QD}_c+\mathrm{PE}_{ce}\cdot\mathrm{QE}_{ce}}{\mathrm{QX}_c},c\in C \tag{7-16}$$

$$\mathrm{PE}_{ce}=\left(1-\mathrm{te}_c\right)\cdot\mathrm{EXR}\cdot\mathrm{pwe}_c,c\in\mathrm{CE} \tag{7-17}$$

本地复合商品的价格由进口商品价格 PM_{cm} 和本地生产本地销售产品价格 PD_c 的加权平均，连同消费者在进口商品和本地商品之间选择合适比例，使自身效用最大化的一阶条件。进口商品价格 PM_{cm} 由下式定义：

$$\mathrm{PQ}_c=\frac{\mathrm{PD}_c\cdot\mathrm{QD}_c+\left(\mathrm{PM}_{cm}\cdot\mathrm{QM}_{cm}\right)}{\mathrm{QQ}_c},c\in C \tag{7-18}$$

$$\mathrm{PM}_{cm}=\left(1+\mathrm{tm}_c\right)\cdot\mathrm{EXR}\cdot\mathrm{pwm}_c,c\in\mathrm{CM} \tag{7-19}$$

增加值价格是税后的活动价格与中间投入品价格之差，ta_a 是活动 a 的生产从价税，如下式所示：

$$\mathrm{PVA}_a=\left(1-\mathrm{ta}_a\right)\cdot\mathrm{PA}_a-\sum_{c\in C}\mathrm{PQ}_c\cdot\mathrm{ica}_{c,a},a\in A \tag{7-20}$$

4. 机构模块

机构模块包括居民、企业、政府、外地等机构的收入、支出，以及机构间的相互关系。

居民收入 YH_h 包括要素收入 $\mathrm{YF}_{h,f}$ 、来自政府的转移支付 $\mathrm{tr}_{h,\mathrm{gov}}$、企业的转移支付 $\mathrm{tr}_{h,\mathrm{ent}}$ ，以及来自外地的转移支付 $\mathrm{tr}_{h,\mathrm{row}}$ ，其中居民的要素收入 $\mathrm{YF}_{h,f}$ 占要素总收入的固定份额 $\mathrm{shry}_{h,f}$ ，如下式所示：

$$\mathrm{YH}_h=\sum_{f\in F}\mathrm{YF}_{h,f}+\mathrm{tr}_{h,\mathrm{gov}}+\mathrm{tr}_{h,\mathrm{ent}}+\mathrm{EXR}\cdot\mathrm{tr}_{h,\mathrm{row}},h\in H \tag{7-21}$$

$$\mathrm{YF}_{h,f}=\mathrm{shry}_{h,f}\cdot\sum_{a\in A}\mathrm{WF}_f\cdot\mathrm{WFDIST}_{f,a}\cdot\mathrm{QF}_{f,a},h\in H,f\in F \tag{7-22}$$

居民支出则是以固定份额 $\beta_{c,h}$ 分配可支配收入，可支配收入是除去储蓄的税收总收入 $(1-\mathrm{mps}_h)\cdot(1-\mathrm{ty}_h)\cdot\mathrm{YH}_h$ ，如下式所示：

$$\mathrm{QH}_{c,h}=\beta_{c,h}\cdot\frac{(1-\mathrm{mps}_h)\cdot(1-\mathrm{ty}_h)\cdot\mathrm{YH}_h}{\mathrm{PQ}_c},c\in C,h\in H \tag{7-23}$$

类似地，企业收入 YENT 包括要素收入 YFENT 和来自政府的转移支付 $\mathrm{tr}_{\mathrm{ert,gov}}$ ，其要素收入是要素总收入与居民要素收入之差，如下式所示：

$$\mathrm{YENT}=\mathrm{YFENT}+\mathrm{tr}_{\mathrm{ert,gov}} \tag{7-24}$$

$$\mathrm{YFENT}=\sum_{f\in F,a\in A}\mathrm{WF}_f\cdot\mathrm{WFDIST}_{f,a}\mathrm{QF}_{f,a}-\sum_{h\in H,f\in F}\mathrm{YE}_{h,f} \tag{7-25}$$

企业账户实际上是一个过渡账户，并没有对商品消费的需求，只是收入向居民的转移的过渡账户。企业的支出包括企业所得税、对居民的转移支付和企业储蓄（SAVENT），如下式，其中 tent 是企业所得税率。

$$(1-\mathrm{tent})\cdot\mathrm{YENT}=\sum_{h\in H}\mathrm{tr}_{h,\mathrm{ert}}+\mathrm{SAVENT} \tag{7-26}$$

政府收入（YG）来源于所得税、生产税等各种税收以及外地对本地政府的转移支付，如下式：

$$\begin{aligned}\mathrm{YG}=&\sum_{h\in H}\mathrm{ty}_h\cdot\mathrm{YH}_h(\text{个人所得税})\\&+\sum_{a\in A}\mathrm{ta}_a\cdot\mathrm{PA}_a\cdot\mathrm{QA}_a(\text{生产税})\\&+\sum_{c\in\mathrm{CM}}\mathrm{tm}_c\cdot\mathrm{EXR}\cdot\mathrm{pwm}_c\cdot\mathrm{QM}_c(\text{关税})\\&+\sum_{a\in\mathrm{CM}}\mathrm{te}_c\cdot\mathrm{EXR}\cdot\mathrm{pwe}_c\cdot\mathrm{QE}_c(\text{退税})\\&+\mathrm{tent}\cdot\mathrm{YENT}(\text{企业所得税})\\&+\mathrm{EXR}\cdot\mathrm{tr}_{\mathrm{gov,row}}(\text{外地对政府的转移支持})\end{aligned} \tag{7-27}$$

政府支出包括商品消费支出以及对居民、企业的转移支付，如下式所示。由于政府支出主要受到计划的影响，因此在模型中设为外生变量。

$$\mathrm{EG}=\sum_{c\in C}\mathrm{PQ}_c\cdot\mathrm{qg}_c+\sum_{h\in H}\mathrm{tr}_{h,\mathrm{gov}}+\mathrm{tr}_{\mathrm{ert,gov}} \tag{7-28}$$

在投资消费上，模型引入了投资调整因子（IADJ），当经济受到外部冲击或经济发展时，投资是在基期的投资规模（ $\mathrm{qinvbar}_c$ ）基础上，根据总投资额（ QINV_c ）的变化进行调整，如下式所示：

$$\mathrm{QINV}_c = \mathrm{qinvbar}_c \cdot \mathrm{LADJ}, c \in C \tag{7-29}$$

5. 系统约束

模型的系统约束主要是各种市场的均衡条件，包括要素市场、商品市场、贸易均衡、投资储蓄均衡，以及价格标准化。

要素市场均衡为各生产活动部门对各种要素投入的需求量等于要素的供给量（QFS_f），如下式：

$$\mathrm{QFS}_f = \sum_{a \in A} \mathrm{QF}_{f,a}, f \in F \tag{7-30}$$

商品市场均衡表示中间使用的商品数量、居民消费的商品数量、政府消费的商品数量，以及投资消费的商品数量之和等于复合商品总量，如下式：

$$\mathrm{QQ}_c = \sum_{a \in A} \mathrm{QINT}_{c,a} + \sum_{h \in H} \mathrm{QH}_{c,h} + \mathrm{qg}_c + \mathrm{QINV}_c, c \in C \tag{7-31}$$

贸易均衡表示进出口差额、转移支付，以及外地储蓄的均衡关系，如下式所示：

$$\sum_{c \in \mathrm{CE}} \mathrm{pwe}_c \cdot \mathrm{QE}_c + \sum_{i \in I} \mathrm{tr}_{i,\mathrm{row}} + \mathrm{FSAV} = \sum_{c \in \mathrm{CM}} \mathrm{pwm}_c \cdot \mathrm{QM}_c \tag{7-32}$$

投资储蓄均衡表示居民储蓄、政府储蓄、企业储蓄、外地储蓄等储蓄总额与投资总额相等：

$$\begin{aligned}\sum_{h \in H} \mathrm{mps}_h \cdot (1 - \mathrm{ty}_h) \cdot \mathrm{YH}_h + (\mathrm{YG} - \mathrm{EG}) + \mathrm{SAVENT} + \mathrm{EXR} \cdot \mathrm{FSAV} \\ = \sum_{c \in C} \mathrm{PQ}_c \cdot \mathrm{QINV}_c + \mathrm{WALRAS}\end{aligned} \tag{7-33}$$

为了保证模型有唯一解，引入了价格标准化方程，该方程固定了消费者价格指数，如下式所示:

$$\sum_{c \in C} \mathrm{PQ}_c \cdot \mathrm{cwts}_c = \mathrm{cpi} \tag{7-34}$$

7.4 黑河中游张掖市 CGE 模型的构建

在黑河中游张掖市较完整地尝试了原始资料的搜集处理、一致性数据集的制备、模型构建和初步分析的工作。构建的基本流程是这样的，由于张掖市并无投入产出表，而建立张掖市 CGE 模型需要一个完整并且一致的数据集，因此，首先在 2007 年全国投入产出调查的基础上，编制张掖市投入产出表；在此基础上，搜集居民、政府等机构的收入分配和转移支付数据，编制张掖市社会核算矩阵。构建了标准的 CGE 模型，在社会核算矩阵和外生给定的弹性值的基础上，对建立的 CGE 模型进行参数校准。利用校准的 CGE 模型进行一些案例研究。张掖市 CGE 模型的完整构建流程如图 7-5 所示。本节主要展示熟悉基础数据收集、模型构建、调试及应用完整的流程，为后续工作打下基础；更重要的是在工作过程中总结其中的不足，并对下一步的工作提出相应的改良设想。

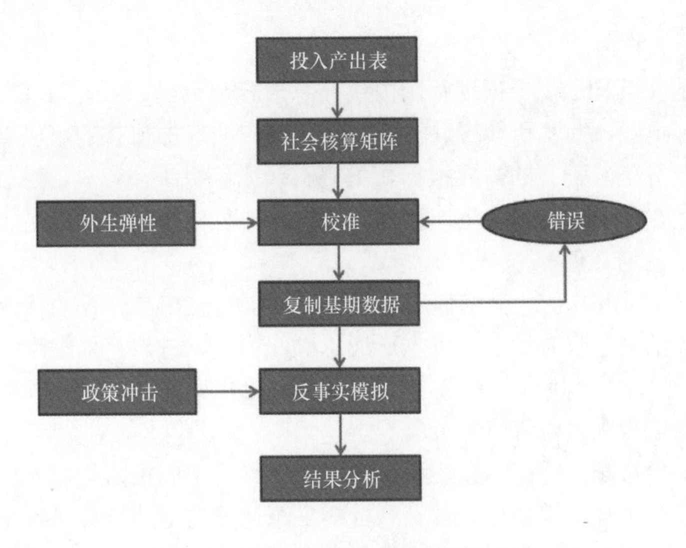

图 7-5　张掖市 CGE 模型的构建流程

7.4.1　投入产出表的编制

1. 总体思路

利用 2007 年投入产出调查的基础数据，以及可获得的统计资料，编制了张掖市 2007 年投入产出表。基本的编表方法参照的是《中国 2007 年投入产出表编制方法》，基本流程如图 7-6 所示。

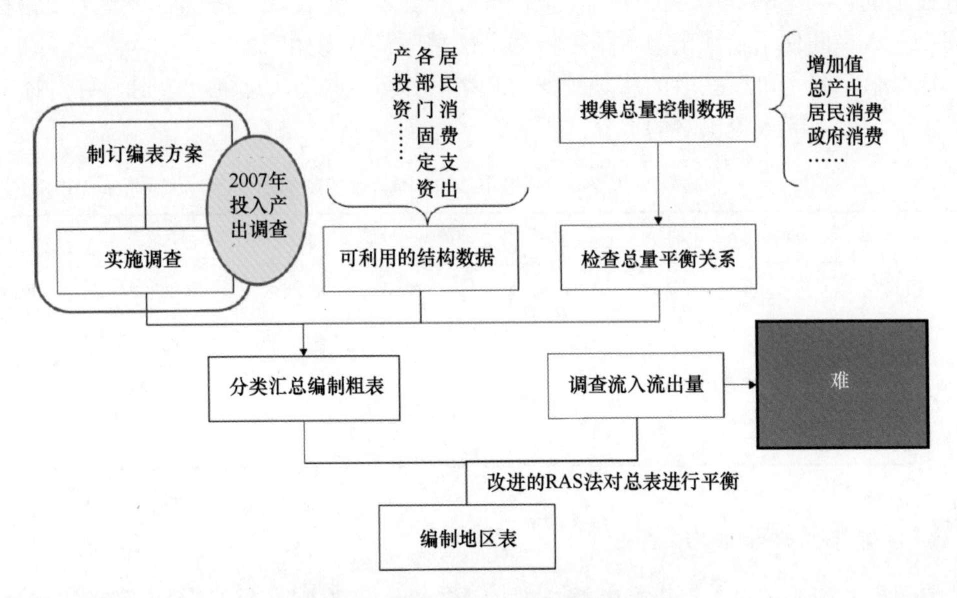

图 7-6　张掖市投入产出表的编制流程

（1）搜集各部门总产出初步数据、总量控制数据并检查平衡关系。

（2）根据基层表计算购买者价格的中间投入构成。中间投入构成是投入产出表的核心部分。这部分资料主要是通过投入产出重点调查取得具有代表性的中间投入结构，结合总量指标推算。要获得中间投入构成，需要对各工业产品部门成本和费用构成表进行调整。

（3）增加值及其构成。根据现行国内生产总值核算分类，农林牧渔业、工业、建筑业、交通运输邮电业、批发和零售贸易业和其他部门的增加值有的可以直接取自现行的国内生产总值核算资料，有的需要根据相关资料（如年报统计资料、财政决算和会计决算）进行计算，并与现行的国内生产总值核算资料进行衔接，得到满足投入产出部门分类要求的产品部门增加值。

（4）最终使用及其构成。最终使用总量数据取自按支出法计算的国内生产总值核算资料，包括居民消费、政府消费、资本形成总额、出口、进口。根据平衡关系，部分项目需要进行调整。最终使用项的构成主要利用农村住户调查、城市住户调查、财政决算、固定资产投资构成专项调查等资料计算。

（5）数据平衡与修订。在得到按购买者价格计算的中间投入构成、增加值构成、最终使用构成和总产出初步数据后，对不同资料来源计算的上述指标进行平衡和修订。平衡修订工作分为以下三个步骤：首先从最终使用项出发，研究各项构成是否合理，对不合理的数据进行修订；其次是研究中间投入构成中主要消耗是否合理，对不合理的数据进行修订；最后在达到基本平衡的基础上进行数学平衡。

2. 搜集总量控制数据

搜集各部门总产出初步数据、总量控制数据，并检查平衡关系。常规统计对 GDP 的统计都会从支出方面和收入方面进行。因此，投入产出表中的总量控制数据一般是比较好搜集的。这里的数据来源是《张掖市统计年鉴》中的国民经济综合平衡主要指标，中间投入、中间使用及净出口数据是根据平衡关系计算得到的。

从张掖年鉴上可以获取的总量数据如表 7-4 所示。这里从总量上达到平衡相对比较容易，但问题是流入流出量的拆分并不容易。

表 7-4　张掖市 2007 年总量控制数据　　（单位：10^4 元）

项目	部门	中间使用	居民消费	政府消费	投资	净出口	总产出
部门		1582644	590060	169424	838894	−132007	3049015
中间投入	1582644						
增加值	1466371						
总投入	3049015						

3. 计算中间投入结构

中间投入构成是投入产出表的核心部分。这部分资料主要是通过投入产出重点调查取得具有代表性的中间投入结构，结合总量指标推算。要获得中间投入构成，需要对各工业产品部门成本和费用构成表进行调整。

投入产出基层表是以不同类型的（大中小型）企业进行分类的，在汇总时也以大中小型企业进行分类汇总。以酒精及酒的制造业为例，在张掖市该行业有大型企业和中小型企业 3 家，分别是滨河、国风和思路春。其中滨河集团是大型企业。以滨河集团为例，说明中间投入结构的计算过程。

为了方便数据处理，这里采用的是国家统计局开发的 EPRAS 数据处理系统，其界面如图 7-7 所示。对大型企业进行汇总，并输出到 Excel 中，结果如表 7-5 所示。

前一条 后一条 第一条 最后一条 新一套 新增 保存 删除 审核 全审 打印 禁用录入公式

J801 T112 T115 T116 T117 T157 T158 T159 T160 T161 T162

大中型工业企业主产品制造成本调查表（甲表）

法人单位代码 224373172

法人单位名称 甘肃滨河食品工业（集团）有限责任

2007年

表号：投112表

制表机关：国家统计局

文　号：国统字【2007】123号

计量单位：元(保留整数)

工业企业材料使用目录名称	代码	金额	其中：进口
甲	乙	1	2
农业产品	0011	31517773	0
小麦	00112	9285260	0
大豆	00114	3080510	0
谷物磨制产品	0111	1494210	0
调味品、发酵制品	0201	9495003	0

指标名称		代码	金额	其中：进口
甲		乙	1	2
制造成本	生产单位管理人员工资	36	180000	0
	生产单位管理人员福利费	37	25012	0
	折旧费	38	3680021	0
	修理费	39	3504008	0
	其中：房屋修理费	40		
	机械设备、工具、器具修理费	41		
	经营租赁费	42		
	其中：房屋租赁费	43		
	保险费	44	350218	0
	取暖费	45	97013	0
	运输费	46	1012080	0
	劳动保护费	47	258312	0
	工具摊销	48		
	设计制图费	49		
	试验检验费	50		
	水电费	51	259018	0
	其中：水费	52	86012	0
	机物料消耗	53	2051070	0
	差旅费	54	360210	0

图 7-7　EPRAS 系统的大型企业制造成本调查表（甲表）

表 7-5　大型企业制造成本汇总表

甲	汇总代码	酒精及酒的制造业 15022/10^4 元
企业主产品部门产值	01	31163.00
农业产品	0011	3414.00
小麦	00112	1035.00
玉米	00113	125.00
大豆	00114	308.00
谷物磨制产品	0111	178.00
调味品、发酵制品	0201	975.00
其他的制造食品	0211	154.00
日用化学产品	0451	22.00
原材料小计及外购半成品小计	02	4743.00
原煤	03	42.00

续表

甲	汇总代码	酒精及酒的制造业 15022/10^4 元
电力、热力	15	29.00
燃料和动力小计	17	71.00
纸及纸制品类	18	3945.00
塑料制品类	23	974.00
玻璃制品类	24	2345.00
铝制品类	27	41.00
包装物小计	30	7305.00
其他直接材料消耗	32	134.00
直接材料消耗小计	33	12252.00
直接人工	34	368.00
生产单位管理人员工资	36	158.00
生产单位管理人员福利费	37	22.00
折旧费	38	440.00
修理费	39	351.00
机械设备、工具、器具修理费	41	0.00
保险费	44	36.00
取暖费	45	11.00
运输费	46	103.00
劳动保护费	47	26.00
水电费	51	26.00
其中：水费	52	9.00
机物料消耗	53	207.00
差旅费	54	38.00
办公费	55	16.00
招待费	62	2.00
其他制造费用	63	61.00
制造费用小计	64	1496.00
主产品制造成本合计	65	14117.00

根据《中国2007年投入产出表编制方法》中“工业企业材料使用目录”，将直接材料消耗分别归入投入产出部门中，对应的投入产出部门如表7-6所示。

表7-6　原材料与对应的投入产出部门

原材料名称	汇总代码	金额/10^4 元	对应的投入产出部门
农业产品	0011	3414.00	农业
小麦	00112	1035.00	
玉米	00113	125.00	
大豆	00114	308.00	
谷物磨制产品	0111	178.00	谷物磨制业

续表

原材料名称	汇总代码	金额/10^4元	对应的投入产出部门
调味品、发酵制品	0201	975.00	调味品、发酵制品制造业
其他的制造食品	0211	154.00	其他食品制造业
日用化学产品	0451	22.00	日用化学产品制造业
原材料小计及外购半成品小计	02	4743.00	
原煤	03	42.00	煤炭开采和洗选业
电力、热力	15	29.00	电力、热力的生产和供应业
燃料和动力小计	17	71.00	
纸及纸制品类	18	3945.00	造纸及纸制品业
塑料制品类	23	974.00	塑料制品业
玻璃制品类	24	2345.00	玻璃及玻璃制品制造业
铝制品类	27	41.00	有色金属压延加工业
包装物小计	30	7305.00	
其他直接材料消耗	32	134.00	
直接材料消耗小计	33	12252.00	

除了原材料之外，还有其他的制造成本也需要按类别归入相应的投入产出部门，如表 7-7 所示。

表 7-7　其他制造成本与对应的投入产出部门

原材料名称	汇总代码	金额/10^4元	对应的投入产出部门
直接人工	34	368.00	增加值
生产单位管理人员工资	36	158.00	增加值
生产单位管理人员福利费	37	22.00	增加值
折旧费	38	440.00	增加值
修理费	39	351.00	制造业+其他行业（按比例分摊）
机械设备、工具、器具修理费	41	0.00	制造业+其他行业（按比例分摊）
保险费	44	36.00	金融业
取暖费	45	11.00	电力、热力的生产和供应业
运输费	46	103.00	交通运输及仓储业
劳动保护费	47	26.00	增加值
水电费	51	26.00	水的生产和供应业
其中：水费	52	9.00	
机物料消耗	53	207.00	制造业
差旅费	54	38.00	交通运输及仓储业
办公费	55	16.00	制造业
招待费	62	2.00	服务业
其他制造费用	63	61.00	制造业

按照表 7-6 和表 7-7 给出的对应关系，将基层表中的物质消耗进行部门合并，如表 7-8 所示。按照汇总的结果计算出酒精及酒的制造业的中间投入系数。

表 7-8　按投入产出部门合并的结果

项目	酒精及酒的制造业/10^4元	结构系数
种植业	3414.00	0.2600
林业	0.00	0.0000
畜牧业	0.00	0.0000
其他农业	178.00	0.0136
采掘业	42.00	0.0032
制造业	9068.70	0.6907
电力、热力及水的生产和供应业	66.00	0.0050
建筑业	105.30	0.0080
其他行业	256.00	0.0195
中间投入合计	13130.00	1.0000

由于投入产出调查是按大中小型企业分别调查的，所以在计算部门的消耗系数时，需要对大中小型企业的调查结果进行汇总，得到平均的投入结构系数。小型企业调查表的汇总方法与上面介绍的类似，结果如表 7-9 所示。

表 7-9　小型企业的汇总表

项目	酒精及酒的制造业/10^4元	结构系数
种植业	1430.0	0.3757
林业	0.0	0.0000
畜牧业	0.0	0.0000
其他农业	0.0	0.0000
采掘业	104.0	0.0273
制造业	1807.7	0.4750
电力、热力及水的生产和供应业	98.0	0.0257
建筑业	12.3	0.0032
其他行业	354.0	0.0930
中间投入合计	3806.0	1.0000

将表 7-8 和表 7-9 的结果进行平均，得到酒精及酒的制造业的平均投入结构系数。其他行业的调查表以此类推。由于张掖市 2007 年的投入产出调查中，对建筑业和服务行业的调查比较少，只有 1 个教育业、1 个水利管理业和 1 个住宿餐饮业。如果以这 3 个样本计算的结构数据来编制投入产出表，肯定会产生较大的误差。因此，对于这些样本点过少的行业（建筑业、其他行业），是以甘肃省 2007 年的系数替代的。整理后的结果如表 7-10 所示。

4. *增加值及构成*

增加值及其构成，包括各个行业的劳动者报酬、生产税净额（包括补贴）、固定资产折旧及营业盈余。这些数据的来源是《张掖市统计年鉴》中“地区生产总值构成项目”，具体见表 7-11。

表 7-10　中间投入系数整理结果

项目	农业	林业	畜牧业	渔业	其他农业	采掘业	制造业	电力业	建筑业	其他行业
农业	0.1105	0.0000	0.5884	0.0000	0.3798	0.0000	0.2596	0.0000	0.0000	0.0401
林业	0.0000	0.2435	0.0000	0.0000	0.0026	0.0000	0.0000	0.0000	0.0188	0.0006
畜牧业	0.0006	0.0000	0.0090	0.0000	0.0025	0.0000	0.0043	0.0000	0.0000	0.0006
渔业	0.0000	0.0000	0.0000	0.0000	0.0000	0.0000	0.0000	0.0000	0.0000	0.0089
其他农业	0.0000	0.0000	0.0000	0.0000	0.0000	0.0000	0.0030	0.0000	0.0000	0.0000
采掘业	0.0027	0.0000	0.0019	0.0001	0.0090	0.3979	0.1714	0.2568	0.0544	0.0041
制造业	0.7688	0.6379	0.2750	0.9694	0.3877	0.4026	0.4272	0.1388	0.7644	0.3938
电力业	0.0588	0.0270	0.0088	0.0113	0.0196	0.1704	0.1107	0.5755	0.0384	0.1093
建筑业	0.0000	0.0000	0.0000	0.0000	0.0000	0.0020	0.0027	0.0101	0.0000	0.0192
其他行业	0.0587	0.0916	0.1170	0.0192	0.1987	0.0271	0.0211	0.0188	0.1241	0.4235
合计	1.0000	1.0000	1.0000	1.0000	1.0000	1.0000	1.0000	1.0000	1.0000	1.0000

表 7-11　地区生产总值构成项目　　（单位：10^4元）

项目	农业	林业	畜牧业	渔业	其他农业	采掘业	制造业	电力业	建筑业	其他行业	小计
劳动报酬	277217	9721	88572	570	2550	7289	213549	17755	80318	241353	938894
生产税净额	0	0	0	0	50	2730	53604	13124	18915	52048	140471
固定资产折旧	20457	126	3605	72	4	2625	18060	29604	11239	94810	180602
营业盈余	16719	949	20583	477	7	4158	18945	20512	29658	94396	206404
增加值合计	314393	10796	112760	1119	2611	16802	304158	80995	140130	482607	1466371

5. 最终使用及其构成

最终使用部分包括居民消费、政府消费、资本形成、出口和进口。除进口和出口以外，常规统计资料都提供了一些信息。下面按照居民消费、政府消费和资本形成的顺序对各部分的编制进行说明。

（1）居民消费。居民消费的基础数据来源于《张掖市 2007 年农村住户调查年报》和《城镇居民人均支出及构成》，见表 7-12。

表 7-12　居民消费的原始资料　　（单位：10^4元）

项目	农村居民消费	项目	城市居民消费
谷物	229.09	粮油类	306.37
薯类	2.17	肉禽蛋水产品类	435.02
豆类	2.32	蔬菜类	220.17
食用油	33.29	调味品	42.62
蔬菜及制品	75.43	烟酒糖	359.8
肉、禽蛋奶及其制品	247.73	干鲜瓜果	158.94
水产品及其制品	3.85	奶制品	168.24
烟酒	210.05	其他食品	305.33
茶叶、饮料	10.78	饮食服务	574.44

续表

项目	农村居民消费	项目	城市居民消费
其他食品	103.76	衣着	1254.82
食品消费服务型支出	250.33	耐用消费品	102.48
衣着	230.03	室内装饰品	25.25
购买生活用房	5.47	床上用品	102.42
购买生活用燃料	90.97	日用杂品	305.28
购买建筑生活用房材料	107.63	家具材料	0
购买维修生活用房材料	5.22	家庭服务	24.03
购买装修生活用房材料	40.91	医药费	399.06
建筑雇工工资	13.47	医疗费	275.67
房租	0.19	交通	277.6
生活用水	11.14	通信工具	5.93
生活用电	25.66	通信服务	360.29
清洁卫生费	0	文化娱乐用品	122.37
其他	10.53	文化娱乐服务	587.52
购买家庭设备用品支出	123.99	教材费	6.37
家庭设备服务型支出	128.14	教育费用	427.66
购买交通和通信设备	287.58	住房	95.14
交通通信服务支出	163.1	水电燃料及其他	777.65
购买文化娱乐用品	44.44	居住服务费	83.64
教育服务费用	299.2	其他商品和服务	224.82
文化、体育等服务费用	37.22		
购买医疗保健用品	59.66		
医疗保健服务型支出	161.3		
其他商品支出	53.01		
其他服务支出	20.31		
合计	3087.97	合计	8028.93

按投入产出部门分类进行归并，得到的汇总结果如表 7-13 所示。

表 7-13　居民消费汇总结果

项目	城市居民消费/10^4 元	农村居民消费/10^4 元	平均消费支出/10^4 元	结构系数
农业	990.81	446.06	1436.8700	0.1293
林业	0	0	0.0000	0.0000
畜牧业	581.509	247.73	829.2390	0.0746
渔业	21.751	3.85	25.6010	0.0023
农林牧渔服务业	0	0	0.0000	0.0000
采掘业	0	0	0.0000	0.0000
制造业	2726.4	1110.51	3836.9100	0.3451
电力业	777.65	36.8	814.4500	0.0733
建筑业	95.14	172.7	267.8400	0.0241
其他行业	2835.67	1070.32	3905.9900	0.3514
合计	8028.93	3087.97	11116.9000	1.0000

（2）政府消费。政府消费数据取自《全市财政收入和支出》。原始数据如表 7-14 所示。这些支出在本次编制投入产出表中，都应归于其他行业，结构非常单一。

表 7-14　政府支出

项目	政府支出/10^4元	结构系数
教育	49091	0.2913
科学技术	2746	0.0163
社会保障	48165	0.2858
医疗卫生	18066	0.1072
环境保护	12046	0.0715
农林水事务	38402	0.2279
合计	168516	1.0000

（3）资本形成。资本形成应该包括固定资产完成和存货变动。张掖市的固定资本完成情况中，并未对大农业内部各部门进行统计，见表 7-15。根据甘肃省投入产出表中的结构，对大农业的固定资本形成情况进行拆分，见表 7-16。

表 7-15　张掖市各部门固定资产完成情况

项目	固定资产完成/10^4元	结构	放大/10^4元
农林牧渔业	44715	0.0753	63169.3210
采掘业	35710	0.0601	50447.8688
制造业	84792	0.1428	119786.4937
电力业	124655	0.2099	176101.3464
地质勘探业	18019	0.0303	25455.6188
交运餐饮业	95165	0.1602	134440.5329
建筑业	66786	0.1125	94349.2401
房地产业	43840	0.0738	61933.1999
卫生福利业	2226	0.0037	3144.6921
教育文化业	10687	0.0180	15097.6302
机关业	66636	0.1122	94137.3336
其他行业	682	0.0011	963.4681
合计	593913	1.0000	839026.7455

表 7-16　对农业子部门的拆分

项目	甘肃省表的结构	拆分结果/万元
农业	0.3749	23681.9181
林业	0.1867	11795.0546
畜牧业	0.1652	10436.8759
渔业	0.0075	472.7772
农林牧渔服务业	0.2657	16782.6951
合计	1.0000	**63169.3210**

（4）流入流出量的估算。张掖市的流入流出量的估算是整个编表过程中最为困难的部分。首先根据前面计算得到的数据，按行平衡关系，推算出每个部门的净流出值，见表 7-17。

表 7-17　净流出值的推算　（单位：10^4元）

项目	净流出
农业	204172
林业	–1404
畜牧业	128909
渔业	–4633
农林牧渔服务业	–3506
采掘业	–144433
制造业	–278990
电力业	–208969
建筑业	133962
其他行业	42648
合计	–132244

由于基础资料的缺失，这里是在保证净流出总量平衡的前提下，结合流出占总产出的比例进行推算的，见表 7-18。

表 7-18　流出数据的推算

项目	流出占总产出的比例/%		推算值/10^4元
农业	0.40	甘州区调查数据	207486.80
林业	0.00		0.00
畜牧业	0.80	取自甘肃省表	155616.74
渔业	0.00		0.00
农林牧渔服务业	0.01	取自甘肃省表	79.11
采掘业	0.63		29242.08
制造业	0.32	基层表计算	247808.83
电力业	0.04		8537.26
建筑业	0.50	取自甘肃省表	158045.50
其他行业	0.05		42647.76

根据行平衡关系推算出流入数据，见表 7-19。

表 7-19　流入数据的推算　（单位：10^4元）

项目	净流出	流出	流入=流出–净流出
农业	204172	207487	3314
林业	–1404	0	1404
畜牧业	128909	155617	26708
渔业	–4633	0	4633
农林牧渔服务业	–3506	79	3585
采掘业	–144433	29242	173675
制造业	–278990	247809	526799
电力业	–208969	8537	217507
建筑业	133962	158046	24084
其他行业	42648	42648	0

将上面计算的数据汇总得到张掖市的投入产出表，如表 7-20 所示。为了方便后面的说明，这里将 10 部门的 IO 表集结为 3 个部门，如表 7-21 所示。

表 7-20　2007 年张掖市 10 部门投入产出表

（单位：10^4元）

项目	农业	林业	畜牧业	渔业	其他农业	采掘业	制造业	电力业	建筑业	其他行业	中间使用	居民	政府	投资	流出	流入	合计
农业	22570.1	0.0	48105.5	0.0	2013.2	0.0	123514.1	0.0	0.0	18641.0	214843.9	76277.9	0.0	23422.8	207486.80	3314.44	518717.0
林业	0.0	634.9	0.0	0.0	14.0	0.0	15.1	0.0	3299.6	285.9	4249.5	0.0	0.0	10558.3	0.00	1404.13	13403.6
畜牧业	125.0	0.0	738.8	0.0	13.5	0.0	2031.3	0.0	0.0	270.4	3179.0	44021.1	0.0	18412.2	155616.74	26708.10	194520.9
渔业	0.0	0.0	0.0	0.0	0.0	0.0	0.0	0.0	0.0	4126.9	4126.9	1359.1	0.0	791.4	0.00	4632.97	1644.5
其他农业	0.0	0.0	0.0	0.0	0.1	0.0	1432.5	0.0	0.0	0.0	1432.6	0.0	0.0	9984.6	79.11	3585.09	7911.2
采掘业	556.7	0.1	152.6	0.1	47.7	11783.0	81559.4	34829.4	9576.5	1895.1	140400.7	0.0	0.0	50447.9	29242.08	173674.65	46416.0
制造业	157075.7	1663.4	22484.0	509.4	2054.7	11921.7	203215.6	18822.7	134504.9	183156.5	735408.6	203686.8	0.0	119786.5	247808.83	526798.69	779892.0
电力业	12007.4	70.3	716.9	5.9	104.0	5046.9	52670.8	78048.8	6751.0	50829.8	206252.0	43236.0	0.0	176101.3	8537.26	217506.64	216620.0
建筑业	0.0	0.0	0.0	0.0	0.1	59.4	1261.5	1371.2	0.0	8936.1	11628.3	14218.6	0.0	156282.4	158045.50	24083.80	316091.0
其他行业	11989.1	238.9	9563.1	10.1	1052.9	802.9	10033.6	2552.9	21829.0	196958.3	255030.7	207354.0	169450.8	273239.3	42647.76	0.00	947707.0
中间投入	204324.0	2607.6	81760.9	525.5	5300.2	29614.0	475734.0	135625.0	175961.0	465100.0	1576552.2	590153.4	169450.8	839026.7	849464.1	981708.5	
劳动报酬	277217.0	9721.0	88572.0	570.0	2550.0	7289.0	213549.0	17755.0	80318.0	241353.0	938894.0						
生产税净额	0.0	0.0	0.0	0.0	50.0	2730.0	53604.0	13124.0	18915.0	52048.0	140471.0						
固定资产折旧	20457.0	126.0	3605.0	72.0	4.0	2625.0	18060.0	29604.0	11239.0	94810.0	180602.0						
营业盈余	16719.0	949.0	20583.0	477.0	7.0	4158.0	18945.0	20512.0	29658.0	94396.0	206404.0						
增加值合计	314393.0	10796.0	112760.0	1119.0	2611.0	16802.0	304158.0	80995.0	140130.0	482607.0	1466371.0						
总投入	518717.0	13403.6	194520.9	1644.5	7911.2	46416.0	779892.0	216620.0	316091.0	947707.0	3042923.2						

表 7-21　2007 年张掖市 3 部门投入产出表　（单位：10^4 元）

项目	农业	工业	服务业	居民消费	政府消费	投资消费	流出	流入	总产出
农业	74	130	23	122	0	63	363	40	736
工业	197	651	245	261	0	503	444	942	1359
服务业	23	35	197	207	169	273	43	0	948
劳动报酬	379	319	241						
生产税净额	0	88	52						
固定资产折旧	24	62	95						
营业盈余	39	73	94						
总投入	736	1359	948						

7.4.2　社会核算矩阵的编制

1. 社会核算矩阵的基本形式

目前，学术界对于 SAM 还没有一个完全统一的定义。在 1993SNA 中，SAM 被定义为“以矩阵形式表示的 SNA 账户，刻画了供给表、使用表与部门账户之间的联系，反映了一定时期内社会经济主体间的各种联系”。这种定义大致描述了 SAM 和 SNA 之间的关系，以及 SAM 的作用，但是，除了“矩阵形式”之外，很难从中形成更进一步的认识。而 Taylor 教授对 SAM 的定义则偏重于揭示 SAM 的内在机制，他将 SAM 看作用表格的形式表述社会经济核算恒等式——“对一个均衡状态的经济系统和其中的所有部门而言，收入和支出必然相等，而这恰好与 SAM 的‘行和等于列和’的内在平衡机制相对应”。表 7-22 展示了一个简化了的开放经济的社会核算矩阵，表中各账户的平衡关系对 Taylor 的定义作出了很好的诠释。

表 7-22　简化的开放经济的社会核算矩阵

收入方	支出方					合计
	1	2	3	4	5	
供给者		C	G	I	E	总需求
住户	Y					居民收入
政府	T_i	T_d				政府收入
资本账户		S_h	S_g		S_f	总储蓄
余下的世界	M					进口
合计	总供给	居民支出	政府支出	总投资	对外交易	

注：C 表示居民消费；G 表示政府消费；I 表示资本形成；E 表示出口；Y 表示要素收入；T_i 表示间接税；T_d 表示直接税；S_h 表示居民储蓄；S_g 表示政府储蓄；S_f 表示国外净储蓄；M 表示进口。

资料来源：Reinert（1997）.

SAM 中的每一个账户都由一行（记录收入来源）和一列（记录支出去向）组成，i 行与 j 列交汇处的非零元素，既是 i 账户的收入，也是 j 账户的支出。例如，C 表示居民消费，一方面从列的角度来看反映了居民（这里的居民包含企业）的一种支出，另一方面从行的角度来看反映了生产供给部门的一种收入，这正好构成了居民和生产部门间的一种经济联系；还比如 T_d 表示直接税，从列的角度看，反映居民所得税等直接税收支出，从行的角度看，反映了政府的直接税收入，两者共同反映了居民向政府交纳的直接税（收入再分配的一种形式）。

同时这个简化的 SAM 还反映了下面 5 个国民经济核算恒等式：

（1）总需求=总供给，即 $C+G+I=Y+T_i+(E-M)$。

（2）居民收入=居民消费+居民储蓄，即 $Y=C+T_d+S_h$。

（3）政府收入=政府消费+政府储蓄，即 $T_i+T_d=G+S_g$。

（4）总储蓄=总投资，即 $S_h+S_g+S_f=I$。

（5）总进口=总出口+外汇储蓄，即 $E+S_f=M$。

（1）反映了国民经济核算中 GDP 的两种核算方式：收入法和支出法，即从收入法的角度来看，GDP 包括要素收入（Y）、政府收入（T_i），从支出法角度来看 GDP 包括居民消费（C）、政府消费（G）、资本形成（I）和净出口（$E-M$）。（2）反映了居民的收支平衡关系，即居民收入将用于消费、纳税和储蓄。（3）反映了政府的财政收支平衡关系，政府的收入来自于征税，扣除政府消费后便是储蓄或赤字。（4）反映了均衡经济系统中的储蓄和投资平衡关系。（5）反映了国际收支平衡关系。

2. SAM 与投入产出表的关系

SAM 和 IO 表都是一种账户矩阵的核算形式，在形式和功能上都有许多相似之处，本节将阐述 SAM 与 IO 表之间的关系，以及如何将 IO 表转换为 SAM。

有学者认为，社会核算矩阵是投入产出表的扩展，它在投入产出表中增加了第四象限，补充增加值与最终使用的关系，使投入产出表能够更全面地反映经济运行过程。事实上，SAM 并不等同于扩展的 IO 表。两者的关键区别在于，IO 表展示的实际上是收入的要素分配，而 SAM 则真正刻画了通常意义上的收入分配，即将生产所获得的收入分配给社会经济系统中的各类机构账户——不同类型的住户、企业、政府等。

IO 表的核心是对于产业部门之间交易关系的描述。类似地，SAM 的核心也并不在于对机构部门的细分（因为这些通过扩展的 IO 表同样可以实现），而在于对不同类型机构之间的交易和转移进行描述，不同类型机构之间的交易和转移调节收入分配结构。

下面将着重阐述 SAM 和 IO 表之间的转化关系，从两者的转换中可以更深刻地理解两者之间的关系。

SAM 和 IO 表之间的关系可以通过表 7-23 来说明。由表 7-23 容易看出，如果去掉右下方的阴影部分，那么它就相当于一张 IO 表，其中包含了有关商品与要素服务的供需信息。同样，如果保留阴影部分，那么表 7-23 就成为一个方阵 S 且在一定程度上满足了 SAM 的标准：

（1）所有行账户和列账户相互对应；

（2）每一个元素都具有双重含义，即矩阵中（i，j）元素是 i 部门的收入，同时又是 j 部门的支出；

（3）但是 S 矩阵要能成为 SAM，还必须满足恒等式：

$$(S-S')i \equiv 0 \tag{7-35}$$

式中，i 为元素全为 1 的列向量，那么表示各部门对应的行和等于列和。对于商品账户，存货变动的国内最终需求保证了账户的平衡；对于活动账户，营业盈余充当了平衡的角色；对于要素账户，列上元素是对应行的合计的分配，同样保证了账户的平衡。

由于表 7-23 中已记录的部分（非阴影）都满足上述条件，如果为子矩阵 S_4，4、S_4，5、S_5，4 和 S_5，5 赋予适当的值，使其满足上述三个条件，表 7-23 就成为一个完整的 SAM。

3. SAM 的编制流程

前文已经分析了投入产出表和 SAM 之间的关系。从两者的关系不难看出，只需要将收入分配数据补充到 IO 表中，即可以完成 SAM 的编制工作。事实上 SAM 的编制有两种方式，一是自上而下的编制方式，另一种是自下而上的方式。绝大多数学者认为，采取自上而下的编表方式，在 IO 表的基础上扩展得到的 SAM 在数据的一致性上具有较强优势。当然也有少数学者认为，SAM 的编制应该采取自下而上的方式，从最底层的资料搜集开始，逐渐汇总，他们认为这样的方式能够极大地保证数据的准确性。由于现有资料的局限性，为了保证 CGE 模型所需数据集的一致性，这里采取自上而下的方式进行编制。具体流程如图 7-8 所示。

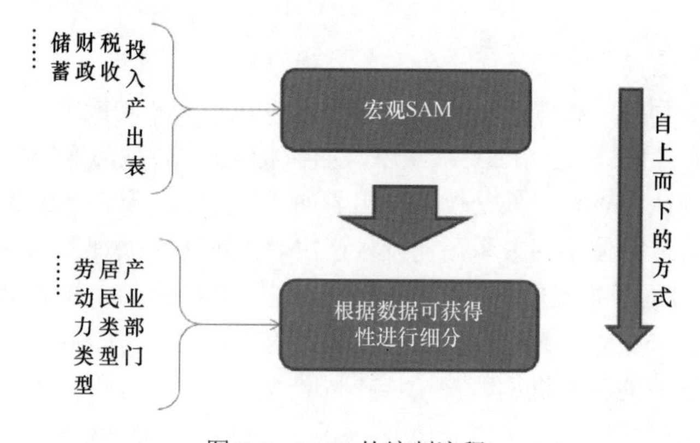

图 7-8　SAM 的编制流程

4. 宏观 SAM 的编制

首先将投入产出表的总量数据直接填入 SAM 的相应位置，如表 7-24 所示。由于投入产出表是平衡的，填入宏观 SAM 后，“活动”和“商品”的两行两列都是平衡的，而灰色部分的第四象限是需要补充的收入分配数据。

从已有的统计数据中搜集得到主要的收入分配数据有，居民各项收入、政府财政收入等，具体数据见表 7-25。

将收入分配数据填入表 7-25，得到表 7-26。

剩余的一行是“资本账户”，这里所谓平衡项。当然统计资料中也可以查到各项储蓄的数据。但直接放入 SAM 中会出现较大偏差。例如，统计的居民储蓄为 861.346×10^7 元，填入 SAM 后，居民的总支出远大于总收入。通常需要根据行或列中相对精确的数据，对余项进行推算或修正。

表 7-23 SAM 形式的投入产出表

		国内生产			机构		合计
		商品	活动	要素服务	国内	余下的世界	
国内生产	商品	0	$S_{1,2}$ 原材料的使用	0	$S_{1,4}$ 市场价格计算的国内最终需求	$S_{1,5}$ 离岸价格计算的商品和非要素服务的出口	市场价格计算的商品总需求
	活动	$S_{2,1}$ 生产者价格计算的总产出	0	0	0	0	生产者价格计算的总产出
	要素服务	0	$S_{3,2}$ 对要素服务的支出	0	0	0	市场价格计算的要素服务总需求
机构	国内	$S_{4,1}$ 商品间接税和进口关税	$S_{4,2}$ 生产间接税和营业盈余	$S_{4,3}$ 所提供的要素服务及政府所获得的增值税	$S_{4,4}$	$S_{4,5}$ 来自国外的要素收入（部分）	来自生产过程的总收入
	余下的世界	$S_{5,1}$ 离岸价格计算的商品和非要素服务的进口	0	$S_{5,3}$ 对国外的要素支出	$S_{5,4}$	$S_{5,5}$	国内对进口商品和服务的总支出
合计		市场价格计算的商品总供给	生产者价格计算的总产出	市场价格计算的要素服务总供给	市场价格计算的对商品的总支出	国外对国内商品和服务的总支出	

资料来源：Pyatt（1999）.

表 7-24　宏观 SAM 编制（1）　　（单位：10^4 元）

项目	活动	商品	劳动力	资本	居民	政府	企业	资本账户	外地	合计
活动	0	3043	0	0	0	0	0	0	0	3043
商品	1577	0	0	0	590	169	0	839	849	4025
劳动力	939	0								
资本	387	0								
居民	0	0								
政府	140	0								
企业	0	0								
资本账户	0	0								
外地	0	982								
合计	3043	4025								

表 7-25　收入分配的初始数据　　（单位：10^4 元）

项目	数值
居民资本收益	1.32
政府资本收益	20.35
企业资本收益	365.33
居民劳动收入	938.89
居民收入所得税	5.682
企业收入所得税	6.594
居民的转移性收入	74.558

表 7-26　宏观 SAM 编制（2）　　（单位：10^4 元）

项目	活动	商品	劳动力	资本	居民	政府	企业	资本账户	外地	合计
活动	0	3043	0	0	0	0	0	0	0	3043
商品	1577	0	0	0	590	169	0	839	849	4025
劳动力	939	0	0	0	0	0	0	0	0	939
资本	387	0	0	0	0	0	0	0	0	387
居民	0	0	939	1	0	75	0	0	0	1015
政府	140	0	0	20	6	0	7	0	0	173
企业	0	0	0	365	0	0	0	0	0	365
资本账户										
外地	0	982	0	0	0	0	0	0	0	982
合计	3043	4025	939	387	596	244	7	839	849	

SAM 中的居民总收入是比较准确的数值①（1015×10^7 元），因此，根据平衡关系，推算出居民储蓄为 419×10^7 元。政府财政收支表中，财政总收入为 155.556×10^4 元，支出为 269.554×10^4 元。这里根据平衡关系进行了调整，调整后收入为 173.10×10^4 元，

① 实际计算的居民总收入约为 1019×10^7 元。

支出为 244.01×10⁴ 元，政府储蓄为–71×10⁷ 元。由于企业账户的可获取数据来源非常有限，这里仅根据平衡关系，对企业储蓄原值为 237.62×10⁴ 元 3 进行调整，调整后为 359×10⁷ 元。

根据已有数据和推算结果，得到基本平衡的宏观 SAM，如表 7-27 所示。

表 7-27　基本平衡的宏观 SAM

项目	活动	商品	劳动力	资本	居民	政府	企业	资本账户	外地	合计	差值
活动	0	3043	0	0	0	0	0	0	0	3043	0
商品	1577	0	0	0	590	169	0	839	849	4024	1
劳动力	939	0	0	0	0	0	0	0	0	939	0
资本	387	0	0	0	0	0	0	0	0	387	–1
居民	0	0	939	1	0	75	0	0	0	1015	0
政府	140	0	0	20	6	0	7	0	0	173	0
企业	0	0	0	365	0	0	0	0	0	365	1
资本账户	0	0	0	0	419	–71	359	0	132	839	0
外地	0	982	0	0	0	0	0	0	0	982	–1
合计	3043	4025	939	386	1015	173	366	839	981		

5. 宏观 SAM 的平衡处理

由于 SAM 是稀疏矩阵，因此标准统计方法对其并不奏效，所以在这种情况下的调整是对观测值误差的估计和调整。SAM 的调整从广义上来说就是，在给定矩阵信息下，计算出可能最好的未知矩阵，这个未知矩阵与给定矩阵的“距离”（distance）最小。这正是交叉熵（cross entropy，CE）法的核心。CE 的基本思想就是，将新矩阵相比原始矩阵新增的“额外”信息最小化，即在满足所有约束条件下，找到一个与初始矩阵 X^0 尽可能接近的新的矩阵 X^1。下面用规范的数学形式来说明 CE 法的原理。

假定一个初始的 SAM 系数矩阵中各个元素为 t_{ij}^0，而且目标矩阵的各个列的合计值是确定的，其他方面均保持不变，那么新求解的 SAM 系数矩阵就可以表述为目标函数：

$$\min_{\{t^1\}} H = \sum_i \sum_j t_{ij}^1 \ln t_{ij}^1 - \sum_i \sum_j t_{ij}^0 \ln t_{ij}^0 \tag{7-36}$$

$$\text{s.t.} \begin{cases} \sum_j t_{ij}^1 X_j = X_i \\ \sum_i t_{ij}^1 = 1 \end{cases}$$

式中，t_{ij}^1 为新的矩阵元素（i，j）的值，且 $0 \leqslant t_{ij}^1 \leqslant 1$；$X_i$ 和 X_j 分别为目标矩阵的行和与列和。通过构建拉格朗日函数即可求解上述问题：

$$t_{ij}^1 = \frac{t_{ij}^0 \mathrm{e}^{\lambda_i x_j}}{\sum_{ij} t_{ij}^0 \mathrm{e}^{\lambda_i x_j}} \tag{7-37}$$

式中，λ_i 为拉格朗日乘数，其中包含了与行和列和有关的重要信息，而分母则相当于标准化因子。这一过程与贝叶斯推断非常相似，即不断补充附加信息来修正原始估计。

利用GAMS编程来实现交叉熵方法对SAM的平衡处理，结果见表7-28。为方便后面的说明，这里将平衡的SAM记为SAM（i，j）。例如，若提及SAM（1，2）则表示表7-28中的第一行与第二列的交叉处的数值（3043）。

表7-28　平衡的SAM

项目	活动	商品	劳动力	资本	居民	政府	企业	资本账户	外地	合计
活动	0	3043	0	0	0	0	0	0	0	3043
商品	1577	0	0	0	590	169	0	839	849	4024
劳动力	939	0	0	0	0	0	0	0	0	939
资本	387	0	0	0	0	0	0	0	0	387
居民	0	0	939	1	0	75	0	0	0	1015
政府	140	0	0	20	6	0	7	0	0	173
企业	0	0	0	366	0	0	0	0	0	366
资本账户	0	0	0	0	419	–71	359	0	132	839
外地	0	982	0	0	0	0	0	0	0	982
合计	3043	4024	939	387	1015	173	366	839	982	

6. 微观SAM的编制

为了方便说明如何将宏观SAM拆分成微观SAM，这里仅以3部门表为例进行说明。首先计算3部门表中的列结构系数，包括直接消耗系数、增加值系数、居民消费结构、政府消费结构等，如表7-29所示。

表7-29　微观SAM拆分（1）

项目	农业	工业	服务业
农业	0.1008	0.0959	0.0246
	74.24	**130.34**	**23.33**
工业	0.2682	0.4793	0.2583
	197.52	**651.65**	**244.90**
服务业	0.0310	0.0259	0.2078
	22.86	**35.23**	**197.03**

将表7-29中的系数乘以SAM（2，1），则得到3种生产活动对3种商品的投入需求矩阵（正体加粗数字）。

类似地，计算出各部门的劳动报酬比例、资本收益比例、生产税净额的比例，分别乘以SAM（3，1）、SAM（4，1）、SAM（6，1），如表7-30所示。

表7-30　微观SAM拆分（2）

项目	农业	工业	服务业	
劳动力	0.403272	0.339667	0.257061	1
	378.6981	318.9684	241.3964	939.0629
资本	0.162786	0.348318	0.488897	1
	62.95633	134.7097	189.0778	386.7439
政府	0.000356	0.629119	0.370525	1
	0.049827	88.06732	51.86796	139.9851

将居民消费、政府消费、投资、流出、流入按上述方法进行调整，结果如表 7-31 所示。

表 7-31　微观 SAM 拆分（3）

项目	居民消费		政府消费		投资消费		流出		流入	
农业	0.21	121.61	0.00	0.00	0.08	63.16	0.43	363.19	0.04	39.64
工业	0.44	261.04	0.00	0.00	0.60	502.56	0.52	443.64	0.96	941.95
服务业	0.35	207.27	1.00	169.07	0.33	273.21	0.05	42.63	0.00	0.00
合计	1.00	589.93	1.00	169.07	1.00	838.93	1.00	849.46	1.00	981.59

将表 7-27、表 7-31 的数据填入微观 SAM 中，得到的结果如表 7-32 所示。

表 7-32　微观 SAM 拆分（4）

项目	农业	工业	服务业	农业	工业	服务业	劳动力	资本	居民	政府	企业	资本账户	外地	合计
农业				736.33										736.33
工业					1358.96									1358.96
服务业						947.60								947.60
农业	74.24	130.34	23.33						121.61	0.00		63.16	363.19	775.87
工业	197.52	651.65	244.90						261.04	0.00		502.56	443.64	2301.31
服务业	22.86	35.23	197.03						207.27	169.07		273.21	42.63	947.30
劳动力	378.70	318.97	241.40											
资本	62.96	134.71	189.08											
居民														
政府	0.05	88.07	51.87											
企业														
资本账户														
外地				39.64	941.95	0.00								
合计	736.33	1358.96	947.60	775.97	2300.92	947.60								

再将收入分配数据（SAM（3，3）-SAM（9，9））填入相应的单元格中，得到表 7-33。

表 7-33　微观 SAM 拆分（5）

项目	农业	工业	服务业	农业	工业	服务业	劳动力	资本	居民	政府	企业	资本账户	外地	合计	
农业				736										736	0.00
工业					1359									1359	0.00
服务业						948								948	0.00
农业	74	130	23						122	0		63	363	776	0.09
工业	198	652	245						261	0		503	444	2301	–0.39
服务业	23	35	197						207	169		273	43	947	0.30
劳动力	379	319	241				0	0	0	0	0	0	0	939	0.00
资本	63	135	189				0	0	0	0	0	0	0	387	0.00
居民							939	1	0	75	0	0	0	1015	0.00
政府	0	88	52				0	20	6	0	7	0	0	173	0.00
企业							0	366	0	0	0	0	0	366	0.00
资本账户							0	0	419	–71	359	0	132	839	0.00
外地				40	942	0	0	0	0	0	0	0	0	982	0.00
合计	736	1359	948	776	2301	948	939	387	1015	173	366	839	982		

由于在拆分 SAM 的时候会有计算误差，需对 SAM 进行再次平衡，结果见表 7-34。

表 7-34　平衡处理的微观 SAM

项目	AGR-A	IND-A	SER-A	AGR-C	IND-C	SER-C	Labour	Capital	Hhd	Gov	Ent	CapAcc	ROW	
AGR-A				736										736
IND-A					1359									1359
SER-A						948								948
AGR-C	74	130	23						126			64	355	773
IND-C	198	652	245						260			486	416	2255
SER-C	23	35	197						210	172		269	41	948
Labour	379	317	241											937
Capital	63	133	187											383
Hhd							937	1		71				1009
Gov	0	92	54					20	6		7			179
Ent								361						361
CapAcc									407	–65	355		121	818
ROW				36	896									932
合计	737	1359	947	772	2255	948	937	383	1009	178	362	819	933	

至此，SAM 的编制工作基本完成。需要说明的是，这里仅根据投入产出表的部门分类，对宏观 SAM 进行了细分。往往还需要对要素（尤其是劳动力）、居民类型等进行细分。以至于更细致的刻画经济系统中各种活动及收入流。

7.5　黑河中游张掖市水价变化的 CGE 模型初步分析

张掖市水资源的管理目前主要是以政府行为为主，以行政管理与行业管理的手段实施管理，存在一定的其他措施改善管理绩效的空间。国内外水价的实践已经充分证明，水价能够较好地发挥价格的经济杠杆作用，制约浪费水资源的行为，诱导不合理的水资源消费习惯的改变，从而促进节约用水。

调整水价（当前应为提高水价）将直接影响使用水者的支出和生产成本，并由此产生一系列的连锁反应。因此需要在调整水价之前，明确其对国民经济的影响。可计算一般均衡（CGE）模型是量化研究政策变动对经济系统全面影响的有力工具。国外利用 CGE 模型研究水价问题的文献浩如烟海，本章国内外研究进展已有综述。本节通过将水资源作为一种生产要素纳入 CGE 模型中，对现行水价的变化进行模拟。

7.5.1　水资源 CGE 模型的基本构架

在标准 CGE 模型的基础上对生产结构进行了拓展，包含方程数量较多，由于篇幅所限，这里分别以供给、需求和供需平衡三个方面对模型中的关键方程进行描述。

1. 生产结构

本节模型的生产结构为三层嵌套 CES 函数（图 7-9）。

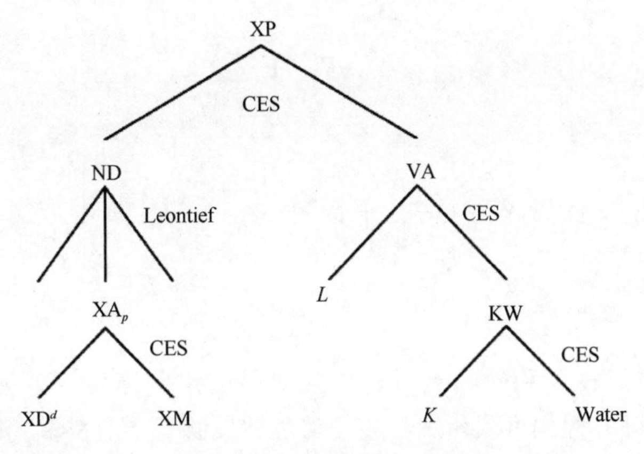

图 7-9 三层嵌套 CES 函数图

第一层 CES 函数决定中间投入和增加值的需求，如下式所示。ND、VA 和 XP 分别表示中间投入、增加值和总产出，而 PND、PVA 和 PX 分别是对应的价格。α 表示份额参数，上标表示对应的变量，如上标为 nd 则表示为中间投入的份额（参数意义下同）；α 为替代弹性。

$$\mathrm{ND}_i = \alpha_i^{\mathrm{nd}} \left(\frac{\mathrm{PX}_i}{\mathrm{PND}_i} \right)^{\sigma_i^p} \mathrm{XP}_i \tag{7-38}$$

$$\mathrm{VA}_i = \alpha_i^{va} \left(\frac{\mathrm{PX}_i}{\mathrm{PVA}_i} \right)^{\sigma_i^p} \mathrm{XP}_i \tag{7-39}$$

$$\mathrm{PX}_i = \left(\alpha_i^{\mathrm{nd}} \mathrm{PND}_i^{1-\sigma_i^p} + \alpha_i^{va} \mathrm{PVA}_i^{1-\sigma_i^p} \right)^{1/\left(1-\sigma_i^p\right)} \tag{7-40}$$

对增加值进一步分解得到第二层 CES 函数。第二层 CES 函数决定劳动力和资本-水合成要素的需求，如上式所示。L^d 和 KW 分别表示劳动力和资本-水合成要素的投入需求，而 Wage 为劳动力价格（即工资），PKW 为资本-水合成要素的价格。λ 为要素的产出效率，上标为 l 则表示劳动力的生产效率，资本和水的效率类似。

$$L_i^d = \alpha_i^l \left(\lambda_i^l \right)^{\sigma_i^v - 1} \left(\frac{\mathrm{PVA}_i}{\mathrm{Wage}} \right)^{\sigma_i^v} \mathrm{VA}_i \tag{7-41}$$

$$\mathrm{KW}_i = \alpha_i^{kw} \left(\frac{\mathrm{PX}_i}{\mathrm{PKW}_i} \right)^{\sigma_i^v} \mathrm{VA}_i \tag{7-42}$$

$$\mathrm{PVA}_i = \left[\alpha_i^l \left(\frac{\mathrm{wage}}{\lambda_i^l} \right)^{1-\sigma_i^v} + \alpha_i^{kw} \mathrm{PKW}_i^{1-\sigma_i^v} \right]^{1/\left(1-\sigma_i^v\right)} \tag{7-43}$$

同样，对资本-水的合成要素进行分解，得到第三层 CES 函数，如下式所示。K^d 和 W^d 分别表示资本和水的投入需求，R 和 PW 分别表示资本和水的价格。

$$K_i^d = \alpha_i^k \left(\lambda_i^k \right)^{\sigma_i^k - 1} \left(\frac{\mathrm{PKW}_i}{R_i} \right)^{\sigma_i^k} \mathrm{KW}_i \tag{7-44}$$

$$W_i^d = \alpha_i^w \left(\lambda_i^w\right)^{\sigma_i^k - 1} \left(\frac{\text{PKW}_i}{\text{PW}_i}\right)^{\sigma_i^k} \text{KW}_i \tag{7-45}$$

$$\text{PKW}_i = \left[\alpha_i^k \left(\frac{R_i}{\lambda_i^k}\right)^{1-\sigma_i^k} + \alpha_i^w \left(\frac{\text{PW}_i}{\lambda_i^w}\right)^{1-\sigma_i^k}\right]^{1/\left(1-\sigma_i^k\right)} \tag{7-46}$$

2. 最终需求和贸易

居民收入由要素收入和转移支付构成。居民的消费需求用扩展的线性支出系统（ELES）描述，关键方程如下式所示。该需求包括最低基本消费量（θ）和额外的消费$\left(\frac{\mu_i Y^*}{\text{PA}_i}\right)$，$Y^*$为除基本消费支出之外的额外支出，$\mu_i$为消费份额，$\text{PA}_i$为商品价格。

$$C_i = \theta_i + \frac{\mu_i Y^*}{\text{PA}_i} \tag{7-47}$$

政府的总支出由外生决定，并假设其效用函数为 CES 函数形式（允许弹性为 0），投资是由储蓄内生决定的。与政府支出类似，也采用 CES 函数形式来分配各部门的投资需求。贸易方面，区内生产的产品和进口商品采用 CES 函数进行合成，即 Armington 需求；对于出口商品的供给采用 CET 转换函数形式，生产者可以将商品用于供应区内市场或者出口。

3. 要素市场均衡

本模型中存在三种要素市场的均衡：劳动力、资本和水。假设劳动力可以在不同部门间自由流动，由工资率平衡劳动力市场的供需平衡关系。资本供给通过 CET 函数在部门间进行分配，同时资本供给总量由外生给定。而对于水资源的供给则是采用常弹性函数来描述，W_i^s为水的供给量；同时增加总用水量的上限方程，式中 TWS 为供水量上限：

$$W_i^s = \chi_i^w \left(\frac{\text{PW}_i}{P}\right)^{\omega_i^w} \tag{7-48}$$

$$\sum W_i^d \leqslant \text{TWS} \tag{7-49}$$

所建模型共有 54 组方程和 53 组变量，并使用 GAMS 软件的 MINOS 求解器进行求解。

7.5.2 张掖市水价变动分析

1. 模型基础数据

张掖市社会核算矩阵（6 部门）前文已经详细论述了构建过程，这里直接采用。为了将水资源纳入模型中，根据当年的用水量和用水价格对 SAM 中的资本项进行调整。CGE 模型中的大部分参数是通过基期 SAM 校准得到，而模型中的许多弹性值，如生产函数中的替代弹性和效用函数中的转换弹性等，理论上应通过计量经济学方法估计。但通常长期的时间序列数据较难获得。因此，本模型在确定这些弹性参数时，主要是参考相关文献中的弹性值。

2. 模拟结果及分析

在经过改进的基础模型中，依次将生产部门 i 的水价增加 1 倍，同时保持其他部门水价不变。运行模型即可评价提高生产部门 i 水价对经济系统产生的影响。这里只列出了水价提高后对价格水平、产出水平及用水量的影响。由于经济系统的结构和反应，不同部门水价提高的影响方式和程度存在不同程度的差异，具体见表 7-35。表 7-35 中，用水总量指六个生产部门用水量之和；生产总值是价格平减之后的真实 GDP。价格平减指数为整体经济价格指数；单方水产出是每立方米的水产生的增加值；总的水费为六部门水费支出之和；所调部门的产出和用水量分别为水价变动部门的产出和用水量。为便于比较，表 7-35 中列出的都是相对于未提高水价情况下的变化值。

表 7-35 各部门水价增加 1 倍后的影响

项目	种植业	畜牧业	其他农业	工业	建筑业	服务业
用水总量/10^8m^3	−4.510	−0.035	−0.640	−0.900	−0.001	−0.012
生产总值/10^8 元	−0.962	−0.009	−0.103	−1.625	−0.002	−0.036
价格平减指数	−0.004	0.000	−0.001	0.004	0.000	0.000
单方水产出	0.851	0.005	0.100	0.072	0.000	0.000
总的水费	0.656	0.003	0.041	−0.429	0.002	0.057
所调部门的用水量	−4.492	−0.035	−0.649	−0.468	−0.001	−0.011
所调部门的产出/10^8 元	−1.551	−0.024	−0.273	−2.850	−0.003	−0.054
失业率变化	1.16%	0.01%	0.08%	1.26%	0.00%	0.02%

水价改革对用水的影响。水价提高后，提高了所调部门的成本，因而所调部门的用水量都将减少，但变化幅度有较大差异。单部门用水量降幅最大的为种植业部门，当种植业水价提高一倍时，本部门的用水量减少了 $4.492\times10^8m^3$；其次为其他农业部门减少了 $0.649\times10^8m^3$，其余部门的降幅都相对较小。主要是由生产技术水平决定的，水资源在种植业的生产中至关重要，与其他要素的替代弹性较小，因此水价提高时，种植业的用水量下降幅度最大；而其他行业对水资源的依赖程度相对较低。这种对水资源的依赖性，同样体现在生产用水总量的变化上。种植业水价提升时生产用水总量减少的幅度最大，降低了 $4.510\times10^8m^3$，几乎等于种植业本部门的用水减少量（$4.492\times10^8m^3$）。这一方面说明种植业用水价格变动对整体用水量的贡献很大，另一方面也体现了种植业与其他部门的关联程度不高，种植业部门的变动并不会对其余各部门产生较强的影响。从效率上来看，各部门水价提升后，单方水产出均有所增加，这表明水的产出效率有所提升。

水价改革对生产的影响。水价提高后，所调部门的产出水平都将降低。其中降幅最大的是工业部门，水价提高 1 倍后，该部门的产出将减少 2.850×10^8 元，其次为种植业部门，将减少 1.551×10^8 元。尽管工业部门本身用水量并不高，然而其水价的基数较高，因此当价格提高一倍时仍然对其生产成本产生较大的影响。从经济总量来看，生产总值的变化幅度都不大，提高工业水价时减少幅度最大，将减少 1.625×10^8 元；其次是提高种植业水价时，将减少 0.962×10^8 元，其余各部门水价提高对整体经济 GDP 的影响都非常小。价格方面，GDP 的价格平减指数变动幅度很小（均小于 0.005），说明各部门水价提高对整体价格水平的影响非常小。

水价改革对劳动力市场的影响。水价提高时，将会对生产成本产生冲击，进而影响到劳动力的就业。从模拟结果来看，各部门水价提高后都将使地区劳动力失业率有所升高。当工业部门水价提高一倍时对劳动力市场冲击最大，整体失业率升高 1.26%。其次是提高种植业部门水价时，整体失业率升高 1.16%。这表明工业和种植业是劳动力需求较大的部门，属于劳动密集型产业。应努力促进产业升级，拓宽就业渠道，这样才能弥补水价调整带来的负面影响。

7.6 小结

集成模拟黑河流域人文因素与自然因素需采用系统整体分析框架。一般均衡分析是经济学中最活跃的前沿领域，其核心是将经济系统整体作为分析对象，通过扩展自然因素，是集成模拟人文因素与自然因素合适的系统分析框架。可计算一般均衡模型由于将优化决策机制分散在部门和各个经济主体中，因而结构非常灵活，很容易对其进行扩展补充，将水、土等资源作为投入要素包含在模型结构体系中。

本章详细介绍了 CGE 模型的构建实现过程，从基本的数据收集调查开始，通过构建投入产出表，继而构建社会核算矩阵，通过嵌套 CES 函数的生产结构，将水资源作为一种生产要素纳入模型中，建立了区域尺度上的内生水资源的 CGE 模型，评价了黑河中游张掖市 2007 年的水价改革对国民经济各行业生产和用水的影响，这对于节水型社会的建设提供了科学的量化的参考依据。结果表明，提高水价会对经济系统产生不利影响，但影响幅度不大；更重要的是水价的提高能促进水资源的利用效率，促进水资源的高效利用。同时，水价改革还必须重视劳动力市场的变化，应该努力拓宽就业渠道，促进就业，从而减少水价改革对社会经济和人民生活产生的负面影响。

CGE 模型分析水资源问题具有其独特的优势，本节利用其对水价进行了分析。但是由于缺乏资料，假设了种植业、畜牧业和其他农业这三个部门的水价都等于农业的平均水价，这里存在一定偏差。今后一方面应该加强基础数据库的建设，另一方面应该继续扩充模型中水资源的市场调节手段，如水权交易等，从而更好地为政策制定和分析服务。

基于 CGE 模型的水-经济模型，还可进一步结合土地利用变化的地学模型，将人文因素变化对土地利用变化的影响分派到空间上，预测未来土地利用的空间格局，一方面为地区未来的发展提供决策参考，另一方面为分布式集成模型提供情景数据。这种人文因素与自然因素集成模拟模型研究无疑符合流域集成建模的方向，是集成模型的有益组成部分。

参考文献

邓群，夏军，杨军，孙杨波，等. 2008. 水资源经济政策 CGE 模型及在北京市的应用. 地理科学进展, 27(003): 141-151.

邓祥征. 2008. 土地系统的动态模拟. 北京: 中国大地出版社.

国家统计局国民经济核算司. 2009. 中国 2007 年投入产出表编制方法. 北京: 中国统计出版社.

马明. 2001. 基于 CGE 模型的水资源短缺对国民经济的影响研究. 北京: 中国科学院地理科学与资源研究所.

沈大军. 1999. 水价理论与实践. 北京: 科学出版社.

王其文，李善同. 2008. 社会核算矩阵：原理、方法和应用. 北京：清华大学出版社.
王勇，肖洪浪，任娟，陆明峰，等. 2008. 基于CGE模型的张掖市水资源利用研究. 干旱区研究, 25(001): 28-34.
王铮，薛俊波，朱永彬，等. 2010. 经济发展政策模拟分析的 CGE 技术. 北京：科学出版社.
徐中民，钟方雷，焦文献，等. 2008. 水-生态-经济系统中人文因素作用研究进展. 地球科学进展, 23(7): 723-731.
徐中民，张志强，钟方雷，等. 2003. 生态经济学原理与应用. 郑州：黄河水利出版社.
严冬，周建中，王修贵，等. 2007. 利用 CGE 模型评价水价改革的影响力——以北京市为例. 中国人口. 资源与环境, 17(005): 70-74.
赵永，王劲峰. 2008. 经济分析 CGE 模型与应用. 北京：中国经济出版社.
Al-Ghuraiz Y, Enshassi A. 2005. Ability and willingness to pay for water supply service in the Gaza Strip. Building and Environment, 40(8): 1093-1102.
Allen B, Britz W. 2009. The Common Agricultural Policy Regionalised Impact model—the Rural Development Dimension (CAPRI-RD). Seventh Framework Programme Project.
Bauer C J. 1997. Bringing water markets down to earth: the political economy of water rights in Chile, 1976-1995. World Development, 25(5): 639-656.
Berrittella M, Rehdanz K, Richards, et al. 2006. The economic impact of the South-North water transfer project in China: a computable general equilibrium analysis. Research unit Sustainability and Global Change FNU-117, Hamburg University and Centre for Marine and Atmospheric Science, Hamburg.
Diao X, Roe T. 2000. The win-win effect of joint water market and trade reform on interest groups in irrigated agriculture in Morocco. The Political Economy of Water Pricing Reforms, 141-165.
Dinar A, Tsur Y. 1999. Efficiency and Equity Considerations in Pricing and Allocating Irrigation Water. Policy Research Working Paper Series, The World Bank.
Dupont D Renzetti S. 1999. An assessment of the impact of a provincial water charge. Canadian Public Policy, 25(3): 361-378.
Finnoff D, Tschirhart J. 2004. Joint determination in a general equilibrium ecology/economy model. Valuation of Ecological Benefits: Improving the Science Behind Policy Decisions, 25-53.
Gomez C, Tirado D. 2004. Water exchanges versus water works: insights from a computable general equilibrium model for the Balearic Islands. Water Resources Research, 40: W10502.
Goodman D. 2000. More reservoirs or transfers? A computable general equilibrium analysis of projected water shortages in the Arkansas River Basin. Journal of Agricultural and Resource Economics, 25(2): 698-713.
Letsoalo A, Blignaut J, De Wet T, et al. 2007. Triple dividends of water consumption charges in South Africa. Water Resources Research, 43: W05412.
Lofgren H, Harris R L, Robinson S, et al. 2002. A standard computable general equilibrium (CGE) model in GAMS. International Food Policy Research Institute.
Peterson D, Dwyer G, Appels D, et al. 2005. Water Trade in the Southern Murray–Darling Basin. Economic Record, 81: S115-S127.
Pyaet G. 1999. Some relationships between T-accounts, inpnt-output tables and social accounting matrices. Economic Systems Research, 11(4): 365-387.
Roe T, Dinar A, Tsur Y, et al. 2005. Feedback links between economy-wide and farm-level policies: with application to irrigation water management in Morocco. Journal of Policy Modeling, 27(8): 905-928.
Rosegrant Hans P, Mark W. 1994. Markets in tradable water rights: potential for efficiency gains in developing country water resource allocation. World Development, 22(11): 1613-1625.
Seung C, Harris T, Englin J E, et al. 2000. Impacts of water reallocation: a combined computable general equilibrium and recreation demand model approach. The Annals of Regional Science, 34(4): 473-487.
Smajgl A, Morris S, Heckbert S, et al. 2009. Water policy impact assessment-combining modelling techniques in the Great Barrier Reef region. Water Policy, 11(2): 191-202.
Tisdell J, Ward J. 2001. An experimental evaluation of water markets in Australia. 8th International Water and Resource Economics Consortium.
Velázquez E, Cardenete M, Hewings G J, et al. 2007. Water Price and Water Reallocation in Andalusia: A Computable General Equilibrium Approach. Working Papers.

第 8 章　水资源管理决策支持系统（DSS）

盖迎春　李　新

随着人们对水文循环过程更深入的理解和对决策结果的更高要求，水资源管理已融入了更多的自然要素，而非单一的水问题。水资源管理也成为集自然系统、经济系统、认知过程及行为过程于一体的复杂的社会行为过程，完成水资源管理决策需要丰富的和更可靠的信息。水资源管理决策支持系统是辅助决策者完成水资源管理过程的重要工具，其目标是根据决策者设置的情景，为决策者提供可靠信息以弥补决策过程中的信息缺失。

决策过程中信息缺失与决策精度高需求之间的矛盾成为制约黑河流域水资源管理发展的主要障碍。通过分析黑河流域水资源管理模式，认识影响流域水管理的主要因素包括：①多层权利控制下的供水管理长期占据主导地位；②信息收集、传输和存储方式低效率；③在决策中缺乏科学信息的支持。我们提出了黑河流域水资源管理决策支持系统的建设目标、框架及其功能，并研建了该决策支持系统。系统中集成 CCSR/NIES 模型、SWAT 模型、人口需水模型、工业需水模型和土地利用变化模型。CCSR/NIES 模型模拟未来气候情景，为了改进模拟精度，根据气象站资料，使用了降尺度方法来计算未来的温度和降水。其次，集成的 SWAT 模型用于径流模拟和预测。人口需水模型中，根据设置不同人口增长模式预测未来人口增长量，结合经济发展（人均收入、水价）对生活需水的影响，建立未来人口需水过程。利用工业需水模型，根据未来不同工业发展规模，设置相应情景，建立未来工业需水过程。根据土地利用变化模型，分析不同种植结构变化情景下，对农业需水过程和生态需水过程的影响。因此，该决策支持系统能够为决策者提供更可靠的科学数据，以辅助其做出合理的决策。

该决策支持系统面向黑河流域水务、水资源管理部门，有针对性地辅助流域水务、水资源管理，如不同用水部门（行政上）间的水资源配置、不同用水单元（空间上）间的水资源配置、不同渠系间（时间和空间上）的水资源配置，以及不同气候情景下的水资源配置。

8.1　黑河流域水资源管理

8.1.1　黑河流域水资源管理现状

黑河流域自古以来无论是经济发展还是战时所需，皆以农业和畜牧业为主，由于其特殊的地理位置，常常受到中央政府的高度重视。因此，黑河流域水资源开发利用与管理不仅与其自然环境的演变有关，而且与流域不同历史时期国家需求和农业发展密不可分（钟方雷等，2011）。水资源管理方式从三皇五帝时的疏导管理（牧业为主）逐渐发展到水利工程管理（西汉-明，以农业和畜牧业为主）和水量分配管理（明清，以农业为主），到目前的多个管理部门参与及多层次管理方式。

黑河流域水资源管理问题不仅仅是农业水量的分配问题，而是涉及区域间的水资源分配，如中游与下游的水分配，区域内各用水部门间的水分配问题，如生态、生产和生活用水，同一水管部门不同层次间的水分配问题，如县区间的水分配、灌区间的水分配和田间水分配。水资源管理问题比以前变得更加复杂，水资源管理不仅仅局限在地表水水量分配，而是地表水与地下水的统一管理，水资源在不同部门间的协调管理。这种复杂性主要体现在：①水资源管理部门众多（多龙治水），即使在同一部门中，水资源管理权限也分为多级，即农民用水协会—灌区—县区—市局；②生产、生态与生活用水的矛盾突出；③地表水与地下水频繁转换；④水-生态-经济系统间的相互制约。

然而，在黑河流域，以供水管理为主的水资源管理模式一直占着主导地位，这种管理模式虽然为流域带来了巨大的经济效益和环境效益，但同时也带来了不可预料的社会问题和生态环境问题（杨小泊等，2007），并遗留下许多无法解决的水资源问题和环境问题（龚家栋等，2002）。这种“硬路径”方法（Peter，2003）改变了自然水循环中水的时空分布，高衬砌率使地表水的下渗率只有 5%～25%，严重阻碍了地表水与地下水之间的转换。大型水利工程的修建对流域气候也可能产生一定的反馈作用，库区水面面积扩大，使局部地区空气的湿度增加，气温的日较差、年较差缩小。这种反馈作用与气候变化和变异的耦合将可能加大极端水文气候事件发生的频次和强度，引起流域降水和径流的变化，加剧干旱发生的频率、范围和程度，增加暴雨强度和暴雨次数，甚至引发地质灾害，严重影响了流域自然水文循环过程、水资源的时空分布，以及自然生态系统的演变过程。《联合国水资源开发报告》通过17 个典型案例研究表明造成缺水问题“98%是人为原因，2%是自然原因”，人类活动是引起水资源问题的根本原因。

8.1.2　水资源管理影响因素分析

明晰水资源管理的影响因素是建立水资源管理决策支持系统的必要条件。影响水资源管理的因素可分为两大类，即自然因素和人文因素。自然因素是影响水资源管理的外因，它不以人的意志为转移地改变着水资源管理的方式。由于温度的升高，使黑河流域冰川退缩，冻土融化，造成春季融雪水对径流的贡献越来越少，而冬季径流增加。水资源在时空上的剧烈变化促使管理者为追求更大的经济利益而修建更多的水利工程设施，如渠道、水库、水电站。

人文因素对水资源管理的影响是水资源管理的内因，带有很大主观性。以农业经济为主的黑河流域中游从三皇五帝时代的大禹治理若水以来水资源的管理方式的演变都与灌溉农业的发展密切相关（钟方雷等，2011），水资源管理方式由军事化管理逐渐转化为集成管理，水资源管理的相关问题也由最初的土地管理（西汉—西夏）转化为地表水管理（明朝—20 世纪末），直到目前的地表水和地下水综合管理，而影响水资源管理转变的核心因素是水管行政机构、土地利用和水利工程建设及水政策。

1. 水管理的多层行政机构

多层的水资源管理机构并存是黑河流域水资源管理的主要特征之一。张掖市水务局是甘肃省水利厅直管的区域最高水管理机构，管理全市不同用水单元的水分配，包括不同用水口径和不同用水部门之间的水分配。其下属直管的 6 个水管理机构（水管局）分别设置在 6 个县区（高台、临泽、甘州、民乐、山丹、肃南），而每个县区在不同灌区又下设多个水管机构（水管所），每个灌区水管所又包含多个管理站，每个管理站又包括多个用水户协会。水管理权力由上到下（市局—县区—灌区—管理站—农民用水户协会）逐级分配，形成多层次的水资源管理结构。不同层次的水管理部门处理不同的水资源管理问题，如灌区水资源管理部门处理田间水分配问题，县区水管理部门处理灌区之间的水分配问题，市局水管理部门处理县区之间的水分配问题。

2. 土地利用

在这里土地利用包括耕地面积的变化和种植结构的变化。影响耕地面积变化的因素很多，如人口的增加、河流径流量的增加、军事需求、经济需求等。人口增长是耕地面积扩大的主要原因。从新中国成立后，人口的迅速增长及经济的快速发展，使张掖市的耕地面积迅速扩大。到 2010 年，张掖市仅甘临高三县区净耕地面积已达到 269.97 万亩（1≈666.7m^2）（水利部黄河水利委员会黑河管理局，2012）。近十几年来，黑河连续丰水年，尽管中下游之间调水条约已实施，由于中游地区引水口门属于无坝引水，来多引多的局面尚无改变，使区间耗水量仍呈增加趋势。由于作物物候的影响，不同作物时空需水差异很大。2000 年后，张掖市种植结构发生了较大调整，将以小麦为主的粮食作物调整为种植玉米为主的经济作物，改变了该区域作物需水的时空分布，水资源在时间和空间分配上发生了很大变化。

3. 水利工程建设

水利工程建设的目标随着经济发展逐渐转变，从最初的只考虑水资源的空间分配转变到目前的高效用水和水资源的时空最优分配。黑河流域中游已具备了以库、塘、分水枢纽和渠系为主的灌溉供水网络体系。截止到 2010 年年底，张掖市水库共 48 座、塘坝 33 座，总库容量 $2.14\times10^8m^3$，其中山区水库 25 座，平原水库 23 座。张掖市干渠总长度 2083.58km，高标准衬砌 1302.24km；支渠总长度 2376km，高标准衬砌 1441km；斗渠总长度 5685.48km，高标准衬砌 2146.10km。这种人工水文结构改变了河流径流路径，使河水在人工引导下在时空被逐级重新分配，改变了自然水文循环过程。多级灌溉供水网络增加了水资源的管理的复杂性（盖迎春等，2014）。

4. 水政策

水政策是主导黑河流域宏观水资源分配的主要依据，为抑制下游生态环境恶化，平衡经济与下游生态系统间用水冲突问题，1992 年国家计划委员会批复了《黑河干流分水方案》，国务院于 1997 年批准《黑河干流水量分配方案》。该方案经过 3 年调整，最终尘埃落定，即当莺落峡来水量为 $15.8\times10^8m^3$ 时，向下游下泄水量 $9.5\times10^8m^3$。此外，2008 年张掖市人民政府批准了《黑河中游县际断面控制指标实施方案》，该方案以《水法》、

《黑河流域近期治理规划》、《张掖市节水型社会建设试点方案》和《黑河分水方案》等为基础，确定了三县区县际断面流量控制指标（高台县在西总干渠多年平均配置水量$1000\times10^8m^3$，指标含在该县地表水总引水量中）(2008 年)。甘临高三县区取水口径的水资源配置方案，能够有效地辅助地方水行政部门进行水资源的管理。

8.1.3 水资源管理辅助决策的理论依据

到目前为止，水资源管理决策依然采用传统的规范决策理论，即以效用和概率作为决策方案选择的依据，尽管 Ramsey（1926，1931）提出的主观概率能够反映出决策者在决策过程中的心理变化，但这种心理反应仅仅停留在狭隘的表面现象上。而在实际的水资源管理决策中，影响到决策的因素主要取决于决策者掌握的信息量的多少、已有经验的丰富程度、处理问题的手段和对外界信息的信赖程度。经验通过积累获取，在决策过程中，受外界环境影响较小，而掌握的信息量和处理问题的手段则受到外界环境影响很大，主要取决于决策者对外来信息的信赖程度，因此，在决策过程中外来信息的信任度便成为影响决策过程的重要因素。

在水资源管理决策中，外来信息由科学知识、模型结果和收集的数据组成。科学知识可以认为是经过验证的一组描述某一过程的结论，能够直接作为辅助信息提供给决策者，供其参考。模型结果来源于物理过程模拟的中间状态，能够为决策者提供水资源管理中关键变量的模拟信息，如径流量、蒸散量、需水量、配水时间、配水量等。决策者利用这些关键变量的模拟信息，结合自身在水管理过程中积累的经验，对决策方案作出选择。收集的信息通常包括的范围很广，数据量很大，需要花费很大的人力和物力获取。在传统的水管理决策中，科学知识、模型结果和收集的数据相互分离，决策者很难从复杂的数据结构中获取到有用的信息。决策支持系统能够将外来信息结合起来，为决策者提供较可靠的决策信息。

然而，在所有的水资源管理决策支持系统中，提供给决策者的科学知识和模型提供的模拟信息都没有给出可信度评价，通常情况认为，其可行度为 1，即事件发生是必然的。这也成为阻碍水资源管理决策支持发展的主要原因。科学家提供的科学知识和模型应该给出其可信度，能够让决策者利用该信息作出更准确的选择。

8.1.4 建立黑河流域水资源管理决策支持系统的必要性

受到气候变化和人类活动的影响，有限的水资源必须满足经济发展、人口增长及生态环境所需，使水资源管理问题变得更加复杂。这个问题不仅涉及来自自然过程的影响，如气候变暖、降水时空异质性变化、温度时空变化，以及自然水循环过程的变化，而且还要考虑人口增长、土地利用/覆盖、城市化过程、生态环境问题、经济发展、决策部门之间，以及区域之间的水管理问题。自然过程和人类活动的不确定性和复杂性大大增加了水资源管理的风险。目前，黑河流域水资源管理主要依靠决策者自身的经验和掌握的知识，决策过程涉及的核心水文变量，如河流径流量、蒸散量、渠道流量、作物需水量等，都是通过简单的统计方法获取。对于蒸散量、作物需水量等水文变量仍然没有好的获取或计算途径，依然采用灌溉定额的方式主导者灌溉水分配。然而，从流域集成管理的角度，流域上中下游之间的宏观水资源分配，需要更加细致地分析和计算不同区域需水状况和水生产力，这需要对生态-水文-社会经济过程进行较精确地模拟。

因此，没有科学模型和知识的支持，仅仅依靠决策者掌握的知识和经验，很难在复杂决策环境中做出科学的决策。因此，很有必要结合已有的科学模型和知识、丰富的数据资源和友好的DSS（decision support system）系统来辅助决策者执行水资源管理决策任务。

8.2 水资源管理决策支持系统的发展

8.2.1 决策支持系统发展

DSS的概念最初由美国哈佛大学的Michael Scott Morton在其博士论文中提出，其目的是解决非结构化和半结构化复杂问题，以提高决策效用为主要目的，以模型驱动方式为主要特征。DSS的核心是模型和数据，系统结构以三部件结构（Sprague，1980）和三系统结构（Bonczek et al.，1980）为基础，系统的重点在定量模型应用、数据处理分析和为群决策提供支持（Power，2007）。Inmon（1991）利用关系型数据库构建了决策支持系统，并将数据仓库（data warehouse，DW）引入决策支持系统中，推动了数据驱动的决策支持系统的发展。为了提高知识推理在决策支持系统中的作用，Bonczek等（1981）将人工智能与DSS结合，提出了智能决策支持系统的概念和框架，使决策支持系统既能处理定量问题，也可以解决定性问题。Crossland等（1995）提出空间决策支持系统的概念之后，极大地推动了DSS在地学领域的应用。随着决策环境中数据维数的增加，传统的基于三部件结构、三系统结构及智能系统结构的DSS框架已无法处理多维海量数据，Codd等（1993）提出了联机分析处理（on-line analytical processing，OLAP）的概念，进一步促进了数据仓库技术在决策领域的应用。OLAP技术能够支持复杂的分析，侧重决策分析，并且能够提供直观的结果，逐渐成为决策支持领域的研究焦点。为了充分利用已有数据的价值，出现了集成数据仓库技术、联机分析处理技术、数据挖掘和数据可视化技术的综合分析决策技术，商业智能（business intelligence，BI）技术（Negash，2004），该技术能够将普通数据转换成知识、分析和结果。

尽管有OLAP和BI等新兴技术的出现，但DSS的发展和应用并没有止步。DSS灵活的框架结构能够集成各类新技术，如人工智能、数据仓库、地理信息系统、遥感、情景分析和集成建模环境，使其应用领域十分广泛。而OLAP和BI技术主要处理复杂的商业系统，很少用在自然系统或自然系统与商业系统综合的系统中。因而，DSS与OLAP和BI的发展与应用各有千秋。水资源管理问题十分复杂，具有高度非结构化，且数据缺乏一致性和完整性，想找到一个最优问题解决方案来解决这类复杂问题比较困难，因此，利用DSS，集成模型和数据来解决这个问题是一种有效的方法。DSS在水资源管理中的应用起源于1980年，用于优化作物的种植结构（Kumar and Khepar，1980）。

8.2.2 水资源管理决策支持系统发展

水资源管理决策支持系统（WMDSS）是针对区域或流域水资源管理面临的实际问题，以水文模型、水资源管理模型及多源观测数据为基础，利用多种优化模型，来解决复杂的水资源管理决策问题而开发的DSS系统。处理好WMDSS局限性（Silver，1990）

中的灵活性和可操作性及实用性之间的关系是该系统的应用范围和解决问题的能力增强的关键，也是一个成功的 WMDSS 必须具备的条件。

WMDSS 的发展主要受到两方面因素的推动（盖迎春和李新，2012）：一方面是人们对水资源管理中涉及的水文、生态等系统的物理过程有了更深入的认识，同时由于水资源管理缺乏科学的指导，造成水质污染、生态环境退化、荒漠化过程加剧等一系列问题的激化，严重影响了人们正常的生活和生产，使水资源问题也变得越来越复杂，一般的决策者或管理者无法通过自身的知识做出科学的决策和管理。另一方面是由于 DSS 技术与 GIS（Cooke，1992；Crossland，1992）、遥感（Schultz，1986；Joseph，1997；Koutsoyiannis，2003）、专家系统、数据挖掘、数据仓库等高新技术的结合，使其解决非结构化和半结构化复杂问题的能力逐渐增强。这两种推动力使 WMDSS 从解决特定水资源问题（Barnwell and Krenkel，1982；Fedra，1983；Andreu et al.，1996）逐步走向能够解决复杂多变的水资源问题（Pallottino et al.，2005；Mysiak et al.，2005），并且能够对未来水资源管理中存在的潜在问题进行分析（Cocca，2001；Argent et al.，2009）。

在 WMDSS 框架设计和开发过程中，其关注的核心因素是问题综合与结构化、模型和数据，这也是构建一个成功的 WMDSS 必须具备的条件。问题综合与结构化是 WMDSS 的基础，由决策人员、科研人员与开发人员共同完成。其中，主要强调如何发现和处理水资源问题，并且能够转化成定量的表达方法。近些年来，公众参与的 WMDSS 是一个研究的热点，公众可以是农民、基层管理人员等，它充分发挥了实践人员在 WMDSS 中的作用，使 WMDSS 更能够准确地解决实际中面临的水资源管理问题。

模型和模型集成是 WMDSS 最核心问题之一，它能够通过物理的方法模拟决策者面临的水资源问题中涉及的水文、生态和经济等物理过程，是为决策管理者提供决策依据的理论基础。模型中使用的许多物理参数具有很强的地域特征，没有一个普适的模型在不加修正的情况下能够应用于所有区域。因此，针对比较的单一问题时（Poch et al.，2004），可以选择特定模型进行修正，然后集成到 WMDSS 中，如污染物运行模型（Heidtke et al.，1986；Arnold and Orlob，1989）、分布式水文模型、地下水模型、水资源配置模型（Newell et al.，1990）等。当遇到复杂的水资源管理（考虑水-生态-经济复合系统）问题，则需要集成多个模型表达，这时必须通过模型管理和模型集成环境来实现，从而使 WMDSS 系统更加趋于完善，功能也更加强大（Escudero，2000；Bazzani，2005；Giordano et al.，2007）。因此，在模型使用方面经历了从模型的静态集成到动态集成的过程。

黑河流域水资源管理信息系统建设也取得了很大进展。黑河流域水资源管理信息系统（李新等，2000）是最早为黑河流域水资源合理利用与经济社会和生态环境协调发展研究提供了一个基础数据管理平台，同时为流域水资源决策支持和模型集成建立了一个早期原型。黑河流域水资源调配管理系统为制定黑河流域水资源合理利用和生态环境保护措施提供了强大的空间基础数据，以及有力的科学依据和技术支持（赵红莉等，2004）。该系统以二元水循环模式和流域水资源合理调配理论为指导，以水-生态结构演变为机理，建立了黑河流域水资源调配模型库，更进一步推动了黑河流域模型集成及水资源可持续利用决策支持系统的建立。黑河流域决策支持系统的建立为黑河流域水资源管理科学化、信息化，以及水资源的可持续开发利用在计算机辅助管理决策上打开了一个新局面，它分为两类水资源管理决策支持系统，一类主要是面向流域水文、生态过程研究（南卓铜等，2006），它以科学模型、空间数据库、知识库作为系统核心，通过制定不同的“情景”，利用模型集成环境中已有的模型元素将水资源管理问题定量表达，来达到辅助决策部门解决复杂的水资源管理问题的目的（南卓铜等，2011），该系统面向的用户是科研人员。另一类是以实际应用为主，充分考虑了黑河流域甘临高地区水资源管理面临的突出问题，通过集成水文模型、水资源管理模型、灌溉管理模型，以及水务数据、水文气象数据、种植结构数据等，来解决黑河流域甘临高地区实际的水资源管理问题（Ge et al.，2013；盖迎春和李新，2011），该系统面向的用户是黑河流域甘临高地区水资源管理决策者和管理者，系统已被安装部署在该地区进行试运行。

8.3 黑河流域水资源管理决策支持系统的实现

8.3.1 总体研究思路

黑河流域水资源管理决策支持系统的用户面向水务、水资源管理部门，有针对性地解决黑河流域水务、水资源管理相关问题。因此，黑河流域水资源管理决策支持系统研究既包括与软件工程相关的系统开发与应用，又包括建模过程，所以研究思路主要采用野外调查与问题综合、以及数据收集分析处理、模型发展、系统研发及应用，如图 8-1 所示。

首先，组织科研人员、系统开发人员、流域中游灌溉管理者、水资源管理决策人员和普通用户，针对流域中游面临的实际水资源管理问题（数据管理问题、水务管理问题、灌溉管理问题）和用户需求（计算机技能、GIS 技能、DSS 经验、数据完整性、模型应用），开展一系列的调查、会议和研讨，明确亟待解决的水资源管理问题，分析问题存在的原因，将问题进行综合与结构化；同时搜集流域水务数据、遥感数据、水文数据和社会经济数据，并建立空间数据库和属性数据库，以及它们之间的关联关系。

其次，选择合适的作物需水模型，如 FAO 的作物需水评价模型和统计模型，以 GIS 技术为基础，结合影响流域中游水资源管理的关键因素，包括行政机构层次设置、种植结构、水利工程条件、水政策等，建立多层水资源分配模型和农业灌溉需水模型，利用黑河遥感综合试验（Li et al.，2009；李新等，2008）中的地面观测数据验证模型。采用组件方式，利用 C#语言将模型封装为不同的类，定义模型交互接口，并将模型组件集成到 DSS 框架下。

再次，利用软件工程技术和统一建模语言（unified model language，UML）方法，结合组件式开发技术、可视化技术、Internet 技术和 GIS 技术，实现 HD 的设计，建立各组件之间交互接口；利用 Microsoft.Net 环境下 C#2008 计算机语言编写代码实现系统开发。

最后，将系统部署在黑河流域中游试运行，根据用户的反馈意见对系统进行修改和完善，并最终将该系统作为黑河流域中游水资源管理的业务系统，应用于该区域作物需水评价和水资源配置中。

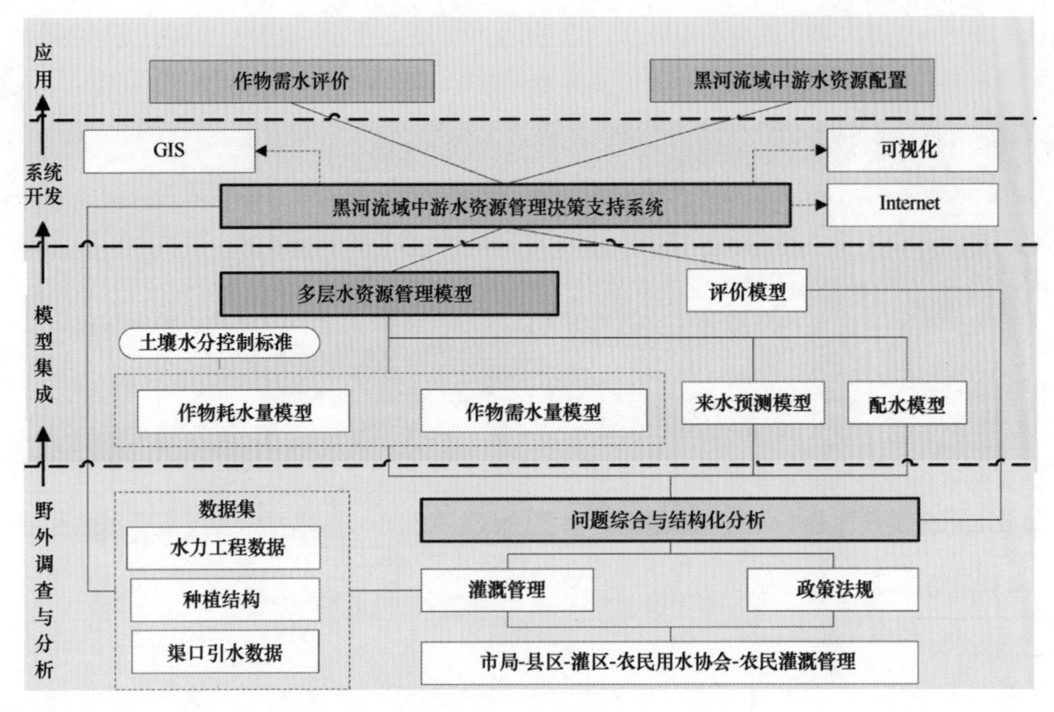

图 8-1　研究思路

8.3.2　模型的建立

模型的建立依赖于水资源管理影响因素和建模方法。建模过程中充分考虑了河流来水（径流量）、作物耗水（种植结构、水利工程）、气候、水政策，以及多层水管理部门之间行政职能对水资源管理的影响，它能够对不同径流量、种植结构、水利工程建设和水政策情景做出快速的响应。而多层水管理部门之间协调取决于多层水管部门之间的管理结构，这种结构不仅存在职能权利的归属问题，重要的是它影响到水资源在空间和时间上的分配方式，即使决策变量都相同。

因此，在黑河流域水资源管理决策支持系统（Heihe river basin water resources management deicision support system，HD）中建立的模型包括情景分析模型、河流径流预测模型、作物需水模型、不同渠口水分配模型、不同层次水分配模型、干旱预报模型、数据质量控制模型和塘库预警模型，模型的总体框架如图 8-2 所示。情景分析模型主要基于 CCSR/NIES（Center for Climate Research Studies and National Institute for Environmental Studies）模型、SWAT 模型、人口增长模型、土地利用变化模型和工业增长模型建立。

HD 中以 IPCC 报告（Parry et al.，2007）中的 A2 温室气体排放情景为基础，利用 CCSR/NIES 模型模拟未来气候情景，模拟的时间区间为 2010～2030 年，为了改进模拟精度，根据气象站资料，使用了降尺度方法来计算未来的温度和降水。SWAT 模型用于径流模拟和预测，使用黑河出山径流（莺落峡水文站）对 SWAT 模型参数进行校准。人口需水模型中，根据设置不同人口增长模式预测未来人口增长量，结合经济发展（人均收入、水价）对生活需水的影响，建立未来人口需水过程。利用工业需水模型，根据未来不同工业发展规模，设置相应情景，建立未来工业需水过程。根据土地利用变化模型，分析不同种植结构变化情景下，对农业需水过程和生态需水过程的影响。

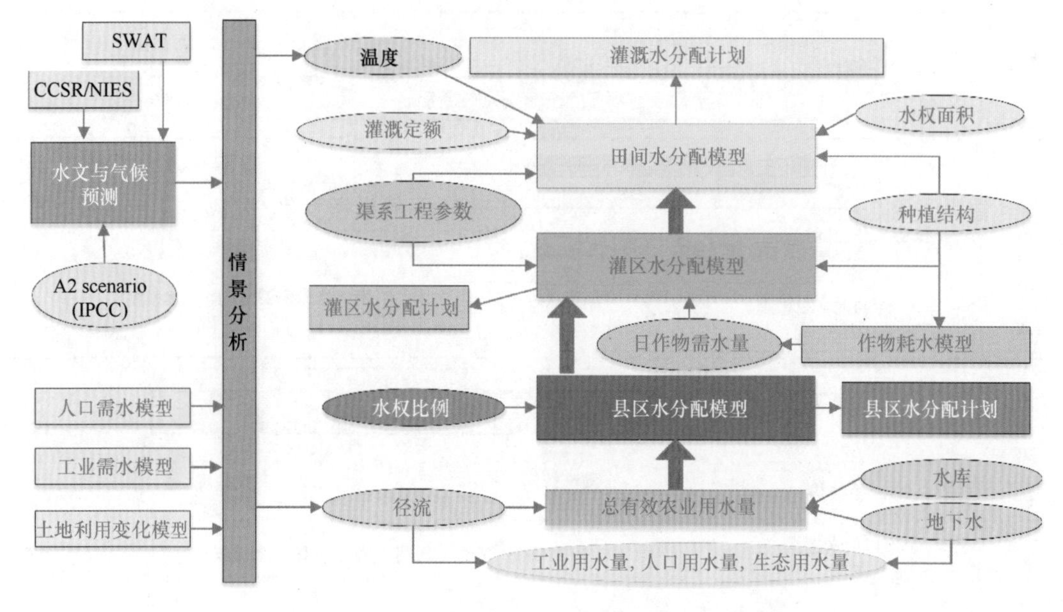

图 8-2　基于情景分析的多层水资源管理模型框架

情景分析可以给出由不同水文气候情景、人口增长情景、工业发展情景、土地利用变化情景和水政策情景建立的组合情景下的未来温度变化过程、径流过程、生活需水过程、工业需水过程、生态需水过程和农业需水过程。根据不同时段总有效供水量，即径流、地下水和水库蓄水量，可计算出农业总有效可供水量。以作物种植结构、水权面积、渠系工程参数、水权比例、灌溉定额等参数为基础，利用作物耗水模型、田间水分配模型、灌区水分配模型和县区水分配模型可以得到县区、灌区、田间不同层次上的水分配方案。

8.3.3　模型验证

在 HD 中集成的模型都经过验证，使用的数据为 WATER 和 HiWATER 试验提供的气象数据和水务局提供的径流量数据。

在作物耗水模型中，Hargreaves 模型计算的 2008 年制种玉米总耗水量（生长期）为 798.39mm，观测到的实际蒸散量（作物生长期）为 670.30mm，其相对误差为 19.1%，模拟效果较好；计算的作物日耗水量与实际观测的日蒸散量过程线在作物生长的初期和中期吻合很好，但在作物生长后期吻合的不是很好。主要原因是由于作物系数的影响，在该研究中，作物系数参考了 FAO 56 中提供的 83 种作物的系数，将制种玉米的生长期分为三个阶段，并分别赋予不同的作物系数，这与盈科制种玉米的作物系数可能会有差别，因此影响到模拟结果。

在不同渠口水分配模型中，验证区选择在黑河流域中游张掖市大满灌区五星四社，时间为 2012 年 6 月 6 日、2012 年 7 月 2 日和 2012 年 7 月 28 日，即夏灌二轮，时间段为 2012 年 6 月 6 日～2012 年 7 月 1 日；夏灌三轮，时间段为 2012 年 7 月 2 日～2012

年 7 月 27 日；秋灌一轮时，时间段为 2012 年 7 月 28 日～2012 年 8 月 24 日。模型计算的田块（HiWATER 试验超级站位置）作物耗水量与实际观测进入该田块的水量在夏灌二轮时差距较大，在夏灌三轮和秋灌一轮时差距逐渐减小。原因是进入田块的水量受到莺落峡来水量的限制，在夏灌二轮和夏灌三轮时，莺落峡来水量不稳定，且不能满足作物需水，因此模型计算结果偏大，当到秋灌一轮时，莺落峡径流量增大，所以模型模拟结果与实测（实际引水）十分接近。

在河流径流预测模型中，利用黑河流域民乐县洪水河灌区的洪水河 1957～2006 年旬流量数据来验证基于时间序列的均生函数法径流预报模型的有效性。以洪水河 1957～2005 年旬平均流量作为回归方程演算数据，预测 2006 年 1 月上旬的平均流量。通过模型迭代，得到 2006 年 1 月上旬预测值 y（1801）=0.181m^3/s，而 2006 年 1 月上旬观测值为 0.22 m^3/s，相对误差为 17.7%，预测的精度较高。

在作物需水模型中，通过黑河干流沿河 17 个灌区 2008 年实际用水量与 CWC 模型计算的农业需水的比较，分析农业需水核算与实际灌区水分配之间的关系，验证系统提供的农业需水在实际水分配中的可行性及对实际灌区水分配的指导意义。模型计算的 2008 年 17 个灌区作物总需水量为 8.74×10^9m^3，而 17 个灌区 2008 年实际用水总量为 10.06×10^9m^3。实际用水量比模型结果偏大的原因是：①作物种植结构统计的不完全；②模型计算过程中没有考虑由于农民节水意识不高带来的超额灌溉、引水口门年久失修带来的跑漏损失等无效灌溉量，但该模型可以作为水分配依据来指导决策者制订不同层次的水分配计划。

从模型验证结果分析，HD 中集成的模型的精度能够满足流域水资源管理的需求。

8.3.4 水资源管理决策支持系统总体框架

HD 框架采用了三库结构，即数据库、知识库和模型库，系统总体框架也围绕三库结构设计。数据库用于管理、存储空间数据与属性数据，知识库管理和存储科学知识和决策者经验信息，模型库管理模型。此外，HD 针对黑河流域实际的水资源管理问题被设计，其系统总体框架包括四部分：决策过程、水资源管理平台、数据平台和生产实践，如图 8-3 所示。

决策过程的目的是通过分析实际水资源决策的外部环境与内部环境明晰水资源管理问题，以便形成决策方案；并明确决策过程中涉及的关键状态变量，分析利用模型模拟或科学知识估计关键状态变量的可行性，这些变量将会影响到决策者对水资源管理方案的选择。水资源管理问题被确定之后，通过问题结构化方法将水资源管理问题转化成为能够用数学公式直接表达的问题。该方法是一种降维技术，即将一个多变量、多维的系统分解为多个具有较少变量和低维的子系统；然后，对子系统进行建模，定义各子系统的输入和输出；最后，将各子系统集成。

水资源管理决策平台作用是通过一个友好的人机交互系统完成用户的各项请求，并以图表和报表的形式将结果展现给用户。数据管理平台包括决策支持系统框架，首先将水资源管理问题转化为能够用数学表达的模型，并封装成不用的类，集成到 DSS 框架中；将决策者以往解决水资源管理问题的经验形成知识，集成到 WRMDSS 中；建立数据管理、系统管理模型涉及的所有数据，并将其集成到 WRMDSS 中。WRMDSS 依赖于 GIS 技术、DSS 技术和 Internet 技术，形成水资源管理决策平台，该平台能够支持不同角色用户完成决策任务。

数据平台目标是管理 DSS 中涉及的所有数据，包括水务、水文、气象、水资源、水利工程、生态环境、社会经济、土地利用等。数据管理分为两类：属性数据管理和空间数据管理，分别使用关系型数据库和空间数据库访问引擎来实现。给出各数据的数据结构，建立数据库，并通过主键建立属性数据与空间数据之间的关联关系。

生产实践是辅助决策过程。决策者提出各类与水相关的问题以及其水资源管理经验，结合当地的水政策和水法，经过讨论后形成具有操作性的水资源管理问题。模型的输出以可视化形式展示给用户（决策者），辅助他们对水资源管理、灌溉管理和水务管理问题进行决策。所有模型来自于生产实践，应用于生产实践，作用是为决策者提供更多的可靠信息，降低决策环境的不确定性，支持决策，而非代替决策者进行决策。它具有对决策过程中各环节提供不同层次支持的能力，如能够模拟不同时期作物耗水量理论核算值、不同时间不同渠口需水量估算值，以及不同层次决策者的面临的水分配问题。在决策过程中，水资源管理决策者可以依靠自己的经验，也可以利用系统计算、统计自己所需的各类数据，并将这些数据引入到水资源管理的决策过程中。这些数据会提高决策者做出正确选择所需证据的可信度，从而改变决策者单凭经验的常规解决方案。

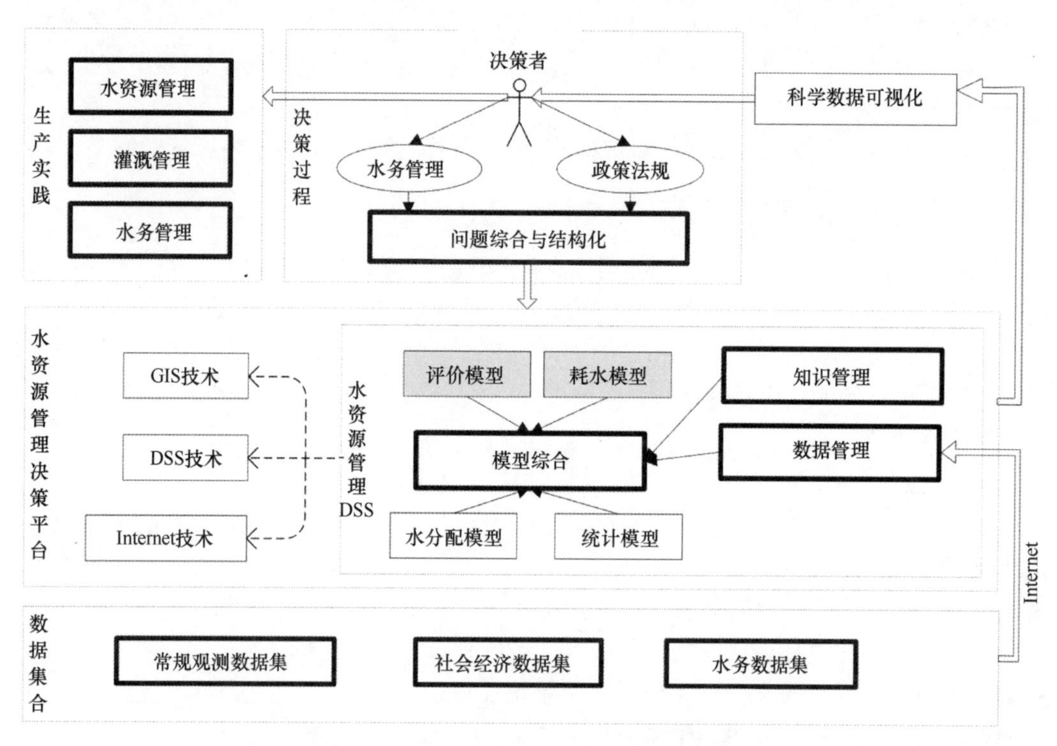

图 8-3　水资源管理决策支持系统总体框架

HD 在实现上采用了 C/S（Client/Server）结构和 B/S（Browser/Server）结构的耦合结构，如图 8- 4 所示。C/S 结构在垂直方向上可分为 5 层，即人机交互层、数据预处理层、业务逻辑层、数据后处理层和数据存储层。采用多层逻辑结构能够降低问题的复杂性、将复杂的问题分解为简单问题、子问题，并分别分配到各层中，利用数学方法对子问题建模，逻辑结构中每层都相互独立，并通过接口与其他各层保持通信来实现各模型之间的交互。同时，该结构能够保持系统的完整性，并增强系统开发的灵活性。当某层中包含的模型或参数被修改时，若该层与其他层之间的通信服务和接口没有发生变化，则其他各层将不会受到影响。甚至，当某几层之间的通信接口重建后，也不会影响到其他层的内部关系。因此，系统开发人员可以随时根据用户的需求来调整或修改某层的模型或参数，而不会破坏系统的完整性。B/S 结构主要是为用户提供数据管理，在垂直方向上分为 3 层，即用户交互层、业务逻辑层和数据存储层。基于 C/S 架构的 5 层结构描述如下：

（1）用户交互层建立了用户与计算机之间的交互过程，用于接收来自终端用户的请求，并将处理后的结果显示给用户。该层包括 GIS 模块、输入模块和输出模块。GIS 模块用于完成对空间数据的人机交互，包括空间数据的放大、缩小、平移、显示和查询；输入模块接收用户请求，并将请求送入其他层进行处理；输出模块负责将系统的输出可视化，包括模型结果可视化；统计分析可视化等，可视化的方式包括文本、报表、2 维图表等。

（2）第二层用于处理用户请求，并将处理结果通过接口或服务分发给中间层或数据存储层。另外，该层提供了许多空间数据和非空间数据访问接口，实现空间数据的空间分析、图层管理等功能，非空间数据的数据库访问功能。

（3）中间层功能是各类事务处理器和模型运行环境。处理的事务包括多层权限控制机制、数据共享机制和多层数据审核机制。系统中使用的模型被定义在一个模型库中，并由模型管理系统管理。

（4）后处理层目标是将模型的输出和用户的请求结果进行可视化的过程，包括文本创建、绘制 2 维图表（曲线图、柱状图）、属性数据空间化及报表生成。

（5）数据存储层实现属性数据的存储，存储介质包括数据和文件。它能迅速执行大量数据的更新和检索，主要以关系数据库为主。

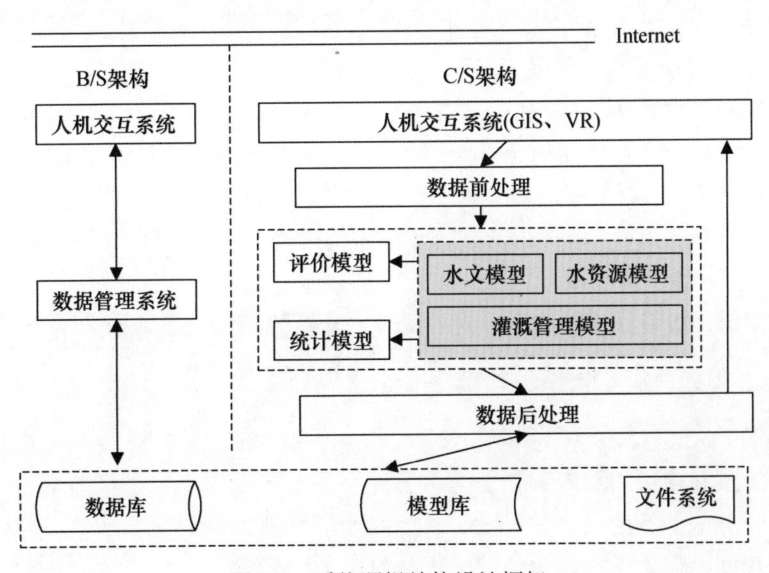

图 8-4　系统逻辑结构设计框架

8.3.5 水资源管理决策支持系统的开发原则

从系统设计的灵活性、可扩展性和稳定性，系统操作的友好性、简单性和可操作性方面设计了该系统开发原则，其开发原则如下：

（1）模型管理系统和数据管理系统都采用组件式设计原则，所有模型都定义为类，相关模型同属于一个基类。在类中定义模型的接口、属性、功能、输入和输出。模型之间通过接口或属性相互访问。数据管理系统中的各类事务处理过程也都定义为类，包括数据的多层用户审核过程、数据访问过程及数据可视化过程。

（2）系统采用基于 Internet 的分布式设计结构。这种结构能够满足多层用户协同工作的需求，并且解决了分布式数据共享问题。系统可以根据用户类型的不同，即多层用户类型，自动部署定制不同功能的用户界面层和业务层。数据存储层将被部署在一固定服务器上。

（3）采用系统多层体系结构。多层体系结构有利于系统的改进、扩展和完善。当其中一层结构中的功能发生变化时，只要接口不发生变化，将不影响其他层。

（4）人机交互系统设计原则。用户原则：根据不同用户类型自动定制相应的用户界面满足用户的要求，用户能够以快捷、容易且不必经过非常复杂而无关的过程来完成一个操作过程。友好界面原则：包括简洁性约束，界面中只提供用户需要的功能和信息，用户使用系统后，其操作可以影响用户的行动映射，从而建立用户操作与结果之间的关系。人性化交互原则：在设计人机交互接口、划分人机分工时，采用最大最小原则，即用户承担的工作量应尽可能最小，系统承担的工作量应最大，并保证每个功能设计必须完成用户提供的功能。

8.3.6 系统组件及接口设计

HD 采用了组件式开发方式（component-based development，CBD），它是一种软件开发泛型。原理是在组件对象模型支持下，通过复用已有构件，系统开发者能够“即插即用”地快速的构建应用系统。该技术不仅能够减小开发成本，提高工作效率，而且能够使创建的系统更加规范和可靠。组件技术以设计组件、继承组件和集成组件为基础，在开发过程中，组件技术各环节都实施透明设计原则和增量设计原则。

根据系统的特点和功能，在 C/S 架构下的 HD 系统设计并构建了 8 个组件，包含：用户界面组件、模型组件集、C#功能组件集、可视化组件、报表组件、GIS 组件、知识管理组件和数据库管理组件；在 B/S 架构下的 IMS 系统设计并构建了 2 个组件，包括：数据管理组件和用户界面组件。组件内部结构和关系通过类和接口实现，利用类定义组件内部结构单元，在类中通过属性和方法实现组件内部各结构单元之间的集成。每个组件定义了严格的访问接口，接口保证了组件行为的统一。其系统组件关系结构如图 8-5 所示。

8.3.7 水资源管理决策支持系统功能

HD 用户面向水资源管理与决策者，其功能涵盖水资源管理涉及的多个过程，如各类数据管理、水利建设、水库预警、需水预测、来水预测、灌溉进度监测、干旱分析及多层次水资源分配计划的制订，因此，HD 的功能主要包括：数据质量控制、时空数据管理、空间数据操作、作物需水空间分布特征、来水预测、不同层次水分配、旱情分布及报表打印等。

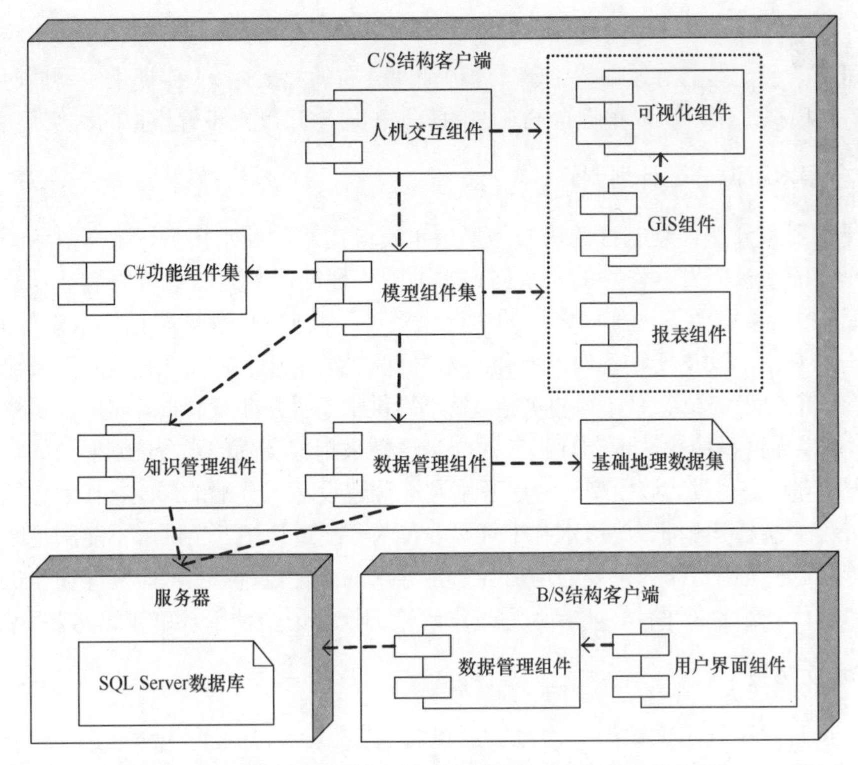

图 8-5 黑河流域水资源管理决策支持系统组件结构框架

1）时空数据管理及操作

时空数据管理包括属性数据管理和空间数据管理。属性数据管理提供了模型所需各类数据管理，包括模型所需参数、驱动数据、水文、社会经济、水利工程、种植结构、水政策数据等，参数集由关系型数据库管理，驱动数据和其他数据集提供了关系型数据库和文件管理两种方式。空间数据包括渠系、河流、水库、机井、水文站、公路、灌区、县区、城镇、土地利用、土壤图等。HD 能够实现空间数据的添加、删除、修改操作，它能够帮助决策者和管理者，以及工程技术人员根据实际的空间信息制订水利工程方案，包括渠系系统规划、蓄水工程选址、农业扩耕面积调查、引水口门工程规划等。

2）情景分析

HD 提供了情景设置，包括人口增长情景、水利工程建设情景、种植结构情景、工业发展情景，通过设置不同情景，形成不同组合情景。分析不同情景组合下，生活、工业、农业和生态需水过程，以及供需水之间的关系。

3）作物需水分析

HD 中充分考虑人类活动（蓄水、输水、引水和种植结构）对水资源管理的影响，建立了两种作物需水模型：①以 FAO 的作物耗水模型为基础，主要包括 Hargreaves 模型、温度水汽压模型和 Blaney-Criddle 模型，结合作物种植结构，以及不同作物不同生育期耗水系数和蓄水、输水及引水工程参数，建立中游作物需水模型，该模型基于人工水循环过程建立；②利用水权面积和作物种植结构，建立作物需水模型，该模型以传统的水资源管理分配方法建立（黑河流域中游主要的水资源分配方式）。利用 GIS 技术模拟中游不同时间段需水过程空间分布，并分析这种空间分布的异质性。HD 提供了不同时空尺度的作物需水模拟，用户可以根据自己掌握的数据的时空尺度来设置模拟的时空尺度。

4）多层水资源分配计划制订

多层水资源分配计划制订的核心是多层水资源需水和配水模型，该模型考虑了不同用水单元间的水权问题、作物的需水问题、不同管理部门之间的行政职能，以及气候条件，解决了多层水资源管理部门之间的协同水资源分配问题。能够根据供水条件的变化，种植结构的变化，以及气候条件的变化对水分配方案的制订做出快速响应，来辅助不同水资源管理部门水资源分配计划的实施过程。当供水条件发生变化时，如供水量增加或减小，用户可以通过系统快速地制订相应的配水计划来指导实际的水分配过程，如新的配水时间和配水量等。另外，该模型还考虑了水利工程建设对水分配的影响，其中包括渠道水利用系数、渠道工程断面、渠道水利半径等。在水分配过程中，当供水不能满足区域需水时，水权和配水比例将作为重要的均衡因子指导水的分配过程。配水比例保证在供水不足时全局中个体分配的公平性，水权则通过水政策调控保证个体用水单元间的公平性。

5）水文预报

基于长时间序列水文数据（河流径流量），利用基于时间序列的均生函数法来模拟河流不同时间尺度的河流径流量。预测的年径流量可以作为一个区域年度（轮廓）水分配的主要依据，而预测的月或旬径流量可以作为区域轮次水分配的主要依据。

6）旱情分析

旱情分析使用了实时天气资料来反映旱情变化，该分析基于干旱指标法，干旱及其变化主要取决于近期将水、土壤底墒（前期降水）和气温三个条件。利用 GIS 技术和差值方法将气象数据插值到不同的空间格网上，或使用由 WRF 模型生产的 5km 空间分辨率逐日温度和降水数据，计算每个格网的干旱指标，指标的大小反映了干旱的程度（相对值），从而得到区域旱情分布图，以此预报不同区域旱情状况。旱情分布图能够提供旱情不同时间旱情的空间分布差异，结合作物的种植结构和期望最大效用，水资源管理者或决策者可以有的放矢地制订水分配计划。

7）预警系统

预警系统分为两类：数据管理预警和库塘蓄水预警。数据管理预警是指每日未提交数据人员的监督预警，当数据管理人员进入预警系统后，系统会将当日数据提交时间线后还尚未提交数据的人员名单及所属单位列出，以便让数据管理人员迅速知道每日各类数据的提交状态，以保证数据的完整性。数据管理人员可以根据预警时间段来检查未提交数据人员，同时还可以修改数据提交的时间线。

库塘蓄水预警指每日的库塘蓄水量及水位与库塘工程设计中的正常蓄水位、正常蓄水量、设计洪水位、校核洪水位、汛期限制水位、死水位、总库容量、调节库容量、死库容量、最高洪水水位、最高蓄水水位、最高蓄水水位时的蓄水量之间的关系。用于监测每日实际蓄水量和蓄水位是否达到了某个临界蓄水量和蓄水位，并给出它们之间的关系曲线图。

8）报表管理

报表作为一种经过归纳、整理和统计的内容信息，是服务、管理和内部控制的重要依据。灌溉管理系统中对配水计划制订和灌溉进度、水库蓄水、河流来水等统计结果都能自动生成报表，报表格式与水务局业务报表格式相同。报表生成过程中所需的数据系统会自动执行查询、统计功能，用户只需输入时间段、查询关键词即可。用户还可以对生成的报表进行保存，需要的时候可以直接调出打印。

9）数据质量控制

数据质量控制由数据审核过程完成，它是数据质量好坏的重要保障。系统接收的数据主要来源于灌区，而灌区的数据通常要经过所属县区和张掖市水务局的同时审核通过后才能够进入正式数据库中。因此，上传的数据首先被保存在一个临时数据表中，并被标识为“待审”数据，市局用户和区县用户进入系统后将能够看到这些数据，待用户将数据审核之后，若两级用户同时审核通过，则数据将被提交到正式数据表中，当数据被任何一方驳回后，数据将会被标识为“未通过”，灌区用户这时便可以看到驳回的数据，并修改数据，该数据的审核状态属性将全部设置为“待审”，即使数据已被另一方审核通过，数据也要重新进行审核。其审核过程如图 8-6 所示。

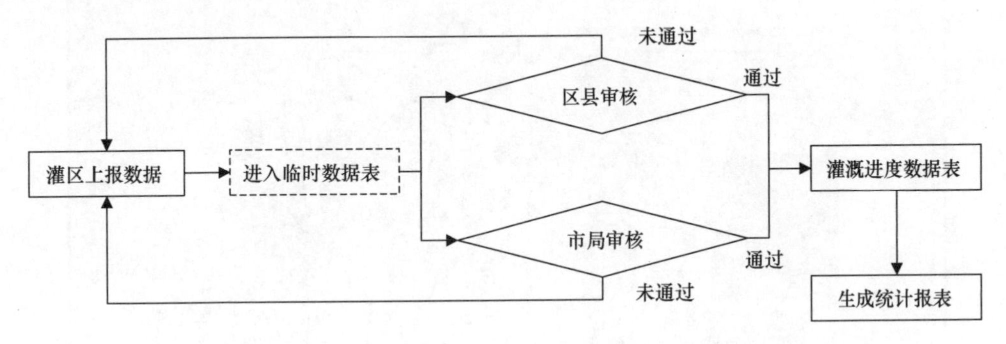

图 8-6　数据审核流程

审核通过之后的数据，县区和灌区都将无权修改，但可以浏览、查询、统计和分析，只有市局有权限对审核之后的数据进行修改，并建议修改之后要在修改意见中追加修改数据的原因，以便为该数据以后的使用提供修改依据。

8.3.8　系统开发

黑河流域水资源管理决策支持系统在 Window XP SP3 操作系统上被开发。采用了 Microsoft Visual Studio 2008 .Net 环境下的 C#语言编写了系统的主体代码，所有的事务和模型都被封装到抽象类中，利用 Microsoft SQLServer 2000 数据库实现了数据结构的设计和数据的存储。通过 ODBC（open database connectoin）建立系统环境与数据库之间的通信，并根据 ODBC 提供的基于 CLI（call level interface）的 API（application programming interface）函数，封装了数据访问接口，实现数据库的管理。通过 MapWindow 开源 GIS 组件实现了对空间数据的显示和管理，利用 C#语言将空间数据所有操作进行封装，从而实现对空间数据的浏览、查询、统计和分析功能。

8.4　水资源管理决策支持系统应用

8.4.1　系统应用背景

为了检验 HD(其界面见图 8-7)在水资源管理和灌溉管理上的性能和应用的可行性，它作为一个标准的决策支持系统工具被安装在黑河流域中游不同层次的水资源管理部门。系统已被部署到黑河流域中游 33 个灌区、6 个县区和 1 个市局水资源管理部门，数据库系统设置在张掖市水务局网络中心。已有来自市局、县区和灌区水资源管理部门的 60 个用户接受了系统培训，能够熟练地操作系统。

系统应用可行性检验主要集中在两个方面：①多层水管机构数据管理，包括数据提交、审核、入库、查询和统计分析；②不同层次水资源配置，利用 HD 分配来自河流、水库和地下水资源到不同层次的用水单元（县区、灌区和田间）。

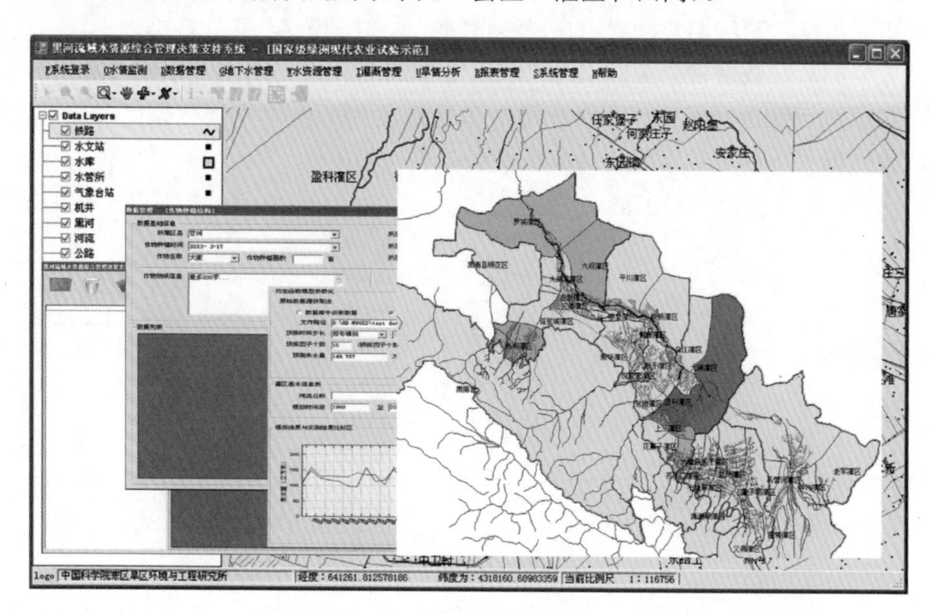

图 8-7　HD 人机交互界面

8.4.2　数据准备

目前，已通过审核的基础数据包括：民乐县洪水河灌区的渠系工程数据、种植结构数据（灌区层次）、洪水河流量数据（1957～2006 年）、莺落峡流量数据（1945～2010 年）；甘州、临泽、高台、山丹、肃南县下属各灌区种植结构数据（2007～2010 年），以灌区为单位统计；甘州、临泽、高台、民乐、山丹和肃南县下属各灌区年引水数据（2000～2010 年）。气象数据包括：由 WRF 模型生产的 5km 空间分辨率逐日温度和降水数据；甘州、临泽、高台、民乐、山丹和肃南常规气象数据、时间尺度日，但时间序列不全；超级站气象数据（2012 年）。另外基础空间数据包括渠系、河流、水库、机井、水文站、公路、灌区、县区、城镇、土地利用、土壤图等。遥感数据包括 19.5m 空间分辨率的

CBERS（China-Brazil earth research satellite）数据，15m 空间分辨率的 ASTER 数据和 GPS 测量数据。

8.4.3 黑河流域田间水资源分配模拟

系统能够产生的田间灌溉水分配方案包括两类：轮廓水分配方案和轮次水分配方案。轮廓水分配方案是针对某区域全年不同轮次的灌溉时间和灌溉水量的水分配计划，轮次水分配方案只针对某一轮水，如夏灌三轮、不同灌溉单元的水分配方案。

1）轮廓灌溉水分配方案

轮廓灌溉水分配计划是不同灌溉时期的年分配计划，用户可以选择利用作物种植结构计算作物不同时段需水量，也可以通过水权面积、灌溉定额和灌溉轮期计算作物不同时段需水量。由于没有洪水河灌区详细种植结构数据，案例中选择了后者作为洪水河灌区轮廓水分配计划制订依据，其计划制订初始化界面如图 8-8 所示。

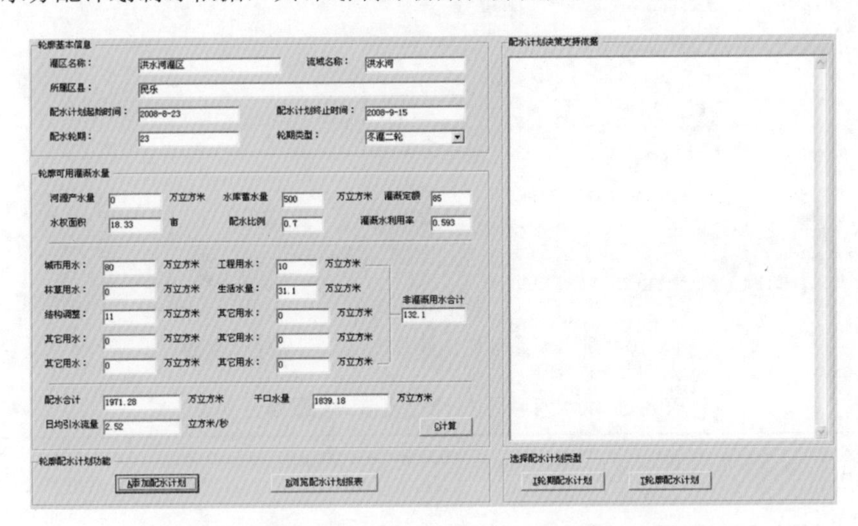

图 8-8 洪水河灌区 2008 年轮廓水分配计划制订初始化界面

轮期类型、水库预计的蓄水量，以及非农业灌溉用水是输入项，之后，系统将计算出各轮期的支渠渠口需水及日均引水流量；其次，根据支渠渠口需水量，逐级计算出灌区干口总需水量，从而生成灌区轮廓配水计划，见图 8-9。不同时段水库预计蓄水量可以利用系统提供的基于时间序列的均生函数法预测。轮廓水分配计划用于指导轮次水分配计划的制订。

洪水河灌区2008年轮廓配水计划报表

打印日期： 2013-3-22 11:57:37　　　　计量单位：亩、立方米/秒、万立方米

灌溉轮期	轮期时段			可供水量（万立方米）			农田计划配水量(万亩、万立方米)							其它配水(万立方米)						合计配水(万立米)	日均引水流量
	天数	起始	终止	河源产水	水库蓄水	合 计	水权面积	配水比例	实配面积	灌溉定额	净水量	水利用率	干口水量	工程用水	生活用水	城市用水	结构调整	其它	合计		
春灌	31	4-30	5-31	0.00	1000.00	1000.00	18.33	0.70	12.83	76.0	975.16	0.59	1644.45	10.0	31.0	50.0	60.0	50.0	201.00	1845.55	3.73
夏灌二轮	19	6-21	7-10	0.00	2200.00	2200.00	18.33	0.85	15.58	80.0	1246.44	0.59	2101.92	40.0	31.0	80.0	12.0	20.0	183.00	2285.02	13.4
夏灌三轮	20	8-2	8-22	0.00	1000.00	1000.00	18.33	0.70	12.83	85.0	1090.63	0.59	1839.18	20.0	31.0	80.0	12.0	20.0	163.00	2002.28	5.79
秋灌一轮	23	8-23	9-15	0.00	500.00	500.00	18.33	0.70	12.83	85.0	1090.63	0.59	1839.18	10.0	31.0	80.0	11.0	0.0	132.00	1971.28	2.52
夏灌一轮	19	6-1	6-20	0.00	1200.00	1200.00	18.33	0.70	12.83	70.0	898.17	0.59	1514.62	10.0	31.0	80.0	11.0	0.0	132.00	1646.72	7.31
总计																					

制表单位：　　单位主管：　　审核人：　　制表人：

图 8-9 洪水河灌区 2008 年轮廓配水计划报表

2）轮次灌溉水分配方案

在黑河流域中游，水资源管理部门能够管理的最小农业配水单元为社，通常由 1 条或几条斗渠供水，一个灌区大约有 1000 个社。我们不便于将 1000 个社的配水过程全部列出，这里仅选择了洪水河灌区中的 13 个社作为田间层次的灌溉配水的验证区域，利用灌溉定额、水权面积、水利工程参数，以及不同级别渠道的水利用率验证 FWA 模型的有效性。在该情景下，用户的输入界面如图 8-10 所示，供水比例设置为 80%，通过系统计算得出 13 个社 2008 年夏灌一轮的灌溉配水量显示在表 8-1 中。

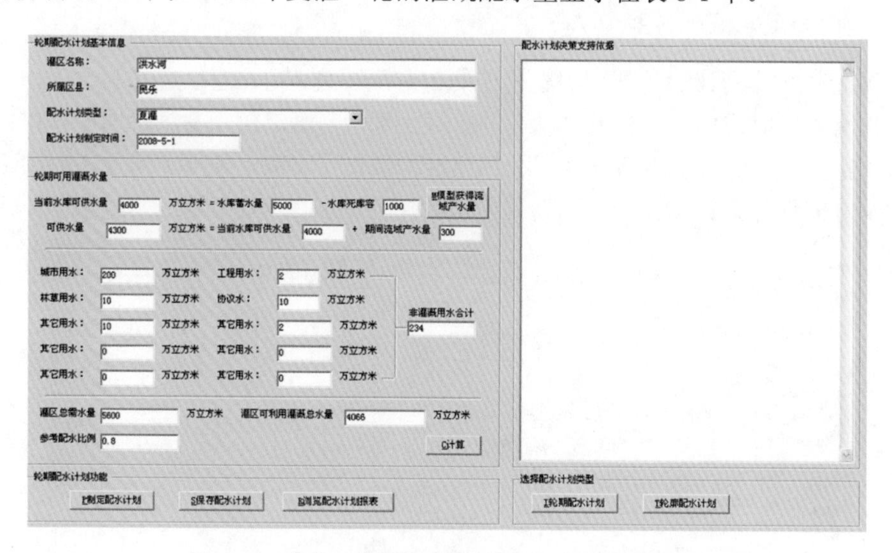

图 8-10 洪水河灌区轮次灌溉配水计划初始化界面

表 8-1 洪水河灌区 13 个社夏灌一轮配水计划表

灌溉单元名称	水权面积/亩	供水比例/%	灌溉定额/（m^3/亩）	田间水利用率/%	斗渠水利用率/%	斗渠渠口流量/10^4m^3	支渠水利用率/%	支渠渠口流量/10^4m^3
汤庄 1 社	279	80	74	86	86	2.23	99	2.25
汤庄 2 社	99	80	74	86	86	0.79	99	0.80
汤庄 3 社	259	80	74	86	86	2.07	99	2.09
汤庄 4 社	300	80	74	86	86	2.40	99	2.42
汤庄 5 社	243	80	74	86	86	1.95	99	1.97
汤庄 6 社	122	80	74	86	86	0.98	99	0.99
汤庄 7 社	329	80	74	86	86	2.63	99	2.66
汤庄 8 社	124	80	74	86	86	0.99	99	1.00
汤庄 9 社	191	80	74	86	86	1.53	99	1.55
汤庄 10 社	75	80	74	86	86	0.60	99	0.61
汤庄 11 社	122	80	74	86	86	0.98	99	0.99
汤庄 12 社	91	80	74	86	86	0.73	99	0.74
汤庄 13 社	66	80	74	86	86	0.53	99	0.54
总计	2300					18.41		18.61

结果表明 FWA 模型能够计算各级渠道的渠口引水量和输水损失量，包括斗渠、支渠和干渠，从而模拟多级渠道的水分配过程。当灌溉水分配计划实施时，利用流速计观

测渠水流速，或通过观测渠道水尺，利用水位流量曲线估算出流量，结合灌区轮灌周期，可计算出每个社的灌溉时间步长和开始灌溉时间。水资源管理决策者期望能够对变化的供水过程做出快速的响应，并提出水分配的可行性实施方案。图 8-11 表示当斗渠渠口流量发生变化时，汤庄 13 个社的灌溉时间变化和灌溉过程的变化。当斗渠渠口流量为 1.7m³/s 时，可以根据各渠口需水量，计算得出各渠口灌溉时间，见图 8-11（a），根据每个社的灌溉顺序实施灌溉计划，开始灌溉时间由灌溉轮次周期和播种时间决定，它可以由决策者任意给定。13 个社灌溉总时间为 30.1h。当斗渠渠口流量发生变化时，如流量变为 2.1m³/s，其斗渠渠口的灌溉时间和灌溉过程如图 8-11（b）所示。每个社的灌溉时间相对缩短，13 个社总灌溉时间缩短到 24.4h。根据供水量的变化对配水过程做出快速响应的过程能够有效地辅助水资源管理决策者因地制宜地制订水分配计划。

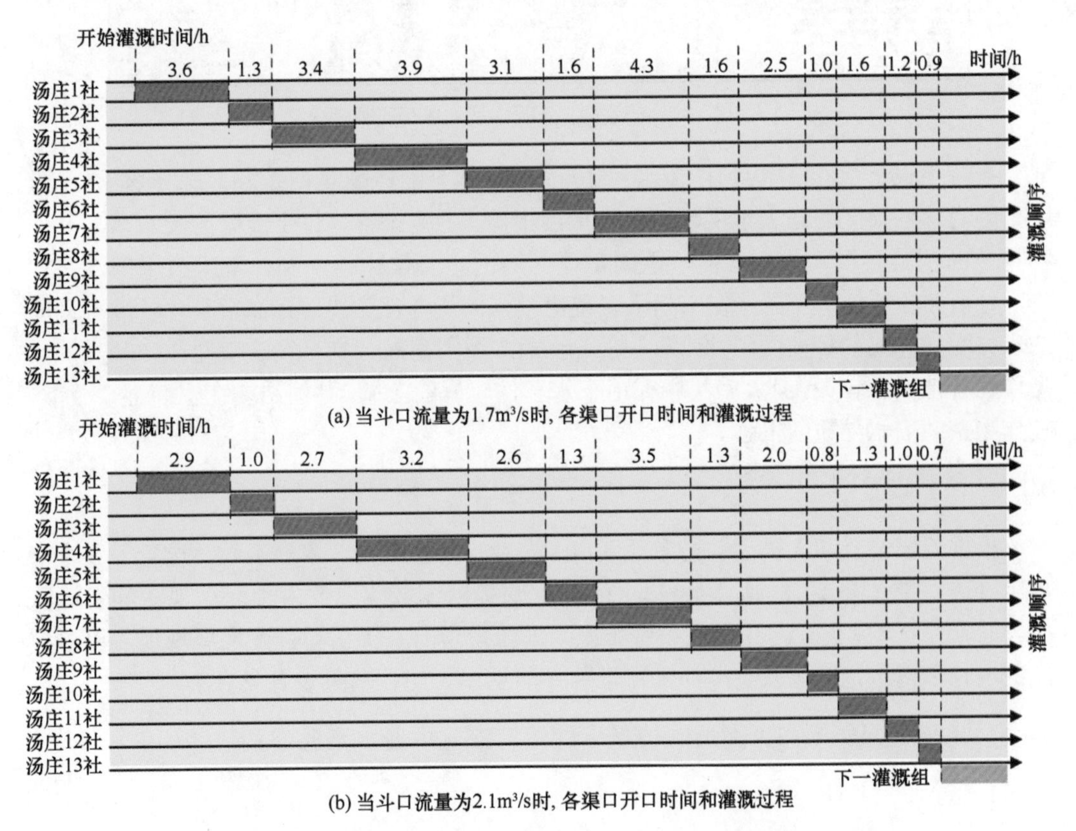

图 8-11　洪水河灌区 2008 年夏灌一轮汤庄 13 个社灌溉时间

8.4.4　黑河流域灌区水资源分配模拟

HD 能够根据灌区各类作物不同生长期的需水量计算出灌区的农业需水量，根据时段的供水总量、工业用水总量、生态用水总量、生活用水总量及其他用水量，结合灌区间用水协议（水政策），制订灌区水分配计划，为县区决策者提供水分配决策信息。HD 提供了灌区水分配方案人机交互界面如图 8-12 所示，用户可以选择从数据库中获取信息，也可以将用户文件作为信息源。模型需要的数据包括：作物种植结构、作物系数、气象数据、渠道水利用系数（综合系数）、时段可利用总水量（供水量）、生活用水、生态用水、工业用水，以及其他用水（工程用水、协议水等）。然后，选择作物需水计算模型，包括：Hargreaves 模型、温度水汽压模型和 Blaney-Criddle 模型。最后，生成配水计划及各灌区时段的需水量曲线图。

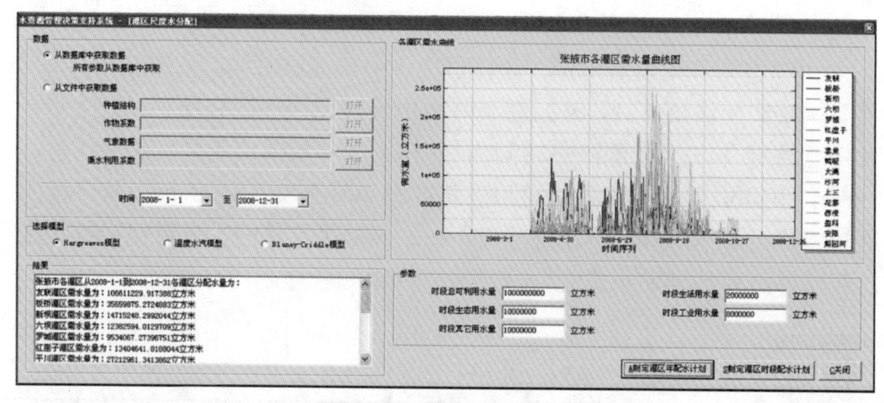

图 8-12　11 灌区水分配计划人机交互界面

系统生成了 2008 年黑河干流沿河 17 个灌区水分配计划（表 8-2），选择这 17 个灌区是因为这些灌区的地表水供水源都为黑河干流。在甘州区，每个灌区的配水量与其作物种植面积具有很强的相关性，原因是该区域的主要作物是以制种玉米为主的经济作物，种植面积广泛，使需水在空间上表现出较强的均衡性。然而在高台县，各灌区之间的水分配与作物的种植面积并没有强的相关性，原因是高台县高经济效益作物和高耗水型作物种植面积较大，且大多集中在地下水条件较好的区域，种植结构在空间上很分散，使作物空间需水异质性很强。

8.4.5　情景设置

根据气候情景和人类活动情景（人口、工业、种植结构、水利工程）设置了 3 个情景组合。建立情景组合的原则是尽可能地反映黑河流域实际的人类活动现状和发展状况。3 个情景分别建立在 3 个假设基础上，即维持现有人类活动强度发展规模、以一定比例增长和以一定比例减小，其情景设置界面见图 8-13，情景设置见表 8-3。

8.4.6　未来不同气候和人类活动情景下的黑河流域中游水资源配置

1. 基于情景 I 的水资源分配

在情景 I 中，2010～2030 年，中游的种植面积维持 2010 年水平，约为 179980hm^2，每年作物的种植结构以 2010 年为基准。另外，水利工程建设以 2008 年为基准，干渠长度与干渠水利用率分别为 942.73km 和 77.68%；支渠长度与支渠水利用率分别为 1033.63km 和 83.91%；斗渠长度与斗渠水利用率分别为 2318.42km 和 75.72%。生活用水、工业用水和生态用水都以 2010 年为基准。

基于情景 I 的模拟结果表明：中游未来的年平均需水量将保持在 18.21×10^8m^3，而年平均地表水供水量为 12.22×10^8m^3，其需水量远大于地表水供水量。特别是在干旱年份，如 2016 年和 2026 年，其供需差距达到 7.30×10^8m^3，这会对中游的农业经济产生很大影响，将激化不同用水部门之间和不同区域之间的用水矛盾（图 8-14）。

表 8-2　2008 年黑河干流沿河 17 个灌区水分配计划表

项目	甘州							临泽							高台					
	大满	盈科	西浚	上三	安阳	花寨	合计	梨园河	平川	板桥	鸭暖	蓼泉	沙河	合计	友联	六坝	罗城	新坝	红崖子	合计
耕地面积/万亩	14.59	18.10	18.48	6.66	1.87	1.26	60.96	14.02	3.65	4.47	2.51	3.17	3.20	31.02	18.04	2.93	3.83	3.72	3.17	31.69
分配水量/10^9m^3	0.98	1.43	1.25	0.50	0.13	0.05	4.34	1.15	0.35	0.60	0.31	0.28	0.23	2.90	1.85	0.28	0.29	0.26	0.14	2.82
配水比例/%	0.23	0.33	0.29	0.11	0.03	0.01	1	0.40	0.12	0.21	0.11	0.10	0.08	1	0.66	0.10	0.10	0.09	0.05	1

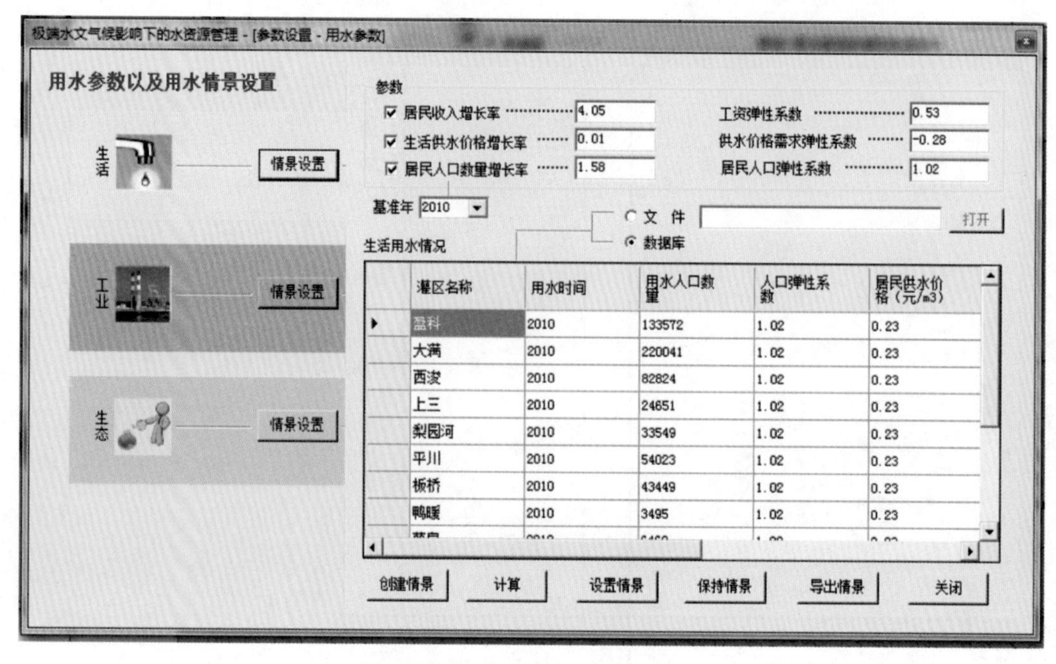

图 8-13　用水情景设置界面

表 8-3　气候情景和人类活动情景设置

情景组合	子情景设置	描述
情景 I	水文气候情景	SWAT 模型预测径流，基于 IPCC 的 A2 温室气体排放 CCSR/NIES 模型预测温度和降水
	人口情景	维持 2010 年水平
	作物种植结构情景	维持 2010 年水平
	水利工程情景	维持 2010 年水平
情景 II	水文气候情景	SWAT 模型预测径流，基于 IPCC 的 A2 温室气体排放 CCSR/NIES 模型预测温度和降水
	人口情景	以 1980～2009 年人口年平均增长率为基础，未来人口线性增长
	作物种植结构情景	以 2000～2010 年制种玉米种植面积年平均增长率为基础，调整未来种植结构
	水利工程情景	以 1990～2010 年水利工程建设年平均增长率为基础（渠系水利用率），未来水利工程建设线性增长（最大阈值：95%）
情景III	水文气候情景	SWAT 模型预测径流，基于 IPCC 的 A2 温室气体排放 CCSR/NIES 模型预测温度和降水
	人口情景	维持 2010 年水平
	作物种植结构情景	制种玉米维持 2010 年水平，降低种植面积，调整未来种植结构
	水利工程情景	以 1990～2010 年水利工程建设年平均增长率为基础（渠系水利用率），未来水利工程建设线性增长（最大阈值：95%）

在黑河流域中游未来 21 年中，农业用水依然是重点，其用水量将远大于生活、工业和生态用水，但在极端年份，生活用水将会成为不同用水部门之间用水的关键，因为，生活需水是刚性需求，即便可供水量远小于需水量，首先满足的必须是生活用水。另外，在此情景下，未来地表水供水的不足将会成为生态环境恶化的主要原因。

2. 基于情景 II 的水资源分配

情景 II 的目标是研究按照目前的人口、农业、水利工程建设的发展规模，未来 21

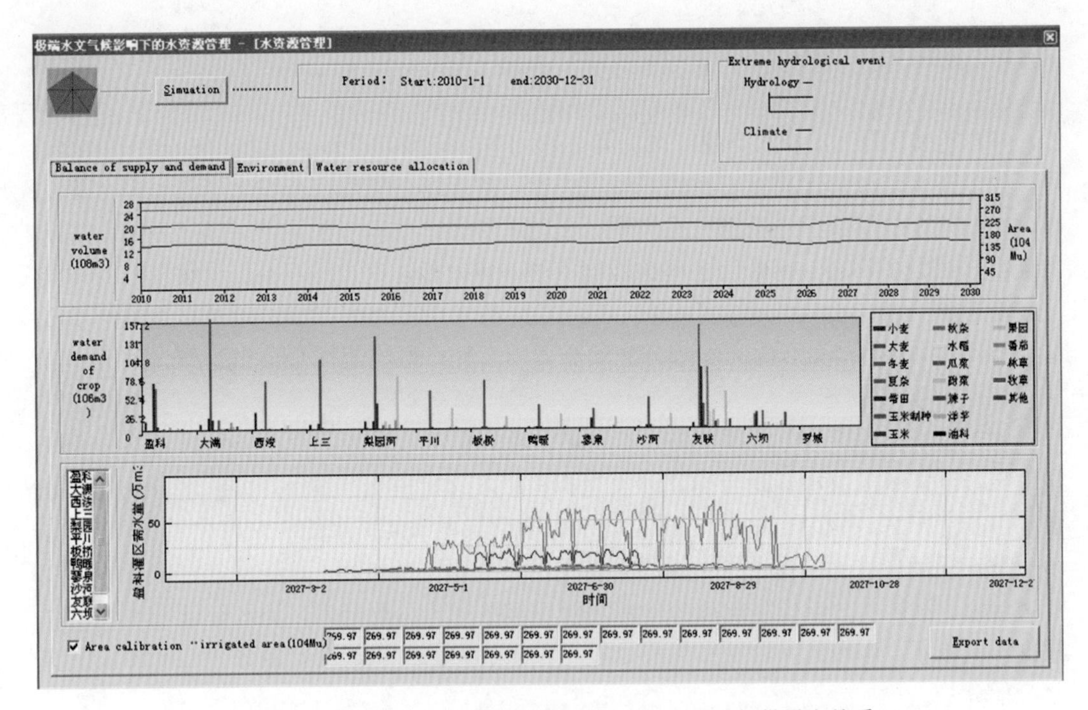

图 8-14 基于情景 I 的黑河流域中游 2010～2030 年供需水关系

最上面的图表为年需水曲线和供水曲线，中间的柱状图为年每种作物的需水量，最下面的曲线为年内每个灌区的不同作物的日需水量

年内供需水的关系。种植面积以 2010 年为基准，其年增长速率为 1.16%（过去 20 年增长速率）。水利工程建设以 2008 年为基准，干渠、支渠和斗渠的渠道水利用率增长速率分别为 3%、2%和 7%，其三级渠道增长上限分别为 98%、90%和 82%。在生活需水情景中，人均收入的年增长率为 15.10%，收入弹性系数为 0.53；生活水价年增长率为 1%，需求弹性系数为–0.28；人口年增长率为 0.42%，人口弹性系数为 1.02.

在该情景下，年需水总量（农业、生活、工业、生态）将会快速增长，到 2030 年将会达到 $26\times10^8\mathrm{m}^3$。而年平均供水能力却只有 $12.22\times10^8\mathrm{m}^3$，水的需求将远大于供应。根据模拟结果表明：种植面积的增加是引起需水增加的主要因素，尽管水利工程条件的改善能够节约一部分水量，但节约的水量远小于由于面积增加而增加的用水需求。

3. 基于情景Ⅲ的水资源分配

情景Ⅲ的目的是探讨如何规划未来农业、工业、人口发展规模以便减小由于气候变化带来的风险。根据气候情景中极端水文事件和气候事件的分析结果，人口情景和种植结构情景设置与情景Ⅱ相同，即减少耕地面积和增加渠道水利用率。在模拟期间，通过逐步减小种植面积来寻找供需水平衡点。

模拟结果表明：黑河流域中安全的农业种植面积在 $120000\mathrm{hm}^2$，而目前的耕地面积却比该面积大 $59980\mathrm{hm}^2$（2010 年），然而，在短时间内减少如此大的耕地面积绝非易事，但如果不控制农业种植面积，遇到干旱年份，如 2026 年，针对如此大的农业需水，水资源的平均分配可能会带来更大的经济损失。

8.5 小　　结

本章阐述了黑河流域水资源管理决策支持系统的研建和应用，可以得出以下主要结论：

（1）在水资源管理决策支持系统研究方面，初步建立了黑河流域水资源管理决策支持系统，该系统集成了灌溉水分配模型、多层水资源管理模型和基于时间序列的均生函数模型，耦合了不同水管部门之间的数据审核、传输和管理过程，不仅能够综合管理流域多源数据资源，而且能够提供田间-灌区-县区的水资源分配方案，以及根据河流径流量的预测制订县区-灌区-田间的水分配实施方案。并以黑河流域张掖市为例，部署、测试和试运行了该系统。

（2）在水资源管理方法研究方面，发展了不同层次水资源管理框架和灌溉水分配模型框架，建立了多层水资源协同管理模型和灌溉水分配模型。其中，田间水分配模型能够模拟不同来水、种植结构、水利工程和水政策情景下田间需水的时空变化趋势和影响。该模型在田间层次上实现了人类活动影响下的田间水分配过程，其结果具有较强的决策参考价值。灌区水分配模型的模拟对象是流域灌区间水分配问题，通过验证表明其可以根据不同来水、水政策、种植结构和水利工程条件间的情景组合，制订相应的灌区层次水分配计划。

（3）在人类活动对流域中游水资源管理影响机制研究方面，重点分析了种植结构、水利工程条件、多级水管机构协同管理和水政策对流域县区、灌区和田间不同层次水资源管理影响机制。结果表明：种植结构和水利工程建设对灌溉农业水资源管理影响最大，直接决定了水资源在时空上的分布；水政策是水资源分配的刚性约束条件，与区域需水变化相关性很小；多层水资源管理行政划分决定了水资源分配过程，而其分配依据主要依靠用水单元需水时空分布和水政策的联合作用。

参考文献

陈仁升，康尔泗，杨建平，张济世，王书功. 2003. Topmodel 模型在黑河干流出山径流模拟中的应用. 中国沙漠, 23(4): 428-434.

程国栋. 2002. 黑河流域可持续发展的生态经济学研究. 冰川冻土, 24(4): 335-343.

程国栋，肖洪浪，徐中民，李锦秀，陆明峰. 2006. 中国西部内陆河水问题及其应对策略——以黑河流域为例. 冰川冻土, 28(3): 406-413.

盖迎春，李新. 2012. 水资源管理决策支持系统研究进展与展望. 冰川冻土, 34(5): 1248-1256.

盖迎春，李新. 2011. 黑河流域中游水资源管理决策支持系统框架设计研究. 冰川冻土, 23(1): 190-196.

盖迎春，李新，田伟，张艳林，王维真，胡晓利. 2014. 黑河中游人工水循环系统在分水前后的变化. 地球科学进展, 29(2): 285-294.

龚家栋，程国栋，张小由，肖洪浪，李小雁. 2002. 黑河下游额济纳地区的环境演变.地球科学进展, 17(4): 491-496.

黄清华，张万昌. 2004. SWAT 分布式水文模型在黑河干流山区流域的改进及应用.南京林业大学学报(自然科学版), 28(2): 22-26.

康尔泗，程国栋，蓝永超，陈仁升，张济世. 2002. 概念性水文模型在出山径流预报中的应用.地球科学进展, 17(1): 18-26.

李弘毅，王建. 2008. SRM 融雪径流模型在黑河流域上游的模拟研究. 冰川冻土, 30(5): 769-775.

李新，马明国，王建，刘强，车涛，胡泽勇，肖青，柳钦火，苏培玺，楚荣忠，晋锐，王维真，冉有华. 2008. 黑河流域遥感-地面观测同步试验：科学目标与试验方案. 地球科学进展, 23(9): 897-914.

李新，程国栋，丁永建，卢玲，马明国，郭晓寅. 2000. 黑河流域水资源信息系统设计.中国沙漠, 20(4): 378-382.

南卓铜，舒乐乐，赵彦博，李新，丁永健. 2011. 集成建模环境研究及其在黑河流域的初步应用.中国科学：技术科学, 41(8): 1043-1054.

南卓铜，李新，赵彦博，刘芳. 2006. 黑河流域水文水资源决策支持系统：设计与实现.中国地理学会2006年学术年会.

肖生春，肖洪浪. 2009. 黑河流域水环境演变及其驱动机制研究进展.地球科学进展, 23(7): 748-755.

杨小泊，王润兰，何爱平. 2007. 黑河流域生态环境问题社会经济初步分析.水文地质工程地质，6: 100-104.

张翠云，王昭. 2004. 黑河流域人类活动强度的定量评价.地球科学进展, 19(增刊): 386-390.

张应华，仵彦卿. 2009. 黑河流域中游盆地地下水补给机理分析.中国沙漠, 29(2): 370-375.

赵红莉，蒋云钟，姜明新，等. 2004. 黑河流域水资源调配管理系统空间数据库的设计与实现. 水利水电技术, 35(4): 1-4.

钟方雷，徐中民，程怀文，盖迎春. 2011. 黑河流域中游水资源开发利用与管理的历史演变.冰川冻土, 33(3): 692-701.

周剑，程国栋，王根绪，李新，胡晓农，韩旭军. 2009. 综合遥感和地下水数值模拟分析黑河中游三水转化及其对土地利用的响应.自然科学进展, 19(12): 1343-1254.

Andreu J, Capilla, Sanchis E. 1996. AQUATOOL, a generalized decision-support system for water-resources planning and operational management. Journal of Hydrology, 177: 269-291.

Argent R M, Perraud J M, Rahman J M, Grayson R B, Podger G M. 2009. A new approach to water quality modeling and environmental decision support systems. Environmental Modelling & Software, 24: 809-818.

Arnold U, Orlob G T. 1989. Decision support for estuarine water-quality management. Journal of Water Resources Planning and Management – ASCE, 115(6): 775-792.

Barnwell T O, Krenkel P A. 1982. The use of the water-quality models in management decision-making. Water Science and Technology. 14: 9-11.

Bazzani G M. 2005. An integrated decision support system for irrigation and water policy design: DSIRR. Environmental Modelling & Software, 20: 153-163.

Bonczek R H, Holsapple C W, Whinston A B. 1980. Future directions for developing decision support systems. Decision Sciences, 11(4): 616-631.

Cocca P A. 2001. BASINS 3.0: new tools for improved watershed management. In: Phelps D, Sehlke G. World Water and Environmental Resources Congress. Orlando, Florida. UAS.

Codd E F, Codd S B, Salley C T. 1993. Providing OLAP (on-line analytical processing)to user-analysts: An IT mandate. Codd and Date, 32.

Cooke D F. 1992. Spatial decision support system: not just another GIS. Geographic Information Systems, 2(5): 46-49.

Crossland M D. 1992. Individual decision-maker performance with and without a geographic information system: an empirical investigation . Unpublished Doctoral Dissertation.

Escudero L F. 2000. WARSYP: a robust modeling approach for water resource system planning under uncertainty. Annals of Operations Research, 95: 313-339.

Fedra K. 1983. Interactive water-quality simulation in a regional framework: a management-oriented approach to lake and watershed modeling. Ecological Modeling, 21(4): 24-29.

Ge Y C, Li X, Huang C L, Nan Z T. 2013. A decision support system for irrigation water allocation along the middle reaches of the Heihe River Basin, Northwest China. Environmental Modelling and Software, 47: 182-192.

Giordano R, Passarella G, Uricchio VF, Vurro M. 2007. Integrating conflict analysis and consensus reaching in a decision support system for water resource management. Journal of Environmental Management, 84:

213-228.
Heidtke T M, Auer M T, Canale Rp. 1986. Microcomputers and water-quality models-access for decision makers. Journal Water Pollution Control Federation, 58(10): 960-965.
Inmon, W H. 1991. Database Machines and Decision Support Systems: Third Wave Processing, Boston QED Information Sciences, Inc.
Joseph G. 1997. Role of remote sensing in resource management for arid regions with special reference to western Rajasthan. Current Science, 72(1): 47-54.
Koutsoyiannis D, Karavokiros G, Efstratiadis A, Mamassis N, Koukouvinos A, Christofides A. 2003. A decision support system for the management of the water resource system of Athens. Physics and Chemistry of the Earth, 28: 599-609.
Kumar R, Khepar S D. 1980. Decision models for optimal cropping patterns in irrigations based on crop water production functions. Agricultural Water Management, 3(1): 65-76.
Li X, Li X W, Li Z Y, Ma M G, Wang J, Xiao Q, Liu Q, Che T, Chen E X, Yan G J, Hu Z Y, Zhang L X, Chu R Z, Su P X, Liu Q H, Liu S M, Wang J D, Niu Z, Chen Y, Jin R, Wang W Z, Ran Y H, Xin X. 2009. Watershed allied telemetry experimental research. Journal of Geophysical Research, 114: D22103, doi: 10.1029/2008JD011590.
Mysiak J, Giupponi C, Rosato P. 2005. Towards the development of a decision support system for water resource management. Environmental Modelling & Software, 20(2): 203-214.
Negash S. 2004. Business Intelligence. Communications of the Association for Information Systems, 13.
Newell C J, Hopkins L P, Bedient P B. 1990. A hydrogeologic database for ground - water modeling. Ground Water, 28(5): 703-714.
Pallottino S, Sechi G M, Zuddas P. 2005. A DSS for water resources management under uncertainty by scenario analysis. Environmental Modelling & Software, 20: 1031-1042.
Peter H G. 2003. Global freshwater resources: soft-path solutions for the 21st century. Science, 302: 1524.
Poch M, Comas J, Rodriguez-Roda I, Sanchez-Marre M, Cortes U. 2004. Designing and building real environmental decision support systems. Environmental Modelling & Software, 19: 857-873.
Power D J. 2007. A brief history of decision support systems. DSSResources.COM, World Wide Web, Http: //DSSResource.COM/history/dsshistory.html. 2007-6-24.
Ramsey F P. 1931. Truth and probability (1926). The foundations of mathematics and other logical essays, 156-198.
Schultz G A. 1986. Satellite remote for water resources management: some engineering and economic aspects. Proceedings of an ESA/EARSeL Symposium held in Conjunction with EARSeL's General Assembly at the Technical University of Denmark, Lyngby June. 171-177.
Silver M S. 1990. Decision support systems: directed and nondirected change. Information Systems Research, 1(1): 47-70.
Sprague R H. 1980. A framework for the development of decisoin support systems. MIS Quarterly, 4(4): 1-26.

第 9 章　流域模型集成展望

程国栋

黑河流域是流域科学集成研究的试验场（Cheng et al.，2014；Cheng and Li，2015）。自“黑河计划”启动以来，黑河流域模型集成研究，经历了从对特定生态-水文过程的改进，到全面发展新的、能够反映内陆河特征的流域系统模型的转变，到目前为止，已基本建成了黑河流域生态-水文-经济系统模型（Li et al.，2018a）。黑河流域模型集成的亮点包括：在上游生态水文集成模型 GBEHM 中新增了冰川水文模块、冻土水文模块、植被动态模块，完善了积雪水文过程模拟（Yang et al.，2015；Qin et al.，2016；Zhang et al.，2017；Gao et al.，2018；Li et al.，2018b）；在中下游生态水文集成模型 HEIFLOW 中耦合了水资源配置模型，增加了可变土地利用动态输入、灌溉模块、通用生态水文模块、干旱区农田生态水文模块、荒漠植被生态水文模块、胡杨分布和生长模拟（Tian et al.，2015；Yao et al.，2015；Li et al.，2017；Tian et al.，2018）；全流域经济系统模型 WESM 解决了流域与行政单元空间错位与异步协同的技术难题，基于可计算一般均衡理论研发了多区域动态社会经济系统模型，推导了水土资源要素与资本、劳动力及中间投入品替代的生产函数，发展了流域生态水文-社会经济界面上的耦合互馈路径与参数（Deng et al.，2015；Wu et al.，2015）。以上游对中下游的地表和地下水输送为纽带，实现了上中下游模型的集成。以水资源和土地利用模型为交互界面，完成了流域生态-水文模型与经济系统集成模型（图 9-1）。黑河流域生态-水文-社济集成模型在功能的完备性、模型性能、模拟和预测能力、不同流域的适用性、对遥感数据的应用方面领先于现有模型（Li et al.，2018c）。

流域可持续发展决策支持系统的发展，也经历了从特定目标的灌溉管理决策支持系统（Ge et al.，2013）到全新的流域可持续发展决策支持系统的历程（Ge et al.，2018）。流域可持续发展决策支持系统中，可持续发展目标兼容联合国可持续发展目标（SDGs）并考虑到内陆河流域特点，包括水、生态和社会经济三类目标，15 个具体目标和 25 个指标。以代理模型为主要手段，突破了生态水文模型和经济模型计算瓶颈的问题，极大地提高了模型计算效率，从而实现了生态水文模型-经济模型-指标计算模型-可持续评价模型的分布式在线高速计算，系统可计算 4 类情景（气候、土地利用、社会经济、水资源管理）组合下流域可持续发展的各类水、生态、社会经济要素，再用指标计算模型将这些要素转换为可持续性指标，通过多指标综合评价模型对各类指标进行综合分析，实现县区和流域尺度上水、生态和社会经济可持续性的综合评价（图 9-2）。该系统真正实现了以流域系统模型为骨架的流域发展可持续性决策支持。

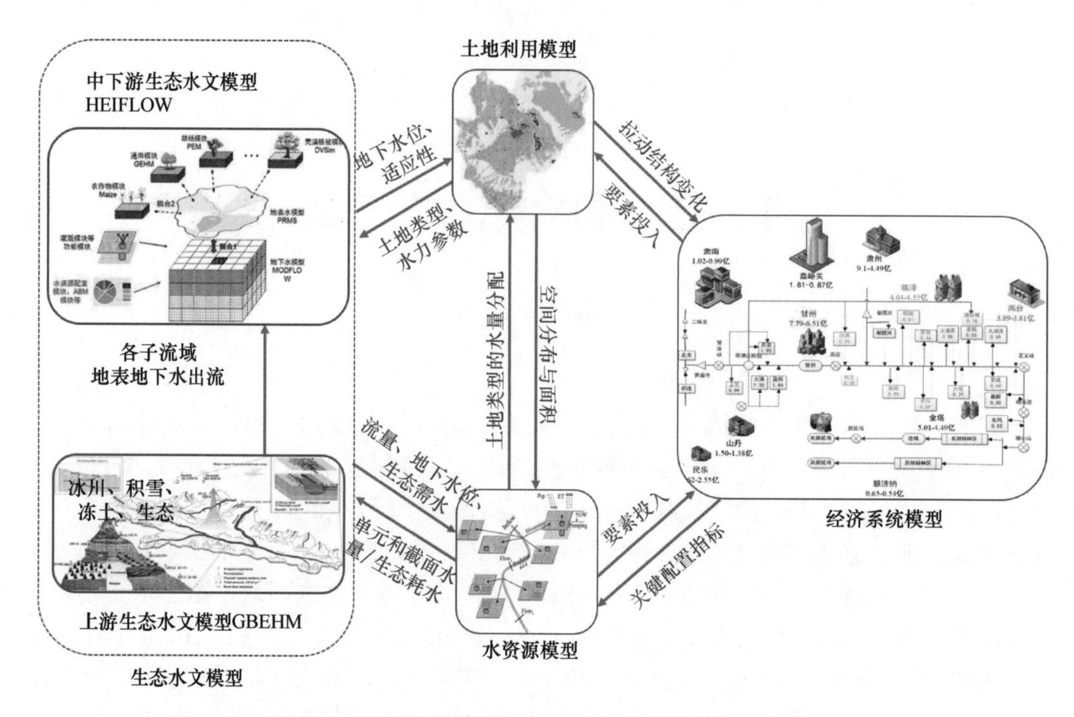

图 9-1 黑河流域生态-水文-经济系统模型的整体框架

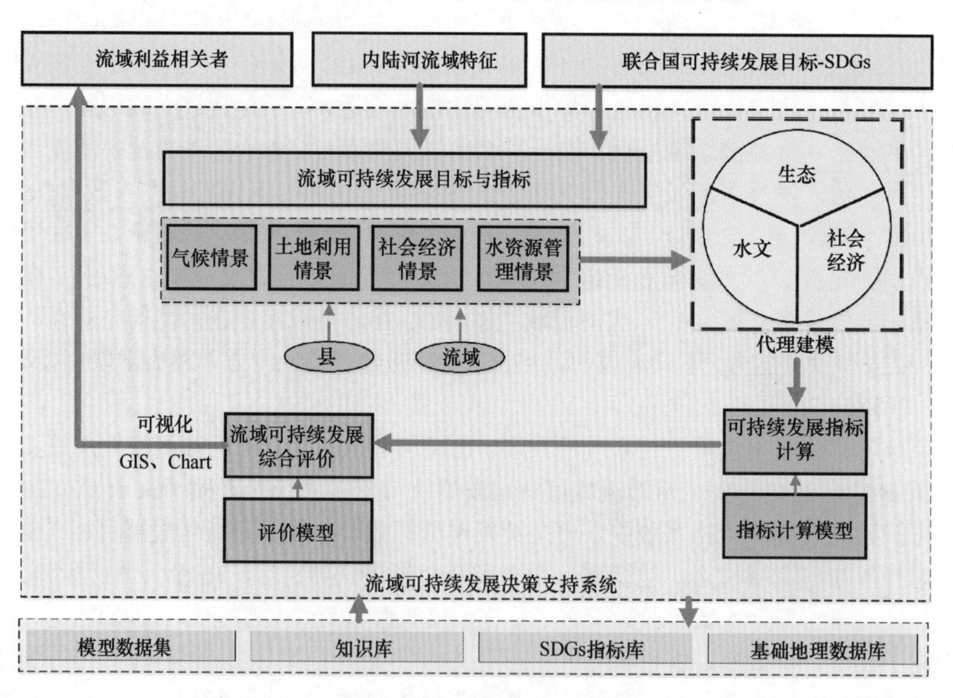

图 9-2 黑河流域可持续发展决策支持系统的设计思路

黑河流域的模型集成研究工作，已实现了科学目标和流域管理目标并重，同时发展两类流域集成模型——即刻画流域生态-水文-经济系统相互作用的流域系统模型及支持流域综合管理的流域可持续利用决策支持系统的目标。然而，流域模型集成，还面临着众多的挑战：

（1）流域自然过程模型还有待进一步完善。流域系统模型是区域尺度上地球系统模型，因此，通过双向耦合区域气候模型和地表生态水文模型来刻画两者之间的相互作用非常重要。然而，目前在黑河流域的集成模型中，还是利用区域气候模型输出的高分辨率驱动数据——包括过去和现状模拟结果，以及未来情景来驱动生态水文模型，这种单向驱动方式，无法再现内陆河流域水分内循环，也无法模拟地表、地下水、灌溉等水资源利用方式的变化，以及生态变化对区域乃至更大尺度的气候的反馈作用。在生态-水文模型已经成熟的前提下，双向耦合区域气候模型和生态水文模型，实现流域尺度“地球系统模型”势在必行。此外，现有的生态水文模型中，植被变化模拟和生物地球化学循环功能还比较薄弱，仅仅是耦合了植被动态和作物生长模型，对碳循环主要过程进行了模拟，然而，其他生物化学循环并未显式考虑；也需要进一步把演替过程模型和生长模型耦合，才有可能模拟长时间尺度上生态和水文过程的相互作用。

（2）最大的挑战依然是自然过程和社会过程的深度耦合。“水-土-气-生-人”集成模型中，最具有挑战性的还是对“人”的建模。流域是由水资源系统、生态系统与社会经济系统协同构成的，具有层次结构和整体功能的复杂系统（Cheng et al.，2014），社会水循环而非自然水文过程已成为水资源重新分配的主导因素。然而，目前黑河流域已建立的集成模型还不具备全面、深刻表达自然和社会经济系统互馈关系的能力，还缺乏对政策变化、观念演变、行为转变、技术进步对自然过程影响的模拟能力，因此，还难以针对未来水资源管理和用水方式的可能剧烈变革，做出合理的预测并提出应对方案。为了更好地支持流域可持续发展，就应该更多考虑如何实现“以自然科学为主导的研究向全面包括人文科学的研究转型”（Reid et al.，2010），把自然-社会系统看做一个相互影响、协同演进的系统（Sivapalan et al.，2012），通过模拟各主体和利益相关者的决策行为，建立“自然过程”与“社会学习”相结合的流域系统模型。这类模型应该能够既解决黑河流域水资源管理的实际问题，又未雨绸缪谋划其未来的可持续发展。基于此，还需要以“黑河计划”模型集成成果为基础，进一步建立真正双向耦合自然-社会系统的流域系统模型，提升对内陆河流域复杂系统的理解，探索陆地表层系统科学前沿，服务于流域可持续发展。

（3）紧跟科学进步。流域系统模型的真正进步基于对流域科学关键过程认识的进步。流域科学，正如表层地球系统科学的其他分支，是一个不断变革的科学，其突破依赖于水文、生态、地球化学、土壤、地貌、可持续发展等科学领域，以及跨学科领域的突破。相关领域所出现的新观点和新方法，如在模拟复杂系统中使用统计力学、通过集合平均进行升尺度、达尔文进化计算、软系统方法论，以及其他综合集成方法等，都正在重塑流域科学（Cheng and Li，2015），因此，流域系统模型应该紧跟这些科学发展以取得更快的进步。

（4）紧跟地球观测技术和信息技术的进步。目前，各类遥感数据和遥感产品为分布式模型提供了天然的分布式的高分辨率输入，特别是在黑河流域，已经制备了大量高分辨率、高质量的长序列遥感产品（如降水、蒸散发、土壤水分、生态系统生产力、土地覆被产品）；也已经发展起了同化多源遥感产品的能力（Huang et al.，2016），建立了流域多源遥感数据同化系统（Zhang et al.，2017），并在模型不确定性分析、复杂模型的参数估计和优化等方面都取得了丰富的成果。然而，数据同化，以及参数敏感性分析、参数估计、集合预报、不确定性定量评估等方面的进展还没有很好地集成到模型系统中。进一步，应将这些功能系统地集成到流域系统模型，实现业务化的多源遥感数据同化，以进一步通过模型-观测融合来增强模型的预报能力并降低其不确定性。此外，大数据、物联网等技术进步正在重塑流域信息化水平，如何在流域系统模型中融入这些信息技术的进步，是实现智能流域的关键。

（5）加强模型预测研究和决策支持应用。提高预测能力应该是科学界追求的最高目标。科学之所以能成为真正的科学是因为能预测未来的变化，决策之所以被称为科学的决策是因为能洞察变化的未来。黑河流域集成建模研究的初衷之一是利用科学模型来加强科学与决策之间的桥梁，因此，应更加重视模型可预报性、情景分析，以及决策不确定性研究。同时，尝试以模型为骨架，进一步整合多源观测、专家知识和网络大数据，实现定性到定量信息的融合，构建可持续发展综合集成研讨厅。

（6）重视模型推广工作。由于全球干旱区内陆河流域在自然地理、气候状况、水循环特征和水资源问题上大体相似，因此，我们相信黑河流域的模型集成研究成果，可以为全球内陆河流域——特别是丝绸之路经济带上的干旱区内陆河流域的水资源合理分配和流域可持续发展提供一个模型工具，从而为政策制定者和利益相关者提供有用的参考，为治理“咸海综合征”作出贡献。

（7）最后，流域系统模型显然应该是一个公共模型。因此，模型集成最大的挑战之一来自于多团队协作的能力，来自于多学科的研究人员能否更有效地协同作战。黑河流域的模型集成研究，需要继续秉承“十年铸一剑”的精神，共同打造出一个更加成熟的流域科学的模型平台——也唯有此，才可能更好地在流域尺度上实践地球系统科学的理想。

参考文献

Bonczek R H, Holsapple C W, Whinston A B. 1981. A generalized decision support system using predicate calculus and network data base management. Operations Research, 29(2): 263-281.

Cheng G D, Li X. 2015. Integrated research methods in watershed science. Science China Earth Sciences, 58(7): 1159-1168.

Cheng G D, Li X, Zhao W Z, Xu Z M, Feng Q, Xiao S C, Xiao H L. 2014. Integrated study of the water-ecosystem-economy in the Heihe River Basin. National Science Review, 1(3): 413-428.

Codd E F, Codd S B, Salley C T. 1993. Providing OLAP (on-line analytical processing) to user-analysts: An IT mandate. Codd and Date, 32.

Crossland M D, Wynne B E, Perkins W C. 1995. Spatial decision support systems: an overview of technology and a test of efficacy. Decision Support Systems, 14(3): 219-235.

Deng X Z, Singh R B, Liu J, Güneralp B. 2015. Physical and economic processes of water scarcity and water allocation for integrated river basin management. Physics and Chemistry of the Earth, 79-82: 1, doi: 10.1016/j.pce.2015.05.008.

Gao B, Yang D, Qin Y, Wang Y, Li H, Zhang Y, Zhang T. 2018. Change in frozen soils and its effect on regional hydrology, upper Heihe basin, northeastern Qinghai–Tibetan Plateau. The Cryosphere, 12(2): 657-673.

Ge Y C, Li X, Cai X M, Deng X Z, Wu F, Li Z Y, Luan W F. 2018. Converting UN Sustainable Development Goals(SDGs)to decision-making objectives and implementation options at the river basin scale. Sustainability, 10(4): 1056, doi: 10.3390/su10041056.

Ge Y C, Li X, Huang C L, Nan Z T. 2013. A decision support system for irrigation water allocation along the middle reaches of the Heihe River Basin, Northwest China. Environmental Modelling and Software, 47: 182-192.

Huang C, Chen W J, Li Y, Shen H F, Li X. 2016. Assimilating multi-source data into land surface model to simultaneously improve estimations of soil moisture, soil temperature, and surface turbulent fluxes in irrigated fields. Agricultural and Forest Meteorology, 230-231: 142-156.

Li X, Cheng G D, Lin H, Cai X M, Fang M, Ge Y C, Hu X L, Chen M, Li W Y. 2018a. Watershed system model: the essentials to model complex human-nature system at the river basin scale. Journal of Geophysical Research: Atmospheres, 123(6): 3019-3034.

Li H Y, Li X, Yang D W, Wang J. 2018b. Updated understanding of basin-scale snowmelt contribution by tracing snowmelt paths in an integrated hydrological model. Journal of Geophysical Research: Atmospheres.

Li X, Cheng G D, Ge Y C, Li H Y, Han F, Hu X L, Tian W, Yong T, Pan X D, Nian Y Y, Zhang Y L, Ran Y H, Zheng Y, Gao B, Yang D W, Zheng C M, Wang X S, Liu S M, Cai X M. 2018c. Hydrological cycle in the Heihe River Basin and its implication for water resource management in endorheic basins. Journal of Geophysical Research: Atmospheres, 123(2): 890-914.

Li X, Zheng Y, Sun Z, Tian Y, Zheng C M, Liu J, Liu S M, Xu Z W. 2017. An integrated ecohydrological modeling approach to exploring the dynamic interaction between groundwater and phreatophytes. Ecological Modelling, 356: 127-140.

Parry M L, Canziani O F, Palutikof J P, et al. IPCC, 2007. climate change 2007: impacts, adaptation and vulnerability. Contribution of working group II to the fourth assessment report of the intergovernmental panel on climate change. Cambridge Uni-versity Press, Cambridge, UK.

Qin Y, Lei H M, Yang D W, Gao B, Wang Y H, Cong Z T, Fan W J. 2016. Long-term change in the depth of seasonally frozen ground and its ecohydrological impacts in the Qilian Mountains, northeastern Tibetan Plateau. Journal of Hydrology, 542: 204-221.

Ramsey F P. 1926. The foundations of mathematics. Proceedings of the London Mathematical Society, 2(1): 338-384.

Reid W V, Chen D, Goldfarb L, Hackmann H, Lee Y T, Mokhele K, Ostrom E, Raivio K, Rockström J, Schellnhuber H J, Whyte A. 2010. Earth system science for global sustainability: Grand challenges. Science, 330(6006): 916-917.

Sivapalan M, Savenije H H, Blöschl G. 2012. Socio - hydrology: a new science of people and water. Hydrological Processes, 26(8): 1270-1276.

Tian Y, Zheng Y, Han F, Zheng C M, Li X. 2018. A comprehensive graphical modeling platform designed for integrated hydrological simulation. Environmental Modelling & Software, 108: 154-173.

Tian Y, Zheng Y, Wu B, Wu X, Liu J, Zheng C. 2015. Modeling surface water-groundwater interaction in arid and semi-arid regions with intensive agriculture. Environmental Modelling & Software, 63: 170-184.

Wu F, Zhan J, Güneralp İ. 2015. Present and future of urban water balance in the rapidly urbanizing Heihe River basin, northwest China. Ecological Modelling, 318: 254-264.

Yang D W, Gao B, Jiao Y, Lei H M, Zhang Y L, Yang H B, Cong Z T. 2015. A distributed scheme developed for eco-hydrological modeling in the upper Heihe River. Science China Earth Sciences, 58(1): 36-45.

Yao Y Y, Zheng C M, Tian Y, Liu J, Zheng Y. 2015. Numerical modeling of regional groundwater flow in the Heihe River Basin, China: advances and new insights. Science China Earth Sciences, 58(1): 3-15.

Zhang Y L, Cheng G D, Li X, Jin H J, Yang D W, Flerchinger G N, Chang X L, Bense V F, Han X J, Liang J. 2017a. Influences of frozen ground and climate change on the hydrological processes in an alpine watershed: a case study in the upstream area of the Hei'he River, Northwest China. Permafrost and Periglacial Processes, 28(2): 420-432.

Zhang Y, Hou J L, Gu J, Huang C L, Li X. 2017b. SWAT-based hydrological data assimilation system (SWAT-HDAS): description and case application to river basin-scale hydrological predictions. Journal of Advances in Modeling Earth Systems, 9(8): 2863-2882.

中英文缩略词表

（由首字母 A-Z 排列）

山地积雪模型（ALPINE-3D）
自动气象站（automatic meteorological station，AMS）
应用程序编程接口（application programming interface，API）
农业生产系统模拟器（agricultural production systems simulator，APSIM）
农业生产系统研究组（agricultural production systems research unit，APSRU）
地下水动力学模型（AquiferFlow）
高级研究型中尺度天气预报模式（advance research weather research and forecasting model，WRF-ARW）
结构（browser/server，B/S）
基本作物生长模拟模型（basic crop grow simulator，BACROS）
水循环中生物圈作用研究（biospheric aspects of hydrological cycle，BAHC）
点源和非点源污染评价系统（better assessment science integrating point and nonpoint sources，BASINS）
生物-大气圈传输方案模型（biosphere-atmosphere transfer scheme，BATS）
干菜豆模型（bean growth model，BEANGRO）
商业智能（business intelligence，BI）
结构（client/server，C/S）
一个生态系统生产力模拟模型（carnegie ames stanford approach，CASA）
流域尺度水文模型（catchment hydrology，CATHY）
组件式开发方式（component-based development，CBD）
中巴地球卫星（China-Brazil earth research satellite，CBERS）
作物栽培模拟优化决策系统(crop computer simulation，optimization ，decision making system，CCSODS）
美国气候和环境研究中心（Center for Climate Research Studies and National Institute for Environmental Studies，CCSR/NIES）
可计算一般均衡模型（computable general equilibrium model，CGE）
作物生长模拟系统（crop growth monitoring system，CGMS）
耦合大气-地表模拟模型（coupled land-atmosphere simulation program，CLASP）
呼叫层界面（call level interface，CLI）
小区域土地利用变化及其效应模型（the conversion of land use and its effects at small region extent，CLUE-S）
中国气象局（china meteorological administration，CMA）
通用陆面过程模型（common land model，CoLM）
棉花生长模型（cotton growth model，COTGROW）
寒区水文模型（cold region hydrological model，CRHM）
质能平衡的积雪模型（an energy and mass model of snow cover suitable for operational avalanche forecasting，CROCUS）
作物生长模型（crop growth model，CROPGRO）
群体表层动力模型系统（community surface dynamics modelling system，CSDMS）
（澳大利亚）联邦科学与工业研究组织（Commonwealth Scientific and Industrial Research Organization，

CSIRO）
数字高程模型（digital elevation model，DEM）
丹麦水力研究所（danish hydraulic institute，DHI）
分布式水文土壤植被模型（distributed hydrology soil vegetation model，DHSVM）
分布式大流域径流模型（distributed large basin runoff model，DLBRM）
动态链接库文件（dynamic link library，DLL）
分布式模型比较计划（distributed model inter-comparison project，DMIP）
决策支持系统（decision support system，DSS）
农业技术转化决策支持系统（decision support system for agro-technology transfer，DSSAT）
分布式时变增益模型（distributed time variant gain model，DTVGM）
数据仓库（data warehouse，DW）
分布式水热耦合模型（distributed water and heat coupled model，DWHC）
涡动相关系统（eddy covariance system，EC）
等效高程模型（equal elvation model，EEM）
初级作物模拟模型（elementary crop simulator，ELCROS）
集合卡尔曼滤波算法（ensemble Kalman filter，EnKF）
美国环保署（environmental protection agency，USA，EPA）
地球系统模拟平台（earth system modeling framework，ESMF）
蒸散发（evapotranspiration，ET）
联合国粮农组织（food and agriculture organization，FAO）
有限元地下水流系统（finite element subsurface FLOW system，FEFLOW）
耦合了陆面过程的 PIHM 模型（coupled land surface hydrologic model，Flux-PIHM）
基于地形特征的生态水文模型（geomorphology-based eco-hydrological model，GBEHM）
基于地形特征的水文模型（geomorphology-based hydrological model，GBHM）
大气环流模式（general circulation model，GCM）
作物和环境相互作用的作物生长模拟模型（genotype-by-environment interaction on CROp growth simulator，GECROS）
网格计算支持的地球系统模拟平台（grid enabled integrated earth system modeling framework，GENIE）
全球能量与水循环试验计划（global energy and water cycle exchanges project，GEWEX）
地理信息系统（geographic information system，GIS）
全球陆面数据同化系统（global land data assimilation system，GLDAS）
地下水-地表水流耦合模型（ground water and surface-water flow model，GSFLOW）
全球土壤湿度计划（global soil wetness project，GSWP）
SiB2 耦合地下水模型（groundwater coupled SiB2 model，GWSiB）
哈德莱中心大气气候模型（hadley centre atmospheric climate model，HadAM3）
半分布式降雨径流模型（hydrologiska byråns vattenbalansavdelning model，HBV）
黑河流域水资源管理决策支持系统（heihe river basin water resources management deicision support system，HD）
黑河流域地-气相互作用野外观测试验（atmosphere-land surface processes experiment at the heihe river basin，HEIFE）
流域尺度生态水文集成模型（hydrological-ecological integrated watershed-scale flow model，HEIFLOW）
高阶冰流模型（high-order ice flow model，HIFM）
黑河集成建模环境（heihe river integrated modeling environment，HIME）
黑河流域生态-水文过程综合遥感观测联合试验（heihe watershed allied telemetry experimental research，HiWATER）

世界和谐土壤数据库（harmonized world soil database version，HWSD）
变饱和孔隙介质中水流和溶质运移模型（HYDRUS）
国际农业技术转让基准点项目（international benchmark sites for agro–technology transfer，IBSNAT）
综合流域建模系统（integrated catchment modeling system，ICMS）
动态信息架构系统/集成动态景观建模与分析系统（dynamic information architecture system / integrated dynamic landscape modeling and analysis system，IDAS/IDLAMS）
国际地圈生物圈计划（international geosphere-biosphere programme，IGBP）
国际全球环境变化人文因素计划（international human dimension programme on global environmental change，IHDP）
国际水文学计划（international hydrological programme，IHP）
国际应用系统分析研究所（international institute for applied systems analysis，IIASA）
集成建模环境（integrated modeling environment，IME）
中科院青藏所版本 SiB2 模型（SiB2 developed by The Institute of Tibetan Plateau Research，ITPSiB）
地表交换模型（land surface transfer scheme，LSX）
遥感农业监测系统（monitoring agriculture with remote sensing，MARS）
平均误差（mean errors，ME）
微软基础类库（microsoft foundation classes，MFC）
多源整合中国土地覆被（multi-source integrated chinese land cover，MICL cover）
丹麦水力研究所的一个集成的水资源管理模型（MIKE BASIN）
丹麦水力研究所的 SHE 模型（MIKE SHE）
丹麦水力研究所的水文模型（MIKE11）
中尺度大气模型 5（meso-scale model 5，MM5）
模块化建模系统（modular modeling system，MMS）
模块化三维有限差分地下水流动模型（modular three-dimensional finite-difference ground-water flow model，MODFLOW）
英国气象局地表交换方案模型（met office surface exchange scheme，MOSES）
美国国家宇航局（national aeronautics and space administration，NASA）
美国国家大气研究中心（national center for atmospheric research，NCAR）
美国国家大气研究中心/陆面过程模式（National Center for Atmospheric Research/land surface model，NCAR/LSM）
美国国家环境预测中心（national centers for environmental prediction，NCEP）
归一化雪被指数（normalized difference snow index，NDSI）
净生态系统生产力（net ecosystem production，NEP）
业务型中尺度天气预报模式（the nonhydrostatic mesoscale model：NMM/WRF）
Noah 陆面过程模型 Noah
多参数方案的 Noah 陆面过程模型（noah LSM with multiple parameterization schemes，NoahMP）
净初级生产力（net primary production，NPP）
积雪聚集消融模型（snow accumulation and ablation model，NWSRFS SNOW-17）
开源数据库链接通信（open database connectoin，ODBC）
联机分析处理（on-line analytical processing，OLAP）
模块化建模系统（object modeling system，OMS）
开放型建模系统（open modeling system，OMS）
开放型模型交互环境（open modeling interface and environment，OpenMI）
光时域反射仪（optical time-domain reflectometer，OTDR）
三维可变饱和度及可并行化的地下水模型（three-dimensional，variably saturated groundwater flow model，

ParFlow，Parallel）
草原吹雪模型（prairie blowing snow model，PBSM）
耦合陆面过程方案的 ParFlow 模型（parallel flow community land model coupled model，PF.CLM）
多边形网格有限差分地下水模拟系统（polygon-grid finite-difference groundwater modeling system，PGMS）
宾州州立大学水循环综合模型（Penn state integrated hydrologic model，PIHM）
陆面过程参数化方案比较计划（project for inter-comparison of land surface parameterization，PILPS）
花生生长模型（peanut growth model，PNUTGRO）
降水-径流建模系统（precipitation-runoff modeling system，PRMS）
区域气候模式系统第三版（the regional climate model system version 3，RegCM3）
均方根误差（root mean square error，RMSE）
情景分析（scenario analysis，SA）
社会核算矩阵（social accounting matrix，SAM）
水热耦合的冻土模型（simultaneous heat and water model，SHAW）
水热同步分布式水文模型（simultaneous heat and water distributed hydrological model，SHAWDHM）
欧洲水文系统模型（system hydrologique european，SHE）
简单生物圈模型（simple biosphere model，SiB）
简单生物圈模型第二版（simple biosphere mode version 2，SiB2）
简单地下水模型（simple groundwater model，SIMGM）
空间建模环境（spatial modeling environment，SME）
积雪分布模型（snow distribution model，SNODIS）
积雪模型（SNOWPACK）
积雪热力模型（snow thermal model，SNTHERM）
大豆生长模型（soy growth model，SOYGRO）
土壤-植物-大气连续体（soil-plant-atmosphere continuum，SPAC）
地球观测系统/植被监测传感器（système pour l'observation de la terre/ vegetation，SPOT/ VEGETATION）
融雪径流模型（snow runoff model，SRM）
简单而普适的作物生长模拟器（simple and universal crop growth simulator，SUCROS）
土壤与水评价工具（the soil and water assessment tool，SWAT）
暴雨洪水管理模型（storm water management model，SWMM）
陆地生态系统模拟模型（terrestrial ecosystem simulator，TESim）
综合建模环境（the integrated modeling environment，TIME）
基于地形的水文模型（topgraphy based hydrological model，TOPMODEL）
地表能量平衡参数化两层模型（two-layer surface energy balance parameterization scheme，TSEBPS）
不确定和灵敏度分析（uncertainty analysis/sensitivity analysis，UA/SA）
犹他能量平衡雪模型（utah energy balance snow model，UEB）
统一建模语言（unified model language，UML）
美国农业部（united states department of agriculture，USDA）
美国地质调查局（U.S. geological survey，USGS）
海洋、大气和天文学的可视化和分析平台（visualization and analysis platform for ocean，atmosphere，and solar research，VAPOR）
可变下渗能力模型（variable infiltration capacity model，VIC）
三层变入渗容器模型（three-layer variable infiltration capacity，VIC-3L）
虚拟现实（virtual reality，VR）
黑河综合遥感联合试验（the watershed allied telemetry experimental research，WATER）

基于能水收支平衡的分布式水文模型（water and energy budget-based distributed hydrological model，WEB-DHM）
黑河水热传输过程模型（water and energy transfer processes-heihe，WEP-Heihe）
水资源管理决策支持系统（water management decision support system，WMDSS）
流域模型系统（watershed modeling system，WMS）
世界粮食研究模型（world food studies，WOFOST）
中尺度天气预报模式（weather research and forecasting model，WRF）
水资源管理决策支持系统（water resources management decision support system，WRMDSS）